(第十二卷)

中国植物病害化学防治研究

刘西莉　主　编
侯毅平　刘鹏飞　苗建强　副主编

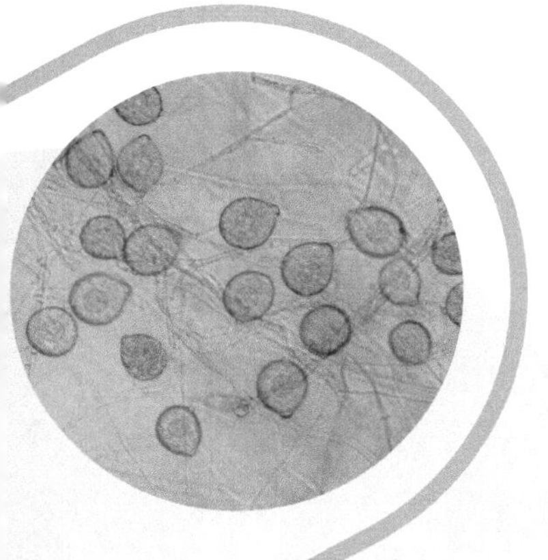

中国农业科学技术出版社

图书在版编目(CIP)数据

中国植物病害化学防治研究. 第十二卷 / 刘西莉主编. --北京：中国农业科学技术出版社，2023. 11
ISBN 978-7-5116-6500-3

Ⅰ. ①中… Ⅱ. ①刘… Ⅲ. ①病害-农药防治-研究-中国 Ⅳ. ①S432

中国国家版本馆 CIP 数据核字(2023)第 198692 号

责任编辑 姚 欢
责任校对 王 彦
责任印制 姜义伟 王思文

出 版 者 中国农业科学技术出版社
北京市中关村南大街 12 号 邮编：100081
电 话 (010) 82106636 (编辑室) (010) 82106624 (发行部)
(010) 82109709 (读者服务部)
网 址 https://castp.caas.cn
经 销 者 各地新华书店
印 刷 者 北京建宏印刷有限公司
开 本 185 mm×260 mm 1/16
印 张 18. 75
字 数 500 千字
版 次 2023 年 11 月第 1 版 2023 年 11 月第 1 次印刷
定 价 70. 00 元

内容提要

《中国植物病害化学防治研究（第十二卷）》共编辑了中国植物病理学会化学防治专业委员会第十二届中国植物病害化学防治学术研讨会交流的78篇论文和摘要，收录了《农药学学报》近两年发表的植物病害防治相关论文摘要76篇。本着文责自负的原则，对来稿没有进行较大的修改，尽量保持其原有风貌。

本论文集侧重反映了近几年我国重要农作物病害化学防治领域的研究和应用进展，较多地报道了杀菌剂化学合成、植物病原菌抗药性机制、靶标基因的功能、生物源农药的活性、杀菌剂应用技术的研究动态。特别是一些疑难植物病害和经济作物病害防治中存在的抗药性及其治理、新型杀菌剂的应用效果、杀菌剂对环境和农产品质量的影响及促进作物健康生长等研究成果，充分反映了近两年我国农药和植物病害化学防治研究的最新进展。本论文集对从事植物保护和农药学相关领域的教学、科研、技术推广、农药开发、生产和经营等科技工作者具有较强的参考价值。

内容提要

《中国植物病害化学防治研究（第十二卷）》

编 委 会

中国植物病理学会化学防治专业委员会
第四届委员会组成名单

徐大高　华南农业大学农学院
张连洪　先正达（中国）投资有限公司
赵德友　科迪华（中国）投资有限公司
胡　彬　北京市植物保护站
赵晓军　山西农业大学植物保护学院
王万立　天津市农业科学院植物保护研究所
靳学慧　黑龙江八一农垦大学
穆娟微　黑龙江省农垦科学院植物保护研究所
潘洪玉　吉林大学植物科学学院
秘　　书　侯毅平　南京农业大学植物保护学院
刘鹏飞　中国农业大学植物保护学院

前　　言

中国植物病理学会化学防治专业委员会是中国植物病理学会下设的全国性专业委员会。其宗旨是团结全国植物病害化学防治科技工作者，讨论和交流植物病害化学防治领域中的科学和实践问题，提高中国植物病害化学防治科学水平。自1998年成立以来，中国植物病理学会化学防治专业委员会先后举办了十二次全国学术研讨会和多次小型学术活动，并于2020年12月在线举办了第十二届中国植物病害化学防治学术研讨会（卫星会议）；开展了相关的科普宣传、科学考察和技术咨询服务，编辑出版了十二卷《中国植物病害化学防治研究》系列论文集。这为我国广大植物病害防治科技工作者提供了学术交流、技术展示和科研成果共享的平台，为推动我国植物病害化学防治科技进步发挥了积极作用。本论文集汇编了第十二届中国植物病害化学防治学术研讨会的部分论文，充分反映了近两年我国植物保护科技工作者最新的科技成果。

植物病原菌严重危害各种农作物的生长，据世界粮食及农业组织估算，全球每年因植物病害导致的经济损失达2 200亿美元，严重威胁了全球的粮食、食品安全。现代农用化学品在满足全球不断增长的人口对粮食需求方面发挥了不可替代的作用。同时，人们为了追求自身健康及生态环境的可持续发展，对农药的研发和使用也提出了更高的要求，“提质增效，绿色发展”成为时代的主旋律。我国自2015年农业部下发《到2020年农药使用量零增长行动方案》以来，一直在努力推进农药减量控害工作，2022年农业农村部又提出了《到2025年化学农药减量化行动方案》。绿色高效的现代农药的产品创新、技术创新及科学有效使用成为减施增效的重要手段和关键措施，对于提高农产品质量、保障粮食安全具有不可替代的作用。大量研究表明，科学使用新型高效、低毒、低残留杀菌剂不仅能够防治多种植物病害、减少产量损失，而且能够有效降低病原菌产生的毒素含量、调节植物生长、延缓植物衰老、提高农产品品质，从而保障食品安全和人类健康，符合国家农业绿色可持续发展的重大需求。希望在本次会议中，广大植物病害防治相关领域的科技工作者通过深入交流和研讨，共同推动我国杀菌剂创新与植物病害化学防治领域的发展。

中国植物病理学会在本次会议的筹备过程中给予了多方面的支持和指导，浙江大学农业与生物技术学院在筹备和承办本次会议过程中付出了辛勤的努力，中国农业大学、南京农业大学和西北农林科技大学在筹备本次会议过程中给予了大力的协助，在此一并致谢！

本书的编者和审稿人员仔细阅读了全部来稿，并对部分论文进行了删减和修改，部分论文由于内容不符合本次会议要求或其他原因未能录用，敬请谅解。由于时间仓促，书中仍然存在一些疏漏之处，望读者和作者批评指正。

刘西莉

二〇二三年十月

前言

目　录

研究论文

会议论文摘要

《农药学学报》近两年发表的植物病害防治相关论文摘要

研究论文

小盾壳霉对稻、麦纹枯病的室内生物活性及田间防效探究*

盛桂林[1**]，沈旦军[2]，石　磊[2]，沈迎春[1***]
（1. 江苏省农药总站，南京　210036；2. 宜兴市植保植检站，宜兴　214206）

摘要：纹枯病是稻麦主要病害之一，为探究小盾壳霉制剂对稻麦纹枯病防治效果，本试验测定了小盾壳霉对立枯丝核菌和禾谷丝核菌的室内生物活性，并采用大田试验研究其对小麦纹枯病、水稻纹枯病的防效和增产率。室内生物活性（毒性）测试结果表明，小盾壳霉对禾谷丝核菌的校正腐烂率为86.7%，对立枯丝核菌的校正腐烂率为90%。2年田间试验结果表明，小盾壳霉在推荐剂量下防治稻麦纹枯病防效稳定在90%以上。研究还发现，小盾壳霉对水稻、小麦有一定的增产作用，不同施药方式对防效无显著影响。
关键词：小盾壳霉；水稻纹枯病；小麦纹枯病；防治效果

Control effects of *Coniothyrium minitans* Campbell on rice sheath blight and wheat sheath blight*

SHENG Guilin[1**], SHEN Danjun[2], SHI Lei[2], SHEN Yingchun[1***]
(1. *Jiangsu Institute for the Control of Agrochemicals*, *Nanjing* 210036, *China*;
2. *Yixing Plant Protection Station*, *Yixing* 214206, *China*)

Abstract: To find potential bio-fungicides to control rice sheath blight and wheat sharp eyespot, the toxicity of *Coniothyrium minitans* Campbell to *Rhizoctonia solani* and *Rhizoctonia zeae* were evaluated and field trials of biocontrol agent against rice sheath blight and wheat sharp eyespot were carried out. The result of toxicity show that the decay rates of *Coniothyrium minitans* Campbell to *Rhizoctonia solani* and *Rhizoctonia zeae* were 86.7% and 90% respectively. Field tests indicated that *Coniothyrium minitans* Campbell had better control effect on rice sheath blight and wheat sharp eyespot with the control effect reached 90% steadily. The research also show that *Coniothyrium minitans* Campbell has contributed to yield and the methods had no significant effect on the control effect. This study indicated that the *Coniothyrium minitans* Campbell as a novel kind of rice sheath blight and wheat sheath blight control agent performed well in field.
Key words: *Coniothyrium minitans* Campbell; rice sheath blight; wheat sharp eyespot; control effect

粮食安全是国家安全的重要基础，水稻和小麦是我国最为重要的粮食作物，产量高低将直接影响我国粮食安全。纹枯病是稻、麦生长季常发病害，以水稻纹枯病为例，该病秧苗期至穗期均可发病，年产量损失近5亿kg，位居水稻各病害之首[1,2]，严重威胁我国粮食安全。

稻、麦纹枯病病原均为丝核菌属真菌，主要通过菌核在土壤中越冬，成为翌年或下一季

---

* 基金项目：江苏省特经作物安全用药筛选与登记项目（2019-SJ-024；2020-SJ-023）
** 第一作者：盛桂林，农艺师，主要从事植物病虫害防控技术研究；E-mail：1611281012@qq.com
*** 通信作者：沈迎春，研究员，主要从事农药登记管理和农药应用技术研究；E-mail：515512896@qq.com

作物的初侵染源。随着高效密植栽培技术的推广和氮肥施用量增加，稻、麦纹枯病发生日趋严重[2]。目前尚未发现免疫或高抗纹枯病品种[3]，田间防治稻麦纹枯病主要依靠三唑类杀菌剂，防效中等、环境污染、抗性等问题日益突出。尽管生物源农药井冈霉素对纹枯病有一定作用效果，但长时间田间选择，也出现了抗性菌株[4]。因此，寻找安全、高效的防治药剂迫在眉睫。

生物防治对环境友好、人畜安全，不易产生抗药性，具有广阔的发展前景。目前已经报道多种生防菌如芽孢杆菌、假单胞菌、放线菌和木霉菌等对稻麦纹枯病有较强的生物防治潜能[1]，但多数生防菌仅能抑制菌丝生长，对菌核无效，防治纹枯病效果有限。本研究通过室内生物活性（毒力）测定和田间药效试验，探究生防菌小盾壳霉对稻、麦纹枯病菌菌核和菌丝作用效果，以期寻找一种既作用于菌核又作用于菌丝能够持效期长、防效好且稳定的理想生防菌，为稻、麦纹枯病防控提供技术支持。

1　材料和方法

1.1　供试药剂

小盾壳霉 ARS01 可湿性粉剂（无锡楗农生物科技有限公司提供），24%已唑·嘧菌酯悬浮剂（江苏东宝农化股份有限公司，2019 年稻田对照），28%井冈霉素 A 可溶粉剂（浙江钱江生物化学股份有限公司，2020 年稻田对照），10%已唑醇悬浮剂（江苏龙灯化学有限公司，麦田对照）。

1.2　供试品种和试验地情况

水稻（2019 年南粳 3908、2020 年南粳 46），小麦（2019 年苏隆 128、2020 年宁麦 14）。

试验小区面积 0.5 亩，各处理重复 3 次。试验地为稻、麦轮作田块，试验田环境相对独立。

1.3　试验设计

1.3.1　室内生物活性（毒力）测定

称取 2.0 g 小盾壳霉 ARS01（2 亿孢子/g 可湿性粉剂），放入盛有 20 g 河沙的表面皿中，充分混匀（3 个重复）。在每个表面皿中，埋入 20 个菌核。然后把各表面皿置于 20℃ 的培养箱中避光培养，另外设置空白对照。4~5 周后，从培养箱中取出培养皿，用刀片从菌核中间切开，如果发现组织变软，则认定该菌核为腐烂菌核。

1.3.2　田间试验

1.3.2.1　剂量对稻麦纹枯病防效影响

2019 年、2020 年分别开展小盾壳霉不同剂量对水稻纹枯病和小麦纹枯病防效试验（表 1）。

表 1　不同剂量小盾壳霉对稻麦纹枯病防效影响试验

作物	试验年度	药剂名称	剂量	用药时间	移栽日期	调查时间
水稻	2019	小盾壳霉 ARS01 可湿性粉剂	400 g/亩 600 g/亩 800 g/亩	5 月 31 日	6 月 7 日	10 月 15 日
		24%已唑·嘧菌酯悬浮剂	20 mL/亩	7 月 20 日、7 月 29 日	6 月 7 日	

（续表）

作物	试验年度	药剂名称	剂量	用药时间	移栽日期	调查时间
水稻	2020	小盾壳霉ARS01可湿性粉剂	100 g/亩	5月28日	6月8日	9月25日
			150 g/亩			
			200 g/亩			
			250 g/亩			
			300 g/亩			
			400 g/亩			
			500 g/亩			
			600 g/亩			
			800 g/亩			
		28%井冈霉素A可溶性粉剂	40 mL/亩	7月23日、8月2日		
小麦	2019	小盾壳霉ARS01可湿性粉剂	400 g/亩	10月20日	10月30日	4月23日
			600 g/亩			
			800 g/亩			
		10%己唑醇悬浮剂	40 mL/亩	翌年3月10日、3月17日		
	2020	小盾壳霉ARS01可湿性粉剂	400 g/亩	11月10日	11月13日	4月25日
			600 g/亩			
			800 g/亩			
		10%己唑醇悬浮剂	40 mL/亩	翌年3月14日、3月22日		

1.3.2.2　施药次数对水稻纹枯病防效影响

试验设计不同试验地在水稻移栽前分别用400 g/亩小盾壳霉ARS01可湿性粉剂土壤处理1次、2次、3次和4次共4个处理，每个处理重复3次，该试验在稻麦轮作田块进行，于每季水稻移栽前或小麦播种前土壤处理1次，以此往前推算，观察不同处理次数的防效差异，验证小盾壳霉ARS01可湿性粉剂在田间是否具有累积效应。

1.3.2.3　不同施药方式对水稻纹枯病防效影响

试验设计旱施和水施2种施药处理小区，施药剂量为400 g/亩和800 g/亩，共4个处理，每个处理重复3次，验证小盾壳霉在不同大田环境下（水/旱）的作用效果，确定小盾壳霉是否需要特定的施药环境，即水稻田灌水前施药或灌水后施药。

旱施：在前茬作物（小麦）收割后、稻田灌水前施药。根据每一试验小区的剂量要求，称取小盾壳霉可湿性粉剂。按每亩40 L水的比例与小盾壳霉可湿性粉剂混合均匀，装入喷雾器。按常规方法，把药剂均匀的喷洒于土壤表面，然后用机械方法把表面土壤翻入5~10 cm土壤中。

水施：稻田灌水后施药。按旱施的方法配制药剂，在稻田灌水后、插秧前（或后）把药剂均匀地喷洒于水田中。

注：小麦田只能采取旱施施药。水稻田、小麦田对照药剂均为茎叶喷雾施药。

1.4 试验调查

1.4.1 室内生物活性测定

统计各处理组和空白组的腐烂菌核数，计算腐烂率f，以校正腐烂率（F）表征其生物活性（毒力）：

$$f(\%) = 1/3 \times \sum(\text{腐烂菌核数}/20) \times 100$$

$$F(\%) = (f_{\text{处理}} - f_{\text{空白}})/(1 - f_{\text{空白}}) \times 100$$

式中，$f_{\text{处理}}$为试验组腐烂率（%）；$f_{\text{空白}}$为空白对照组腐烂率（%）。

1.4.2 田间试验

水稻：每小区5点直线调查，每点调查10穴，计50穴。

小麦：每小区5点直线调查，每点调查10穴，计50穴。

分级标准：

0级，（无病）健株；

1级，叶鞘发病，或茎秆上病斑宽度占茎秆周长的1/4以下；

2级，茎秆上病斑宽度占茎秆周长的1/4~1/2；

3级，茎秆上病斑宽度占茎秆周长的1/2~3/4；

4级，茎秆上病斑宽度占茎秆周长的3/4以上；

5级，病株提早枯死，呈枯孕穗或枯白穗。

$$\text{病情指数} = \sum(\text{各级病株数} \times \text{相对级数值}) / (\text{总株数} \times \text{最高级数值}) \times 100$$

$$\text{防治效果}(\%) = (\text{空白对照区病情指数} - \text{药剂处理区病情指数}) / \text{空白对照区病情指数} \times 100$$

1.4.3 产量测定

试验田于采收前，每个处理对角线5点取样，每个点取21穴（1 m^2），每个处理取105穴（5 m^2）。在室外晾干后，测量千粒重、含水量。计算增产率，并对增产率采用邓肯氏新复极差法（SSR）/SPSS统计软件进行差异显著性分析。

2 结果

2.1 室内生物活性（毒力）测定

室内毒力测定结果表明，小盾壳霉ARS01对立枯丝核菌和禾谷丝核菌的菌核有较好的抑制效果（表2、表3），校正腐烂率分别为90%（表2）和86.7%（表3），两者均大于80%，具有较强的致腐毒力。

表2 小盾壳霉对立枯丝核菌（水稻纹枯病）的校正腐烂率

剂量（g）	腐烂菌核数				校正腐烂率 F（%）
	1	2	3	合计	
0	0	0	0	0	—
2	19	17	18	54	90

表 3 小盾壳霉对禾谷丝核菌（小麦纹枯病）的校正腐烂率

剂量（g）	腐烂菌核数				校正腐烂率 F（%）
	1	2	3	合计	
0	0	0	0	0	—
2	18	17	17	52	86.7

2.2 田间试验结果

2.2.1 防治效果

2.2.1.1 小盾壳霉防治小麦纹枯病田间试验效果

2019 年和 2020 年田间试验分别设置了 400 g/亩、600 g/亩和 800 g/亩 3 个试验梯度，两年试验结果均表明，小盾壳霉对小麦纹枯病有较好的防治效果，剂量与防效呈正相关，在试验剂量为 400 g/亩、600 g/亩和 800 g/亩时，防效均高于对照化学药剂 10%己唑醇悬浮剂的防效，在 400 g/亩剂量时，防效接近 87%，在 800 g/亩时，防效接近 100%（表 4）。

表 4 2019 年和 2020 年小盾壳霉防治小麦纹枯病试验结果

年份	序号	药剂名称	剂量（g/亩，mL/亩）	面积（亩）	病情指数	防效（%）
2019	1	CK		0.5	22.00	
	2	小盾壳霉 ARS01 可湿性粉剂	400	0.5	2.93	87.27
	3	小盾壳霉 ARS01 可湿性粉剂	600	0.5	0.27	98.79
	4	小盾壳霉 ARS01 可湿性粉剂	800	0.5	0	100
	5	10%己唑醇悬浮剂	40	0.5	4.27	80.61
2020	1	CK		0.5	22.00	
	2	小盾壳霉 ARS01 可湿性粉剂	400	0.5	2.80	86.67
	3	小盾壳霉 ARS01 可湿性粉剂	600	0.5	2.13	90.30
	4	小盾壳霉 ARS01 可湿性粉剂	800	0.5	0.53	97.57
	5	10%己唑醇悬浮剂	40	0.5	4.18	81.3

2.2.1.2 小盾壳霉防治水稻纹枯病田间试验效果

2019 年田间试验分别设置了 400 g/亩、600 g/亩和 800 g/亩 3 个施药梯度，结果表明，小盾壳霉对水稻纹枯病具有很好的防治效果，在 400 g/亩的剂量时，小盾壳霉对水稻纹枯病的防效达到 95%，600 g/亩和 800 g/亩时，则防效可到 100%，远高于对照药剂 24%已唑·嘧菌酯悬浮剂 85%的防效（表 5）。

表 5 2019 年小盾壳霉防治水稻纹枯病剂量与防效关系田试结果

序号	药剂名称	剂量（g/亩）	面积（亩）	病情指数	防效（%）
1	小盾壳霉 ARS01 可湿性粉剂	400	0.5	1.14	95.20
2	小盾壳霉 ARS01 可湿性粉剂	600	0.5	0	100
3	小盾壳霉 ARS01 可湿性粉剂	800	0.5	0	100

（续表）

序号	药剂名称	剂量（g/亩）	面积（亩）	病情指数	防效（%）
4	CK		0.5	23.53	
5	24%已唑·嘧菌酯悬浮剂	20	0.5	3.50	85.10

为进一步探究水稻纹枯病防治效果与小盾壳霉使用剂量之间关系，明确最佳使用剂量，2020 年试验设置了 100 g/亩至 800 g/亩不等的 10 个试验剂量。试验结果表明，当小盾壳霉剂量由 100 g/亩上升到 250 g/亩时，防效由 90%上升到 97%，上升幅度较大。当剂量超过 250 g/亩时，防效上升幅度减缓（图 1），达到 800 g/亩剂量时，防效由 97%上升到 99%（表 6），各试验梯度防效均高于对照药剂 28%井冈霉素 A 可溶性粉剂 73%防效。

表 6　2020 年小盾壳霉防治水稻纹枯病剂量与防效关系田试综合结果

序号	药剂名称	剂量（g/亩）	面积（亩）	病情指数	防效（%）
1	CK		0.5	12.53	
2	小盾壳霉 ARS01 可湿性粉剂	100	0.5	1.12	91.06
3	小盾壳霉 ARS01 可湿性粉剂	150	0.5	0.85	93.22
4	小盾壳霉 ARS01 可湿性粉剂	200	1.0	0.64	94.93
5	小盾壳霉 ARS01 可湿性粉剂	250	0.5	0.35	97.21
6	小盾壳霉 ARS01 可湿性粉剂	300	0.5	0.33	97.37
7	小盾壳霉 ARS01 可湿性粉剂	400	0.5	0.24	98.09
8	小盾壳霉 ARS01 可湿性粉剂	500	0.5	0.16	98.72
9	小盾壳霉 ARS01 可湿性粉剂	600	0.5	0.11	99.01
10	小盾壳霉 ARS01 可湿性粉剂	800	0.5	0.08	99.12
11	28%井冈霉素 A 可溶性粉剂	40	0.5	3.30	73.67

2.2.2　施药次数对防效的影响

为验证小盾壳霉在田间具有累积效应，探究小盾壳霉不同施用次数与防效关系，以水稻纹枯病为对象，试验于水稻移栽前分别施用小盾壳霉土壤处理小区 1 次、2 次、3 次和 4 次，施药剂量为 400 g/亩。田间试验表明，无论是连续 4 次使用小盾壳霉，还是仅使用 1 次小盾壳霉，防治水稻纹枯病效果无明显差异（表 7）。

表 7　小盾壳霉使用次数对水稻纹枯病防效的影响

序号	剂量（g/亩）	面积（亩）	施药次数	防效（%）
1	400	0.5	4 次	97.85
2	400	0.5	3 次	97.80
3	400	0.5	2 次	98.72
4	400	0.5	1 次	98.09

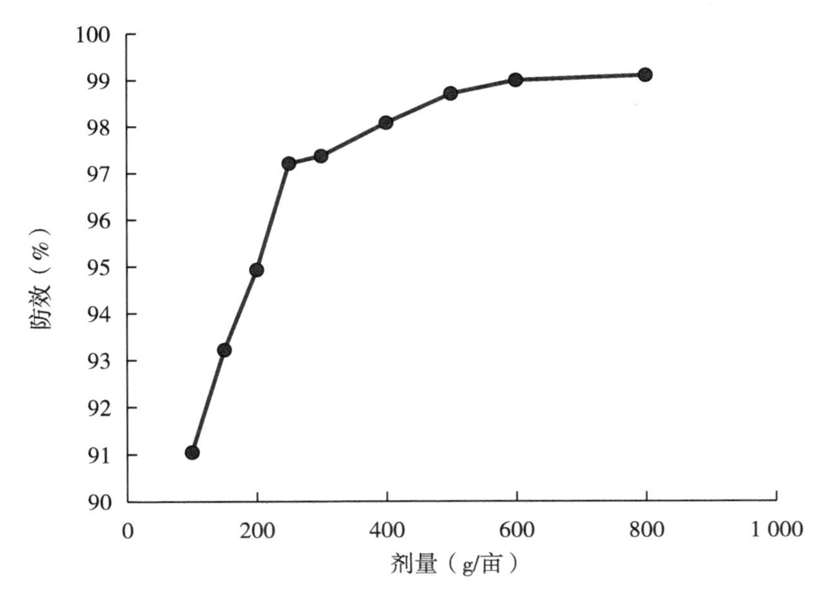

图 1　2020 年小盾壳霉防治水稻纹枯病剂量和防效关系

2.2.3　施药方式（旱施和水施）对防效的影响

为探究小盾壳霉施药方式对防治效果的影响，以水稻纹枯病为例，试验于水稻种植前分别采用旱施和水施方法施用小盾壳霉。田间试验结果表明，无论是 400 g/亩，还是 800 g/亩剂量，在前茬作物（小麦）收割后、稻田灌水前施药，与稻田灌水后再施药相比，2 种施药方式对小盾壳霉防治水稻纹枯病的防效无明显影响（表 8）。

表 8　小盾壳霉不同施药方式对防效的影响

序号	使用方法	剂量（g/亩）	面积（亩）	病情指数	防效（%）
1	旱施	400	0.5	0.24	98.09
2	旱施	800	0.5	0.04	99.68
3	水施	400	0.5	0.26	97.93
4	水施	800	0.5	0.18	98.56

注：旱施，指在前茬作物（小麦）收割后、稻田灌水前施药；水施，指稻田灌水后施药。

2.2.4　增产作用研究

为了探究小盾壳霉在防治稻麦纹枯病时对其产量影响，试验测定了 2019 年和 2020 年 2 年的试验区小麦产量。测产结果表明，与空白对照相比，施用小盾壳霉对稻麦具有一定的增产作用，但增产幅度不大。随着用药量增加，稻麦的产量也相应增加，但是增产幅度无显著差异（表 9）。在水稻试验区，测产结果同时表明，用药次数、用药方式对水稻产量的影响无明显差异（表 10）。

表 9　2019—2020 年小盾壳霉对小麦产量影响的测定结果

序号	药剂名称	剂量	年份	穗粒数	千粒重（g）	产量（kg/亩）	增产率（%）
1	CK			36. 7	45. 01	384. 22	
2	小盾壳霉	400 g/亩	2019	36. 88	46. 01	394. 69	2. 72
3	小盾壳霉	400 g/亩	2020	36. 73	45. 91	392. 23	2. 08
4	小盾壳霉	600 g/亩	2019	37. 57	46. 75	408. 54	6. 33
5	小盾壳霉	600 g/亩	2020	37. 31	46. 54	403. 89	5. 12
6	小盾壳霉	800 g/亩	2019	37. 81	46. 67	410. 44	6. 83
7	小盾壳霉	800 g/亩	2020	37. 26	46. 95	406. 9	5. 9
8	10%己唑醇	40 mL/亩	2020	36. 80	45. 44	388. 95	1. 23

表 10　小盾壳霉对水稻产量的影响

序号	药剂名称	剂量（g/亩）	前期施药次数和施药方式	穗粒数	结实率（%）	千粒重（g）	产量（kg/亩）	增产率（%）
1	CK			123. 90	0. 946 4	26. 84	593. 56	
2	小盾壳霉	400	1 次，水施	141. 08	0. 923 0	25. 79	633. 34	6. 70
3	小盾壳霉	400	2 次，水施	134. 58	0. 942 3	25. 89	619. 33	4. 34
4	小盾壳霉	200	1 次，旱施	137. 97	0. 922 7	26. 16	628. 10	5. 82
5	小盾壳霉	400	1 次，旱施	138. 35	0. 934 0	25. 95	632. 49	6. 56
6	小盾壳霉	150	2 次，旱施	137. 25	0. 900 5	25. 71	599. 21	0. 95
7	小盾壳霉	250	2 次，旱施	128. 77	0. 934 1	26. 53	601. 85	1. 40
8	小盾壳霉	400	2 次，旱施	132. 58	0. 919 6	26. 54	610. 25	2. 81
9	小盾壳霉	100	4 次，旱施	127. 23	0. 954 7	27. 31	625. 46	5. 37
10	小盾壳霉	200	4 次，旱施	115. 63	0. 961 7	27. 25	571. 39	-3. 73
11	小盾壳霉	300	4 次，旱施	129. 65	0. 958 2	27. 44	642. 78	8. 29
12	小盾壳霉	400	4 次，旱施	132. 99	0. 957 0	27. 27	654. 45	10. 26
13	24%己唑·嘧菌酯	20	1 次，喷雾	133. 85	0. 930 7	25. 62	601. 93	1. 41

3　讨论

小盾壳霉在我国广泛分布，是一种典型的“以菌克菌”的生物农药，能够寄生核盘菌属、小核菌属和葡萄孢属等多种植物病原菌，已有产品登记用于防治油菜、向日葵菌核病[5]。本研究通过室内生物活性试验和田间试验证实，小盾壳霉对稻麦纹枯病作用效果远高于已登记的对菌核病防治效果，与当前稻麦生产使用防治纹枯病药剂相比，具有革新意义。

为验证小盾壳霉对稻麦纹枯病防治特性，我们开展了系列试验。就作用效果而言，多数生防菌防治稻麦纹枯病防效区间为 50%~75%，化学杀菌剂多为 60%~80%[6]，鲜有药剂防效超过 90%报道，本研究通过试验证明，小盾壳霉对稻麦纹枯病的室内作用效果和田间防效均超过 90%，田间剂量达到 600 g/亩时，防效接近 100%，防治效果超过当前任何一种化学药剂和生物农药。就施药时间而言，多数生防菌和化学农药一样，均于发病初期施药[1,6,7]，对施药者专业知识要求较高，错过最佳施药时间，防治效果大打折扣；本研究发现小盾壳霉于稻麦移栽（播种）前1周施药，能够致腐土壤中的丝核菌菌核，无须专业判断，简单可行。就施药次数而言，当前多数药剂包括生物农药和大规模使用的三唑类杀菌剂等，一般需施药2~3次以保证防效[6,7]，工作量大，施药成本高；本研究发现小盾壳霉只需播种（移栽）前用药一次即可满足防治要求，工作量小，施药成本低。此外，小盾壳霉能有效作用于土壤中的丝核菌菌核，可逐年减少用药量，达到一种良性循环的效果，本试验开展了不同用药次数和水稻纹枯病防效关系试验，以验证小盾壳霉 ARS01 可湿性粉剂在田间具有累积效应，但试验显示不同处理防效无显著差异，相关研究有待进一步开展。

小盾壳霉作为生防菌防治稻麦纹枯病有一定特殊性。与已登记防治油菜、向日葵菌核病相比略有差异。防效方面，小盾壳霉防效对油菜、向日葵菌核病防效只有70%~80%[5]，但防治稻麦纹枯病效果却能稳定在90%以上，甚至100%；增产方面，小盾壳霉对稻麦的增产效果仅为2%~4%，在蔬菜、油菜和向日葵上，增产效果为5%~20%。下一步，可进一步探究小盾壳霉与丝核菌作用机理以及改良小盾壳霉，使其在保证防治纹枯病效果的前提下，提高对稻麦增产效果。

本研究确定了小盾壳霉对稻麦纹枯病的室内和田间防治效果，除一般生物防治低毒、无残留、无抗性风险、环境友好等优点外，小盾壳霉还具有防效高、效果稳定、播前用药等优势，同时，施药次数少，施药方式简单，兼具增产效果，使其有望成为世界上第一个与三唑类杀菌剂和井冈霉素防治稻麦纹枯病相媲美的微生物农药，对稳定稻麦产量，保障国家粮食安全具有重要意义，极具推广价值。

参考文献

[1] 俞寅达，孙婳珺，夏志辉．水稻纹枯病生物防控研究进展［J］．分子植物育种，2019，17（2）：600-605.

[2] 刘万才，刘振东，黄冲，等．近10年农作物主要病虫害发生危害情况的统计和分析［J］．植物保护，2016，42（5）：1-9.

[3] 刘薇，杨超，邹剑锋，等．水稻纹枯病生物防治研究进展［J］．广西农业科学，2009，40（5）：512-516.

[4] 杨媚，杨迎青，李明海，等．井冈霉素对水稻纹枯病菌生长发育的影响［J］．华中农业大学学报，2012，31（4）：445-449.

[5] http：//www.chinapesticide.org.cn/hysj/index.jhtml.

[6] 肖茜，闫翠梅，齐永志，等．小麦纹枯病化学和生物防治研究进展［J］．农药，2020，59（9）：630-635.

[7] 李美霖，徐建强，杨岚，等．中国小麦纹枯病化学防治研究进展［J］．农药学学报，2020，22（3）：397-404.

11%氟唑环菌胺·咯菌腈·精甲霜灵种子处理悬浮剂防治花生白绢病的田间应用

雷理恒，王吉强，陆　亮
［先正达（中国）投资有限公司，上海　200120］

摘要：本研究为明确11%氟唑环菌胺·咯菌腈·精甲霜灵种子处理悬浮剂对花生白绢病的防治效果，根据中华人民共和国国家标准《农药田间药效试验准则（一）》开展试验。结果表明，使用11%氟唑环菌胺·咯菌腈·精甲霜灵FS 300~400 mL/100 kg种子包衣处理花生，防治花生白绢病效果71.4%~85.12%，防效与生产常规使用药剂240 g/L 噻呋酰胺悬浮剂180 g/hm² 73.77%、19%啶氧·丙环唑悬浮剂280 g/hm² 68.13%茎叶喷雾的效果相当，花生产量比空白对照高14.11%和16.55%，但均不如茎叶喷雾。11%氟唑环菌胺·咯菌腈·精甲霜灵种子处理悬浮剂300~400 mL/100 kg种子拌种处理花生对花生白绢病有优异的防治效果。所有处理均未发现药害。建议作为花生前期花生保苗防病的第一步防护示范推广。

关键词：11%氟唑环菌胺·咯菌腈·精甲霜灵种子处理悬浮剂；花生白绢病；田间防效

Research of filed efficacy of Sedaxane · Fludioxonil · Metalaxyl-M 11% FS against *Sclerotium rolfsii* Sacc. in peanut

LEI Liheng，WANG Jiqiang，LU Liang
[*Syngenta*（*China*）*Investment Co.*，*Ltd. Shang Hai*，200120，*China*]

Abstract：Field trials of Sedaxane · Fludioxonil · Metalaxyl-M 11% FS against *Sclerotium rolfsii* Sacc. in peanut are carried out. The results show that Sedaxane · Fludioxonil · Metalaxyl-M 11% FS effects are 71.4% and 85.12% with dosage of 300-400 mL/100 kg seed. The same as the thifluzamide 240 g/L SC 180 g/hm² 73.77% and the picoxystrobin · propiconazol 19% SC 280 g/hm² 68.13% 14 days foliar spray application. The yields are also increased by 14.11% and 16.55%，but they all less than foliar spray application. It is safe to peanut growth. It is suggested to promote the first step of protection demonstration as peanut pro-peanut seedling prevention.

Key words：Sedaxane · Fludioxonil · Metalaxyl-M 11% FS；*Sclerotium rolfsii* Sacc. in peanut；field efficacy

花生是我国四大油料作物之一，栽培历史悠久。据统计，2018年全球花生种植面积为2 526万hm²，其中印度花生种植面积为470万hm²（占比18.61%），中国为456万hm²（占比18.05%）。中国是全球花生最大生产国，总产量占全球40.51%远远高于全球第二大花生主产国印度的产量占比11.2%。花生成为我国为数不多的具有一定国际竞争力的出口创汇型大宗农作物品种之一。辽宁西北部是我国花生的主产区之一，因其品质好、黄曲霉毒素含量低而在国际享有较高声誉[1]。近年来随着种植结构调整，辽宁花生种植面积呈逐年增加的态势，连年重茬种植，以及耕作制度变化和高产新品种推广，致使花生白绢病的发生分布逐渐扩大，危害呈现逐年加重的趋势，已成为制约辽宁花生产量和品质的重要因素。

花生白绢病病原为 *Sclerotium rolfsii* Sacc.，该菌隶属于半知菌亚门无孢菌目小菌核菌属[2]。有性态为 *Pellicularia rolfsii*（Sacc.）West=［*Corticium rolfsill*（Sacc.）Curzi.］。以菌核或菌丝在土壤中或病残体上越冬，高温高湿是重要的发病条件，病菌主要侵染花生接近地面的茎基部，使其脱皮软腐，只剩下纤维组织，用手易拔断，被害部位生出白色菌丝，菌丝并列形成白色绢丝状，在合适条件下菌丝蔓延至周围土表植物残体和有机质上。病株叶片变黄，边缘焦枯，最后枯萎而死。受侵害果柄和荚果长出许多白色菌丝，呈湿腐状腐烂[2,3]。据调查，发病较轻的地块田间发病率一般为5%~10%，中等发病地块20%左右，重达60%以上，严重制约了花生产量和品质的提高[4]。

本次试验的目的是鉴定和评价11%氟唑环菌胺·咯菌腈·精甲霜灵种子处理悬浮剂包衣处理与茎叶喷雾处理对花生白绢病的防治差异及能否满足防治目标。

1 材料与方法

1.1 试验药剂

11%氟唑环菌胺·咯菌腈·精甲霜灵种子处理悬浮剂（FS），瑞士先正达作物保护有限公司；240 g/L 噻呋酰胺悬浮剂（SC），日产化学株式会社；19%啶氧·丙环唑悬浮剂（SC），美国杜邦公司。

1.2 防治对象

花生白绢病。

1.3 试验方法

1.3.1 试验设计（表1）

表1 试验设计

药剂	剂量	单位	处理方式
11%氟唑环菌胺·咯菌腈·精甲霜灵 FS	200	mL/100 kg 种子	拌种
	300	mL/100 kg 种子	拌种
	400	mL/100 kg 种子	拌种
240 g/L 噻呋酰胺 SC	180	g/hm^2	叶片喷雾2次
19%啶氧·丙环唑 SC	280	g/hm^2	叶片喷雾2次
空白对照	清水		

注：所有处理均用锐胜70%噻虫嗪种子处理200 mL/100 kg种子进行基础包衣。

1.3.2 施药方法

试验共设6个处理（表1），4次重复，共计24个小区，采用随机区组排列，小区面积50 m^2。试验在辽宁省葫芦岛市兴城市沙后所镇大甸子村的重茬花生田上进行。花生品种为花育23，百粒重约62 g，播种日期2019年5月21日，为露地不覆膜栽培，土壤类型为壤土，pH值6.7，有机质含量1.56%。花生株距10 cm双株，行距为50 cm，地势略洼。茎叶喷雾施药时期为7月11日和7月26日，分别为盛花期和下针期，采用喷淋法施药2次，选用生产中常用的河北省石家庄生产的普兰迪牌电动背负式喷雾器，喷头为空心锥。按照试验要求，对照为浇灌清水，其他处理药液量为450 L/hm^2，施药时保证药液量足以渗透到花生基部。整个试验区在花生生育期内禁止使用试验药剂外其他杀菌剂，避免对试验产生干扰。

1.3.3 试验调查

1.3.3.1 调查时间

花生齐苗后、花生下针期、花生白绢病植株显症时和收获时调查药效。

1.3.3.2 调查方法

出苗调查，齐苗后每小区固定面积内固定播种相同种子数，调查出苗率；长势调查，花生下针期及成熟初期用 GreenSeeker Handheld Crop Sensor 进行五点扫描，并以对照为 100 折合后评价各小区的作物长势；药效调查，在末次药后 21 天和 45 天调查发病和死墩情况。每小区 5 点取样，生长期调查每点 20 墩花生，调查发病墩数，计算发病率和防效。收获时每小区随机调查 5 点，每点连续收获 10 墩花生荚果，调查病、死（烂）花生墩数，记录每小区的商品花生总产量，计算发病率、防效及产量情况采用 DPS（Data Processing System）软件，对防治效果进行 Duncan 氏新复极差法显著性统计分析。

防治效果（%）=（空白区对照病死苗数-药剂处理区病死苗数）/空白对照区病死苗数×100

2 结果与讨论

2.1 出苗调查田间小区试验结果

试验结果表明：在播后 21 天进行成株数调查后得出，11%氟唑环菌胺·咯菌腈·精甲霜灵种子处理悬浮剂对花生出苗和成株有明显提升作用，11%氟唑环菌胺·咯菌腈·精甲霜灵 FS 300~400 mL/100 kg 花生成株率高达 85%，11%氟唑环菌胺·咯菌腈·精甲霜灵 FS 400 mL/100 kg 可能过高，对花生出苗有一定抑制作用，但仍然优于空白对照。结果见表 2。

表 2 11%氟唑环菌胺·咯菌腈·精甲霜灵种子处理悬浮剂对花生成株调查试验结果

药剂	剂量	单位	成株率（%）
11%氟唑环菌胺·咯菌腈·精甲霜灵 FS	200	mL/100 kg 种子	83.17
	300	mL/100 kg 种子	92.83
	400	mL/100 kg 种子	85.33
240 g/L 噻呋酰胺 SC	180	g/hm^2	81.33
19%啶氧·丙环唑 SC	280	g/hm^2	82.75
空白对照	清水		82.08

2.2 花生长势田间小区试验结果

试验结果表明：11%氟唑环菌胺·咯菌腈·精甲霜灵种子处理悬浮剂对花生生长有较好的促进作用，由第一次茎叶喷雾处理后 6 天（7 月 26 日）调查可以看出，前期拌种处理长势明显优于其他处理。从第二次药后 45 天调查可以看出，11%氟唑环菌胺·咯菌腈·精甲霜灵 FS 300~400 mL/100 kg 种子拌种处理花生长势与茎叶喷雾处理花生长势无显著差异，都与空白对照区有显著差异。结果详见表 3。

表 3 11%氟唑环菌胺·咯菌腈·精甲霜灵种子处理悬浮剂对花生长势影响

药剂	剂量	单位	长势处理后 6 天	5%显著水平	长势处理后 45 天	5%显著水平
11%氟唑环菌胺·咯菌腈·精甲霜灵 FS	200	mL/100 kg 种子	113.25	a	127.5	b
	300	mL/100 kg 种子	112.75	a	135	ab
	400	mL/100 kg 种子	112.5	a	140	a

（续表）

药剂	剂量	单位	长势 处理后 6 天	5% 显著水平	长势 处理后 45 天	5% 显著水平
240 g/L 噻呋酰胺 SC	180	g/hm^2	104.5	ab	132.5	ab
19%啶氧·丙环唑 SC	280	g/hm^2	102.5	ab	130	ab
空白对照	清水		100	b	100	c

2.3 防治花生白绢病田间小区试验结果

末次药后 21 天，花生白绢病发病高峰期调查结果显示，所有处理防效均高于 80%，均达到防治效果。末次药后 45 天，花生白绢病死墩调查结果显示，11%氟唑环菌胺·咯菌腈·精甲霜灵 FS 400 mL/100 kg 种子防效依然高达 90%以上，但低剂量防效下降明显。在采收时调查病、死（烂）花生墩数结果表明，11%氟唑环菌胺·咯菌腈·精甲霜灵 FS 300~400 mL/100 kg 种子对花生白绢病防效与 240 g/L 噻呋酰胺 SC 180 g/hm^2 无显著差异，显著优于 19%啶氧·丙环唑 SC 280 g/hm^2 防效，11%氟唑环菌胺·咯菌腈·精甲霜灵 FS 在 200 mL/100 kg 种子剂量下明显达不到防治要求。结果见表 4。

表 4 11%氟唑环菌胺·咯菌腈·精甲霜灵种子处理悬浮剂防治花生白绢病试验结果

药剂	剂量	单位	防效% 药后 21 天	5% 显著水平	防效% 药后 45 天	5% 显著水平	防效% 10 月 6 日	5% 显著水平
11%氟唑环菌胺·咯菌腈·精甲霜灵 FS	200	mL/100 kg 种子	82.58	a	77.05	ab	37.52	c
	300	mL/100 kg 种子	82.84	a	82.18	ab	71.40	ab
	400	mL/100 kg 种子	98.90	a	91.78	a	85.12	a
240 g/L 噻呋酰胺 SC	180	g/hm^2	87.50	a	75.20	b	73.77	ab
19%啶氧·丙环唑 SC	280	g/hm^2	84.32	a	78.85	ab	68.13	b
空白对照	清水		10		13.31		30.45	

2.4 产量调查田间小区试验结果

试验结果表明：19%啶氧·丙环唑 SC 对花生产量提升效果最佳，增产达 30.62%，其次为 240 g/L 噻呋酰胺 SC，11%氟唑环菌胺·咯菌腈·精甲霜灵种子处理悬浮剂对花生产量有很好的提升作用，但差异不显著。结果见表 5。

表 5 11%氟唑环菌胺·咯菌腈·精甲霜灵种子处理悬浮剂对花生产量测产调查试验结果

药剂	剂量	单位	鲜重产量（kg/亩）	10% 显著水平	5% 显著水平	较对照增减百分比（%）
11% 氟唑环菌胺·咯菌腈·精甲霜灵 FS	200	mL/100 kg 种子	390.2	cd	bc	9.71
	300	mL/100 kg 种子	405.87	bcd	abc	14.11
	400	mL/100 kg 种子	414.54	abc	abc	16.55

（续表）

药剂	剂量	单位	鲜重产量（kg/亩）	10%显著水平	5%显著水平	较对照增减百分比（%）
240 g/L 噻呋酰胺 SC	180	g/hm^2	444.22	ab	ab	24.89
19%啶氧·丙环唑 SC	280	g/hm^2	464.59	a	a	30.62
空白对照	清水		355.68	d	c	

3 结论

在田间条件下防治花生白绢病的小区试验表明，11%氟唑环菌胺·咯菌腈·精甲霜灵 FS 300~400 mL/100 kg 种子对花生白绢病有较好的防治效果。同时，茎叶处理 19%啶氧·丙环唑 SC 280 g/hm^2 和 240 g/L 噻呋酰胺 SC 180 g/hm^2 也能很好控制田间花生白绢病发生。但考虑到花生增产增收，化学农药减施增效是主导的方针，建议采用 11%氟唑环菌胺·咯菌腈·精甲霜灵 FS 用量在 200~300 mL/100 kg 种子进行拌种处理，并在花生白绢病高发期采用 19%啶氧·丙环唑 SC 280 g/hm^2 或 240 g/L 噻呋酰胺 SC 180 g/hm^2 茎叶喷雾，这样不仅可以保障花生在前期保全苗，中期保壮苗，后期保高产，促进花生增产增收，还可以降低农药用量和施药次数。

参考文献

[1] 傅俊范，王大洲，周如军，等．辽宁省花生网斑病发生危害及流行动态研究［J］．中国油料作物学报，2013，35（1）：80-83.

[2] 卞建波，陈香艳，张永涛，等．花生白绢病致病因素及生态控制技术［J］．现代农业科技，2007（10）：88-91.

[3] 宋国华，吴微微．花生白绢病的发生规律与防治对策［J］．辽宁农业职业技术学院学报，2008（1）：12，17.

[4] 英昌芹，陈士军．花生白绢病发生特点与防治技术［J］．中国农技推广，2009（4）：37-39.

200 g/L 氟唑菌酰羟胺·苯醚甲环唑悬浮剂防治番茄叶霉病田间药效试验

李　波*，文君慧，田宝华
[先正达（中国）投资有限公司，上海　200120]

摘要：本研究为明确 200g/L 氟唑菌酰羟胺·苯醚甲环唑悬浮剂对番茄叶霉病的田间预防效果，依照杀菌剂田间药效准则进行。2018 年和 2019 年试验结果显示 200 克/升氟唑菌酰羟胺·苯醚甲环唑悬浮剂在 180 g/hm^{2}的剂量下，药后 14 天对番茄叶霉病的预防效果分别为 92.26%、73.77%。2019 年加入 0.1%体积有机硅助剂后防效由 73.77%提升至 90.86%，加入有机硅助剂后的防效与 43%氟吡菌酰胺·肟菌酯悬浮剂在 225 g/hm^{2}剂量下的防效 85.60%相当。200g/L 氟唑菌酰羟胺·苯醚甲环唑悬浮剂对番茄叶霉病有较好的预防效果，对作物安全，可以用来预防番茄叶霉病。
关键词：200 g/L 氟唑菌酰羟胺·苯醚甲环唑悬浮剂；番茄叶霉病；田间防效

Efficacy of 200 g/L Pydiflumetofen·Difenoconazole SC against tomato leaf mold

LI Bo*，WEN Junhui，TIAN Baohua
[*Syngenta*（*China*）*Investment Co.*，*Ltd.*，*Shang Hai* 200120，*China*]

Abstract：The aim of the study is to confirm the control efficacy of 200g/L Pydiflumetofen · Difenoconazole SC on tomato leaf mold. The field trials were carried out according to the guidelines of field efficacy tests of fungicides. The control efficacy of 200g/L Pydiflumetofen · Difenoconazole at the rate of 180g/hm^2 in 2018 and 2019 were 92.26%, 73.77%. From the trial of 2019, when the 0.1% volume Breakthru was added, the control efficacy was increased from 73.77% to 90.86%, and it was almost the same as the control efficacy of 85.60% provided by fluopyram · trifloxystrobin 43%SC at the rate of 225 g/hm^2. The 200g/L Pydiflumetofen · Difenoconazole SC showed good control efficacy against tomato leaf mold and it was safety to corp. It is a good fungicide to control tomato leaf mold.
Key words：200g/L Pydiflumetofen · Difenoconazole SC；tomato leaf mold；field efficacy

番茄叶霉病由半知菌亚门丝孢纲丝孢目暗色孢科褐孢霉属真菌［*Fulvia fulva*（Cooke）Cif.）］引起，异名黄枝孢菌［*Cladosporium fulvum*（Cooke）］[1]。番茄叶霉病是保护地番茄上的重要病害之一[2]，主要危害番茄叶片，一般病叶率可达 30%~40%，重病田块高达 90%[3]，造成叶片干枯，严重影响植株养分积累。个别发病严重的田块可侵染果实，在果蒂处形成僵硬的黑色硬块，影响商品性。由番茄叶霉病造成的损失达 10%~25%，流行年份达 50%以上，一些严重地块甚至绝收[4]。

氟唑菌酰羟胺（pydiflumetofen）属于琥珀酸脱氢酶抑制剂类杀菌剂[5]，该类杀菌剂具有结构新颖、高活性和杀菌谱广等优点。同时，此类杀菌剂与以前的苯并咪唑类、三唑类和甲氧基丙烯酸酯类杀菌剂有不同的作用机制，不易产生交互抗性[6]。张倩倩等[7]报道氟唑

* 第一作者：李波，主要从事田间试验研究；E-mail：Bo. Li@ syngenta. com

菌酰羟胺 1 050 mL/hm^2 在扬花期施药时，对小麦赤霉病的防效在 85%以上，并且显著优于对照药剂戊唑·咪鲜胺。廖康等[8]研究发现氟唑菌酰羟胺在小麦扬花 30%～50%时施药对小麦赤霉病的防效最佳，达到 98%，同时在扬花 30%～50%时施药对 DON 毒素的抑制效果也最佳，达到 97.48%。陈瑾等[9]研究发现 18%氟唑菌酰羟胺·苯醚甲环唑悬浮剂 100 mg/kg、120 mg/kg 处理对柑橘疮痂病的防治效果在 79%以上。在所有化学类型的产品中，氟唑菌酰羟胺对叶斑病和白粉病活性最高，对难以防治的病害，如葡萄孢菌（*Botrytis* spp.）、核盘菌（*Sclerotinia* spp.）和棒孢菌（*Corynespora* spp.）等病原菌引起的病害高效，同时该杀菌剂还突破性地防治谷物上由镰刀菌（*Fusarium*）引起的病害，如赤霉病（Fusarium head blight）等[10]。在倡导农药减量的大背景下，这类高效广谱的杀菌剂，值得关注。

1 材料与方法

1.1 试验材料

1.1.1 供试药剂

200 g/L 氟唑菌酰羟胺·苯醚甲环唑悬浮剂（美甜，以下简称 200 g/L 氟酰羟·苯甲唑悬浮剂）、29%吡唑萘菌胺·嘧菌酯悬浮剂（绿妃），先正达（苏州）作物保护有限公司。12%苯醚甲环唑·氟唑菌酰胺悬浮剂，巴斯夫作物保护有限公司。43%氟吡菌酰胺·肟菌酯悬浮剂，拜耳作物科学有限公司。

1.1.2 供试作物和防治对象

2018 年供试番茄品种为 G-富石，2019 年供试番茄品种为合作 903。防治靶标为番茄叶霉病。

1.2 试验时间和试验地概况

试验时间为 2018 年和 2019 年，具体时间为当年 3 月下旬至 6 月上旬。试验地点在湖北省武汉市新洲区双柳街孙洪湾。试验点作物起垄、垄上覆盖地膜种植，株距 40 cm，行距 70 cm。各试验小区栽培、肥水管理条件一致。

1.3 试验设计

2018 年试验设清水对照，200 g/L 氟酰羟·苯甲唑悬浮剂 90 g/hm^2、180 g/hm^2，29%吡唑萘菌胺·嘧菌酯悬浮剂 146.25 g/hm^2、292.50 g/hm^2，12%苯醚甲环唑·氟唑菌酰胺悬浮剂 112.5 g/hm^2，共 6 个处理。2019 年试验设清水对照，200 g/L 氟酰羟·苯甲唑悬浮剂 135 g/hm^2、180 g/hm^2，200 g/L 氟酰羟·苯甲唑悬浮剂 180 g/hm^2+有机硅乳油 0.1%，200 g/L 氟酰羟·苯甲唑悬浮剂 180 g/hm^2+1.8% 阿维菌素乳油 8.1 g/hm^2，43%氟吡菌酰胺+肟菌酯悬浮剂 225 g/hm^2 共 6 个处理。

这 2 年的试验均采用电动喷雾器（浙江台州宇航塑料有限公司）施药，空心锥喷头，喷头处装稳压阀（1.5 bar），水流 0.75 L/min，用水量 45 L/亩。施药时先喷清水对照，每次更换药剂时先要清洗喷雾器 3 次，每次换不同药剂时先喷低浓度，再喷高浓度。

2018 年试验第一次、第二次施药时间为 3 月 27 日、4 月 3 日，第一次施药时叶片零星发病，病叶率 1%以下。2019 年试验第一次、第二次施药时间为 5 月 24 日、6 月 4 日，第一次施药时病叶率 1%以下。2019 年第一次施药前曾 3 次收集周边感染番茄叶霉病的病叶，之后用清水冲洗病斑再用喷雾器接种，最后一次接种时间距离第一次施药时间 14 天左右。

1.4 试验调查和计算方法

试验调查方法参照国家标准进行：杀菌剂防治番茄叶霉病按 GB/T 17980.111—2004 要

求执行。每个小区5点，每点3片叶，分上下部分别调查。调查时间为每次施药前，药后7天、14天、21天。防效计算依照该国标中的方法进行。

1.5 数据分析

用SPSS（IBM SPSS Statistics 23）数据处理系统对所获得的试验数据进行邓肯式新复极差（DMRT）检验。

2 结果与分析

2.1 杀菌剂对叶霉病的防治效果

2018年试验中的各处理防效见表1。由表1可以看出，第二次施药后9天，200 g/L氟酰羟·苯甲唑悬浮剂90 g/hm^2、180 g/hm^{2}对番茄叶霉病防治效果为69.45%、59.49%。第二次施药后15天，200 g/L氟酰羟·苯甲唑悬浮剂90 g/hm^2、180 g/hm^{2}对番茄叶霉病防治效果为87.30%、92.26%。第二次施药后21天，200 g/L氟酰羟·苯甲唑悬浮剂90 g/hm^2、180 g/hm^{2}对番茄叶霉病防治效果为89.78%、93.12%，在这3次调查当中，200 g/L氟酰羟·苯甲唑悬浮剂两个剂量的防效之间没有显著性差异，其与其他几个处理之间也没有显著性差异。

表1 不同杀菌剂对番茄叶霉病的预防效果

供试药剂	剂量（g/hm^2）	第二次药后9天		第二次药后15天		第二次药后21天	
		病情指数	防效	病情指数	防效	病情指数	防效
CK（清水）		22.41		39.44		99.63	
200 g/L氟酰羟·苯甲唑悬浮剂	90.00	7.41	69.45aA	5.00	87.30aA	10.19	89.78aA
200 g/L氟酰羟·苯甲唑悬浮剂	180.00	5.56	59.49aA	3.15	92.26aA	6.85	93.12aA
29%吡唑萘菌胺·嘧菌酯悬浮剂	146.25	6.11	75.35aA	4.44	88.96aA	6.67	93.30aA
29%吡唑萘菌胺·嘧菌酯悬浮剂	292.50	6.30	70.15aA	5.19	87.11aA	12.59	87.36aA
12%苯醚甲环唑·氟唑菌酰胺悬浮剂	112.50	5.74	69.21aA	3.89	91.02aA	7.78	92.18aA

注：同列不同大写字母表示差异极显著（P=0.01），同列不同小写字母表示差异显著（P=0.05）。

2019年试验结果见表2。由试验结果可知，第一次药后11天200 g/L氟酰羟·苯甲唑悬浮剂135 g/hm^2、180 g/hm^{2}对番茄叶霉病的防治效果分别为58.37%、72.65%。这2个浓度的防效没有显著性差异。200 g/L氟酰羟·苯甲唑悬浮剂135 g/hm^{2}的效果与其他3个处理相比有显著性差异，其防效明显偏低。200 g/L氟酰羟·苯甲唑悬浮剂180 g/hm^{2}的效果与其他3个处理没有显著性差异，其防效相当。

第二次药后7天200 g/L氟酰羟·苯甲唑悬浮剂135 g/hm^2、180 g/hm^{2}对番茄叶霉病的防治效果分别为75.98%、76.97%，这2个处理之间防效没有显著性差异。200 g/L氟酰羟·苯甲唑悬浮剂180 g/hm^{2}与200 g/L氟酰羟·苯甲唑悬浮剂180 g/hm^2+有机硅乳油0.1%（89.41%）、43%氟吡菌酰胺·肟菌酯悬浮剂225 g/hm^2（86.79%）有极显著性差异。

200 g/L 氟酰羟·苯甲唑悬浮剂 180 g/hm^2+有机硅乳油 0.1%对番茄叶霉病防效为 89.41%，与对照药剂 43%氟吡菌酰胺·肟菌酯悬浮剂 225 g/hm^2（86.79%）没有显著性差异，二者防效相当。

表 2　不同杀菌剂对番茄叶霉病的预防效果

试验药剂	剂量（g/hm^2）	第一次药后 11 天		第二次药后 7 天		第二次药后 12 天	
		病指	防效	病指	防效	病指	防效
CK（清水）		56.30		77.04		94.81	
200 g/L 氟酰羟·苯甲唑悬浮剂	135	23.33	58.37Bb	18.52	75.98Bc	29.63	68.71Cb
200 g/L 氟酰羟·苯甲唑悬浮剂	180	15.19	72.65ABab	17.78	76.97Bbc	24.81	73.77BCb
200 g/L 氟酰羟·苯甲唑悬浮剂+0.1% Breakthru	180+0.1%	10.37	81.55Aa	8.15	89.41Aa	8.52	90.86Aa
200 g/L 氟酰羟·苯甲唑悬浮剂+1.8%阿维菌素乳油	180+8.1	12.78	76.72ABa	12.96	83.19ABab	15.74	83.33ABa
43%氟吡菌酰胺+肟菌酯悬浮剂	225	10.00	81.73Aa	10.19	86.79Aa	13.70	85.60Aa

注：同列不同大写字母表示差异极显著（P=0.01），同列不同小写字母表示差异显著（P=0.05）。

第二次药后 12 天 200 g/L 氟酰羟·苯甲唑悬浮剂 135 g/hm^2、180 g/hm^2 对番茄叶霉病的防治效果分别为 68.71%、73.77%，这两个处理的防效没有显著性差异。200 g/L 氟酰羟·苯甲唑悬浮剂 180 g/hm^2 与 200 g/L 氟酰羟·苯甲唑悬浮剂 180 g/hm^2+有机硅乳油 0.1%（90.86%）、43%氟吡菌酰胺·肟菌酯悬浮剂 225 g/hm^2（85.60%）有极显著性差异，其防效较二者偏低。200 g/L 氟酰羟·苯甲唑悬浮剂 180 g/hm^2+有机硅乳油 0.1%、200 g/L 氟酰羟·苯甲唑悬浮剂 180 g/hm^2+1.8%阿维菌素乳油 8.1 g/hm^2 对茄叶霉病防效为 90.86%、83.33%，二者与 43%氟吡菌酰胺+肟菌酯悬浮剂 225 g/hm^2（85.60%）没有显著性差异。

2.2　杀菌剂对番茄作物安全性

这两年的试验期间，未发现试验中的药剂对番茄叶片、花、果实有任何不良影响，说明试验中的各个处理对作物安全，没有安全性问题。

3　结论与讨论

番茄叶霉病的孢子飘散到叶片后，遇合适条件在 85%以上的湿度条件下开始萌发，菌丝感受到环境湿度的变化后由气孔侵入叶片，整个过程在 1~2 天内完成[11]。进入气孔后，菌丝开始加粗，并深入叶肉海绵组织或者栅栏组织细胞之间吸取营养。经过一段时间后，菌丝在亚气孔中间产生菌丝合体，分生孢子梗产生后再由气孔伸出，孢子梗上串生的孢子飘散到叶面后再侵染番茄叶片。番茄叶霉病的一个特点是潜伏期相对较长，翟亚娟[12]研究发现番茄叶霉病菌在供试的月光 908 等 30 多个品种的番茄上潜伏期从 14~32 天不等。该特点要求防治叶霉病过程须在早期防治用药。农户在种植的过程中，往往看到明显的症状的时候才开始施药，这个时候病害往往已经较重，这也是导致生产中防效不佳的原因。

200 g/L 氟酰羟・苯甲唑悬浮剂 180 g/hm^2 在 2018 年和 2019 年对番茄叶霉病的防效在药后 14 天分别为 92.26%和 73.77%。造成防效差异的原因：一是两年的病害压力不同，二在于施药时间不同。2018 年病害自然发生，做预防性施药，药后 21 天依然有 90%以上防效。2019 年的试验第一次施药时叶片发病率不到 1%，但是考虑到之前有接种，综合该病害潜伏期较长特点来看，施药时大量病菌已经完成侵入过程，相当于治疗性用药。这就导致氟唑菌酰羟胺这个保护性杀菌剂没有充分发挥其在菌丝侵入前对番茄叶片的保护作用。这可能是导致药剂防效下降的主要原因。200 g/L 氟酰羟・苯甲唑悬浮剂在加入有机硅或者和阿维菌素乳油混用后防效有明显的提升，可能的原因是乳油类产品能够提高药剂的展着性和渗透性，使得更多的药剂能够附着叶表或者深入叶片内部，所以防效提升明显。

番茄叶霉病生理小种分化很快，目前至少已研究确定了 13 个生理小种[13]。快速分化的生理小种给农药使用者和农药研究相关工作人员带来较大的压力。在环保压力和农药研发成本不断提高的今天，科学合理使用农药变得更加重要。结合 2018 年和 2019 年的试验数据，建议在番茄叶霉病零星发病或者发病前使用 200 g/L 氟酰羟・苯甲唑悬浮剂 180 g/hm^2 防治番茄叶霉病，必要时加入有机硅等助剂以提高防效。一季作物使用 2~3 次，间隔 7~10 天，后期如有需要，可轮换其他作用机理不同的杀菌剂使用。

参考文献（略）

400 g/L 氯氟醚菌唑 SC 防治水稻纹枯病药效试验

冯希杰*，陈贝贝，陈荣桂
［巴斯夫（中国）有限公司，上海 201200］

摘要：为探索 400 g/L 的氯氟醚菌唑（商品名：Revysol®）SC 对水稻纹枯病的防效，巴斯夫从 2015 年起便一直进行田间药效探索性试验，本文报告了 2016 年及 2017 年巴斯夫上海农业试验站的其中 4 次试验结果。综合试验结果表明：400 g/L 的氯氟醚菌唑 SC 在二次药后 7 天防效为 77%～97.5%，14 天的防效为 78.8%～82.6%，均显著优于大部分对照药剂；在二次药后 28 天和 38 天时，400 g/L 氯氟醚菌唑的防效分别高于 97%和 69.5%，均明显高于其他对照药剂。说明 400 g/L 氯氟醚菌唑不单只对水稻纹枯病高效，且具有更长的持效期。推荐使用 400 g/L 的氯氟醚菌唑 225 mL/hm^2，在水稻分蘖期和破口期间各使用一次，用于防治水稻纹枯病。

关键词：氯氟醚菌唑；水稻纹枯病；锐收；防效

The efficacy trial of 400 g/L Mefentrifluconazole SC against Rice sheath blight

FENG Xijie*，CHEN Beibei，CHEN Ronggui
［*BASF*（*China*）*Co.*，*Ltd.*，*Pudong District*，*Shanghai* 201200，*China*］

Abstract：BASF has been studying the efficacy of 400 g/L Mefentrifluconazole（Revysol®）SC on controlling rice sheath blight since 2015. In this paper，the 4 trial results from BASF Shanghai Agricultural Solution Farm in 2016 and 2017 were reported. According to the trial results，the control efficacy of 400 g/L Mefentrifluconazole was 77%～97.5% at 7 days and 78.8%～82.6% at 14 days after 2nd application，which was significantly higher than other treatments；at 28 and 38 days after 2nd application，the control efficacy of 400 g/L Mefentrifluconazole were higher than 97% and 69.5%，respectively，however still significantly higher than that of other treatments. The results showed that 400 g/L Mefentrifluconazole was not only highly effective against rice sheath blight，but also had a longer effective period. It is recommended to use Mefentrifluconazole（400 g/L，225 mL/hm^2）once at tillering and booting stage，respectively to control rice sheath blight.

Key words：Mefentrifluconazole；rice sheath blight；revysol；control efficacy

水稻纹枯病俗称云纹病、花脚秆、烂脚秆，是由立枯丝核菌（*Rhizoctonia solani*）感染得病，多在高温、高湿条件下发生，是水稻生产上的主要病害[1]。近年来由于受气候条件、田间菌源、种植密度和稻田施肥水平等因素的影响，上海及周边地区的水稻纹枯病呈现发病早、发病重的趋势[2,3]。目前，上海主栽水稻品种对水稻纹枯病抗性差，偶遇高温高湿天气，或水稻种植浓密，则非常有利于纹枯病的大面积发生[4]。纹枯病使水稻不能抽穗，或抽穗的秕谷增多，严重影响水稻的产量及品质，进而影响水稻的价值[5]。从目前市面上提

* 第一作者：冯希杰，从事杀菌剂技术开发；E-mail：xijie.feng@basf.com

供的水稻纹枯病的解决方案来看，主要依靠化学药剂进行防治，因此筛选出绿色安全高效且持效期长的化学药剂是当务之急。

氯氟醚菌唑（商品名：锐收® 佳美）是巴斯夫公司继 1992 年上市氟环唑以来，历经多年研发后的又一创制性的全新三唑类产品，同时填补了世界范围内近 20 年未有新三唑类产品诞生的空白。氯氟醚菌唑拥有独特的异丙醇结构基团，使其表现出超高的灵活性，与靶标的结合活性和强度远高于传统三唑类产品，从而表现出更持久和更优秀的防效；与其他三唑类无交互抗性，具有优秀的抗性管理能力；基本不参与植物代谢，对作物及人畜安全，符合全球登记法规的安全要求。为了探索 400 g/L 氯氟醚菌唑 SC 对水稻纹枯病的用量及防效，巴斯夫从 2015 年起一直进行田间药效试验，旨在为高效预防水稻纹枯病提供解决方案。

1 材料和方法

1.1 材料

1.1.1 供试农药

400 g/L 氯氟醚菌唑 SC（巴斯夫欧洲公司）；75%肟菌·戊唑醇 WG（市售）；10%苯醚甲环唑 WG（市售）；430 g/L 戊唑醇 EW（市售）；25%己唑醇 SC（市售）；240 g/L 噻呋酰胺 SC（市售）。

1.1.2 试验地条件

试验地选择在巴斯夫（中国）有限公司上海农业试验站，该试验站位于上海市奉贤区庄行镇长堤村，试验地的土壤质地均为黏壤土，pH 值 6.3，速效氮 4.58 mg/kg、有效磷 1.66 mg/kg、速效钾 0.02 mg/kg；温度约 35℃，湿度 35%左右。

1.2 方法

1.2.1 试验基本信息

本报告中 4 次纹枯病试验均在水稻分蘖末期进行第一次施药，第一次施药 10~15 天后即破口期进行第二次施药。试验的基本信息见表 1。

表 1 试验基本信息表

项目	1	2	3	4
水稻品种	宝农 34	宝农 34	早优青梗	早优青梗
试验场地	F5 北面	F5 南面	F5 南面	F5 北面
施药次数	2	2	2	2
分蘖期	2016.07.21	2016.08.01	2017.07.21	2017.07.28
破口期	2016.08.05	2016.08.15	2017.07.31	2017.08.07

施药器械选择二氧化碳喷雾器进行人工均匀喷雾，各处理设置 4 个重复，每个重复面积为 12 m^2，用水量为 500 L/hm^2，相邻处理间设有保护行。

1.2.2 调查时间及方法

试验一调查时间分别是二次药后 11 天、20 天和 38 天，分别调查病指和安全性。

试验二调查时间分别是二次药后 7 天、14 天和 28 天，分别调查病指和安全性。

试验三和试验四的调查时间分别是二次药后 7 天、21 天和 28 天，分别调查病指和安全性。

调查方法是根据水稻叶鞘和叶片危害症状程度分级，以株为单位，每小区对角线五点取样，每点调查相连5丛，共25丛，记录总株数、病株数和病级。水稻纹枯病的分别标准如下[6]。

0级：全株无病；

1级：第四叶片及其以下各叶鞘、叶片发病（以剑叶为第一片叶）；

3级：第三叶片及其以下各叶鞘、叶片发病；

5级：第二叶片及其以下各叶鞘、叶片发病；

7级：剑叶叶片及其以下各叶鞘、叶片发病；

9级：全株发病，提早枯死。

1.2.3 药效计算方法

药效按式（1）、式（2）计算：

$$\text{病情指数} = \frac{\sum[\text{各级病叶数} \times \text{相对级数值}]}{\text{调查总叶数} \times 9} \times 100 \quad (1)$$

$$\text{防治效果}(\%) = \left(1 - \frac{CK_0 \times PT_1}{CK_1 \times PT_0}\right) \times 100 \quad (2)$$

式中，CK_0——空白对照区施药前病情指数；

CK_1——空白对照区施药后病情指数；

PT_0——药剂处理区施药前病情指数；

PT_1——药剂处理区施药后病情指数。

1.2.4 统计学方法

本试验结果运用ARM 2019.5进行显著性分析。

2 结果与分析

2.1 试验一不同处理对水稻纹枯病的防效

根据试验一的结果（表2），二次药后11天时，空白处理的病指为32.4，所有供试药剂病指均显著低于空白处理，其中防效最低的为戊唑醇（52%），而400 g/L氯氟醚菌唑中剂量和低剂量的防效则显著高于其他处理。在二次药后38天时，空白病指上升至73，此时除了400 g/L氯氟醚菌唑的三个剂量仍能保持显著高防效（89.9%~91.8%），其余处理的防效均显著下降，例如戊唑醇及己唑醇的防效分别下降至7.5%和1.8%，基本失去防效。在本试验所有调查中，400 g/L氯氟醚菌唑三个剂量的防效（均高于80%）均显著高于其他处理。

表2 试验一不同处理对水稻纹枯病防效的比较

处理	药剂	有效成分用量（g/hm²）	制剂用量（g、mL/hm²）	二次药后11天		二次药后20天		二次药后38天	
				平均病指	病指防效（%）	平均病指	病指防效（%）	平均病指	病指防效（%）
1	CK	—	—	32.4a	—	42.1a	—	73.9a	—

（续表）

处理	药剂	有效成分用量（g/hm²）	制剂用量（g、mL/hm²）	二次药后11天		二次药后20天		二次药后38天	
				平均病指	病指防效（%）	平均病指	病指防效（%）	平均病指	病指防效（%）
2	400 g/L 氯氟醚菌唑 SC	90	225	4.4f	86.5	5.4e	87.1	6.1e	91.8
3	400 g/L 氯氟醚菌唑 SC	100	250	4.4f	86.5	5.8e	86.2	7.1e	90.4
4	400 g/L 氯氟醚菌唑 SC	110	275	5.8e	81.9	6.9de	83.7	7.50e	89.9
5	430 g/L 戊唑醇 EC	110	255.8	15.5b	52.1	35.7b	15.1	68.4b	7.5
6	10%苯醚甲环唑 WG	110	1 100	12.1c	62.7	8.9d	78.9	15.9d	78.5
7	25%己唑醇 SC	50	200	7.5d	76.8	37.8b	10.2	72.6a	1.8

注：表中数值为4次重复的平均值。小写字母不同表示同一列数值在5%水平上差异显著，下表同。

2.2 试验二不同处理对水稻纹枯病的防效

根据试验二的结果（表3），二次药后7天，空白处理的病指为38.9，显著高于其他药剂处理；至二次药后14天，空白处理的病指继续升高，达到70.4，药效处理中防效最低的是戊唑醇，其病指达34.88。在二次药后38天时，空白处理病指达78.7，不同剂量的400 g/L 氯氟醚菌唑在二次药后38天依然保持很高的防效（69.5%~78.1%），而其余处理药后38天防效均低于60%，显著低400 g/L 氯氟醚菌唑的所有处理。

表3 试验二不同处理对水稻纹枯病防效的比较

处理	药剂	有效成分用量（g/hm²）	制剂用量（g、mL/hm²）	二次药后7天		二次药后14天		二次药后38天	
				平均病指	病指防效（%）	平均病指	病指防效（%）	平均病指	病指防效（%）
1	CK	—	—	38.9a	—	70.4a	—	78.7a	—
2	400 g/L 氯氟醚菌唑 SC	90	225	6.5ef	83.4	14.9e	78.7	20.9ef	73.4
3	400 g/L 氯氟醚菌唑 SC	100	250	8.9def	77.0	12.3fg	82.6	23.9e	69.5
4	400 g/L 氯氟醚菌唑 SC	110	275	5.2f	96.6	12.9f	81.7	17.2f	78.1
5	430 g/L 戊唑醇 EC	110	255.8	18.5bc	52.41	34.88c	50.43	42.2c	46.4
6	10%苯醚甲环唑 WG	110	1 100	24.0b	38.5	40.4b	42.6	53.5b	31.9
7	25%己唑醇 SC	50	200	14.1cd	63.9	25.5d	63.7	34.8d	55.8

2.3 试验三不同处理对水稻纹枯病的防效

根据试验三的结果（表4），噻呋酰胺在对水稻纹枯病的防效较差，其他处理药剂对水稻纹枯病的防效均较好，至二次药后 21 天之前，75% 肟菌·戊唑醇与 400 g/L 氯氟醚菌唑对水稻纹枯病的防效均无显著性差异；二次药后 28 天后，这两个处理病指虽无差异，但 400 g/L 的氯氟醚菌唑的防效高于 75% 肟菌·戊唑醇。

表 4　试验三不同处理对水稻纹枯病防效的比较

处理	药剂	有效成分用量（g/hm^2）	制剂用量（g、mL/hm^2）	二次药后 7 天		二次药后 21 天		二次药后 28 天	
				平均病指	病指防效（%）	平均病指	病指防效（%）	平均病指	病指防效（%）
1	CK	—	—	49. 9a	—	57. 1a	—	54. 7a	—
2	400 g/L 氯氟醚菌唑 SC	120	300	1. 2c	97. 5	2. 4c	95. 8	1. 7b	97. 0
3	75%肟菌·戊唑醇 WG	169	225	1. 9c	96. 2	4. 0c	93. 1	6. 9b	87. 4
4	240 g/L 噻呋酰胺	83	345	30. 0b	39. 9	43. 7b	23. 4	47. 4a	13. 4

2. 4　试验四不同处理对水稻纹枯病的防效

根据试验四的结果（表 5），噻呋酰胺对水稻纹枯病的防效依旧不理想，在各调查时期防效均在 30. 6%～44. 7%，显著低于氯氟醚菌唑（91. 2%～94. 1%）与 75%肟菌·戊唑醇（91%～91. 5%）。在此试验中，400 g/L 氯氟醚菌唑与 75%肟菌·戊唑醇无显著性差异，在二次药后 28 天调查时，前者防效略高于后者，但均无显著性差异。

表 5　试验四不同处理对水稻纹枯病防效的比较

处理	药剂	有效成分用量（g/hm^2）	制剂用量（g、mL/hm^2）	二次药后 7 天		二次药后 21 天		二次药后 28 天	
				平均病指	病指防效（%）	平均病指	病指防效（%）	平均病指	病指防效（%）
1	CK	—	—	38. 0a		51. 5a		55. 7a	
2	400 g/L 氯氟醚菌唑 SC	120	300	3. 3c	91. 2	4. 0c	92. 3	3. 3c	94. 1
3	75%肟菌·戊唑醇 WG	169	225	3. 4c	91. 0	4. 4c	91. 5	4. 9c	91. 2
4	240 g/L 噻呋酰胺	83	345	21. 0b	44. 7	30. 6b	40. 5	38. 0b	31. 7

3　结论与讨论

根据上述 4 场试验结果可知，氯氟醚菌唑对水稻纹枯病具有特效且防效显著优于同类三唑类药剂。二次药后 7 天、14 天时，氯氟醚菌唑的防效（78. 7%～82. 6%）明显优于对照药剂戊唑醇、苯醚甲环唑及己唑醇的 50. 4%～63. 7%（表 3）。另外，氯氟醚菌唑对水稻纹枯病的防效不仅优于同类三唑类单剂，同时还等同或优于市场常用混剂。在二次药后 28 天，氯氟醚菌唑在用量为 300 mL/hm^2 时防效为 97%，高于对照药剂（75%肟菌·戊唑醇）的

87.4%（表4）。随着病害压力逐渐加重，在二次药后28~38天时，大部分情况下，氯氟醚菌唑的防效均能稳定保持在90%以上（表2、表4、表5），在药后间隔如此长的时间里，氯氟醚菌唑依然能长效保护水稻，抑制纹枯病的发展，由此可见氯氟醚菌唑具有长持效性。

值得一提的是，各试验虽然试验条件及病害压力均有差异，部分对照药剂因此表现出差异较大的防治效果，例如10%苯醚甲环唑在2个试验中的二次药后38天，防效分别为78.5%和31.9%（表2、表3），然而在所有试验的最后一次调查中，氯氟醚菌唑各剂量的处理均一致保持89%~97%的防效，虽仅在试验二中表现出69.5%~78.1%的防效，但仍然显著高于同试验中的其他处理。由此说明氯氟醚菌唑对于水稻纹枯病防效稳定。

综上所述，氯氟醚菌唑对于防治水稻纹枯病，防效优异且稳定，并具有持效期长等特点。推荐使用剂量为225~250 mL/hm^2，分别于分蘖期及破口期各使用一遍，既可以有效防止水稻纹枯病侵染，又可以长期保护水稻，从而保证水稻产量及品质。

参考文献

［1］ 袁锦南．几种井冈霉素复配剂防治水稻纹枯病田间药效试验［J］．农业科技通讯，2020（7）：52-54.

［2］ 曹云，何吉，王华，等．52%噻呋·戊唑醇悬浮剂防治水稻纹枯病试验简报［J］．上海农业科技，2020（2）：108-109.

［3］ 席东，胡永，张琳，等．19%丙环·嘧菌酯SC等药剂防治水稻纹枯病田间药效试验［J］．上海农业科技，2019（6）：117-118.

［4］ 张伶，吴小兵，任晓丽．几种药剂对水稻纹枯病药效试验初报［J］．农业开发与装备，2020（2）：91，66.

［5］ 何书武，喻永冰，余礼涛，等．18.7%丙环·嘧菌酯悬乳剂防治水稻纹枯病药效试验研究［J］．现代农业科技，2019（12）：81.

灰葡萄孢苯胺基嘧啶类杀菌剂抗性候选基因 *Bcpos5* 的功能分析*

吴敏怡**，范　飞，罗朝喜***

（果蔬园艺作物种质创新与利用全国重点实验室，
华中农业大学植物科学技术学院，武汉　430070）

摘要：苯胺基嘧啶类杀菌剂（APs）作为一类常用杀菌剂，对灰葡萄孢等多种子囊菌有特效。前期有研究利用全基因组测序和反向遗传学方法，发现灰葡萄孢中包含 *Bcpos5* 在内的 9 个线粒体基因的点突变能引起 APs 抗性。本研究利用 PEG 介导的遗传转化方法，对抗性菌株 HBTom-400 中的 *Bcpos5* 基因进行敲除和原位回补，并通过测定纯合敲除转化子和回补转化子相关表型来探究基因 *Bcpos5* 的功能。结果表明，*Bcpos5* 敲除转化子除菌丝生长速率显著低于亲本菌株和回补菌株，但对苯胺基嘧啶类杀菌剂嘧菌环胺的抗性、对外源胁迫的敏感性、产孢量、孢子萌发率、产酸和致病力等方面均无显著差异，表明 *Bcpos5* 与菌丝生长有关，并不参与灰葡萄孢的 AP 抗性、对外源胁迫的敏感性等其他表型。

关键词：灰葡萄孢；苯胺基嘧啶类杀菌剂；抗药性；*Pos5* 基因；基因功能

Functional analysis of AP fungicide resistance associated gene *Bcpos5* *

WU Minyi[1,2]**, FAN Fei[1,2], LUO Chaoxi[1,2]***

(*National Key Laboratory of Germplasm Innovation & Utilization of Horticultural Crops*; *College of Plant Sciences and Technology*, *Huazhong Agricultural University*, *Wuhan* 430070, *China*)

Abstract: Anilinopyrimidine fungicides (APs), one of the common fungicide groups, have specific effects on many ascomycetes including *Botrytis cinerea*. In previous study, it was found that point mutations in nine mitochondrial genes of *B. cinerea* such as *Bcpos5* can cause resistance to APs using whole genome sequencing and reverse genetics. This study focused on the function of gene *Bcpos5*, the corresponding knockout and complemented transformants of *Bcpos5* were obtained from the resistant parental isolate by PEG mediated genetic transformation. The phenotypic assay showed that *Bcpos5* knockout transformants were significantly decreased than parental isolate and complemented transformants on mycelium growth, but there were no significant difference in terms of the resistance to cyprodinil, sensitivity to exogenous stresses, sporulation, conidial germination, acid production and virulence. These results indicated that *Bcpos5* was related to mycelium growth and did not participate in other phenotypes such as cyprodinil resistance and sensitivity to exogenous stresses of *B. cinerea*.

Key words: *Botrytis cinerea*; Anilinopyrimidines; Fungicide resistance; *Bcpos5* gene; Gene function

---

* 基金项目：国家自然科学基金（32061143041；32102252）

** 第一作者：吴敏怡；E-mail：460566501@ qq. com

*** 通信作者：罗朝喜；E-mail：cxluo@ mail. hzau. edu. cn

灰葡萄孢（*Botrytis cinerea* Pers.）为无性真菌类葡萄孢属，其引起的灰霉病是世界十大植物病害之一，可危害包括番茄、草莓、葡萄在内的多种重要瓜果蔬菜和园艺作物[1,2]。目前，化学防治依旧是防治灰霉病的主要手段。截至2020年5月，我国已存在470余种杀菌剂商品用于灰霉病防治[3]。由于灰葡萄孢菌繁殖快速、适应性强、容易发生基因突变，灰葡萄孢菌已对市面上多种主流化学杀菌剂产生不同程度抗性[4]。

苯胺基嘧啶类杀菌剂（APs）于20世纪90年代初用于农业生产，属于氨基酸和蛋白质合成抑制剂[5]，目前在我国使用较多的是嘧霉胺和嘧菌环胺[3]。APs对灰霉病、白粉病、小麦基腐病、苹果疮痂病、苹果青霉病、柑橘绿霉病等均有较好的防治效果[6-8]，同时APs与其他类别的常用杀菌剂均不存在交互抗性[9]。继APs广泛应用于灰葡萄孢的防治后，瑞士、法国、智利等地相继发现了灰葡萄孢对这类药剂的抗性[10-12]。

APs的作用机制尚无明确定论。目前APs的作用机制普遍归纳为以下两方面：①抑制菌丝体内甲硫氨酸的生物合成，从而抑制菌丝的生长，然而已有研究证明甲硫氨酸的合成并非APs的主要靶标[13]；②APs可能通过抑制蛋白酶、脂酶等真菌水解酶和纤维素酶、果胶酶等细胞壁降解酶的活性和分泌，降低病原菌的致病力[14,15]。这类作用机理研究虽然没能发现APs的靶标，但为后续作用机理研究奠定了生物学基础。

通过抗性和敏感菌株的有性杂交发现AP抗性由单主效基因引起。此外APs在抗性菌株菌丝中的积累并没有减少[11]。因此AP抗性可能受未知单主效基因的点突变调控[16]。近期有研究通过全基因组测序和反向遗传学方法，发现灰葡萄孢包括*Bcpos5*在内的9个参与线粒体活动基因的点突变能引起APs抗性，同时将APs的主要靶标指向了线粒体，见图1[17]。在酵母中，*Pos5*基因编码目前线粒体基质中唯一已知的NADH激酶Pos5p。Pos5p既是线粒体中合成$NADP^+$和NADPH的关键酶，又为多种$NADP^+$依赖性脱氢酶提供$NADP^+$从而还原产生NADPH[18,19]。因此，Pos5p保障了线粒体基质中NADPH的供应，对线粒体部分功能的维持有非常重要的作用[18,20]。*Pos5*基因的缺失会破坏细胞抗氧化性能，导致呼吸功能产生缺陷[17]。

本研究利用PEG介导的遗传转化技术将抗性候选基因*Bcpos5*在抗性亲本菌株HBTom-400中敲除和回补，通过对比亲本菌株、敲除转化子和回补转化子的表型变化，分析灰葡萄孢*Bcpos5*基因的生物学功能和对APs抗性的关系，以探明APs的作用机制和抗性机制。

1 材料与方法

1.1 实验菌株

本研究中灰葡萄孢对苯胺基嘧啶类杀菌剂抗性菌株由华中农业大学李国庆老师馈赠，采于湖北省番茄保护地，菌株名为HBTom-400。敲除转化子均以HBTom-400为亲本菌株通过基因敲除获得。实验菌株20℃恒温培养于PDA平板上。

1.2 实验试剂

PCR Master Mix：翌圣生物科技（上海）股份有限公司。

DNA Marker、PCR产物回收试剂盒、一步法gDNA去除及cDNA合成试剂盒：北京全式金生物有限公司。

DNA凝胶回收试剂盒：安诺伦（北京）生物科技有限公司。

蜗牛酶（Snailase）：上海源叶生物科技有限公司。

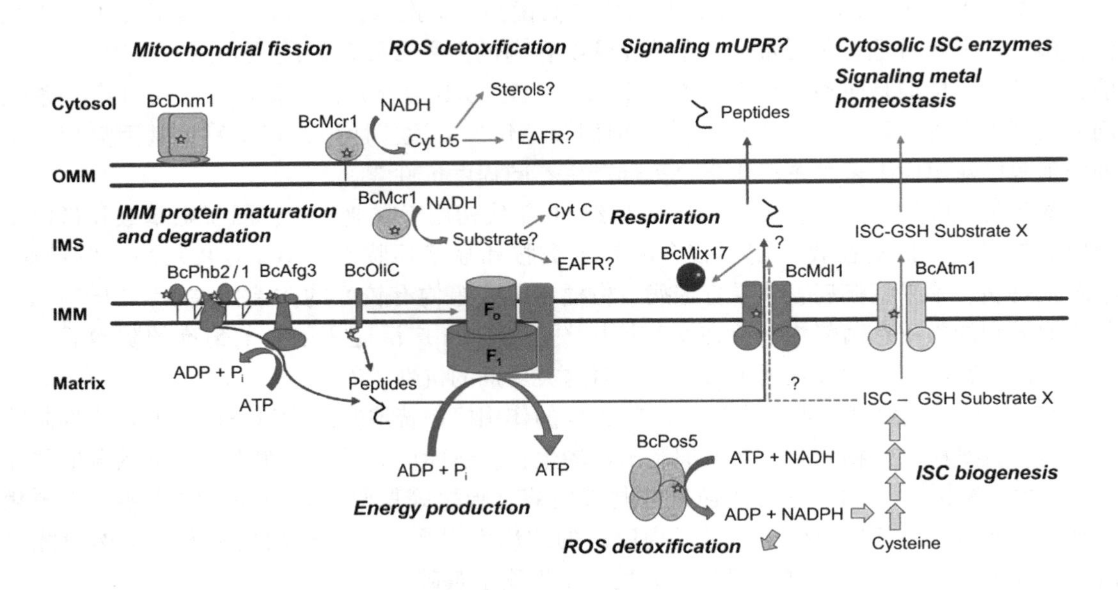

图 1　嘧菌环胺抗性相关线粒体蛋白的假定作用模型[17]

溶壁酶（Lysing Enzymes from Trichoderma harzianum）：Sigma-aldrich 公司。

1.3　灰葡萄孢基因组 DNA，总 RNA 提取及 cDNA 制备

参照 Chi MH 等发表的方法取基因组 DNA[21]。提取总 RNA 后用 1%的琼脂糖凝胶进行电泳检测，确认 RNA 降解程度；用 Nanodrop 测定浓度；利用 cDNA 第一链合成试剂盒进行反转录。

1.4　基因表达量的测定

采用实时荧光定量 PCR 对原始菌株 HBTom-400 及敲除和回补转化子中 *Bcpos*5 基因的相对表达量进行测定。将每个菌株在 PDA 平板上培养，菌丝布满玻璃纸表面后收集菌丝并提取 RNA，反转录获得 cDNA。以灰葡萄孢病菌 *β-tubulin* 作为内参基因，以引物 Bcpos5-RTF、Bcpos5-RTR 进行 PCR 扩增（引物序列详见附录 1），以检测 *Bcpos*5 基因的表达量。每个菌株 3 个重复，实验重复 2 次。

1.5　敲除转化子的获得

1.5.1　引物的设计

在 Ensemble fungi 上获得 *Bcpos*5 的上下游 2 000 bp 的序列。分别在 5′端和 3′端的 2 000 bp 处设计引物 F1 和 R2。基因组序列与潮霉素接头处引物设计为 R1-HFr、F2-HRr。扩增潮霉素片段的引物为 HF、HR。在潮霉素中上游设计正向引物 Down-Nest-F，中下游设计反向引物 Up-Nest-R，用于潮霉素片段的检测（引物序列详见附录 1）。

1.5.2　同源片段扩增

第一轮（DJ1）：扩增 *Bcpos*5 基因上臂、下臂和潮霉素片段。

第二轮（DJ2）：将 *Bcpos*5 基因上臂、下臂分别同潮霉素片段通过融合 PCR 进行连接。

第三轮（DJ3）：分别将同源片段上臂、下臂进行扩增。

三轮 PCR 程序结束后，分别获得由目标基因上游序列和潮霉素抗性基因 5′端 2/3 序列

构成的同源上臂、由潮霉素抗性基因 3′端 2/3 序列和目标基因下游序列构成的同源下臂。将产物用 1%琼脂糖凝胶在 1×TAE Buffer 进行电泳检测，若条带大小符合预期则通过 DNA 凝胶回收试剂盒（Gel Extraction Kit）对其切胶回收，并测定浓度。

1.5.3　原生质体的制备和遗传转化

参照 Fei 等制备原生质体和遗传转化的方法[22]。

1.5.4　敲除转化子单孢纯化及验证

灰葡萄孢具有多个细胞核，如需获得纯合的敲除转化子，还应对杂合子进行单孢纯化。纯化完成后提取转化子基因组 DNA，进行纯杂验证，直至获得纯合的敲除转化子。

1.5.5　回补菌株的获得及验证

为进一步明确候选基因在灰葡萄孢生长发育和致病过程中发挥的作用，以 Δ*Bcpos*5-3 为背景菌株，采用同源重组原理的回补策略，以分割标记法对基因 *Bcpos*5 进行原位回补，见图 2。

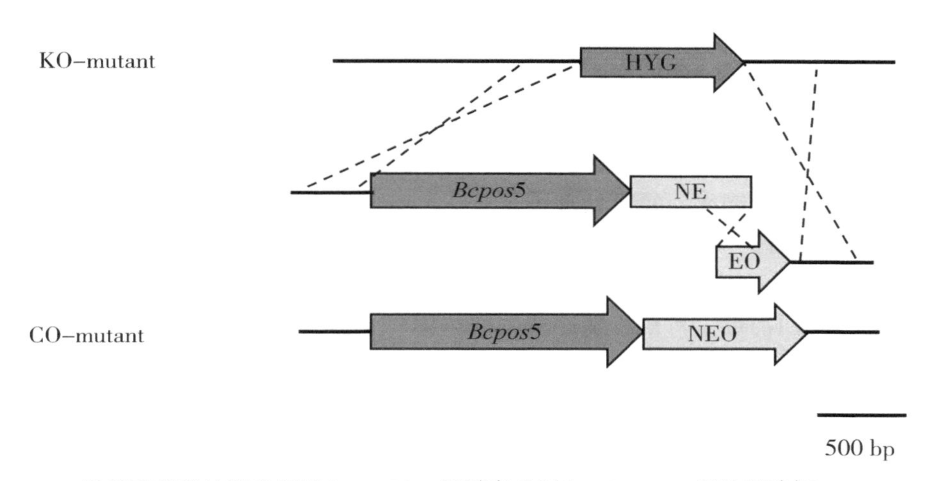

HYG：潮霉素磷酸转移酶基因盒；NEO：新霉素基因盒；*Bcpos*5：开放阅读框

图 2　基因回补策略示意图

1.6　敲除转化子的表型测定

1.6.1　转化子对嘧菌环胺的抗性测定

将原始菌株、敲除转化子和回补转化子接种至 PDA 平板，放置于 20℃ 培养箱培养 3 天后用打孔器在菌丝最边缘打制 4 mm 的菌饼，分别转接至不含嘧菌环胺和含 10 μg/mL 嘧菌环胺的察氏培养基上，每个处理设置 3 次重复。接种后放置 20℃ 培养箱培养 3 天，用十字交叉法量取菌落直径，拍照并记录数据，计算 10 μg/mL 嘧菌环胺处理条件下的菌丝生长抑制率。实验独立重复 3 次。

1.6.2　转化子菌丝生长速率的测定

将原始菌株、敲除转化子和回补转化子接种至 PDA 平板，放置于 20℃ 培养箱培养 3 天后用打孔器在菌丝最边缘打制 4 mm 的菌饼，分别转接至新的 PDA 平板上，每个菌株设置 3 次重复。接种后继续放置 20℃ 培养箱培养 3 天，用十字交叉法量取菌落直径，记录数据并拍照。实验独立重复 3 次。

1.6.3　转化子菌落生物学特性观察

将原始菌株、敲除转化子和回补转化子接种至 PDA 平板，放置于 20℃培养箱培养 3 天后用打孔器在菌丝最边缘打制 4 mm 的菌饼。将菌饼分别转接至新 PDA 平板上，20℃培养 20 天。每个菌株重复 3 次，实验独立重复 3 次。

收集孢子、计算孢子萌发率：在每个 PDA 平板上加入 3 mL 无菌水，制成孢子悬浮液，经双层擦镜纸过滤。取部分滤液稀释 10 倍后滴加 10 μL 至血球计数板，在显微镜下计数。再取部分滤液，适当稀释，滴加 100 μL 至水琼脂（WA）平板，用涂布棒均匀涂布后放置 20℃培养箱培养 12 h，在显微镜下随机选取 100 个孢子，计算孢子萌发率。

收集菌核、计算菌核萌发率：观察记录菌核数，并用无菌的镊子取下菌核，分别经无菌水振荡冲洗，75%的酒精 1 min 浸泡，无菌水除去残留酒精，室温下放置吹干。菌核平分为两份，一份放置 4℃冰箱，一份放置 20℃培养箱。20 天后取出，将菌核平铺至新的 PDA 平板上，20℃培养箱培养 3 天后计算菌核萌发率。

1.6.4　转化子对不同外源胁迫敏感性测定

将原始菌株、敲除转化子和回补转化子接种至 PDA 平板，放置于 20℃培养箱培养 3 天后用打孔器在菌丝最边缘打制 4 mm 的菌饼，分别接种菌饼至含有 0.5 mol/L NaCl、1.2 mol/L Sorbitol、0.01% SDS、5 mmol/L H_2O_2、300 μg/mL CR 的 PDA 平板上，同时接种相同菌饼至新鲜 PDA 平板作为对照，20℃培养箱培养 3 天，用十字交叉法量取菌落直径，拍照记录并计算菌丝生长抑制率。每组处理重复 3 次，实验独立重复 3 次。

1.6.5　转化子致病力测定

选择同一品种大小相似、成熟度接近的番茄果实，分别经清水、75%的乙醇、1%的次氯酸钠溶液进行表面消毒，再用清水冲洗两次去除试剂残留，放置超净工作台，室温吹干。用采血针对番茄表面进行刺伤，在伤口处接种 10 μL 浓度为 1×10^5个/μL 的孢子悬浮液。接种完成后，将番茄放入无菌的塑料盒内，潮湿环境下 20℃室温培养 3 天，十字交叉法测量病斑直径。每个菌株重复 3 次，实验独立重复 3 次。

以上所有表型测定的数据通过 GraphPad Prism 8.0 软件分析作图，用 SPSS 26.0 软件对数据进行单因素方差分析（$P=0.05$）。若标记字母相同，则表示两者间不存在显著差异，反之，则存在显著差异。

2　结果与讨论

2.1　*Bcpos5* 敲除转化子的获得及纯化

为明确 *Bcpos5* 在灰葡萄孢中的功能，将抗性菌株 HBTom-400 中的 *Bcpos5* 基因进行敲除。初步筛选出可在含潮霉素培养基上正常生长的阳性转化子，经单孢纯化获得纯合敲除转化子。使用 Pos5-F1/Check-HYG-R、Pos5-R2/Check-HYG-F、HYG-GF/HYG-GR、Pos5-F5/Pos5-R5 4 对引物进行扩增并验证转化子。PCR 产物电泳结果如图 3B 所示，Δ*Bcpos5*-1、Δ*Bcpos5*-2、Δ*Bcpos5*-3 共 3 个转化子被判定为成功敲除的纯合转化子。提取亲本菌株 HB-Tom-400 和三个敲除转化子的基因组 RNA，经反转录获得 cDNA，用实时荧光定量 PCR 检测 *Bcpos5* 表达量以进一步验证转化子是否纯合。结果表明，三个敲除转化子均为纯合敲除转化子。

2.1.1　回补菌株的获得与验证

为获得 *Bcpos5* 敲除转化子的回补菌株，按照图 2 中的回补策略构建回补片段，将融合

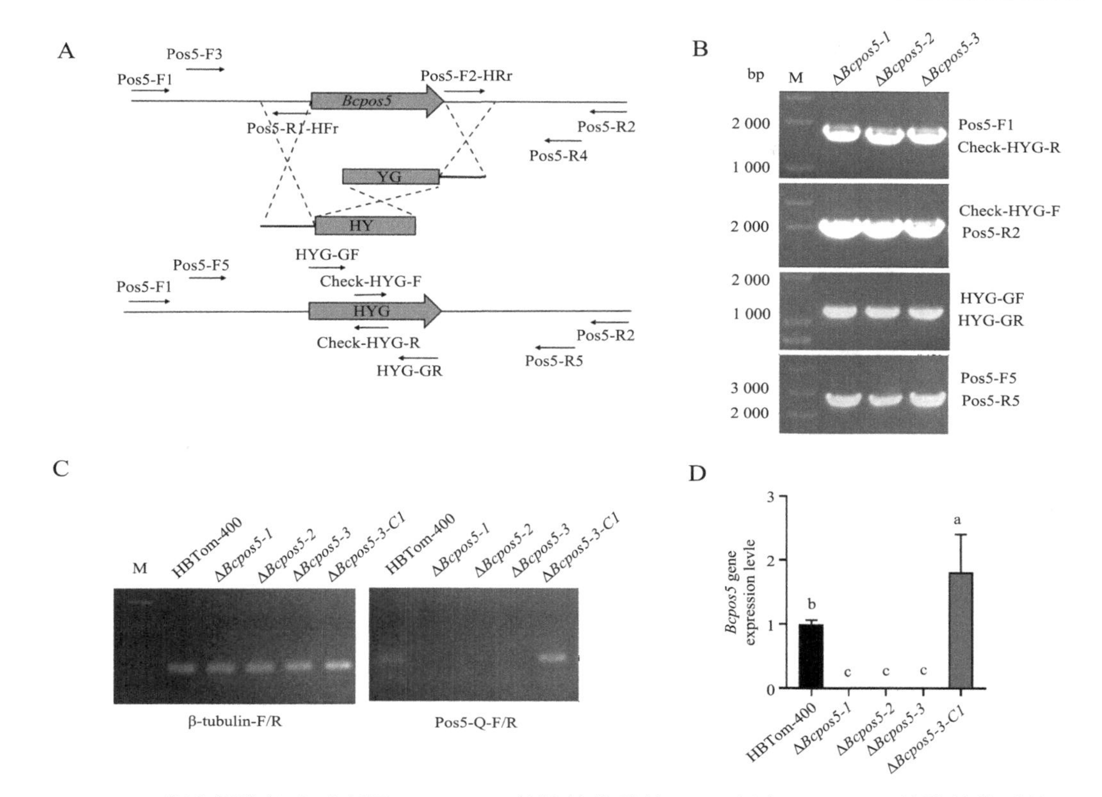

A. *Bcpos*5 靶向敲除策略示意图；B. *Bcpos*5 敲除转化子的 PCR 验证；C. *Bcpos*5 敲除转化子的 RT-PCR 验证；D. *Bcpos*5 敲除转化子的 qRT-PCR 验证。用 SPSS 26.0 软件对数据进行单因素方差分析（$P=0.05$）。数据为平均数±标准差，字母不同表示二者存在显著差异（$P<0.05$）

图 3　*Bcpos5* 的靶向敲除策略及转化子验证

构建的原位回补 DNA 片段转至敲除转化子 Δ*Bcpos*5-3。在含 100 μg/mL 新霉素的 PDA 平板上多代培养后，选择稳定生长的回补转化子，提取基因组 DNA 进行 PCR 验证。使用图 4 中 Pos5-F8/Check-NEO-R、Check-NEO-F/Pos5-R9、Pos5-F11/Pos5-R11、NEO-GF/NEO-GR 四对引物通过 PCR 扩增验证回补转化子。电泳结果如图 4B，Δ*Bcpos*5-3-*C*1、Δ*Bcpos*5-3-*C*2、Δ*Bcpos*5-3-*C*3 被初步判定为阳性回补转化子。随后提取原始菌株 HBTom-400、回补转化子 Δ*Bcpos*5-3-*C*1 的 RNA，经实时荧光定量 PCR 进一步验证。结果如图 4C 所示，回补转化子 Δ*Bcpos*5-3-*C*1 中 *Bcpos*5 基因已恢复表达。后续研究均选用回补转化子 Δ*Bcpos*5-3-*C*1 进行。

2.1.2　*Bcpos*5 敲除转化子对嘧菌环胺的抗性测定

用十字交叉法测定亲本抗性菌株 HBTom-400，敲除转化子 Δ*Bcpos*5-1、Δ*Bcpos*5-2、Δ*Bcpos*5-3 和回补转化子 Δ*Bcpos*5-3-*C*1 分别在不含嘧菌环胺和含 10 μg/mL 嘧菌环胺的察氏培养基上的菌落直径，计算各菌株的菌丝生长抑制率。结果如图 5 所示，三个敲除转化子的菌丝生长抑制率相比亲本菌株和回补菌株无显著差异（$P>0.05$），说明 *Bcpos*5 基因的敲除不影响灰葡萄孢对嘧菌环胺的抗性。

2.1.3　*Bcpos*5 敲除转化子菌丝生长速率的测定

用十字交叉法测定亲本抗性菌株 HBTom-400、敲除转化子 Δ*Bcpos*5-1、Δ*Bcpos*5-2、Δ*Bcpos*5-3 和回补转化子 Δ*Bcpos*5-3-*C*1 在 PDA 培养基上的菌落直径。如图 6 所示，三个敲

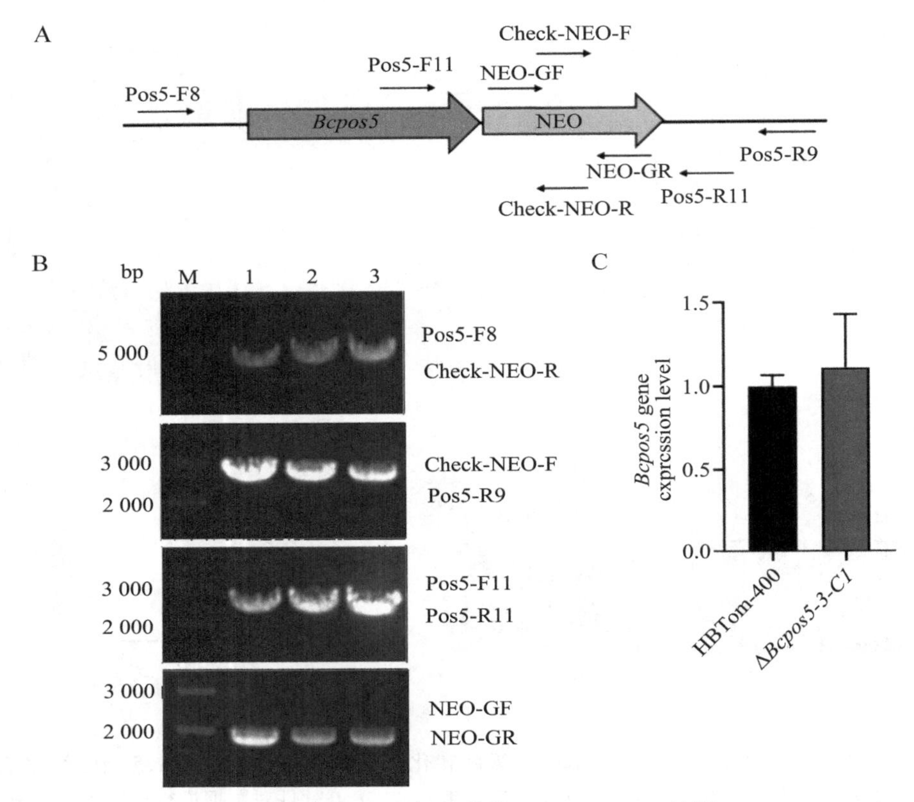

A. 回补策略示意图；B. PCR 验证 *Bcpos*5 的回补菌株；C. qRT-PCR 检测 HBTom-400、Δ*Bcpos*5-3-*C*1 中 *Bcpos*5 基因的表达量。用 SPSS 26.0 软件对数据进行独立样本 T 检验，显示两者不存在显著差异（$P>0.05$）

图 4 *Bcpos*5 回补菌株的验证

除转化子的菌丝生长速率明显低于亲本菌株（$P<0.05$），并且在回补后，回补转化子的生长速率明显加快，与亲本菌株无显著差异（$P>0.05$），说明 *Bcpos*5 基因的敲除显著影响菌丝生长速率，速率降低。

2.1.4 *Bcpos*5 敲除转化子的生物学特性

分别对亲本抗性菌株 HBTom-400，敲除转化子 Δ*Bcpos*5-1、Δ*Bcpos*5-2、Δ*Bcpos*5-3 和回补转化子 Δ*Bcmix*17-3-*C*1 的分生孢子数、孢子萌发率、菌核数和菌核萌发率进行统计。结果如图 7 所示，*Bcpos*5 敲除转化子与亲本菌株和回补菌株在上述表型方面均无显著差异（$P>0.05$），说明 *Bcpos*5 基因的敲除并不影响灰葡萄孢的分生孢子数量、萌发率以及菌核数量、萌发率。

2.1.5 *Bcpos*5 敲除转化子对不同外源胁迫敏感性测定

测定各菌株在含 0.5 mol/L NaCl、1.2 mol/L Sorbitol、0.01% SDS、5 mmol/L H_2O_2、300 μg/mL CR 的 PDA 平板上的生长情况。3 天后结果如图 8 所示，各类培养基上的敲除转化子与亲本菌株和回补转化子间的菌落生长抑制率均无显著差异（$P>0.05$），说明 *Bcpos*5 基因的敲除不影响灰葡萄孢对外源高渗透压胁迫的敏感性、氧化还原能力和细胞壁完整性。

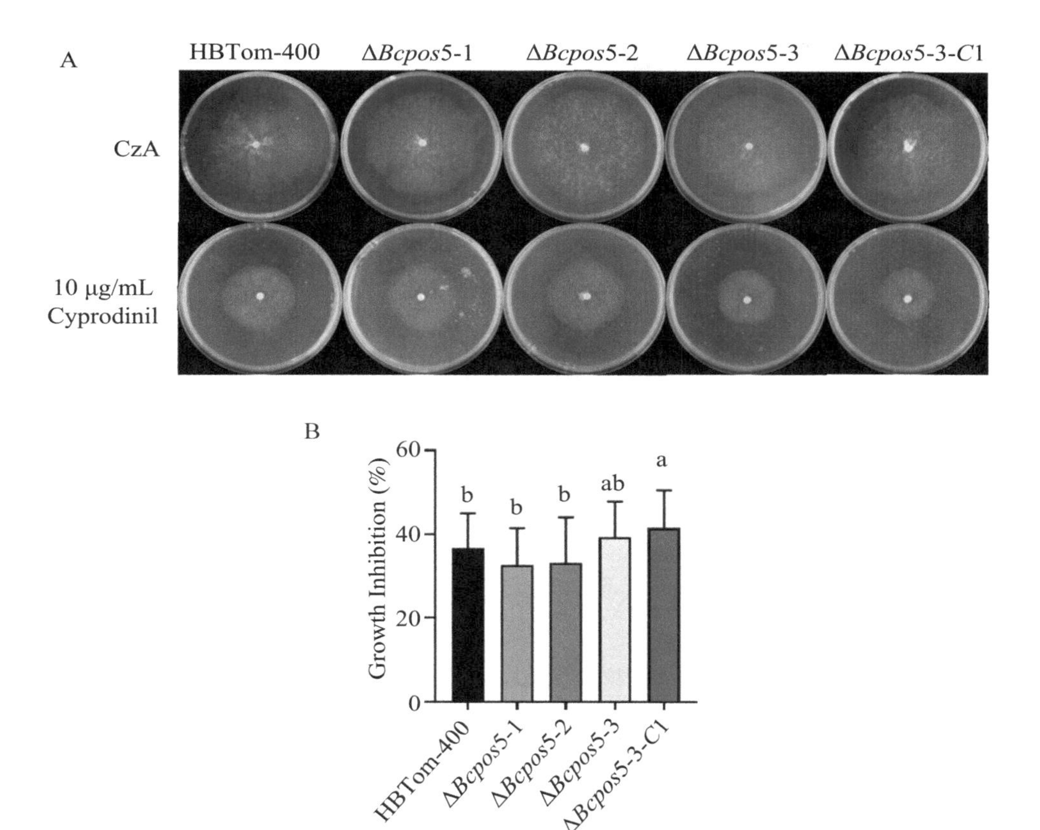

A. *Bcpos*5 敲除和回补转化子分别在不含嘧菌环胺和含 10 μg/mL 嘧菌环胺的 CzA 培养基上生长 3 天的菌落形态；B. *Bcpos*5 敲除和回补转化子在含 10 μg/mL 嘧菌环胺的 CzA 培养基培养 3 天的菌丝生长抑制。用 SPSS 26. 0 软件对数据进行单因素方差分析（P=0. 05）。数据为平均数±标准差，字母相同表示二者不存在显著差异（P>0. 05）

图 5　*Bcpos*5 敲除和回补转化子在 10 μg/mL 嘧菌环胺下的生长情况

2. 1. 6　*Bcpos*5 敲除转化子的致病力测定

将各菌株的分生孢子制成浓度为 10^5 个/μL 的孢子悬浮液，用采血针刺伤番茄后取 10 μL 接种至表面。3 天后观察发病情况。结果如图 9 所示，3 个敲除转化子形成的病斑面积与亲本菌株 HBTom-400 和回补菌株 Δ*Bcpos*5-3-*C*1 相比不存在显著差异（P>0. 05），说明 *Bcpos*5 的敲除并不影响灰葡萄孢的致病力。

3　结论

本研究围绕 Mosbach 等[17]提出的“灰葡萄孢 9 个参与线粒体活动基因的点突变能引起 AP 抗性”展开研究，对其中 *Bcpos*5 基因是否参与 AP 抗性和其功能进行探索。结果表明，*Bcpos*5 基因不直接参与调控 AP 抗性。通过对 *Bcpos*5 敲除和回补转化子相关表型的测定，发现敲除转化子 Δ*Bcpos*5 除在菌丝生长速率上显著低于亲本菌株和回补转化子外，在对嘧菌环胺的抗性，产孢量，孢子萌发率，菌核数，菌核萌发率，致病性，外源胁迫敏感性方面均与亲本菌株无显著差异，说明 *Bcpos*5 基因与灰葡萄孢的营养生长、致病性均无关。这一结论有助于缩小抗性相关基因的排查范围，为阐明 AP 抗性机制奠定理论基础。

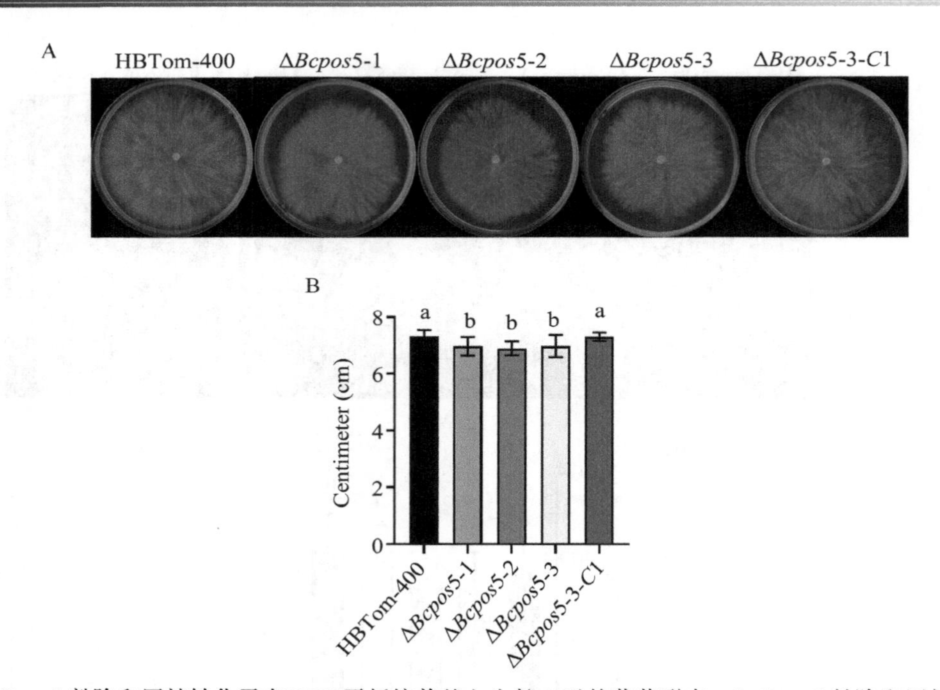

A. *Bcpos5* 敲除和回补转化子在 PDA 平板培养基上生长 3 天的菌落形态；B. *Bcpos5* 敲除和回补转化子在 PDA 平板培养基上培养 3 天的菌落直径。用 SPSS 26.0 软件对数据进行单因素方差分析（$P=0.05$）。数据为平均数±标准差，字母不同表示二者存在显著差异（$P<0.05$）

图 6 *Bcpos5* 敲除和回补转化子的菌丝生长速率

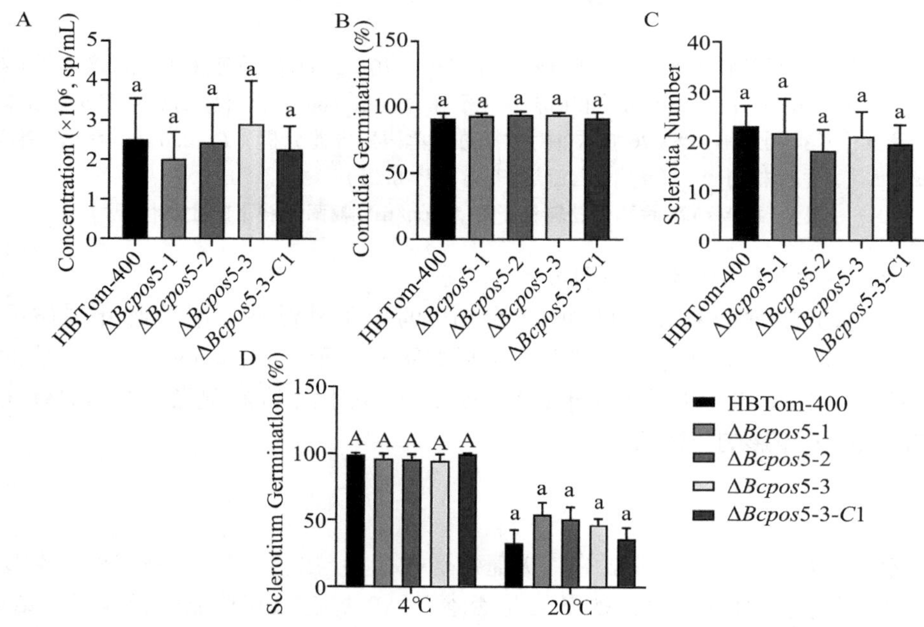

A. *Bcpos5* 敲除和回补转化子在 PDA 平板培养基上生长 20 天的分生孢子；B. *Bcpos5* 敲除和回补转化子的分生孢子萌发率；C. *Bcpos5* 敲除和回补转化子在 PDA 平板培养基上生长 20 天的菌核数；D. *Bcpos5* 敲除和回补转化子的菌核萌发。用 SPSS 26.0 软件对数据进行单因素方差分析（$P=0.05$）。数据为平均数±标准差，字母相同表示二者不存在显著差异（$P>0.05$）

图 7 *Bcpos5* 敲除和回补转化子分生孢子和菌核生长情况

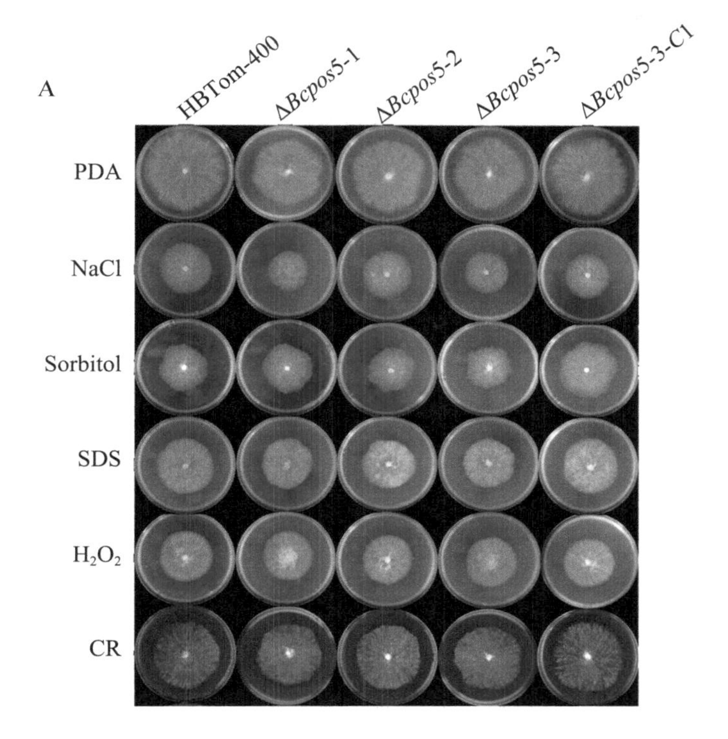

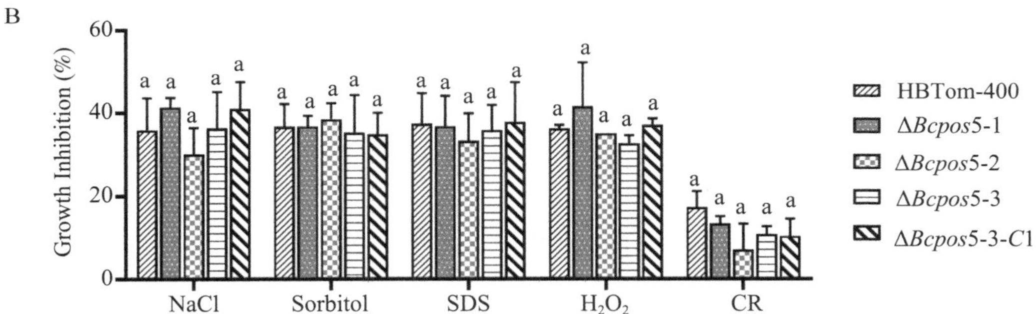

A. *Bcpos*5 敲除和回补转化子分别在含 0.5 mol/L NaCl、1.2 mol/L Sorbitol、0.01% SDS、5 mmol/L H_2O_2、300 μg/mL CR 的 PDA 培养基中培养 3 天的菌落形态；B. *Bcpos*5 敲除和回补转化子分别在含 NaCl、Sorbitol、SDS、H_2O_2、CR 的 PDA 培养基中培养 3 天的菌丝生长抑制。用 SPSS 26.0 软件对数据进行单因素方差分析（$P=0.05$）。数据为平均数±标准差，字母相同表示二者不存在显著差异（$P>0.05$）

图 8　*Bcpos*5 敲除和回补转化子对不同胁迫的耐受性

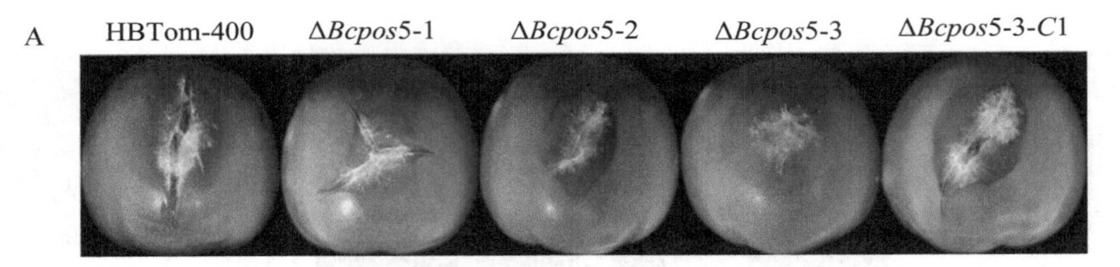

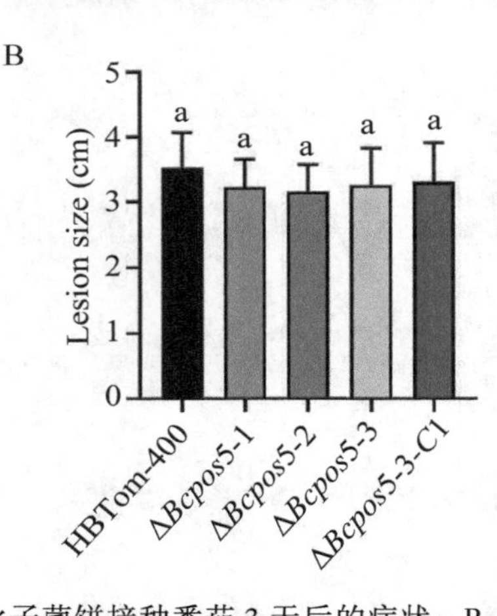

A. *Bcpos5* 敲除和回补转化子菌饼接种番茄 3 天后的症状；B. *Bcpos5* 敲除和回补转化子菌饼接种番茄 3 天后的病斑直径。用 SPSS 26. 0 软件对数据进行单因素方差分析（P= 0. 05）。数据为平均数±标准差，字母相同表示二者不存在显著差异（P>0. 05）

图 9　*Bcpos5* 敲除和回补转化子的致病力

参考文献

［1］ DEAN R，VAN KAN J A L，PRETORIUS Z A，et al. The Top 10 fungal pathogens in molecular plant pathology［J］. Mol Plant Pathol，2012，13：414-430.

［2］ ELAD Y，PERTOT I，COTES PRADO A M，et al. Plant Hosts of *Botrytis* spp.［M］. Cham：Springer International Publishing，2016：413.

［3］ 谷莉莉，陈长军，陈永明，等．中国防治灰霉病杀菌剂的登记品种、现状与建议［J］. 农学学报，2021，11：19-26.

［4］ SUN H Y，WANG H C，CHEN Y，et al. Multiple resistance of*Botrytis cinerea* from vegetable crops to carbendazim，diethofencarb，procymidone，and pyrimethanil in China［J］. Plant Dis，2010，94：551-556.

［5］ 张正炜，陈秀，石小媛，等．我国农作物灰霉病杀菌剂的应用现状［J］. 中国蔬菜，2021，2：41-46.

［6］ HEYE U J，SPEICH J，SIEGLE H，et al. CGA 219417：a novel broad-spectrum fungicide［J］. Crop Prot，1994，13：541-549.

［7］ SHOLBERG P L，BEDFORD K，STOKES S. Sensitivity of *Penicillium* spp. and *Botrytis cinerea* to pyrimethanil and its control of blue and gray mold of stored apples［J］. Crop Prot，2005，24：127-134.

［8］ KELLERMAN M，LIEBENBERG E，NJOMBOLWANA N，et al. Postharvest dip，drench and wax coating applicationof pyrimethanil on citrus fruit：Residue loading and green mould control［J］. Crop Prot，2018，103：115-129.

［9］ LEROUX P，CHAPELAND F，DESBROSSES D，et al. Patterns of cross-resistance to fungicides in

Botryotinia fuckeliana (*Botrytis cinerea*) isolates from French vineyards [J]. Crop Prot, 1999, 18: 687-697.

[10] HILBER U W, SCHUEPP H A. Reliable method for testing the sensitivity of*Botryotinia fuckeliana* to anilinopyrimidines in vitro [J]. Pestic Sci, 1996, 47: 241-247.

[11] CHAPELAND F, FRITZ R, LANEN C, et al. Inheritance and mechanisms of resistance to anilinopyrimidine fungicides in *Botrytis cinerea* [J]. Pestic Biochem Physiol, 1999, 64: 85-100.

[12] LATORRE BA, SPADARO I, RIOJA ME. Occurrence of resistant strains of *Botrytis cinerea* to anilinopyrimidine fungicide in table grapes in Chile [J]. Crop Prot, 2002, 21: 957-961.

[13] KANETIS L, FORSTER H, JONES C A, et al. Characterization of genetic and biochemical mechanisms of fludioxonil and pyrimethanil resistance in field isolates of *Penicillium digitatum* [J]. Phytopathology, 2008, 98: 205-214.

[14] MIURA I, KAMAKURA T, MAENO S, et al. Inhibition of enzyme secretion in plant pathogens by mepanipyrim, a novel fungicide [J]. Pestic Biochem Physiol, 1994, 48: 222-228.

[15] MILLING R J, RICHARDSON C J. Mode of action of the anilinopyrimidine fungicide pyrimethanil. 2. Effects on enzyme secretion in *Botrytis cinerea* [J]. Pestic Sci, 1995, 45: 43-48.

[16] FRITZ R, LANEN C, CHAPELAND-LECLERC F, et al. Effect of the anilinopyrimidine fungicide pyrimethanil on the cystathionine β-lyase of *Botrytis cinerea* [J]. Pestic Biochem Physiol, 2003, 77: 54-65.

[17] MOSBACH A, EDEL D, FARMER A D, et al. Anilinopyrimidine resistance in*Botrytis cinerea* is linked to mitochondrial function [J]. Front Microbiol, 2017, 8: 2361.

[18] STRAND M K, STUART G R, LONGLEY M, et al. *POS5* gene of *Saccharomyces cerevisiae* encodes a mitochondrial NADH kinase required for stability of mitochondrial DNA [J]. Eukaryot Cell, 2003, 22: 809-820.

[19] MIYAGI H, KAWAI S, MURATA K. Two sources of mitochondrial NADPH in the yeast *Saccharomyces cerevisiae* [J]. J Biol Chem, 2009, 284: 7553-7560.

[20] PAIN J, BALAMURALI M M, DANCIS A, et al. Mitochondrial NADH kinase, Pos5p, is required for efficient iron-sulfur cluster biogenesis in *Saccharomyces cerevisiae* [J]. J Biol Chem, 2010, 285: 39409-39424.

[21] CHI MH, PARK S Y, LEE Y H. A quick and safe method for fungal DNA extraction [J]. Plant Pathol J, 2009, 25: 108-111.

[22] FAN F, ZHU Y X, WU M Y, et al. Mitochondrial inner membrane ABC transporter *Bcmdl1* is involved in conidial germination, virulence, and resistance to anilinopyrimidine fungicides in *Botrytis cinerea* [J]. Microbiol Spectr, 2023: e0010823.

附录

附表 1 *Bcmix17* 和 *Bcpos5* 基因敲除和回补所用引物汇总

引物名称	引物序列
Check-HYG-F	AGGAATCGGTCAATACACTACAT
Check-HYG-R	ATGTAGTGTATTGACCGATTCCT
Check-NEO-F	TACCTGCCCATTCGACCAC
Check-NEO-R	TGATCGACAAGACCGGCTTC
HYG-F	TCGACAGAAGATGATATTGAAGGAG

（续表）

引物名称	引物序列
HYG-R	GTTAAGTGGATCCGGCATCT
HY-R	AGCATCAGCTCATCGAGAGCCT
YG-F	AGGGCGAAGAATCTCGTGCTTT
HYG-GF	AGATCAGCCCACTTGTAAGCA
HYG-GR	TTCTACACAGCCATCGGTCCA
NEO-F	GTCGACAGAAGATGATATTGAAGG
NEO-R	TCTAGAAAGAAGGATTACCTCTAAAC
NE-R	AAAAGCGGCCATTTTCCACCAT
EO-F	GGGAAGGGACTGGCTGCTATTG
NEO-GF	CCGGTCATACCTTCTTAAGTTCG
NEO-GR	CACTCTTTGCTGCTTGGACA
Pos5-F1	ATGATTGTTTCGTCAGTGCC
Pos5-R2	ATGAATCAGTTGCCTTTAGGAC
Pos5-R1-HFr	TCAATATCATCTTCTGTCGACTTGAACCTTCACTCGCATC
Pos5-F2-HRr	AGATGCCGGATCCACTTAACAACTTTACAGATCTCATGGCT
Pos5-F3	ACAGTCTGCCAATTTGAGC
Pos5-R4	AACTGCCTCACCTATACTCC
Pos5-F5	TGATGAATGAAAACACCCGAT
Pos5-R5	CTTCTGTGCATACAAGTGCTC
Pos5-F6	ATGATTGTTTCGTCAGTGCC
Pos5-R7	ATGAATCAGTTGCCTTTAGGAC
Pos5-F8	AACAAGCCCAGAAATAAGTCG
Pos5-R9	TTATGCTTCGCTACCTAACACC
Pos5-R8-NFr	CCTTCAATATCATCTTCTGTCGAC-GTCACGTTGTTCCATTTGGT
Pos5-F9-NRr	GTTTAGAGGTAATCCTTCTTTCTAGATCAAACCTCATTGACCGGAG
Pos5-F10	TTGACCTCACCAGACGGAT
Pos5-R10	CCCCGAGAAGAAGTATTCGAAA
Pos5-F11	GACTCTAAGGATACAGCACGTT
Pos5-R11	AACTGCCTCACCTATACTCC
Pos5-RTF	AACCATCCTTTTGGCGAAG
Pos5-RTR	ATATGGCTCAAATATTGTTGCT
qTubA-F	TCTGCCATTTTGTAAGTTTGC
qTubA-R	TTCTTGTTTTGGACGTTGC
ß-tubulin-F	AACCTTGAAGCTCAGCAACC
ß-tubulin-R	GAAATGGAGACGTGGGAATG

Y18501 对黄瓜霜霉病活性测定及增效助剂应用研究

王　斌*，杨慧鑫，孙　芹，兰　杰，司乃国
（沈阳中化农药化工研发有限公司，新农药创制与开发国家重点实验室，沈阳　110021）

摘要：本研究为明确 Y18501 在防治黄瓜霜霉病上的活性及添加助剂后的防治效果，通过室内活体盆栽活性试验和助剂应用试验。结果表明，Y18501 对黄瓜霜霉病具有较好的防效，EC_{50}为 0.292 mg/L，仅次于氟噻唑吡乙酮，接种 1 天后有较好的治疗活性；助剂应用，在高浓度时有一定的增效作用，倍达通在 1 000 mg/L 时 EC_{50}可达 0.1919 mg/L；助剂并不能有效增加药剂的耐雨水冲刷性。因此，Y18501 是一个较好的防治黄瓜霜霉病的药剂，田间应用时需要谨慎使用增效助剂。

关键词：Y18501；黄瓜霜霉病；活性；助剂

Determination of activity of Y18501 against cucumber downy mildew and application of adjuvants

WANG Bin, YANG Huixin, SUN Qin, LAN Jie, SI Naiguo
(*State Key Laboratory of the Discovery and Development of Novel Pesticide, ShenyangSinochem Agrochemicals R&D Co., Ltd*, *Shenyang* 110021, *China*)

Abstract: [Aims] To determine the activity of Y18501 of cucumber downy mildew and application of adjuvants. [Methods] Through indoor live pot activity test and adjuvants application test. [Results] Y18501 had good control efficacy on cucumber downy mildew, EC_{50} was 0.292 mg/L, and had good curative activity after 1 day of inoculation. The application of adjuvants had a certain synergistic effect at high concentrations, and EC_{50} had reach 0.1919 mg/L at 1 000 mg/L. The adjuvants could not effectively increase rainfastness. [Conclusions] Y18501 is a good fungicide against downy mildew of cucumber, and it is necessary to use adjuvants carefully in field application.

Key words: Y18501; cucumber downy mildew; control efficacy; adjuvants

黄瓜霜霉病由古巴假霜霉菌（*Pseudoperonospora cubensis*）引起，危害葫芦科 50 多种作物，尤其会对黄瓜造成严重的损失[1,2]。目前为止，化学农药仍然是防治这种病害最有效的方法。现阶段市面上有大量的防治药剂，并且作用机制不同，如百菌清、霜脲氰、霜霉威、烯酰吗啉、氟吡菌胺、吡唑醚菌酯、氟噻唑吡乙酮。Y18501 是华中师范大学研发的新 OSBPI 类杀菌剂，对卵菌病害具有很好的活性，并且具有良好的内吸传导活性[3]。本研究将 Y18501 与目前防治黄瓜霜霉病常用药剂一起进行了活性比较，并且对几种药剂的保护、治疗活性进行了测定；同时探究了 3 种助剂对 Y18501 防治黄瓜霜霉病的增效作用，并对使用助剂后药剂的耐雨水冲刷性进行了测定，为 Y18501 的应用做了探索。

---

* 第一作者：王斌，高级工程师，主要从事新化合物杀菌活性筛选及植物病害化学防治技术研究；E-mail：wangbin16@sinochem.com

1 材料与方法

1.1 供试材料

1.1.1 供试作物、菌株

黄瓜（新泰密刺），黄瓜霜霉病［*Pseudoperonospora cubensis*（Berk. et Curt.）Rostov.］，供试菌种由沈阳化工研究院有限公司农药生物测定中心提供。

1.1.2 供试药剂

98%Y18501 原药、96%氟噻唑吡乙酮原药（华中师范大学提供）；96%氰霜唑原药、96%氟噻唑吡乙酮原药、96%氟吡菌胺原药、96%烯酰吗啉原药（沈阳中化农药化工研发有限公司提供）；Silwet408，基于烷氧基改性的聚三硅氧烷［迈图高新材料（南通）有限公司］；倍达通（Beidatong），植物油（河北明顺农业科技有限公司）；速捷（Sujie），植物油（中农立华生物科技股份有限公司）。

1.2 试验方法

1.2.1 不同药剂对黄瓜霜霉病的活性比较

选择生长整齐一致的 1 叶 1 心期盆栽黄瓜幼苗备用。用 DMSO 将各药剂原药配制成 1×10^4 μg/mL 母液，用 0.025%的吐温 80 水溶液稀释至所需浓度备用。利用作物旋转喷雾机，将药液均匀全株喷雾，将药剂处理后的幼苗自然阴干。调查方法参照文献[5]，以病情指数计算防治效果。

1.2.2 不同药剂对黄瓜霜霉病的保护与治疗活性测定

将黄瓜在培养钵中培养 1 叶 1 心期备用。用 0.025%的吐温 80 水溶液稀释至所需浓度备用。喷雾方法同 1.2.1。保护活性是先施药再在 1 天后再接种孢子囊悬浮液；治疗活性是先接种孢子囊悬浮液再在 1 天、2 天、3 天后进行施药。孢子囊悬浮液浓度为 10^5个/mL，接种于第 1 片真叶上，每处理 3 次重复。接种后将处理过的植株置于人工气候室（温度：20℃，相对湿度：95%~99%）保湿培养，16 h 后置于温室（25℃±4℃）正常管理。培养 5~7 天后，调查参照美国植物病理学会编写的《A Manual of Assessment Keys for Plant Diseases》，采用目测方法，根据对照的发病程度，计算试验样品的药效，用 0%~100%来表示，“100%”表示施药后叶片无病斑，“0%”表示施药后叶片发病程度与不施药的空白对照发病程度一样严重。

1.2.3 三种助剂对 Y18501 防治黄瓜霜霉病的增效作用

先将嘧菌酯原药用二甲亚砜（DMSO）配制成浓度为 1×10^4mg/L 的母液备用；供试助剂用蒸馏水配制成系列浓度梯度溶液，再用各浓度助剂溶液将嘧菌酯母液稀释成所需的药剂系列浓度溶液，以蒸馏水稀释嘧菌酯母液为对照，具体浓度见表 1。将黄瓜幼苗培养至 1 叶 1 心期备用。按照表 1 所示各药液浓度将药液喷施于作物上，另设喷清水的空白对照；每处理 3 次重复。试验处理及调查方法参照文献[5]，以病情指数计算防治效果。根据防效求出各处理 EC_{50}值。以 EC_{50}为纵坐标，助剂浓度为横坐标，得到不同助剂浓度对药剂防治各病害的活性曲线。

表 1 试验供试药液配制

Y18501 浓度（mg/L）	各助剂浓度（mg/L）					
20	0	1	10	100	500	1 000
5	0	1	10	100	500	1 000

（续表）

Y18501 浓度（mg/L）	各助剂浓度（mg/L）					
1.25	0	1	10	100	500	1 000
0.312 5	0	1	10	100	500	1 000
0.078 125	0	1	10	100	500	1 000

1.2.4 三种助剂对 Y18501 防治黄瓜霜霉病耐雨水冲刷性的影响

将黄瓜幼苗培养至 1 叶 1 心期备用。用 100 mg/L 不同助剂将 Y18501 配制成 2 mg/L 的药液，并将药剂喷施在叶片上，另设喷清水的空白对照；试材分别于喷雾后 0 h、0.5 h、1 h、2 h 置于人工降雨器进行冲刷处理，另设不降雨处理组；降雨强度设置为 20 mm/h；每处理 3 次重复。试验处理及调查方法参照文献[5]，以病情指数计算防治效果。以防效为纵坐标，药后降雨间隔时间为横坐标，得到不同助剂在药后不同降雨间隔时间内的防效曲线。

1.2.5 数据处理方法

试验数据使用 DPS 数据处理系统进行分析。根据防效，求出毒力回归方程及 EC_{50}值。

2 结果与分析

2.1 不同药剂对黄瓜霜霉病的活性比较

对 Y18501、氟噻唑吡乙酮、氰霜唑、氟吡菌胺、烯酰吗啉对黄瓜霜霉病进行了盆栽活性对比。试验结果可知，Y18501、氟噻唑吡乙酮、氰霜唑、氟吡菌胺、烯酰吗啉对黄瓜霜霉病有较好活性，EC_{50}值分别为 0.292 mg/L、0.092 mg/L、0.683 8 mg/L、0.755 8 mg/L、18.671 8 mg/L。试验结果详见表 2。

表 2 Y18501 等 5 个药剂对黄瓜霜霉病的活性测定结果

药剂	EC_{50}（mg/L）	毒力回归方程	相关系数 r
Y18501	0.292	$y=5.635\ 7+1.189\ 2x$	0.98
氟噻唑吡乙酮	0.092	$y=7.534\ 6+2.448\ 7x$	0.97
氰霜唑	0.683 8	$y=5.373\ 3+2.260\ 9x$	0.88
氟吡菌胺	0.755 8	$y=5.271\ 4+2.232\ 2x$	0.88
烯酰吗啉	18.671 8	$y=0.197\ 9+3.777\ 6x$	0.90

2.2 不同药剂对黄瓜霜霉病的保护与治疗活性测定

本试验对 Y18501 等 5 个药剂的保护和治疗活性进行了测定（表 3）。通过对黄瓜霜霉病菌药效的测定，药剂的保护活性明显好于治疗活性。保护活性：施药 1 天后接种，Y18501 在各浓度下防效均低于氟噻唑吡乙酮，但高于其他药剂。治疗活性：接种 1 天后施药，各药剂的治疗活性均有较大的降低，氟噻唑吡乙酮活性最高，在 4 mg/L 浓度下仍有 70%的防效，Y18501 在 4 mg/L 浓度下有 60%的防效，氟吡菌胺在 20 mg/L 浓度下有 65%的防效；接种 2 天后施药，氟吡菌胺、氟噻唑吡乙酮和 Y18501 均有一定的防效，防效相当。而接种 3 天后，除了氟吡菌胺、氟噻唑吡乙酮和 Y18501 其余药剂各浓度下均无活性。试验结果详见表 3。

表 3　不同药剂对黄瓜霜霉病的保护与治疗活性测定结果

药剂	浓度（mg/L）	防治效果（%）			
		保护	1 天治疗	2 天治疗	3 天治疗
Y18501	20	99	90	40	15
	4	85	65	30	0
	0.8	65	10	0	0
氟噻唑吡乙酮	20	100	90	45	15
	4	95	70	40	0
	0.8	75	50	15	0
氰霜唑	100	98	30	25	0
	20	85	15	0	0
	4	60	15	0	0
氟吡菌胺	100	100	75	50	20
	20	90	65	40	15
	4	65	60	30	5
烯酰吗啉	100	95	10	0	0
	20	80	10	0	0
	4	30	10	0	0

2.3　三种助剂对 Y18501 防治黄瓜霜霉病的增效作用

图 1 是三种助剂对 Y18501 防治黄瓜霜霉病增效作用的结果。如图 1 所示，Y18501 水溶液 EC_{50}为 0.347 8 mg/L。随着助剂浓度的增加，EC_{50}值总体呈现先升后降的趋势，但是变化并不显著。各助剂添加后，对黄瓜霜霉病的 EC_{50}如下：倍达通在 1 000 mg/L 时为 0.191 9 mg/L、速捷在 1 000 mg/L 时为 0.306 9 mg/L、Silwet 408 在 500 mg/L 时为 0.315 4 mg/L。

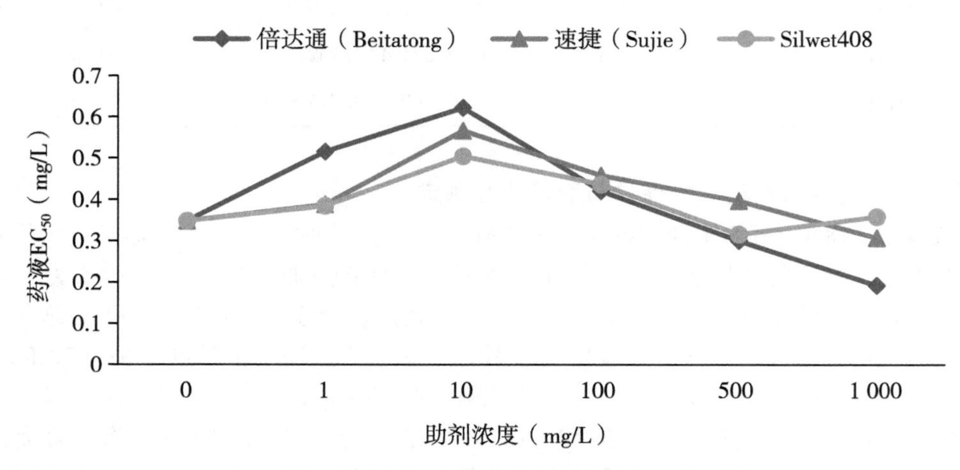

图 1　三种助剂对 Y18501 防治黄瓜霜霉病的增效作用

2.4 三种助剂对 Y18501 防治黄瓜霜霉病耐雨水冲刷性的影响

图 2 是三种助剂对 Y18501 防治黄瓜霜霉病耐雨水冲刷性的结果。如图 2 所示，随着助剂浓度的增加，助剂并未能明显改善 Y18501 的耐雨水冲刷性。在 2 mg/L 时，原药水溶液在药后 0 h 雨水冲刷后防效达到 60%，均高于同时间段各助剂添加处理。药后 2 h 雨水冲刷后的防效，倍达通（95%）高于水溶液（90%），其余均等于水溶液。

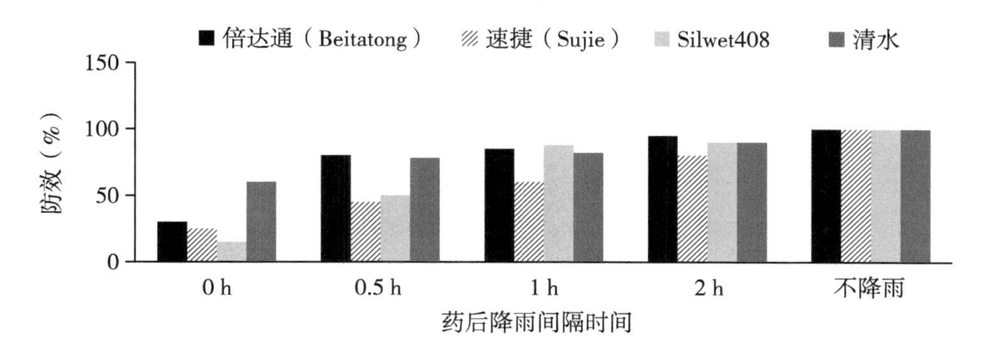

图 2 三种助剂对 Y18501 防治黄瓜霜霉病耐雨水冲刷性的影响

3 结论与讨论

Y18501 是华中师范大学杨光富团队开发的 OSBPI 类新药剂，前期试验表明其有较好的活性。本研究进一步将 Y18501 与市场上常用的药剂进行了活性的对比，通过室内盆栽的方法发现，Y18501 的活性要高于氰霜唑、氟吡菌胺、烯酰吗啉，仅次于氟噻唑吡乙酮。Y18501、氟吡菌胺、氟噻唑吡乙酮有较好的治疗活性。Cohen 在研究氟噻唑吡乙酮作用特性时，也报道氟噻唑吡乙酮有较好的治疗活性[6]。Y18501 有较好的田间应用潜力。

根据盆栽试验结果，三种助剂对 Y18501 防治黄瓜霜霉病的增效作用并不明显。三种助剂浓度在 100 mg/L 及以下时，Y18501 的活性不增反降，说明助剂并未能改善药液在黄瓜叶片上的展着性，这也与赵义涛等[7]对茄子和黄瓜叶片的研究结果一致。当助剂浓度大于 500 mg/L 时，Y18501 有一定的增效作用，倍达通的增效效果最好，可以进行应用。通过不同助剂对 Y18501 防治黄瓜霜霉病耐雨水冲刷性能的试验，可知，助剂添加并不能改善药液的耐雨水冲刷性能，这也与增效试验的结果类似。说明对于黄瓜来说，助剂的使用需要谨慎。本研究所研究的助剂数量还不足，为了验证助剂在黄瓜叶片上的应用效果还需要进一步研究。

参考文献

[1] 陈永明，谷莉莉，林双喜，等．黄瓜霜霉病的研究进展及登记防治农药的分析［J］．农学学报，2018，8（8）：9-15.

[2] MIAO J Q，DONG X，CHI Y D，et al. *Pseudoperonospora cubensis* in China：Its sensitivity to and control by oxathiapiprolin［J］. Pesticide Biochemistry and Physiology，2018，147：96-101.

[3] WANG B，XUE Z L，LAN J，et al. Activity of the new OSBP inhibitor Y18501 against *Pseudoperonospora cubensis* and its application for the control of cucumber downy mildew［J］. Pesticide Biochemistry and Physiology，2023. https：//doi. org/10. 1016/j. pestbp. 2023. 105415.

[4] 王斌，司乃国，郭静，等．2020. 不同助剂对嘧菌酯防治 3 种植物病害的增效作用［J］．农药学

学报，2020，22（2）：293-298.

[5] 农药室内生物测定试验准则 杀菌剂 第7部分：防治黄瓜霜霉病试验盆栽法：NY/T 1156.7—2006［S］. 北京：中国农业出版社，2006.

[6] COHEN Y. The Novel oomycide oxathiapiprolin inhibits all stages in the asexual life cycle of *Pseudoperonospora cubensis*-causal agent of cucurbit downy mildew［J］. PLoS One，2015，10（10）：e0140015.

[7] 赵义涛，王宏民，郭恒，等. 虫生真菌玫烟色棒束孢 PF904 表面活性剂的筛选［J］. 农药学学报，2020，22（1）：1-16.

桑葚菌核病防控关键技术和残留安全性试验*

盛桂林[1**]，张 怡[1]，沈旦军[2]，段亚冰[3]，杨文晏[4]，沈迎春[1***]
（1. 江苏省农药总站，南京 210036；2. 宜兴市植保植检站，宜兴 214206；
3. 南京农业大学，南京 210095；4. 江阴苏利化学股份有限公司，江阴 214444）

摘要：为了研究桑葚菌核病发生规律，探索防控药剂的应用技术，病原鉴定采用基因测序和形态学鉴定法，田间防效采用喷雾法，植物安全性采用生长速率测定法，药剂残留检测采用液相色谱-串联质谱分析法。病原鉴定结果表明，江苏、江西和四川试验地采集的桑葚菌核病病原均为核地仗菌。7 个药剂筛选和啶酰菌胺农药登记试验表明，在桑葚初花期（开花量 5%）施药，啶酰菌胺对桑葚菌核病的田间防效为 71%~95%，在江苏省试验中其防效超过 85%。植物安全性试验表明：啶酰菌胺在 416.65 g/hm^2、833.3 g/hm^2、1 250 g/hm^2、1 666.6 g/hm^2 剂量下，对桑葚安全且能促进桑葚幼苗新枝生长。另外，农药残留试验结果表明：50%啶酰菌胺水分散粒剂 600 倍液施药 2 次在桑葚中安全间隔期为 7 天，残留值低于国家标准，膳食风险可接受。因此，啶酰菌胺可作为防治桑葚菌核病的优选药剂。

关键词：桑葚菌核病；啶酰菌胺；药效试验；安全性试验；残留

Key techniques for the control of mulberry fruit sclerotiniosis and residual safety of boscalid on mulberry*

SHENG Guilin[1**], ZHANG Yi[1], SHEN Danjun[2],
DUAN Yabing[3], YANG Wenyan[4], SHEN Yingchun[1***]
(1. *Institute for the Control of Agrochemicals Jiangsu Province*, *Nanjing* 210036, *China*; 2. *Yixing Plant Protection Station*, *Yixing* 214206, *China*; 3. *Nanjing Agricultural University*, *Nanjing* 210095, *China*; 4. *Jiangyin Suli Chemical Co.*, *Ltd.*, *Jiangyin* 214444, *China*)

Abstract: [Aims] This paper aims to study the occurance regularity of MFS and explore the application technology of fungicides to guarantee the quality and safety of agricultural products. [Methods] The morphological characteristic and molecular method were adopted for identification, the foliar spray method for field efficacy trials, the growth rate method for plant safety and the method of Liquid chromatography-tandem for residue. [Results] According to the the pathogens isolated from Jiangsu, Jiangxi and Sichuan were identified as *Scleromitrula shiraiana*. The fungicides screening and registration test showed that the field control effect of boscalid on MFS is 71%-95% and it was higher than 85% in Jiangsu province. The results of plant safety test showed that boscalid was safe to mulberry at doses that was 416.65 g/hm^2、833.3 g/hm^2、1 250 g/hm^2、1 666.6 g/hm^2 in the trial and it also facilitate the growth of mulberry seedlings. Residual safety test showed that the safety interval of boscalid was seven days and the residual val-

* 基金项目：江苏省特经作物安全用药筛选与登记项目（2019-SJ-024；2020-SJ-023）

** 第一作者：盛桂林，农艺师，主要从事植物病虫害防控技术研究；E-mail：1611281012@qq.com
*** 通信作者：沈迎春，研究员，主要从事农药登记管理和农药应用技术研究；E-mail：515512896@qq.com

ue of boscalid was sprayed 2 times with 600 times diluted on mulberry was lower than the national standard suggesting an acceptable dietary risk. [Conclusions] Boscalid could be a potential fungicide for the control of MFS in the field.
Key words: Mulberry fruit sclerotiniosis; Boscalid; Fungicide screening; Safety test; Residue

桑葚，口感独特，富含花青素、芸香苷等多种微量元素，兼具食、药功能，深受消费者喜爱[1]。在乡村振兴战略背景下，桑葚三产融合发展迅速，桑葚果汁、桑葚酸奶、桑葚果糕、桑葚果醋等深加工产品不断问世，桑葚种植和加工成为扶贫富民产业，全国种植面积逐年扩大，仅四川一个省桑葚产量已经突破4万t，鲜果种植的经济效益达2.5亿元[2]。

由真菌引起的桑葚菌核病[3-5]，又称桑葚白果病，是桑葚第一大病害，包括肥大性菌核病、小粒性菌核病和缩小性菌核病3种类型，发病率一般为60%，条件适宜年份超过80%，甚至造成绝收[6,7]。病菌危害桑葚果实，导致桑果发白、异味、失去商品价值，严重制约桑葚产业发展[8]。目前国内无任何农药正式登记用于防治桑葚菌核病（http://www.chinapesticide.org.cn/hysj/index.jhtml），生产上多是超范围使用多菌灵、腐霉利等杀菌剂进行防治，且无参考施药量，导致残留超标、环境污染和抗药性等问题频发。本文针对桑葚菌核病病原不明确、药剂防治效果不理想、植物安全性不清楚、农药残留不达标4个问题，研究了桑葚菌核病的发病规律，摸索桑葚菌核病防治中的农药应用技术，为提高防控效率、指导农业生产、保障农产品质量安全提供了技术支撑。

1 材料与方法

1.1 材料

供试药剂：2亿孢子/g小盾壳霉可湿性粉剂（无锡键农生物科技有限公司），3×10^8 CFU/g哈茨木霉菌可湿性粉剂（美国邦沃股份有限公司），50%腐霉利可湿性粉剂（日本住友化学株式会社），70%甲基硫菌灵可湿性粉剂（江苏龙灯化学有限公司），20%嘧菌酯可湿性粉剂，50%啶酰菌胺水分散粒剂（江阴苏利化学股份有限公司），25%吡唑醚菌酯乳油（江苏耘农化工有限公司），乙腈（德国Merck公司），甲酸（SIGMA-ALDRICH公司）。

供试品种：筛选试验，无籽大10；安全性试验，十大、白珍珠、白玉王；啶酰菌胺药效试验，大实（江苏省宜兴市）、红果2号（江西省南昌县）、桂花蜜果桑（四川省青神县）；残留试验，中椹1号（江苏省镇江市丹徒区）、白玉王（河南省济源市）、富士红（湖南省长沙县）、无籽大10（四川省广汉市）。

1.2 试验设计

1.2.1 病原菌的分离鉴定

在江苏省宜兴市、江西省南昌县和四川省青神县试验进行地区采集发病桑葚果实，所有病果单独装袋，用于桑葚菌核病病原菌的分离。病果先用无菌水冲洗，晾干后，用无菌镊子将小核果内的菌核取出备用。用无菌手术刀将菌核从中间切开，并在75%酒精中浸泡消毒1 min，用无菌水漂洗3次，无菌条件下风干。将菌核切面向下置于PDA平板（马铃薯200 g、葡萄糖20 g、琼脂20 g、蒸馏水至1 L、121℃灭菌20 min）上，25℃黑暗条件下培养5~7天后挑取菌落边缘菌丝转至新的PDA平板上培养，并转接至冻存管进行保存备用。

从培养7天的PDA平板上刮取适量菌丝，CATB法提取DNA[9]，以引物ITS1/ITS4进行PCR扩增，扩增产物在上海生工生物有限公司进行测序，测序结果在NCBI数据库中进行BLAST比对。

1.2.2 田间药效筛选试验

选用小盾壳霉、哈茨木霉、腐霉利、甲基硫菌灵、嘧菌酯、吡唑醚菌酯和啶酰菌胺7种药剂，每种药剂设2个稀释浓度梯度，另设1个清水空白对照，共15个处理。每个处理小区15株桑树，随机排列，每个处理设3次重复。桑树初花期（5%开花）第1次用药，间隔7天后第2次施药。桑葚果实转色成熟时调查1次，每个处理定点调查4株树，记录每个处理健康桑果粒数、病果粒数。计算总果粒数、病果率和校正防效。

1.2.3 植物安全性试验

根据农药对农作物安全性评价准则（NY/T 1965.1—2010），选取十大、白玉王和白珍珠3个常见品种为试验对象，将50%啶酰菌胺水分散粒剂用水溶液配制成416.65 g/hm^2、833.3 g/hm^2、1 250 g/hm^2、1 666.6 g/hm^2 的浓度（即田间最高剂量的1倍液、2倍液、3倍液、4倍液），以清水作对照处理。将不同品种的果桑苗（每品种2盆）置于喷雾塔内，喷施不同浓度的50%啶酰菌胺水分散粒剂药液（精确喷雾面积为0.2 m^2，喷药液10 mL，喷药量为500 L/hm^2，喷雾压力为0.5 kPa）。喷药后的果桑苗在自然条件下放置2 h，待叶片上药液风干后移至27℃、相对湿度为50%、12 D/12 L、光强3 000 lx的人工气候培养室中，试验设4个重复，每2盆果桑作为一次重复。试验喷药前测量供试果桑苗萌发新梢的长度并标记；喷药处理后14天再测量标记新梢的梢长。用施药后平均新梢长度减去施药前平均新梢长度计算新梢的伸长值。试验期间，每隔2天观察果桑苗生长状态和叶色变化，施药后第14天拍照。

1.2.4 啶酰菌胺农药登记试验

在江苏省宜兴市、江西省南昌县和四川省青神县3地进行试验，每个地区4个重复，50%啶酰菌胺水分散粒剂设置600倍液、800倍液、1 000倍液3个浓度梯度，以20%嘧菌酯可湿性粉剂400倍液为对照，观察防治效果。桑树初花期（5%开花）第1次用药防治，间隔7天后第2次施药。桑葚果实转色成熟时调查1次，每个处理定点调查4株树，记录每个处理健康桑果粒数、病果粒数。计算总果粒数、病果率和校正防效。

1.2.5 啶酰菌胺在桑葚中残留试验

在江苏省镇江市丹徒区、湖南省长沙县、河南省济源市和四川省广汉市四地试验小区各设置一个处理小区，一个对照小区，每个小区4株桑葚，以制剂量600倍液（有效成分833.3 mg/kg）施药2次，间隔7天。最后1次施药后的第7天和第14天分别采集成熟的桑葚果实样品，准确称取5 g桑葚（样品量w）于50 mL离心管中，加入25 mL乙腈，研磨振荡30 min，然后以5 000 r/min离心5 min，取0.5 mL上清液加1.5 mL乙腈混溶后，过0.22 μm滤膜于1 mL进样瓶中，用液相色谱-串联质谱法（HPLC-MS/MS）法测定残留量（参见GB 20769—2008）。在毒理学和化学残留量基础上，根据我国居民膳食消费量，估算农药膳食摄入量，包括长期/短期膳食摄入，评估膳食风险。

1.3 数据分析

1.3.1 田间药效筛选试验、啶酰菌胺农药登记试验

$$病果率（\%）= 病果粒数/总桑果粒数\times100$$

$$校正防效（\%）=（CK-PT）/CK\times100$$

式中，*PT* 为处理区病果率；*CK* 为对照区病果率。

相关试验数据采用邓肯氏新复极差“DMRT”法，利用DPS软件进行统计分析。

1.3.2 啶酰菌胺在桑葚中残留量计算

$$R=（C\times V_1\times V_3）/（W\times V_2）$$

式中，R 为样品中测试物残留量（mg/kg）；C 为样品提取溶液浓度-进样小瓶在仪器中检测出的质量浓度（mg/L）；V_1为样品溶液的最终定容体积：2 mL（0.5 mL 上清液+1.5 mL 乙腈）；V_2为样品溶液的移取体积：0.5 mL；V_3为样品提取溶液总体积：25 mL；W 为样品质量 5 g。

1.3.3 啶酰菌胺在桑葚中的膳食风险评估

$$计算国家估算每日摄入量\ NEDI = \sum \left[STMR_i \left(STMR-P_i \right) \times F_i \right]$$

$$风险概率\ RQ\ (\%) = NEDI / (ADI \times b.w.) \times 100$$

式中，$STMR_i$ 为农药在某种食品中的规范残留试验中值（mg/kg）；$STMR-P_i$ 为采用加工因子校正后的规范残留试验中值（mg/kg）；F_i 为一般人群对该食品的消费量（kg）；b. w. 为我国普通人群人均体质量，按 63 kg 计；RQ 为风险商（%）；ADI 为农药的每日允许摄入量（mg/kg，b. w.）。在计算 NEDI 时，如果没有合适的 *STMR* 值或 $STMR-P_i$ 值，可直接采用相应的 *MRL* 值代替。当 $RQ \leq 100\%$时，认为该农药残留对一般人群健康的影响在可接受的风险水平，值越小，风险越低。

2 结果与分析

2.1 桑葚菌核病的病原

在江苏省宜兴市、江西省南昌县和四川省青神县试验区采集的桑葚菌核病病果上，累计分离获得 16 株病原菌。ITS 序列同源性比对分析结果显示 16 株病原菌均为核地仗菌（*Scleromitrula shiraiana*）。形态学鉴定结果表明：在生化培养箱中培养 7 天后，气生菌丝发达，菌落表面呈灰色茸毛状，再继续培养 7 天后，发现菌落表面呈浅绿色毡状，紧贴培养基生长，菌落边缘不整齐，接近菌落边缘可看到小粒菌核凸起。显微镜观察发现，分生孢子为卵圆形，一侧略尖，符合核地仗菌的形态特征。形态学和分子鉴定结果表明，试验地桑葚菌核病病原均为核地仗菌。

2.2 桑葚菌核病田间药效筛选试验

根据病原鉴定结果，选取对核地仗菌离体活性效果较好的吡唑醚菌酯、嘧菌酯、啶酰菌胺以及桑农常用的甲基硫菌灵和腐霉利，同时增加对子囊菌作用效果较好的盾壳霉和哈茨木霉 2 种生物农药于 2018 年在江苏省宜兴市开展田间药效筛选试验。

筛选试验结果表明，7 种药剂对桑葚菌核病均有一定防效，各药剂防治后，桑葚菌核病的病果率虽然都出现了下降，但不同药剂的防效存在明显差异。其中，吡唑醚菌酯对桑葚菌核病防效优良，防效达到 90%左右，嘧菌酯和啶酰菌胺防效良好，防效在 85%以上，3 种药剂都能将病果率控制在 10%以下。桑农常用的甲基硫菌灵和腐霉利对桑葚菌核病防效中等偏差，其中腐霉利低剂量防效仅为 36%；哈茨木霉菌和盾壳霉对桑葚菌核病防效较差，高剂量防效均低于 40%，病果率达到 30%以上（表 1）。

表 1 不同药剂处理对桑葚菌核病的防治效果

序号	药剂及含量	类别	剂量	病果率（%）	防效（%）
1	2×10^8盾壳霉可湿性粉剂	生物农药	2 250 g/hm^2	57.36	2.51
2	2×10^8盾壳霉可湿性粉剂	生物农药	3 000 g/hm^2	54.93	7.01
3	3×10^8 CFU/g 哈茨木霉菌可湿性粉剂	生物农药	400 倍液	43.42	24.78

（续表）

序号	药剂及含量	类别	剂量	病果率（%）	防效（%）
4	3×10^8 CFU/g 哈茨木霉菌可湿性粉剂	生物农药	200 倍液	33.33	39.71
5	50%腐霉利可湿性粉剂	二甲酰亚胺类	1 000 倍液	36.23	37.18
6	50%腐霉利可湿性粉剂	二甲酰亚胺类	600 倍液	18.54	66.72
7	70%甲基硫菌灵可湿性粉剂	苯并咪唑类	1 000 倍液	21.39	59.86
8	70%甲基硫菌灵可湿性粉剂	苯并咪唑类	600 倍液	16.48	70.43
9	20%嘧菌酯可湿性粉剂	甲氧基丙烯酸酯类	1 200 倍液	6.57	88.15
10	20%嘧菌酯可湿性粉剂	甲氧基丙烯酸酯类	800 倍液	9.24	87.22
11	25%吡唑醚菌酯乳油	甲氧基丙烯酸酯类	1 500 倍液	4.48	92.21
12	25%吡唑醚菌酯乳油	甲氧基丙烯酸酯类	1 000 倍液	6.02	88.96
13	50%啶酰菌胺水分散粒剂	烟酰胺类	1 000 倍液	7.03	86.06
14	50%啶酰菌胺水分散粒剂	烟酰胺类	600 倍液	5.62	87.81
15	空白对照（清水）	—	—	59.82	—

2.3 啶酰菌胺对桑葚菌核病的防效

根据江苏省宜兴市田间筛选试验结果，新烟酰胺类杀菌剂啶酰菌胺对桑葚菌核病防效较好，综合考虑防效、登记现状及抗药性等因素，选取啶酰菌胺为代表性药剂，进一步开展田间防效、安全性及残留检测等系列试验。将吡唑醚菌酯和嘧菌酯作为储备药剂，用于后续开发和登记。

为进一步明确啶酰菌胺在不同地区对桑葚菌核病作用效果及防效稳定性，细化使用剂量，根据农药田间试验准则，于 2020 年在江苏省宜兴市、江西省南昌县和四川省青神县 3 地桑葚主产区开展了啶酰菌胺防治桑葚菌核病田间试验。试验结果显示：在江苏地区，50%啶酰菌胺水分散粒剂 600 倍液、800 倍液、1 000 倍液于初花期施药对桑葚菌核病的防效为 88%~95%，在江西地区防效为 76%~82%，在四川地区防效为 71%~87%，3 地防效虽有一定差异，但均高于 70%，生产中可有效防控桑葚菌核病（表 2）。另外试验过程中，3 地果桑正常生长，未观察到药害症状。

表 2　50%啶酰菌胺水分散粒剂防治果桑菌核病药效试验

地区	药剂处理	有效成分（mg/kg）	制剂用药量	防效/%	差异显著性	
					5%	1%
江苏	50%啶酰菌胺水分散粒剂	500	1 000 倍液	88.38	b	AB
		625	800 倍液	89.99	ab	AB
		833.3	600 倍液	95.93	a	A
	20%嘧菌酯可湿性粉剂	500	400 倍液	83.85	b	B
	清水	—	—	—	—	—

（续表）

地区	药剂处理	有效成分（mg/kg）	制剂用药量	防效/%	差异显著性	
					5%	1%
江西	50%啶酰菌胺水分散粒剂	500	1 000 倍液	76.12	b	B
		625	800 倍液	78.85	ab	AB
		833.3	600 倍液	82.32	a	A
	20%嘧菌酯可湿性粉剂	500	400 倍液	77.15	b	AB
	清水	—	—	—	—	—
四川	50%啶酰菌胺水分散粒剂	500	1 000 倍液	71.6	b	A
		625	800 倍液	79	ab	A
		833.3	600 倍液	87.5	a	A
	20%嘧菌酯可湿性粉剂	500	400 倍液	75	b	A
	清水	—	—	—	—	—

2.4 啶酰菌胺对桑葚的安全性评价

2020 年在江苏省句容市开展啶酰菌胺对果桑的安全性试验，结果表明，不同浓度药液喷雾的果桑苗叶色、叶形和株型与空白对照处理果桑苗没有变化，桑葚生长正常。试验同时发现，啶酰菌胺不同浓度药液喷雾后对果桑新梢的伸长均有促进作用，药剂处理组桑苗新梢伸长的长度大于对照处理组，统计分析发现十大和白珍珠 2 个品种的新梢伸长值显著高于对照处理（表 3）。

表 3　50%啶酰菌胺水分散粒剂对果桑苗新梢伸长的影响

品种	施药量		新梢伸长值（cm）					抑制率（%）
	mg/L	g/hm^2	1	2	3	4	平均值	
十大	3 333.2	1 666.6	9.50	11.00	11.60	11.10	10.80a	-90.31
	2 500	1 250	10.20	12.00	5.10	3.90	7.80ab	-37.44
	1 666.7	833.3	7.10	11.30	8.30	11.90	9.65ab	-70.04
	833.3	416.65	8.10	5.20	5.90	7.40	6.65ab	-17.18
	0	0	3.70	5.00	3.00	11.00	5.68b	—
白珍珠	3 333.2	1 666.6	12.30	19.50	13.60	7.10	13.13a	-32.24
	2 500	1 250	19.70	4.00	10.50	12.10	11.58ab	-16.62
	1 666.7	833.3	11.60	13.30	8.20	9.10	10.55ab	-6.30
	833.3	416.65	13.60	13.20	10.70	7.60	11.28ab	-13.60
	0	0	6.50	17.30	5.40	10.50	9.93b	—

（续表）

品种	施药量		新梢伸长值（cm）					抑制率（%）
	mg/L	g/hm²	1	2	3	4	平均值	
白玉王	3 333.2	1 666.6	10.40	6.60	6.70	11.00	8.68a	-14.45
	2 500	1 250	10.00	4.30	10.00	7.10	7.85a	-3.56
	1 666.7	833.3	14.70	5.80	11.90	7.50	9.98a	-31.60
	833.3	416.65	13.90	4.60	8.20	7.50	8.55a	-12.80
	0	0	11.00	2.60	10.30	6.40	7.58a	—

注：同一品种平均值后字母不同表示差异显著（$P<0.05$）。

2.5 啶酰菌胺在果桑中的残留量

根据残留试验指南要求，在江苏省镇江市丹徒区、河南省济源市、四川省广汉市和湖南省长沙县4地开展了残留试验。参考《水果和蔬菜中450种农药及相关化学品残留量的测定》（GB 20769—2008）和已报道文献，采用液相色谱-串联质谱法测定残留量[10-12]。结果表明，啶酰菌胺在末次施药7天、14天后在果桑中的最高残留量分别为7.4 mg/kg、3.5 mg/kg，低于国家标准（GB 2763—2019规定浆果和其他小型水果中啶酰菌胺残留最大值为10 mg/kg），即距离末次施药7天、14天后采摘果桑安全（表4）。

表4　50%啶酰菌胺水分散粒剂在果桑中的最终残留量

地区	施药剂量（mg/kg）	施药次数（次）	采收间隔期（天）	残留量（mg/kg）			残留中值（mg/kg）	残留最大值（mg/kg）
				1	2	平均值		
河南	833.3	2	7	5.94	5.58	5.76	5.17	7.40
江苏				7.40	7.01	7.20		
湖南				4.76	3.98	4.37		
四川				4.17	4.16	4.17		
河南			14	2.39	3.07	2.73	3.03	3.50
江苏				3.28	3.29	3.28		
湖南				1.09	1.66	1.38		
四川				2.99	3.50	3.24		

2.6 啶酰菌胺在果桑中膳食风险

根据我国农药登记和居民的人均膳食结构情况分析，普通人群啶酰菌胺的国家估算每日摄入量是1.30 mg，占日允许摄入量的50.38%，膳食风险可接受（表5）。

表 5　50%啶酰菌胺水分散粒剂在果桑中膳食风险

食品种类	膳食量（kg）	参考限量值或残留中值（mg/kg）	限量来源	国家估算每日摄入量（mg）	日允许摄入量（mg）	风险概率（%）
米及其制品	0.239 9					
面及其制品	0.138 5					
其他谷类	0.023 3					
薯类	0.049 5	1	中国	0.049 5		
干豆类及其制品	0.016 0					
深色蔬菜	0.091 5					
浅色蔬菜	0.183 7	5	中国	0.918 5		
腌菜	0.010 3					
水果	0.045 7	5.17	残留中值	0.236 269		
坚果	0.003 9				ADI×63	
畜禽类	0.079 5					
奶及其制品	0.026 3					
蛋及其制品	0.023 6					
鱼虾类	0.030 1					
植物油	0.032 7	2	中国	0.065 4		
动物油	0.008 7					
糖、淀粉	0.004 4					
食盐	0.012 0					
酱油	0.009 0					
合计	1.028 6			1.269 669	2.52	50.38

3　讨论

桑葚菌核病与小麦赤霉病具有相似性，是桑葚第一大病害，田间药剂防控效果直接决定桑葚的产量和质量。结合病原侵染机制，选择正确的防治时间是保证防治效果的前提。因无正式登记农药，加之部分桑农缺乏防治经验，因此田间防控选择首次施药时具有随意性、盲目性。研究发现桑葚菌核病花前用药与盛花期用药的防效明显低于初花期用药[13]。田间试验发现生物农药对桑葚菌核病作用效果较差，可能与生物农药见效慢有关，在初花期喷施，可能在盛花期之后才能见效，导致错过最佳作用时期，生产中如需使用生物农药，建议提前 2~4 周施用，以确保防效。本试验开展的化学农药田间试验均以初花期（开花量 5%）为首次施药时期，防效较好，生产中建议以此为参考。

选择合适药剂是保证防治效果的决定因素。田间筛选试验表明甲氧基丙烯酸酯类的吡唑醚菌酯、嘧菌酯和烟酰胺类的啶酰菌胺对桑葚菌核病效果较好，符合生产需求。3 种药剂均为广谱类高效低毒药剂，且都作用于病原菌线粒体，干扰病原菌能量供应。因啶酰菌胺登记作物种类较多，因此选择啶酰菌胺为代表药剂开展了后续安全性试验、3 地田间防效试验和残留试验，且试验效果较好。吡唑醚菌酯和嘧菌酯目前还未在乔木类木本植物上登记，残留和植物安全性试验有待进一步明确，可作为桑葚菌核病防治的技术储备药剂。

生产中常用的苯并咪唑类杀菌剂甲基硫菌灵和二甲酰亚胺类杀菌剂腐霉利对桑葚菌核病防效中等偏差，这与农药作用机制及生产中长期高剂量使用相关。以腐霉利为例，其作用机制是抑制病原菌体内甘油三酯的合成，主要作用于葡萄孢属和核盘菌属真菌，非桑葚菌核病病原核地仗菌的最佳防治药剂。生产中，甲基硫菌灵和腐霉利是最常用、最滥用的杀菌剂，由此引发的病菌抗药性和残留风险居高不下。建议田间防治以啶酰菌胺等药剂替代甲基硫菌灵和腐霉利，以保证桑葚菌核病的田间防治效果。

安全性是农药推广技术的重要指标之一，多数特色作物如菊花、月季对农药较为敏感，常规剂量下易产生药害，这主要决定于植物自身遗传特性和农药作用方式。桑葚属乔木类木本植物，未有相关安全性试验报道。本次安全性试验结果表明，啶酰菌胺对果桑植株具有较高的安全性。此外，啶酰菌胺对果桑新梢伸长具有促进作用，但前期未见相关研究报道，具体促生机制有待进一步研究。

农药残留引发的农产品质量安全是百姓关注的热点话题之一。前期研究发现啶酰菌胺在多种草本植物和葡萄等藤本类木本植物上残留符合国家标准，安全间隔期一般为 7 天，但在生菜等极少数特经作物上残留严重超标。目前，未见啶酰菌胺在桑葚等乔木类木本植物上残留试验报道。本试验首次在乔木类木本植物上开展啶酰菌胺的残留试验，江苏、河南、湖南、四川 4 地样品中啶酰菌胺的残留值及膳食风险均处于可接受范围内，安全间隔期为 7 天，为啶酰菌胺登记用于桑葚菌核病的防治提供了安全性支持。另外，在试验中，4 地的残留值有一定差异，江苏为 7.2 mg/kg，明显高于其余 3 地，但仍在国家限量 10 mg/kg 范围内，这可能与桑葚品种、种植环境等多种因素相关。试验结果与啶酰菌胺在南瓜、芦笋和木瓜上的残留结论一致[14]。因此，在生产实践中需严格按照推荐用量施药，盲目提高施药量易引发残留超标。

本试验通过系列试验确认了在桑葚初花期（开花量 5%）喷施 50%啶酰菌胺水分散粒剂 600~1 000 倍液，间隔 7~14 天后第 2 次施药，对桑葚菌核病防效较好，对桑葚植株安全，药剂施用的安全间隔期为 7 天，而且啶酰菌胺在果桑中的残留量符合国家标准，膳食风险可接受。因此，啶酰菌胺可作为生产中防治桑葚菌核病的首选药剂，极具推广价值。轮换用药方面可以考虑吡唑醚菌酯和嘧菌酯，试验结果有待于今后进一步验证。

参考文献

[1] 王锐. 果桑菌核病的发生规律与综合防治技术 [J]. 安徽农学通报，2019，25（10）：72-73.

[2] 周劲松，曲都，胡澜，等. 四川省果桑与桑葚果酒产业调研报告（1）：四川省果桑发展状况 [J]. 经济师，2020（7）：125-127.

[3] 贺磊，胡军华，徐立，等. 一株桑椹致病菌的鉴定及其生物学特性研究 [J]. 西南农业学报，2010，23（3）：760-763.

[4] 蒯元璋，吴福安. 桑椹菌核病病原及病害防治技术综述 [J]. 蚕业科学，2012，38（6）：1099-1104.

[5] 孙雅楠，哀嘉彬，唐爱妙，等. 浙江桑葚菌核病的病原菌鉴定及其对 4 种杀菌剂的抗性检测 [J]. 果树学报，2020，37（12）：1934-1940.

[6] 浦冠勤，毛建萍，朱引根，等. 桑椹菌核病的发生与综合治理 [J]. 中国蚕业，2008（3）：50-51.

[7] 郑章云，杨义，张明海，等. 不同杀菌剂对桑葚菌核病防治试验 [J]. 云南农业大学学报（自然科学），2015，30（4）：653-656.

[8] 任杰群，曾秀丽，陈力，等. 桑椹菌核病综合防治技术研究新进展 [J]. 蚕业科学，2017，43（4）：699-703.

[9] 康鑫，吕志远，黄艳，等．桑椹菌核病菌（*Scleromitrula shiraiana*）黑色素生物合成相关基因的克隆与功能分析［J］．植物病理学报，2017，47（4）：495-504.

[10] 郑尊涛，孙建鹏，简秋，等．啶酰菌胺在番茄和土壤中的残留及消解动态［J］．农药，2012，51（9）：672-674.

[11] 刘倩宇，刘颖超，董丰收，等．超高效液相色谱-串联质谱检测桃中吡唑醚菌酯和啶酰菌胺残留和消解［J］．现代农药，2020，19（1）：40-43.

[12] 连少博，王霞，吕莹，等．豆瓣菜中啶酰菌胺残留及膳食摄入风险评估［J］．农药学学报，2020，22（3）：504-509.

[13] 鲍善尧．大10果桑菌核病防治适期试验［J］．现代农业科技，2011（18）：186-189.

[14] 任鹏程，金静，吕莹，等．啶酰菌胺在南瓜、芦笋、木瓜上的残留行为研究［J］．农产品质量与安全，2020（2）：37-41.

氟吡菌酰胺与氟啶胺混用对番茄灰霉病菌的联合毒力[*]

杨可心[**]，毕秋艳，吴　杰，路　粉，韩秀英，王文桥，赵建江[***]
（河北省农林科学院植物保护研究所，河北省农业有害生物综合防治工程技术研究中心，
农业农村部华北北部作物有害生物综合治理重点实验室，保定　071000）

摘要：为了明确氟吡菌酰胺与氟啶胺混用对番茄灰霉病菌的联合毒力，采用菌丝生长速率法测定了氟吡菌酰胺与氟啶胺以不同配比（质量比5：1、4：1、3：1、2：1、1：1、1：2、1：3、1：4）混配对番茄灰霉病菌的增效作用，并在田间验证了增效组合对番茄灰霉病的防治效果。结果显示，氟吡菌酰胺与氟啶胺以质量比5：1、4：1、3：1和2：1混配时，对番茄灰霉病菌具有毒力增效作用，其中以质量比为2：1时，EC_{50}值最小。在田间使用剂量为150~250 g/hm^{2}时，氟吡菌酰胺与氟啶胺以2：1混配对番茄灰霉病的防治效果为80.12%~89.60%。因此，氟吡菌酰胺与氟啶胺以质量比2：1混配可以有效地控制番茄灰霉病。
关键词：氟吡菌酰胺；氟啶胺；灰葡萄孢；联合毒力；防治效果

Synergistic interaction of mixtures of fluopyram and fluazinam against *Botrytis cinerea*[*]

YANG Kexin[**], BI Qiuyan, WU Jie, LU Fen,
HAN Xiuying, WANG Wenqiao, ZHAO Jianjiang[***]
(*Plant Protection Institute, Hebei Academy of Agricultural and Forestry Sciences, IPM Center of Hebei Province, Key Laboratory of Integrated Pest Management on Crops in Northern Region of North China, Ministry of Agriculture, Baoding* 071000, *China*)

Abstract: This study aims to clarify the synergistic effect of the mixture of fluopyram and fluazinam against *Botrytis cinerea*. The synergic toxicity of the mixture containing fluopyram and fluazinam at different mass ratios (W/W, 5：1, 4：1, 3：1, 2：1, 1：1, 1：2, 1：3 and 1：4) against *B. cinerea* was determined by measuring mycelial growth rate test, the efficacy in controlling tomato gray mould was tested though the field trials. The results showed that synergistic interactions against *B. cinerea* of the mixtures of fluopyram and fluazinam were found at the ratio of 5：1, 4：1, 3：1 and 2：1. The 2：1 mixture exhibited the minimum value of EC_{50}. The control effect of the mixture (2：1) against tomato gray mould was 80.12%-89.60%, under the dose of 150-250 g/hm^2. The mixture of fluopyram and fluazinam (2：1) could be effectively in controlling tomato gray mould.
Key words: Fluopyram; Fluazinam; *Botrytis cinerea*; Synergistic interaction; Control effect

番茄灰霉病是由灰葡萄孢（*Botrytis cinerea*）侵染引起的一种世界性病害，可危害番茄

* 基金项目：河北省重点研发计划（21326510D）；国家重点研发计划项目（2016YFD0200506-7）
** 第一作者：杨可心，农艺师；E-mail：kexinyang2022@163.com
*** 通信作者：赵建江，研究员，主要从事杀菌剂毒力及应用技术研究；E-mail：chillgess@163.com

的茎、叶、花和果实等部位，严重影响番茄的产量和品质[1]。目前化学防治仍是防治番茄病害的主要方法，但是由于灰霉病菌繁殖速度快、遗传变异大和适合度高，易对杀菌剂产生抗性[2]。近年来我国番茄灰霉病菌已对多菌灵、乙霉威、嘧霉胺、啶酰菌胺和腐霉利等多种杀菌剂普遍产生了抗性[3]。因此开发新型高效杀菌剂及复配制剂对于番茄灰霉病的防治具有重要意义。

氟吡菌酰胺属于琥珀酸脱氢酶抑制剂，通过影响病原菌呼吸作用而表现杀菌作用的一种新型杀菌剂[4]。氟啶胺属于氧化磷酸化解偶联剂，对多种真菌和卵菌具有良好的抑菌活性[5]。本研究以 BXS5 菌株为靶标，测定氟吡菌酰胺与氟啶胺不同配比对番茄灰霉病菌的联合毒力，旨在筛选出 2 种药剂的最佳增效配比，为番茄灰霉病的综合防治提供依据。

1　材料与方法

1.1　试验材料

供试菌株：番茄灰霉病菌株 BXS5 由河北省农林科学院植物保护研究所杀菌剂课题组分离保存。

供试药剂：96%氟吡菌酰胺（Fluopyram）原药和 41.7%氟吡菌酰胺悬浮剂由拜耳作物科学公司生产；98%氟啶胺（Fluazinam）原药由南京红太阳股份有限公司生产；500 g/L 氟啶胺悬浮剂由日本石原产业株式会社生产。

番茄品种：东圣，由陕西东圣种业有限责任公司生产。

1.2　试验方法

1.2.1　氟吡菌酰胺与氟啶胺混配对番茄灰霉菌的联合毒力测定

采用菌丝生长速率法[6]，分别称取适量氟吡菌酰胺和氟啶胺原药溶于丙酮，制成浓度为 1×10^4 mg/L 的母液，然后按 5∶1、4∶1、3∶1、2∶1、1∶2、1∶3 和 1∶4 的质量比混合，得到不同配比的混合液。将浓度为 1×10^4 mg/L 的母液用无菌水系列稀释，与 PDA 培养基按体积比 1∶9 的比例混合，制成含氟吡菌酰胺（50 mg/L、10 mg/L、5 mg/L、1 mg/L、0.5 mg/L 和 0.1 mg/L）、氟啶胺及其混剂（5 mg/L、1 mg/L、0.5 mg/L、0.1 mg/L、0.05 mg/L 和 0.01 mg/L）的平板。在含药平板中央，倒置接种直径为 5 mm BXS5 菌饼 1 枚，每个处理重复 3 次，25℃黑暗条件倒置培养，3 天后，采用十字交叉法测量菌落直径，利用 DPS 软件计算氟吡菌酰胺、氟啶胺及其混合物对番茄灰霉菌的有效抑制中浓度（EC_{50}）及相关系数。采用 Wadley[7] 公式评价氟吡菌酰胺与氟啶胺混配对番茄灰霉病菌的联合毒力。

1.2.2　最佳增效组合对番茄灰霉病的田间药效

2017 年和 2018 年在河北省保定市徐水区进行氟吡菌酰胺与氟啶胺混用防治番茄灰霉病的田间药效试验，该地区为番茄集中种植区，灰霉病每年均有发生。试验设 6 个处理，分别为 41.7%氟吡菌酰胺悬浮剂与 500 g/L 氟啶胺混合物（有效成分质量比 2∶1）250 g/hm^2、200 g/hm^2 和 150 g/hm^2；41.7%氟吡菌酰胺悬浮剂 200 g/hm^2；500 g/L 氟啶胺悬浮剂 250 g/hm^2 和清水对照。小区面积为 13 m^2，随机区组排列，每处理重复 4 次。在番茄灰霉病零星发病时，将病叶/果摘除后，开始施药，间隔 7～10 天施药 1 次，共施药 3 次。采用顶能牌背负式电动喷雾器均匀喷雾，药液用量为 900 L/hm^2。2018 年试验处理与番茄种植模式与 2017 年一致。

病情调查参考《农药田间药效试验准则》（GB/T 17980.28—2000），施药前灰霉病零星发生，病情基数视为0。末次用药7天后调查发病情况，采用五点取样法，每点调查2株，调查全部果实和叶片的发病情况。计算病情指数及防效。

$$病情指数=\sum（各级病果数\times相对级数值）/（调查总果数\times9）\times100$$

$$防治效果（\%）=［（对照区病情指数-处理区病情指数）/对照区病情指数］\times100$$

1.2.3 数据统计与分析

采用DPS 7.05版数据处理软件分析氟吡菌酰胺与氟啶胺的质量浓度与抑制率之间的线性回归关系，采用邓肯式新复极差法（DMRT）进行差异显著性分析。

2 结果与分析

2.1 氟吡菌酰胺与氟啶胺混配对番茄灰霉菌的联合毒力测定

从表1可知，氟吡菌酰胺与氟啶胺不同配比混合物均对番茄灰霉病菌BXS5表现出较高的抑菌活性。2种药剂以5∶1、4∶1、3∶1和2∶1混用均对番茄灰霉病菌显示出毒力增效作用，其他配比则表现为毒力相加作用（增效系数大于1.5为增效作用，增效系数大于0.5且小于1.5为相加作用，增效系数小于0.5为拮抗作用）。

表1 氟吡菌酰胺与氟啶胺混配对灰霉病菌的联合毒力

药剂	质量比	毒力回归方程	EC_{50}（mg/L）	相关系数	增效系数
氟吡菌酰胺	—	$y=0.6371x+4.4980$	6.1385	0.9993	—
氟啶胺	—	$y=0.8545x+6.3950$	0.0233	0.9659	—
氟吡菌酰胺：氟啶胺	5∶1	$y=0.8837x+6.1688$	0.0476	0.8982	2.88
	4∶1	$y=1.0961x+6.2374$	0.0743	0.9673	1.54
	3∶1	$y=1.0716x+6.3070$	0.0603	0.9681	1.53
	2∶1	$y=1.0621x+6.4373$	0.0443	0.9801	1.57
	1∶1	$y=1.1788x+6.5517$	0.0483	0.9981	0.96
	1∶2	$y=1.8496x+7.5361$	0.0425	0.9163	0.82
	1∶3	$y=1.1396x+6.6523$	0.0355	0.9932	0.87
	1∶4	$y=1.6379x+7.4897$	0.0302	0.8667	0.96

2.2 增效组合对番茄灰霉病的田间药效

2017年试验结果表明（表2），41.7%氟吡菌酰胺悬浮剂与500 g/L氟啶胺悬浮剂按有效成分质量比2∶1混配，在田间对番茄灰霉病表现出良好的防治效果，且对作物安全，在有效成分用量为150 g/hm^2、200 g/hm^{2}和250 g/hm^{2}时，对番茄灰霉病的防效分别为80.12%、84.25%和89.60%，其中最高处理剂量对番茄灰霉病的防效显著高于最低处理剂量。500 g/L氟啶胺悬浮剂250 g/hm^{2}对番茄灰霉病的防治效果为72.05%，显著低于增效组合的3个处理剂量。41.7%氟吡菌酰胺悬浮剂200 g/hm^{2}对番茄灰霉病的防治效果为82.32%，与增效组合150 g/hm^{2}和200 g/hm^{2}两个处理剂量对番茄灰霉病的防治效果没有显著差异，而显著低于250 g/hm^{2}处理剂量。2018年的试验结果与2017年一致。

表 2　氟吡菌酰胺与氟啶胺混配对番茄灰霉病的田间防效

药剂	剂量（g/hm²）	2017 年		2018 年	
		病情指数	防效（%）	病情指数	防效（%）
41.7%氟吡菌酰胺悬浮剂	200	1.66	82.32b	1.19	82.80ab
500 g/L 氟啶胺悬浮剂	250	2.65	72.05c	2.00	71.25c
混合物（2∶1）	250	0.99	89.60a	0.85	87.66a
	200	1.44	84.25ab	1.13	83.81ab
	150	1.88	80.12b	1.35	80.51b
清水对照	—	9.51	—	6.79	—

3　结论与讨论

番茄灰霉病菌具有繁殖速度快、适应性强和变异大等特点，属于高抗性风险病原菌，已对多菌灵、腐霉利、乙霉威、嘧霉胺等多种杀菌剂产生抗性[8]。杀菌剂的合理混用不仅可以提高防治效果，降低杀菌剂的用量，还可以延缓抗性的产生[9]。本团队研究发现，氟吡菌酰胺与氟啶胺以质量比 5∶1、4∶1、3∶1、2∶1 混配时，均对抑制番茄灰霉病菌菌落扩展显示出毒力增效作用，其增效作用可能是由于两药剂作用于病原菌的不同位点，而展示出增效作用，但其增效机制还有待于进一步研究。

笔者团队在河北省保定市徐水区采集分离的番茄灰霉病菌已经对多菌灵、乙霉威和嘧霉胺普遍产生抗性[10]，当氟吡菌酰胺与氟啶胺以质量比 2∶1 混配时，在该地仍对番茄灰霉病表现出良好的防治效果，说明该组合可以有效控制已经对多菌灵、乙霉威和嘧霉胺产生抗性的番茄灰霉病菌造成的危害。从另一方面表明，氟吡菌酰胺和氟啶胺与多菌灵、乙霉威和嘧霉胺之间不存在交互抗性。因此，将氟吡菌酰胺与氟啶胺以有效成分质量比 2∶1 进行桶混或将 2 种药剂制成复配剂，对番茄灰霉病具有良好的防治效果，具有较广阔的应用前景。

参考文献

[1] 纪军建，张小风，王文桥，等．番茄灰霉病防治研究进展［J］．中国农学通报，2012，28（31）：109-113.

[2] 刘圣明，高续恒，张艳慧，等．河南省番茄灰霉病菌对 3 种杀菌剂的抗药性检测［J］．植物保护，2014，40（4）：144-147.

[3] SU Z H，ZHANG X，ZHAO J J，et al. Combination of suspension array and mycelial growth assay for detecting multiple-fungicide resistance in *Botrytis cinerea* in Hebei Province in China［J］. Plant Disease，2019，103：1213-1219.

[4] 张晓柯，韩絮，马薇薇，等．江苏省草莓灰霉病菌对氟吡菌酰胺敏感性基线的建立及抗性风险评估［J］．南京农业大学学报，2015，38（5）：810-815.

[5] 刘青，张亚，刘双清，等．氟啶胺和咯菌腈复配对草莓灰霉病菌的联合毒力及增效作用研究［J］．中国果树，2019（2）：43-47.

[6] 宗兆锋，康振生．植物病理学原理［M］．北京：中国农业出版社，2002.

[7] 韩丽娟，顾中言，王强．农药复配与复配农药［M］．南京：江苏科学技术出版社，1994：

44-45.
[8] 杜颖，付丹妮，邹益泽，等．2017年辽宁省番茄灰霉病菌对腐霉利的抗药性现状及机制研究［J］．中国蔬菜，2018（1）：58-65.
[9] 刘超，张悦丽，张博，等．山东灰霉病菌对腐霉利的抗药性检测［J］．农学学报，2014，4（12）：30-32，103.
[10] ZHAO J J，BI Q Y，WU J，et al. Occurrence and management of fungicide resistance in *Botrytis cinerea* on tomato from greenhouses in Hebei，China［J］．Journal of Phytopathology，2019，167（7-8）：413-421.

苹果炭疽叶枯病对吡唑醚菌酯的抗药性监测与治理

韩文姣，朱美琦，刘　娜，练　森，李保华，任维超*
（青岛农业大学植物医学学院，青岛　266109）

摘要：苹果炭疽叶枯病（Glomerella leaf spot，GLS）是近年来我国苹果上出现的一种新的真菌病害，该病害传播速度快，在适宜的环境条件下 2～3 天即可使全树叶片干枯脱落，对果园生产造成毁灭性损失。目前，GLS 的防治主要依赖化学药剂，其中甲氧基丙烯酸酯类杀菌剂（QoI）吡唑醚菌酯是防治 GLS 的特效药，在病害防控中起到不可替代的作用。为监测 GLS 对吡唑醚菌酯的抗药性情况，我们于 2020 年在山东省主要的苹果种植区采集了 GLS 病原菌，并进行了药敏性测试。结果发现，莱州地区采集的两株病原菌表现出高等水平的吡唑醚菌酯抗药性，抗性频率为 4.8%。深入研究阐明了抗药性是细胞色素 b（Cytochrome b）143 位点突变（G143A）导致的，并通过分子对进行了验证。这种抗药性与戊唑醇和溴菌腈均没有交互抗性。生物适合度分析显示，抗药性菌株除了在致病力方面显著下降外，在菌丝生长、产孢以及应对外界环境胁迫方面与敏感菌株没有显著差异。基于 Cytb 143 位特异性点突变（G143A），我们开发了一种特异性高、灵敏度强、操作简便的 LAMP 抗药性检测方法，可用于实地检测 GLS 病原菌对吡唑醚菌酯的抗药性。此外，我们通过田间药效试验发现 500 g/L 氟啶胺 SC、吡唑醚菌酯复配药（30%吡唑醚菌酯·溴菌腈 EW、400 g/L 氯氟醚·吡唑酯 SC）对苹果炭疽叶枯病的保护和治疗效果较好。本研究结果对 GLS 的科学防控具有重要的现实意义。

关键词：苹果炭疽叶枯病；吡唑醚菌酯；抗药性；监测；治理

Monitoring of Glomerella leaf spot resistance to pyraclostrobin and management

HAN Wenjiao, ZHU Meiqi, LIU Na, LIAN Sen, LI Baohua, REN Weichao*
(*College of Plant Health and Medicine, Qingdao Agricultural University, Qingdao* 266109, *China*)

Abstract: Glomerella leaf spot (GLS) is a new fungal disease that has emerged in recent years in apple orchards in China. This disease spreads rapidly and, causes the entire leaves to wither and fall within 2-3 days under suitable conditions, resulting in devastating losses in fruit production. Currently, GLS control mainly relies on chemical agents, with QoI (Quinone outside Inhibitors) fungicides pyraclostrobin playing an irreplaceable role in GLS control. To monitor GLS resistance to pyraclostrobin, we collected GLS pathogens from major apple-growing regions in Shandong Province in 2020 and conducted sensitivity tests. The results revealed that two collected strains from Laizhou City exhibited a high-level resistance to pyraclostrobin, with a resistance frequency of 4.8%. Further research elucidated that resistance is attributed to a mutation at position 143 of the Cytochrome b (G143A), which was verified through molecular docking. This resistance showed no cross-resistance to tebuconazole and bromuconazole. Biological fitness analyses demonstrated that resistant strains exhibited a significant decrease in pathogenicity but no significant differences in mycelial growth, sporulation, and responses to external stress compared to sensitive strains. Based on the specific point mutation at Cytb 143 (G143A), we developed a highly specific, sensitive, and easy-to-use

* 通信作者：任维超；E-mail：renweichaoqw@163.com

LAMP-based resistance detection method that can be applied for on-site monitoring of GLS resistance to pyraclostrobin. Additionally, through field efficacy trials, we found that 500 g/L fluazinam SC and a pyraclostrobin mixture (30% pyraclostrobin · bromothalonil EW, 400 g/L mefentrifluconazole · pyraclostrobin SC) exhibited a good protective and therapeutic effects against GLS. Results of this study provide practical significance for the scientific management of GLS.

Key words: Glomerella leaf spot; Pyraclostrobin; Resistance; Monitor; Management

苹果（*Malus domestica* Borkh.）是温带地区产量最高、最重要的经济水果之一。植物病害严重制约着苹果产业的健康发展。由 *Glomerella cingulata*（无性型 *Colletotrichum gloeosporioides*）引起的苹果炭疽叶枯病（GLS）是一种毁灭性的病害，会导致苹果严重落叶和果斑。GLS 主要发生在潮湿的亚热带气候地区，如巴西、美国东南部以及近年来的中国[1-3]。苹果对 GLS 的敏感性差异很大，广泛种植的品种“富士”对 GLS 免疫，而“嘎拉”和“明月”等品种则对 GLS 高度敏感[4,5]。目前，GLS 的防控主要依靠杀菌剂的使用，但长期频繁使用杀菌剂会导致病原菌产生抗药性。在中国，GLS 于 2011 年在江苏省和安徽省被首次报道，此后已蔓延到其他苹果产区[6]。甲氧基丙烯酸酯类杀菌剂（QoI）吡唑醚菌酯是巴斯夫公司开发的一种超高效广谱杀菌剂，通过与细胞色素 bc1 复合物的外部氧化位点（Qo）结合来抑制线粒体呼吸，阻断细胞色素 b 和细胞色素 c1 之间的电子传递，从而减少三磷酸腺苷（ATP）的产生，导致菌体能量缺乏[7,8]。尽管 QoI 类杀菌剂对多种主要植物病原菌（包括子囊菌、半知菌、担子菌、卵菌）引起的病害非常有效，但在一些病原菌中已出现抗药性（http://www.frac.info），抗性机制涉及细胞色素 b1 Qo 位点的突变或通过替代氧化酶途径增加电子转移。抗性机制研究表明，Cytb 点突变 G143A、F129L 和 G137R 是最常见的 QoI 抗药性产生的原因[9-11]。

杀菌剂的抗药性监测对病害的有效防控至关重要，通过病原菌分离和药敏性测定的传统方法具有耗时且成本高的缺点，分子检测方法，如 AS-PCR、RAPD-PCR、PCR-RFLP 等需要昂贵的仪器且成本高，不适用于实地应用[12-14]。环介导等温扩增技术（loop-mediated isothermal amplification，LAMP）是一种简便、快速、精确、低价的基因扩增方法，目前已应用在多种病原菌抗药性检测的实践中[15,16]。病害抗药性治理是一种关键的管理策略，旨在减缓或预防植物病害对化学药剂的抗药性发展，因此，筛选更多有效防控病害的药剂，进行不同药剂的混用或交替使用是延缓抗药性和病害可持续防控的重要措施。

在本研究中，我们首次监测到了 GLS 病原菌对吡唑醚菌酯的高等水平抗性菌株，阐明了抗性机制，评估了抗性风险，并开发了适用于田间抗药性监测的分子检测工具，初步筛选了防治 GLS 的替代性药剂。研究结果为 GLS 防控提供了科学指导。

1 材料与方法

1.1 供试菌株、培养基和杀菌剂

GLS 病样于 2020 年采自山东主要的苹果种植区，通过单孢分离获得 GLS 病原菌。LZ-6 是采自莱州市的吡唑醚菌酯敏感菌株，LZ-39-1 和 LZ-39-2 是抗性菌株。AEA 培养基加 50 μg/mL SHAM 用来测定菌株对吡唑醚菌酯的敏感性，PDA 培养基用来测定戊唑醇和溴菌腈的敏感性。99%吡唑醚菌酯、98%戊唑醇、99%溴菌腈原药由南京农业大学杀菌剂生物学实验室回赠。

1.2　杀菌剂敏感性测定

通过测量菌落生长和孢子萌发的抑制来测定菌株对药剂的敏感性。对于菌落生长测定，从生长 3 天菌落的边缘获取菌碟，放置在含有不同药剂浓度的含药培养基中间。25℃培养 4 天后，采用十字交叉法测量菌落直径，取平均值，计算抑制率。对于孢子萌发测定，将 100 μL 新鲜孢子悬浮液（10^6个孢子/mL）均匀涂布在含有不同药剂浓度的培养基平板上。在 25℃孵育 4 小时后，通过在 100 倍放大倍数下检查 3 个位点的 100 个孢子来检测孢子萌发情况。当芽管的长度至少是孢子直径的两倍时，认为孢子已萌发。EC_{50}值（对菌丝体生长/孢子萌发的 50%抑制的有效浓度）通过对数转换的抑制百分比相对于对数转换的杀菌剂浓度绘制的拟合回归线计算。

1.3　生物适合度测定

生长速率测定：将二次活化的菌株沿菌落边缘打制 5 mm 新鲜菌饼，于 25℃恒温箱培养 3 天后取出，十字交叉法测量菌株直径，计算平均每天生长直径（cm/d），实验重复 3 次。

产孢量测定：将二次活化的菌株沿菌落边缘打制 5 个 5 mm 新鲜菌饼，置于含有 100 mL Richard 培养基中，于 25℃，180 r/min 摇床培养，3 天后取出经过滤加入 0.1%的吐温-20，取 5 μL 用血球计数板于显微镜下计算孢子数量，每个菌株数 10 个视野，实验重复 3 次。

致病力测定：将菌株的孢子悬浮液浓度配置成 2×10^5 CFU/mL，取 30 mL 加入 0.1%的吐温-20 置于喷壶中。剪下“嘎啦”树梢，确保每个树梢上有 5 个长势大致相似的嫩叶，向叶片上均匀喷施孢子悬浮液，对照组喷施等量无菌水。将树枝插在含有水的三角瓶中保湿，喷施完成后套上保鲜袋，置于 25℃恒温箱培养 2~3 天后观察发病情况并计算单位面积的病斑数量（amount/cm^2），实验重复 3 次。

1.4　交互抗性测定

随机选取来自 2020 年分离鉴定的 2 株抗性菌株和 4 株敏感菌株，采用菌丝生长速率法分别测定吡唑醚菌酯、戊唑醇和溴菌腈的 EC_{50}。药剂浓度见表 1。

表 1　交互抗性杀菌剂浓度

药剂	浓度（μg/mL）	
	吡唑醚菌酯敏感菌株	吡唑醚菌酯抗性菌株
吡唑醚菌酯	0，0.02，0.04，0.2，0.4，2，4	0，1，5，10，25，50，200
戊唑醇	0，0.05，0.1，0.2，0.5，1，2	0，0.05，0.1，0.2，0.5，1，2
溴菌腈	0，0.1，1，5，10，20	0，0.1，1，5，10，20

交互抗性分析依据 Spearman rank correlation 分析方法，当 $P<0.3$ 表示两种药剂相关性较差；$0.3\leqslant P<0.8$ 表示低到中等水平相关；$P>0.8$ 表示两种药剂有明显的交互抗性。

1.5　Cytb 序列分析

分别以抗性、敏感菌株 DNA 为模板，以 137-143-F/R、129-F/129-R 为引物 Phanata 酶 PCR 扩增。取 PCR 产物 3 μL 先经过 2%琼脂糖凝胶电泳分析，将正确显示条带的 PCR 产物剩余部分送上海生物工程有限公司测序处理。应用 BioEdit 软件对抗性、敏感菌株碱基序列及其编码的氨基酸序列进行测序结果比对。

1.6　分子对接

使用 Alphafold 2 生成 Cytb 和突变蛋白的三维模型并运用基于 Ramachandran 图计算的

PROCHECK 对预测模型的立体化学质量和准确性进行了评估。使用 Verify3D 软件分析模型与自身氨基酸序列的相容性。先前的研究报道了 Cytb 蛋白的活性位点，使用 Autodock Vina 软件，以蛋白质受体作为刚性分子，以吡唑醚菌酯作为活性位点上的柔性分子。通过调节二者的蛋白配体对接过程完成吡唑醚菌酯与蛋白质的结合。图片制作使用 PyMol 和 Ligplot 软件。

1.7 LAMP 抗性检测体系

基于苹果炭疽叶枯病菌 Cytb 基因第 143 位点突变，利用在线引物设计工具 Primer Explorer V5 设计相关引物，LAMP 引物序列见表 2。

表 2 LAMP 引物序列

引物	序列
F3	GTATGTTTGTATGTTTTACCTTACG
B3	ACCTATAGTAGGTAAAGAAATGCT
FIP1	GTCCAATTCATGGGATAGCACTTATGGCAAATGTCATTATGAGCT
FIP2	GTCCAATTCATGGGATAGCACTTATGGCAAATGTCATTATGAGCAC
FIP3	GTCCAATTCATGGGATAGCACTTATGGCAAATGTCATTATGACCT
FIP4	GTCCAATTCATGGGATAGCACTTATGGCAAATGTCATTATGACCA
FIP5	GTCCAATTCATGGGATAGCACTTATGGCAAATGTCATTATGACCG
BIP	TCGTTGAGTCAACAAACAATACAGTGCTGATAACCTAATGGTCCT
Cytb-F	CTATCAAGACAAGACCGTCG
Cytb-R	CCATCTCCATCTATTAGTCC

体系建立：以 GLS 病原菌 DNA 为模板，利用引物 FIP、BIP、F3 和 B3 进行 LAMP 扩增，LAMP 检测反应体系为 20 μL，包括 FIP 和 BIP 各 1.5 μL，F3 和 B3 各 0.5 μL，10× ThermoPol Reaction Buffer：2 μL，$MgSO_4$：4 μL，Betaine：4 μL，dNTPs：3.5 μL，Bst DNA 聚合酶：1 μL，DNA 模板：1 μL，10 000×SYBR GreenI：0.5 μL。

引物筛选：根据炭疽叶枯病菌 Cytb 基因序列（含 143 位密码子突变 GGT→GCT）设计 LAMP 引物，Cytb 基因序列突变位点位于正向内引物 FIP 的 3′端，在突变位点上下游各 3 个碱基间进行任一或任二碱基进行错配突变，共设计 5 套 LAMP 引物，以苹果炭疽叶枯病菌敏感菌株和对吡唑醚菌酯抗性菌株的 DNA 为模板进行 LAMP 反应，筛选出能特异性检测苹果炭疽叶枯病菌对吡唑醚菌酯抗性的 LAMP 引物组合物。

1.7.1 LAMP 反应条件优化

对于 LAMP 反应条件优化优化最佳反应温度和反应时间。系列反应温度分别设置为 57℃、58℃、59℃、60℃、61℃、62℃、63℃和 64℃共 8 个反应温度。系列反应时间设置为 20 min、30 min、40 min、50 min、60 min、70 min、80 min 和 90 min 共 8 个反应时间。以获得最佳反应温度和最佳反应时间。

1.7.2 LAMP 反应体系特异性与重复性检测

分别以田间单孢分离的抗性菌株、敏感菌株和阴性对照 ddH_2O 为模板加入上述优化的

LAMP 反应体系中进行特异性检验。

1.7.3 LAMP 反应体系灵敏性检测

将抗性菌株模板 DNA 梯度稀释，浓度分别设置为 10 ng/μL、1 ng/μL、10^{-1} ng/μL、10^{-2} ng/μL、10^{-3} ng/μL、10^{-4} ng/μL 和 10^{-5} ng/μL 分别加入上述优化的 LAMP 反应体系中进行灵敏度的检测，和普通 PCR 反应体系比较。

1.7.4 LAMP 反应体系反应结果观察

通过可视的颜色变化及 2%琼脂糖凝胶电泳检测。上述体系 LAMP 反应产物显示为荧光黄色，电泳图谱呈梯状条带，判断为阳性；LAMP 反应产物显示为橙色，电泳图谱无条带，判断为阴性。

2 结果与分析

2.1 苹果炭疽叶枯病菌抗药性监测

2020 年在山东省莱州市采集的 GLS 病叶上一共单孢分离获得 42 株病原菌，其中有两株（LZ-39-1 和 LZ-39-2）可以在含有 100 μg/mL 的吡唑醚菌酯加 50 μg/mL SHAM 的 AEA 培养基上生长，其吡唑醚菌酯的最低生长抑制浓度（MIC）大于 500 μg/mL，表现高等水平抗药性，其抗药性频率为 4.8%。具体测定的菌丝生长和分生孢子萌发的敏感性如表 3。

表 3 GLS 菌株对吡唑醚菌酯的敏感性

Isolate	EC_{50} (μg/mL)		MIC (μg/mL)	
	Mycelium	Spore	Mycelium	Spore
LZ-2	0.247 5	0.000 48	<4.50	<0.12
LZ-6	0.254 8	0.000 27	<4.50	<0.12
LZ-17	0.256 0	0.000 38	<4.50	<0.12
LZ-39-1	252.43	1.127 4	>500	>18
LZ-39-2	254.36	1.210 5	>500	>18

2.2 生物适合度分析

抗药性菌株的生物适应性是评估抗药风险的重要指标，因此我们测定了吡唑醚菌酯抗性菌株的适合度。与敏感菌株相比，抗性菌株在菌丝生长、孢子形成和胁迫耐受性（数据未显示）方面没有显著变化。然而，抗药菌株的致病性显著下降（表 4）。

表 4 GLS 菌株的生物学特性

Isolate	Growth rate (cm/day)[a]	Sporulation ($\times10^6$)	Lesion area (amount/cm^2)
LZ-2	1.39±0.02 a	1.89±0.17 a	3.39±0.51 a
LZ-6	1.40±0.03 a	1.96±0.13 a	3.63±0.62 a
LZ-17	1.43±0.01 a	1.95±0.16 a	3.43±0.44 a
LZ-39-1	1.40±0.02 a	1.92±0.19 a	1.96±0.43 b
LZ-39-2	1.38±0.03 a	1.94±0.21 a	1.89±0.38 b

注：[a]数值是 3 次重复的平均值±标准误差。列中后跟相同字母的值在 $P<0.05$ 时没有显著差异。

2.3 Cytb 序列分析

先前的研究报道，细胞色素 b 上特定的氨基酸突变赋予病原真菌对 QoI 杀菌剂的抗性。因此，我们对 GLS 病原菌的吡唑醚菌酯抗性菌株的 *Cytb* 基因进行测序。序列比对结果表明，在抗性菌株 LZ-39-1 和 LZ-39-2 中检测到 Cytb 在密码子 143 处的突变（GGT 至 GCT）引起的丙氨酸替换为甘氨酸（G143A）（图 1）。

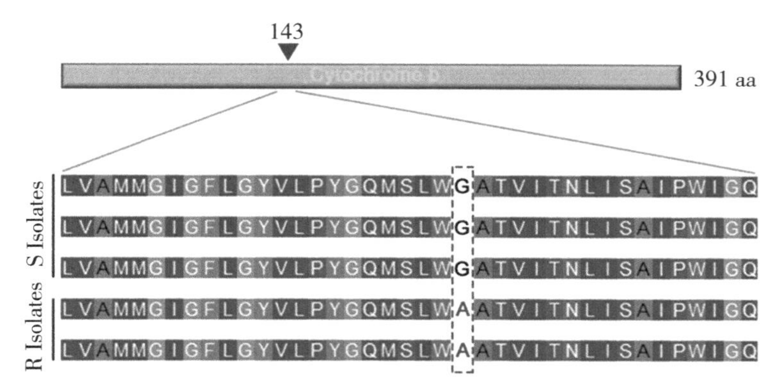

图 1　吡唑醚菌酯敏感菌株与抗性菌株的 Cytb 序列比对

2.4 交互抗性分析

戊唑醇和溴菌腈是目前针对 GLS 登记的杀菌剂的有效成分。因此，我们测试了吡唑醚菌酯与戊唑醇和溴菌腈之间的交互抗性情况。结果表明，吡唑醚菌酯抗性菌株对戊唑醇和溴菌腈的敏感性与吡唑醚菌酯敏感菌株一样（表 5），表明吡唑醚菌酯与戊唑醇和溴菌腈之间均不存在交互抗性。

表 5　GLS 菌株对戊唑醇和溴菌腈的敏感性

Isolate	Pyraclostrobin resistance type[a]	EC_{50}（μg/mL）	
		Tebuconazole	Bromothalonil
LZ-39-1	R	0.274 1（S）	5.206 1（S）
LZ-39-2	R	0.267 8（S）	5.431 6（S）
LZ-2	S	0.342 2（S）	5.273 2（S）
LZ-5	S	0.291 3（S）	6.415 7（S）
LZ-17	S	0.301 5（S）	6.041 8（S）
LZ-24	S	0.265 1（S）	5.516 3（S）

注：[a] R=抗性，S=敏感。

2.5 分子对接分析

氢键和疏水相互作用对于化合物在受体结合袋中的稳定至关重要。敏感菌株 Cytb 与吡唑醚菌酯的结合能为-9.2 kcal/moL，抗性菌株 Cytb 的结合能为-7.9 kcal/moL。因此，吡唑醚菌酯和突变体 Cytb G143A 的结合能力减弱。对于敏感型 Cytb，吡唑醚菌酯结合在一个由 13 个氨基酸残基组成的疏水位点，包括 Gln43、His82、Ser83、Ala86、Phe89、Ile127、Gly128、Gly131、Tyr132、Leu134、Pro135、His183 和 Tyr275。其中，Ala86、Phe89 和 Ile127 具有很强的疏水性，亲水效应可以增强吡唑醚菌酯和 Cytb 之间的亲和力。同时，吡唑醚菌酯可以与敏感型 Cytb 中的 Arg79 残基形成氢键。对于抗性型 Cytb，吡唑醚菌酯与 13 个氨基酸残基组成的疏水位点，即 Gln43、Arg79、His82、Ser83、Ala86、Ser87、Ile127、Gly128、Gly131、Tyr132、Pro135、His183 和 Tyr275。在突变的 Cytb 中缺乏与 Arg79 残基的特定氢键作用（图 2）。

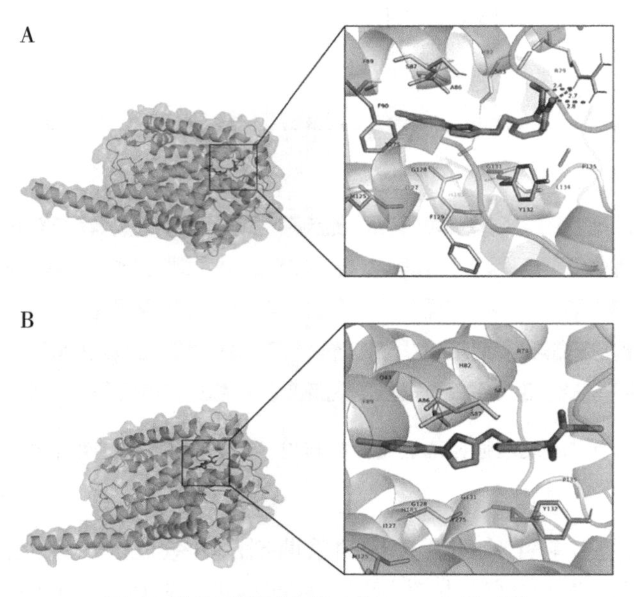

图 2　吡唑醚菌酯与抗/感 Cytb 分子对接

2.6　LAMP 检测体系建立

通过对随机设计的引物进行筛选，最终筛选到 S2 套引物能够特异性地将 GLS 敏感菌株和抗性菌株 Cytb（G143A）进行区分，并且通过一系列特异性、灵敏度验证了 LAMP 检测体系应用的可重复性（图 3）。

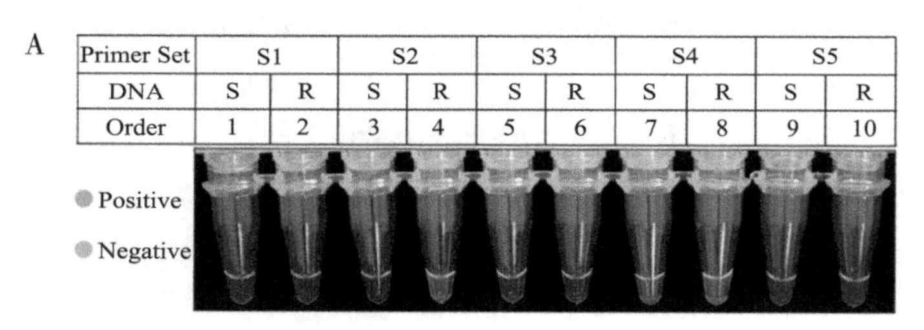

Primer Set	S1		S2		S3		S4		S5	
DNA	S	R	S	R	S	R	S	R	S	R
Order	1	2	3	4	5	6	7	8	9	10

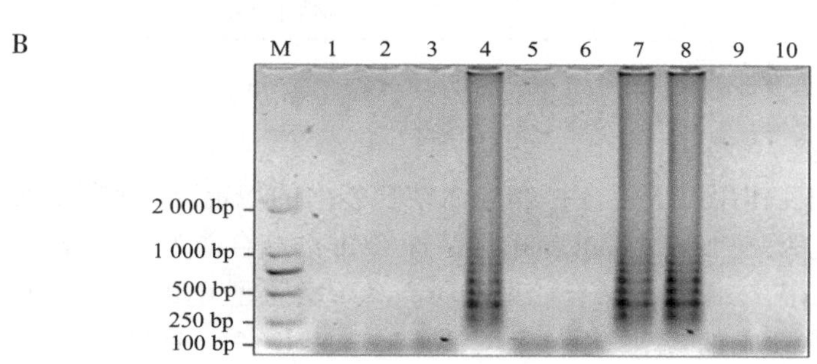

图 3　LAMP 特异性引物筛选

2.7 防治 GLS 的药剂筛选

通过田间药效试验，我们测定了 6 种药剂对 GLS 的保护和治疗效果，其防治效果如表 6 所示。

表 6 药剂对 GLS 的治疗和保护效果

药剂	稀释倍数	治疗效果		保护效果	
		病情指数	防效（%）	病情指数	防效（%）
CK	—	97.78	—	100	—
500 g/L 氟啶胺 SC	2 000	24.44	75.00	16.67	83.33
200 g/L 氟唑菌酰羟胺 SC	1 500	44.44	54.55	35.56	64.44
25%吡唑醚菌酯 SC	1 000	15.56	84.09	16.67	83.33
45%唑醚・戊唑醇 SC	4 000	17.78	81.82	17.78	82.22
30%吡唑醚菌酯・溴菌腈 EW	1 200	14.44	85.23	13.33	86.67
400 g/L 氯氟醚・吡唑酯 SC	1 500	20.00	79.55	11.11	88.89

在治疗效果方面：30%吡唑醚菌酯・溴菌腈 EW 治疗效果最好，对炭疽叶枯病菌的防效为 85.23%；200 g/L 氟唑菌酰羟胺 SC 治疗效果最差，防效为 54.55%；吡唑醚菌酯及其复配药剂 45%唑醚・戊唑醇 SC、400 g/L 氯氟醚・吡唑酯 SC 防效分别为 84.09%、81.82%、79.55%；500 g/L 氟啶胺 SC 防效为 75.00%。

在保护效果方面：400 g/L 氯氟醚・吡唑酯 SC 保护效果最好，对炭疽叶枯病菌的防效为 88.89%；200 g/L 氟唑菌酰羟胺 SC 保护效果最差，防效为 64.44%；吡唑醚菌酯及其复配药剂 45%唑醚・戊唑醇 SC、30%吡唑醚菌酯・溴菌腈 EW 防效分别为 83.33%、82.22%、86.67%；500 g/L 氟啶胺 SC 防效为 83.33%。

3 讨论

苹果炭疽叶枯病近年来在其敏感品种，如对“嘎啦”和“明月”等造成了毁灭性的损失，这也是目前生产上这些品质优良但 GLS 感病品种一直未能推广种植的主要原因。目前吡唑醚菌酯是防治 GLS 的特效药，但是随着药剂长期大量使用，抗药性是一个值得关注的问题。因此，本研究于 2020 年测定了山东省主要苹果产区的 GLS 抗药性情况，并在莱州市首次发现了 GLS 病原菌对吡唑醚菌酯高等水平的抗性菌株，通过靶标基因测序发现，Cytb 点突变（G143A）是导致其抗药性产生的原因。接下来，我们测定 GLS 抗性菌的生物适合度，结果显示，抗性菌株的致病力显著下降，而其他生物学特性与敏感菌株无显著差别。根据 Cytb 特异性点突变（G143A），我们开发了基于 LAMP 技术的抗药性检测技术，通过实验证明该技术特异性高、灵敏度强，适用于田间抗药性检测。最后，我们通过初步的田间试验筛选出 500 g/L 氟啶胺 SC、吡唑醚菌酯复配药（30%吡唑醚菌酯・溴菌腈 EW、400 g/L 氯氟醚・吡唑酯 SC）对苹果炭疽叶枯病的保护和治疗效果较好。本研究结果对 GLS 的科学防控具有重要的现实意义，为 GLS 防控提供了指导。

致谢

本研究得到国家现代农业产业技术体系项目（CARS-27）资助。

参考文献

[1] CHEN Z, YU L, LIU W, et al. Research progress of fruit colordevelopment in apple (*Malus domestica* Borkh.) [J]. Plant Physiology and Biochemistry, 2021, 162: 267-279.

[2] LIANG X, ZHANG R, GLEASON M L, et al. Sustainable apple disease management in china: challenges and future directions for a transforming industry [J]. Plant Disease, 2021, 106: 786-799.

[3] GONZÁLEZ E, SUTTON T B. First report of Glomerella leaf spot (*Glomerella cingulata*) of apple in the United States [J]. Plant Disease, 1999, 83: 1074.

[4] ZHANG Y, SHI X, LI B, et al. Salicylic acid confers enhanced resistance to Glomerella leaf spot in apple [J]. Plant Physiology and Biochemistry, 2016, 106: 64-72.

[5] ZHANG Y, ZHANG Q, HAO L, et al. A novel miRNA negatively regulates resistance to Glomerella leaf spot by suppressing expression of an NBS gene in apple [J]. Horticulture Research, 2019, 6: 93.

[6] WANG C X, ZHANG Z F, LI B H, et al. First report of glomerella leaf spot of apple caused by *Glomerella cingulata* in China [J]. Plant Disease, 2012, 96: 912.

[7] JIANG H, MENG X, MA J, et al. Control effect of fungicide pyraclostrobin alternately applied with Bordeaux mixture against apple Glomerella leaf spot and its residue after preharvest application in China [J]. Crop Protection, 2021, 142: 105489.

[8] VON JAGOW G, GRIBBLE G W, TRUMPOWER B L. Mucidin and strobilurin A are identical and inhibit electron transfer in the cytochrome bc1 complex of the mitochondrial respiratory chain at the same site as myxothiazol [J]. Biochemistry, 1986, 25: 775-780.

[9] FISHER N, MEUNIER B. Molecular basis of resistance to cytochrome bc1 inhibitors [J]. FEMS Yeast Research, 2008, 8: 183-192.

[10] KLOSOWSKI A C, MAY DE MIO L L, MIESSNER S, et al. Detection of the F129L mutation in the cytochrome b gene in *Phakopsora pachyrhizi* [J]. Pest Management Science, 2016, 72: 1211-1215.

[11] SIEROTZKI H, FREY R, WULLSCHLEGER J, et al. Cytochrome b gene sequence and structure of *Pyrenophora teres* and *P. tritici-repentis* and implications for QoI resistance [J]. Pest Management Science, 2007, 63: 225-233.

[12] DUAN Y, YANG Y, WANG Y, et al. Loop - Mediated Isothermal Amplification for the Rapid Detection of the F200Y Mutant Genotype of Carbendazim-Resistant Isolates of *Sclerotinia sclerotiorum* [J]. Plant Disease, 2016, 100: 976-983.

[13] DUFOUR M C, FONTAINE S, MONTARRY J, et al. Assessment of fungicide resistance and pathogen diversity in *Erysiphe necator* using quantitative real-time PCR assays [J]. Pest Management Science, 2011, 67: 60-69.

[14] FURUYA S, SUZUKI S, KOBAYASHI H, et al. Rapid method for detecting resistance to a QoI fungicide in *Plasmopara viticola* populations [J]. Pest Management Science, 2009, 65: 840-843.

[15] NOTOMI T, OKAYAMA H, MASUBUCHI H, et al. Loop-mediated isothermal amplification of DNA [J]. NucleicAcids Research, 2000, 28: E63.

[16] CHEN S, SCHNABEL G, YUAN H, et al. LAMP detection of the genetic element 'Mona' associated with DMI resistance in *Monilinia fructicola* [J]. Pest Management Science, 2019, 75: 779-786.

黄烷酮对水稻纹枯病菌多药抗性突变体的杀菌增效性研究*

梁正雅**，程星凯，吴照晨，张俊婷，喻楚贤，王婷婷，刘鹏飞***
（中国农业大学植物保护学院，北京 100193）

摘要：近年来，随着化学杀菌剂的大量且频繁使用，植物病原菌对杀菌剂的抗性甚至多药抗性（multidrug resistance，MDR）在田间时有发生。因而，探索全新有效的多药抗性治理方法迫在眉睫。本实验室前期通过解偶联剂双苯菌胺（SYP-14288）离体诱导 *Rhizoctonia solani*，得到了系列解毒酶过表达的多药抗性突变体，为了探究解毒酶抑制剂对多药抗性的潜在治理效果，通过离体增效性试验研究了细胞色素 P450 酶抑制剂黄烷酮对四种不同作用机制的杀菌剂的协同增效性。结果表明，黄烷酮单剂对 *R. solani* 多抗菌株无明显抑制作用，但可以显著提升双苯菌胺、氟啶胺、百菌清、苯醚甲环唑和嘧菌酯对多抗菌株的抑制效果。上述杀菌剂与黄烷酮分别按 1∶100、1∶100、1∶50、1∶100 和 1∶250 的配比进行复配时增效系数（synergy ratio，SR）最高，分别达到 159.26、65.88、39.02、135.91 和 60.57。分子对接试验证明了黄烷酮对 P450 蛋白具有抑制作用，分析认为黄烷酮通过抑制 P450 蛋白的代谢活性，实现了对杀菌剂抑制多药抗性突变体的协同增效。本研究丰富了杀菌剂代谢抗性研究体系，为多药抗性的治理提供了新的思路。
关键词：水稻纹枯病菌；多药抗性；黄烷酮；增效性；抗性治理；P450 蛋白

Research on the synergy of flavanone and fungicides for the inhibition of *Rhizoctonia solani* multidrug mutant*

LIANG Zhengya**, CHENG Xingkai, WU Zhaochen,
ZHANG Junting, YU Chuxian, WANG Tingting, LIU Pengfei***
(*College of Plant Protection*, *China Agricultural University*, *Beijing* 100193, *China*)

Abstract: In recent years, as the frequent and wide use of fungicides, resistance to fungicides in pathogens have occurred in the field, even followed by multidrug resistance (MDR). So it is urgent to explore new and effective resistance management measures. Our laboratory had obtained *Rhizoctonia solani* MDR mutants with overexpression of a series of detoxification enzymes by repeated exposure to the uncoupling agent SYP-14288 in vitro. In order to explore the potential treatment effect of detoxification enzyme inhibitors on MDR, the study explored the synergy of cytochrome P450 enzyme inhibitor flavanone and fungicides with different mode of actions through synergistic test. The results showed that the flavanone had no obvious inhibitory effect, but it could significantly improve the inhibitory effect of the fungicides including SYP-14288, fluazinam, chlorothalonil, difenoconazole, and azoxystrobin on MDR mutant. When the ratios of fungicides and flavanone were 1 : 100, 1 : 100, 1 : 50, 1 : 100, and 1 : 250, the synergy ratios reached the maximum of 159.26, 65.88, 39.02, 135.91, and 60.57, respectively. Molecular docking test proved that flavanone had inhibitory effect on P450 protein. We suspect that flavanone achieved synergistic effect on MDR mutant by inhibiting metabolic activity of P450 protein. This study enriched the research system of met-

* 基金项目：云南省科技计划项目（202302AE090003）；国家重点研发计划项目（2022YFD1400900）
** 第一作者：梁正雅，硕士研究生，从事病原菌对杀菌剂多药抗性机制研究方向；E-mail：lzyabd@163.com
*** 通信作者：刘鹏飞，教授，主要从事植物病害化学防治领域研究；E-mail：pengfeiliu@cau.edu.cn

abolic resistance to fungicides and provided a new idea for the management of MDR.

Key words: *Rhizoctonia solani* Kühn; Multidrug resistance; Flavanone; Synergy; Resistance management; P450 protein

水稻纹枯病（rice sheath blight）是我国水稻三大病害之一，主要危害水稻叶鞘和叶片，严重威胁着水稻的产量和品质[1,2]。该病由水稻纹枯病菌 *Rhizoctonia solani* Kühn 侵染引起，其寄主范围广泛，能危害水稻、花生、马铃薯、玉米、小麦、棉花等作物，给农业生产造成巨大损失[3]。目前对于该病害的防治仍以化学杀菌剂最为有效，包括三唑类、甲氧基丙烯酸酯类（QoIs）、苯并咪唑类、琥珀酸脱氢酶抑制剂类（SDHIs）杀菌剂[4]。然而，随着杀菌剂的大量频繁使用，病原菌抗药性问题不可避免的出现，甚至出现多药抗性（multidrug resistance，MDR）现象，即病原菌对两种及两种以上不同作用机制的杀菌剂同时产生抗药性[5]，该现象已在田间采集的草坪币斑病菌、灰霉病菌、小麦叶枯病菌和苹果青霉病菌中被发现[6]。

植物病原菌多药抗性机制主要包括外排抗性和解毒抗性，ABC（ATP-binding cassette transporter，ABC）、MFS（major facilitator superfamily，MFS）等转运蛋白和细胞色素 P450 酶（cytochrome P450 enzyme system，P450）、谷胱甘肽 *S*-转移酶（glutathione *S*-transferases，GST）等解毒蛋白的过表达导致病原菌对多种杀菌剂表现为抗性[7]。目前已有一些关于植物病原菌多药抗性机制的研究，对灰葡萄孢的研究发现，Bcatr B、Bcatr D 和 Bcatr K 这 3 个 ABC 转运蛋白与其多药抗性表型有关[8]；在辣椒疫霉中，P450 酶和 P-糖蛋白的过表达是其对双苯菌胺、氟啶胺、百菌清和氟噻唑吡乙酮产生抗性的原因[9]；立枯丝核菌多抗菌株中一些编码 *P450*、*GST*、*ABC* 和 *MFS* 的基因过表达是其多药抗性产生的原因[10,11]。基于多药抗性的产生机制，通过将转运蛋白抑制剂与杀菌剂联用防治病害，可以在减少杀菌剂用量的情况下增加防效，从而延缓抗药性产生已成为多药抗性治理的一种新思路[12]。在医学领域，有研究发现羟基黄酮衍生物、氯丙嗪等对杀菌剂抑制病原菌生长具有增效作用[13,14]。在昆虫和杂草中，有研究发现 P450 酶抑制剂胡椒基丁醚能够提高烟粉虱对吡虫啉的敏感性[15]，GST 抑制剂 4-氯-7-硝基苯并噁二唑能够恢复黑草对多种除草剂的敏感性[16]。在植物病原菌中，维拉帕米和阿米替林已被证实能够和不同的杀菌剂混配表现出增效性[9]，对灰葡萄孢的研究发现，利血平、法尼醇和盐酸小檗碱能够抑制 ABC 转运蛋白的活性，其与杀菌剂复配后起到增效作用[17,18]，但目前缺乏对解毒酶抑制剂的相关研究。

实验室前期通过双苯菌胺诱导得到了一系列 *R. solani* 抗性突变体，这些突变体对不同作用机制的杀菌剂具有抗性[19]。通过对亲本菌株 X19 和突变体 X19-7 的转录组分析及酵母异源表达验证了 *P450*、*GST*、*ABC*、*MFS* 基因在 *R. solani* 多药抗性中发挥的作用，并筛选得到了 GST 抑制剂马来酸二乙酯（DEM）及其与杀菌剂复配的最佳增效配比[10]。在此基础上，本研究测定了细胞色素 P450 酶抑制剂黄烷酮对作用机制不同的杀菌剂，包括双苯菌胺、氟啶胺、嘧菌酯、苯醚甲环唑和百菌清抑制 *R. solani* 多抗突变体 X19-7 菌丝生长的协同增效性，并筛选了最佳增效配比，以期为解毒酶抑制剂在多药抗性治理中的应用提供科学依据。

1 材料与方法

1.1 供试材料

1.1.1 供试菌株

水稻纹枯病菌多药抗性突变体 X19-7，该突变体由敏感菌株 X19（由中国农业大学种子病理杀菌剂药理学研究室提供）经双苯菌胺离体诱导获得[19]，培养条件为25℃黑暗培养。

1.1.2 供试药剂

双苯菌胺（SYP-14288）原药（97.0%，沈阳化工研究院有限公司）；嘧菌酯（Azoxystrobin）原药［98.0%，先正达生物科技（中国）有限公司］；苯醚甲环唑（Difenoconazole）原药（98.4%，杭州宇龙化工有限公司）；百菌清（Chlorothalonil）原药（98.5%，江苏新禾农业开发有限公司）；氟啶胺（Fluazinam）原药（98.4%，石原产业株式会社）；黄烷酮（Flavanone）原药（98.0%，上海梯希爱化成工业发展有限公司）。

1.1.3 供试培养基

马铃薯葡萄糖琼脂培养基（PDA）。

1.2 试验方法

1.2.1 黄烷酮及五种杀菌剂对抗性突变体 X19-7 的抑制活性测定

采用菌丝生长速率法测定黄烷酮及双苯菌胺、氟啶胺、嘧菌酯、百菌清和苯醚甲环唑对抗性突变体 X19-7 的抑制活性。首先将 X19-7 在 PDA 平板上 25℃培养 5 天，用二甲基亚砜（DMSO）将药剂稀释至表 1 所示系列浓度梯度，后将配制好的抑制剂与 PDA 培养基以 1：1 000 的比例混合均匀后倒板，以添加等量 DMSO 的 PDA 平板作为对照，有机溶剂含量不超过 0.1%。于菌落边缘打取 5 mm 直径的菌饼，接种于相应浓度的 PDA 平板中央，每个平板放置一个菌饼，每个处理重复 3 次，试验共重复 3 次。X19-7 黑暗培养 5 天，待对照组菌落直径为平板的 2/3 时，采用十字交叉法测量各处理的菌落直径，同时计算各个浓度下的菌丝生长抑制率。抑制率按照式（1）计算：

$$\text{抑制率（\%）}=\frac{\text{对照组菌落直径（mm）}-\text{处理组菌落直径（mm）}}{\text{对照组菌落直径（mm）}-\text{菌饼直径（mm）}}\times 100 \quad (1)$$

以药剂浓度的对数作为 x 轴，抑制率的概率值为 y 轴，计算毒力回归方程 $y=bx+a$，求出黄烷酮及五种杀菌剂对抗性突变体和亲本菌株的有效抑制中浓度 EC_{50}。

表 1 供试药剂浓度

供试药剂	药剂浓度（μg/mL）
黄烷酮	100、50、25、10、1、0
双苯菌胺	0.5、0.25、0.1、0.05、0.01、0.005、0
氟啶胺	1、0.5、0.25、0.1、0.01、0
嘧菌酯	5、1、0.5、0.1、0.01、0.001、0
苯醚甲环唑	1、0.5、0.25、0.1、0.01、0
百菌清	2.5、1、0.5、0.1、0.05、0.01、0

1.2.2 黄烷酮与杀菌剂复配增效性测定及最佳增效配比筛选

在黄烷酮与杀菌剂单剂毒力测定结果的基础上，首先测定黄烷酮与双苯菌胺按照一定浓度比例复配后对 X19-7 的抑制率。其中，双苯菌胺浓度设置为 0.1 μg/mL，黄烷酮浓度为 10 μg/mL。若黄烷酮和双苯菌胺混配后对菌株的抑制率高于二者抑制率的加和，表明黄烷酮能够有效恢复多抗菌株对双苯菌胺的敏感性，具有协同增效的潜力。在这个前提下，开展后续试验验证黄烷酮与不同作用机制杀菌剂双苯菌胺、氟啶胺、百菌清、苯醚甲环唑和嘧菌酯的协同增效性。本研究中采用的杀菌剂与黄烷酮的配比以及杀菌剂浓度如表2所示。杀菌剂和黄烷酮的浓度比按照两种物质对病原菌生长抑制率（10%：90%、30%：60%、50%：40%、70%：20%、90%：10%）进行设置。

表2 杀菌剂与黄烷酮复配比例及杀菌剂浓度

杀菌剂	复配质量比例	杀菌剂浓度（μg/mL）
双苯菌胺	1：1	1、0.5、0.25、0.1、0.01、0
	1：20	1、0.5、0.1、0.01、0.005、0.001、0
	0.25：25	0.5、0.1、0.05、0.025、0.01、0.001、0
	0.01：50	0.01、0.005、0.002 5、0.001 25、0
氟啶胺	1：1	5、2.5、1、0.5、0.25、0.05、0.01、0
	0.5：10	5、2.5、1、0.5、0.25、0.05、0.01、0
	0.25：25	1、0.5、0.25、0.1、0.05、0.01、0
	0.01：50	0.02、0.01、0.005、0.002 5、0.001 25、0
嘧菌酯	1：1	5、2.5、1、0.1、0.01、0.001、0
	0.5：10	1、0.5、0.1、0.01、0.001、0.000 5、0.000 1、0
	0.1：25	0.2、0.1、0.05、0.005、0
	0.01：50	0.01、0.005、0.002 5、0.001 25、0
苯醚甲环唑	1：1	10、2.5、1、0.5、0.1、0.01、0
	0.5：10	1、0.5、0.1、0.01、0.001、0
	0.25：25	0.25、0.1、0.05、0.005、0
	0.01：50	0.01、0.005、0.002 5、0.001 25、0
百菌清	2.5：1	5、2.5、1、0.5、0.01、0
	1：10	2.5、1、0.5、0.1、0.01、0
	0.5：25	2、1、0.5、0.1、0.05、0.01、0
	0.1：50	0.2、0.1、0.05、0.025、0.012 5、0

按照表中的黄烷酮和不同杀菌剂的复配比例，测定不同杀菌剂对X19-7的菌丝生长抑制率，在嘧菌酯的处理中需要同时添加终浓度为100 μg/mL的水杨羟肟酸（SHAM）以抑制氧化旁路途径。试验分别设置空白对照、杀菌剂处理、黄烷酮处理、杀菌剂与黄烷酮复配处理，每种处理3次重复，于25℃培养箱中黑暗培养5天后测量菌落直径，计算各处理对菌株的抑制率，并计算各比例复配药液及单剂药液的EC_{50}值。抑制率按照式（1）计算，参照Wadley方法按照式（2）评价抑制剂和杀菌剂复配后的相互作用程度：

$$EC_{50}(TH)=\frac{a+b}{\frac{a}{EC_{50A}}+\frac{b}{EC_{50B}}},\quad SR=\frac{EC_{50}(TH)}{EC_{50}(OB)} \tag{2}$$

式中，EC_{50}（TH）代表杀菌剂和黄烷酮复配的理论值；EC_{50}（OB）代表杀菌剂和黄烷酮复配的实际观测值，增效系数SR为二者的相互作用程度；A和B分别代表杀菌剂和黄烷酮组分；a和b分别表示杀菌剂和黄烷酮在二者复配中的比例。若SR≥1.5，表明二者具有增效作用，若SR<0.5，表明二者表现拮抗作用，若SR在0.5~1.5，则表明二者具有加和作用[20]。

1.2.3 黄烷酮与靶标蛋白的分子对接试验

①通过NCBI的Protein BLAST工具检索蛋白质数据库（Protein data bank）中的晶体结构，由此获得P450蛋白结构模型。采用Modeller v9.19程序对该蛋白进行同源模建，从而

获取目标蛋白合理的三维结构模型，并对蛋白模型进行分子力学优化。分两步进行：首先采用 Amber14 力场进行 2000 步的最陡下降法优化，随后使用 2000 步的共轭梯度法对结构进行进一步优化，获得的模型用作后续结果分析。②采用 AutoDock4. 2. 6 软件包实行分子对接，首先将获得的蛋白结构模型作为受体，获取相应底物黄烷酮的结构，对其加氢，并借助于 MOPAC 程序对结构进行优化并计算 PM3 原子电荷。接下来利用工具 Autodock Tools 1. 5. 6 分别对配体和受体的结构进行处理，将对接的盒子包裹活性位点，XYZ 方向的格点数设为 25. 13×25. 13×25. 13，格点间距设置为 0. 375 Å，对接次数设为 200，其他参数使用系统默认值。③分别使用 PROCHECK 和 ERRAT2 程序对优化后的蛋白模型进行评价。

1.3 数据分析

试验数据均使用 SPSS 统计软件（SPSS V22，IBM SPSS Statistics，Chicago，IL）进行统计分析。在分析之前，以百分比表示的数据进行反正弦变换以均匀化方差，数值以 3 个重复的平均值±标准差表示，采用单因素方差分析。当 F 检验 $P \leq 0.05$ 显著时，采用 LSD 法进行多重比较分析。

2 结果与分析

2.1 黄烷酮与不同作用机制杀菌剂对水稻纹枯病菌的抑菌活性

从表 3 可以看出，P450 酶抑制剂黄烷酮及供试 5 种杀菌剂双苯菌胺、氟啶胺、嘧菌酯、苯醚甲环唑和百菌清对多抗突变体 X19-7 的 EC_{50}分别为 37. 036 8 μg/mL、0. 083 0 μg/mL、0. 179 1 μg/mL、0. 054 5 μg/mL、0. 177 2 μg/mL 和 0. 517 1 μg/mL，其中，黄烷酮单剂对 X19-7 的 EC_{50}远大于其他 5 种供试杀菌剂，表明黄烷酮本身对 X19-7 菌丝生长无明显抑制作用。

表 3　供试药剂对抗性突变体 X19-7 的 EC_{50}

供试药剂	EC_{50}值（μg/mL）	毒力回归方程	R^2
黄烷酮	37. 036 8	y=1. 215 8x+3. 092 9	0. 947 8
双苯菌胺	0. 083 0	y=0. 557 5x+5. 602 6	0. 872 2
氟啶胺	0. 179 1	y=0. 629 4x+5. 470 1	0. 947 7
嘧菌酯	0. 054 5	y=0. 515 5x+5. 651 5	0. 943 1
苯醚甲环唑	0. 177 2	y=0. 550 8x+5. 414	0. 864 9
百菌清	0. 517 1	y=0. 829 7x+5. 237 7	0. 957 0

2.2 黄烷酮与不同作用机制杀菌剂复配增效性

黄烷酮与双苯菌胺、氟啶胺、百菌清、苯醚甲环唑和嘧菌酯按照 100：1 的比例进行复配后，对抗性突变体 X19-7 的菌丝生长影响如图 1 所示，黄烷酮和不同作用机制杀菌剂复配能够显著抑制抗性突变体的生长，提高杀菌剂对菌株的毒力。相比于黄烷酮和杀菌剂单剂对菌株的抑制率，二者复配后均表现出增效性。其中，黄烷酮和双苯菌胺、百菌清、苯醚甲环唑以及嘧菌酯复配后，显著提升了抗性突变体对这 4 种杀菌剂的敏感性，抑制率分别提高了7.9%、9.0%、9.3%和12.4%。而与氟啶胺复配后，同样也表现出一定的增效性，但抑制率提高3.5%，较以上4种杀菌剂明显降低（图2）。

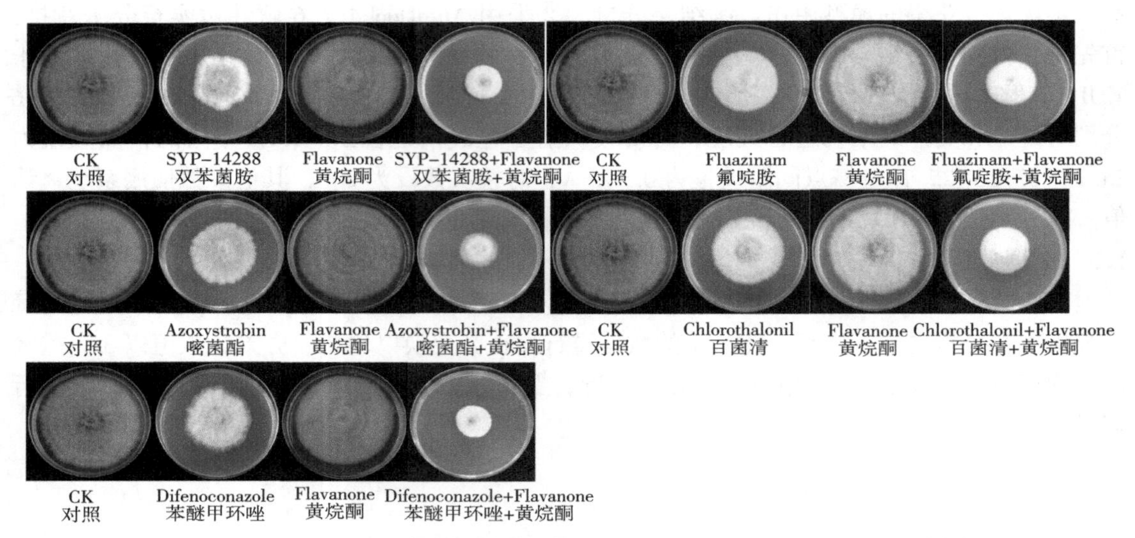

图1　黄烷酮与不同作用机制杀菌剂复配对抗性突变体X19-7菌丝生长的影响

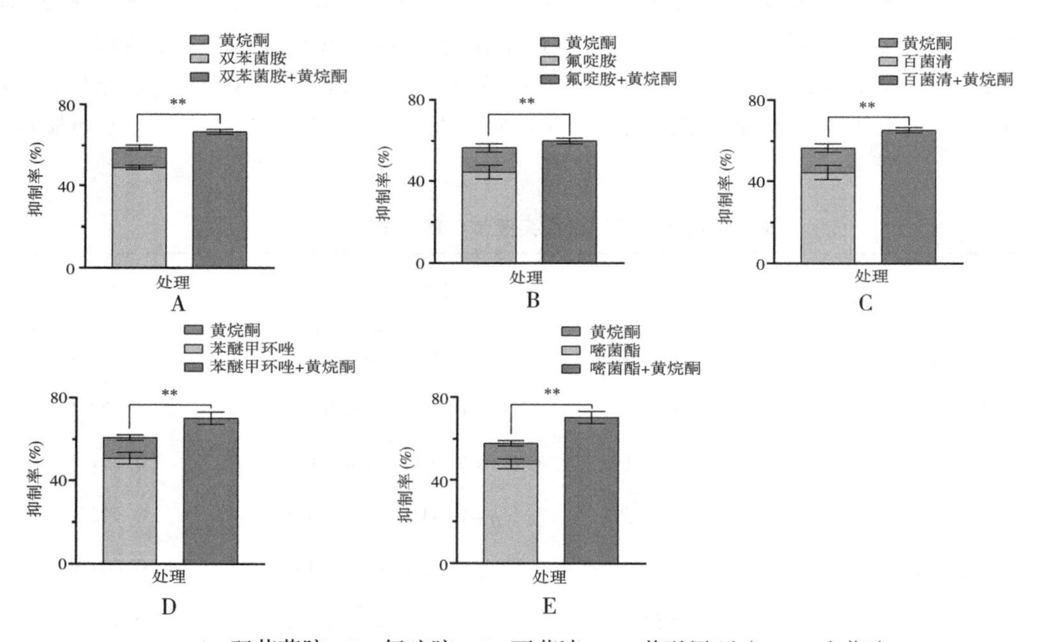

A. 双苯菌胺；B. 氟啶胺；C. 百菌清；D. 苯醚甲环唑；E. 嘧菌酯

图2　黄烷酮与不同作用机制杀菌剂复配对多药抗性突变体X19-7的抑制效果

注：** 表示差异显著性，$P<0.01$。

2.3　黄烷酮与杀菌剂最佳增效配比

黄烷酮与不同作用机制杀菌剂增效作用测定结果如图3所示，结果表明黄烷酮和杀菌剂按照一定的配比能够显著提高供试杀菌剂对水稻纹枯病菌多抗突变体X19-7的毒力。当双苯菌胺与黄烷酮分别以1∶20、1∶100和1∶5 000的比例复配后，SR分别为57.53、

159.26和1.75，均表现为较高的增效性（图3A）。其中，当双苯菌胺与黄烷酮以1∶100的比例复配时，表现为最佳增效作用。当氟啶胺与黄烷酮分别以1∶20、1∶100和1∶5 000的比例复配后，同样表现出较高的增效性，SR分别为3.97、65.88和1.56，并且在1∶100复配比例下增效作用最大（图3B）。当百菌清与黄烷酮分别以1∶10、1∶50和1∶500的比例复配后，SR分别为7.65、39.02和1.53。其中，百菌清与黄烷酮以1∶50的比例复配，增效作用最佳（图3C）。苯醚甲环唑与黄烷酮分别以1∶20、1∶100和1∶5 000复配后，SR分别为24.76、135.91和1.60，其中，苯醚甲环唑与黄烷酮以1∶100的比例复配，增效作用最佳（图3D）。当嘧菌酯与黄烷酮分别以1∶20、1∶250和1∶5 000复配后，SR分别为55.09、60.57和1.58，表现出较高的增效性。其中，嘧菌酯与黄烷酮以1∶250的比例复配时，表现出最佳增效作用（图3E）。

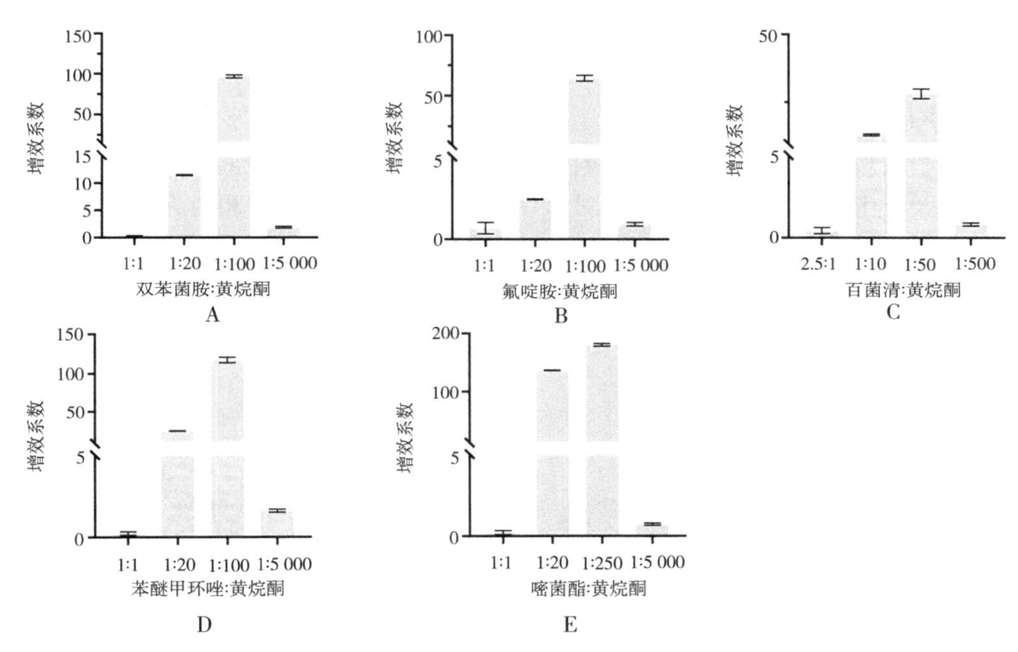

A. 双苯菌胺；B. 氟啶胺；C. 百菌清；D. 苯醚甲环唑；E. 嘧菌酯

图3　黄烷酮与不同作用机制杀菌剂的复配增效性

2.4　黄烷酮与靶标蛋白的分子对接试验

2.4.1　同源建模评价

Ramachandran plot用于阐述蛋白质或肽立体结构中肽键内α碳原子和羰基碳原子间键的旋转度对α碳原子和氮原子间键的旋转度，主要用来表示蛋白质或肽类中氨基酸残基的允许和不允许的构象。Ramachandran plot主要分为3个区域，允许区（红色区域），最大允许区（黄色区域），不允许区（空白区域）。细胞色素P450的蛋白模型的Ramachandran plot结果显示，位于允许区的氨基酸占比99.00%，仅有1%的氨基酸残基位于扭转角禁止区域，因此有99.00%氨基酸残基的二面角均在合理范围内，符合立体化学能量规则（图4）。ERRAT2程序主要通过计算蛋白3D模型0.35 nm范围之内，不同原子类型对之间形成的非键相互作用的数目（侧链）。原子按照C、N、O/S进行分类，所以有六种不同的相互作用类型：CC、CN、CO、NN、NO、OO。得分>85比较好，模型评分为93.57。综合Ramachandran plot和ERRAT2评分可知，构建所得到的蛋白结构是合理的，可以作为后续研究的模板。

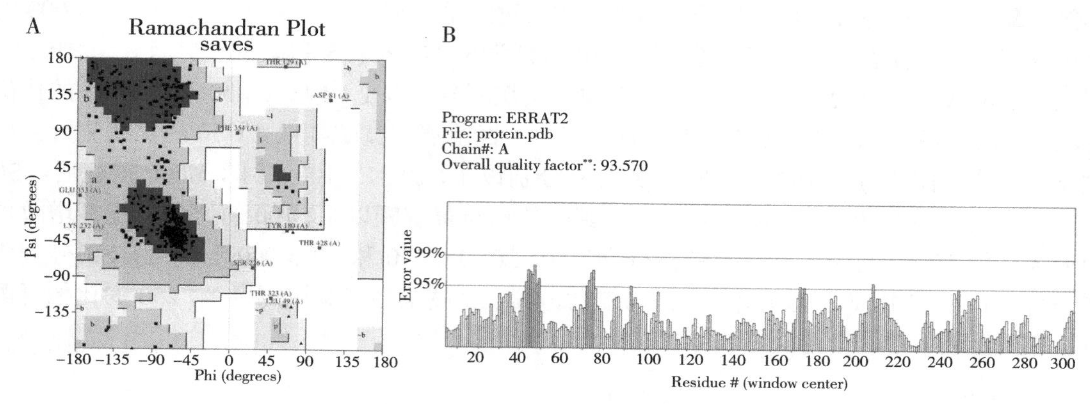

图 4　细胞色素 P450 蛋白模型的 Ramachandran plot（A）和 ERRAT2 评分（B）

2.4.2　分子对接结果

为了分析黄烷酮与细胞色素 P450 蛋白结合的驱动力，对它们之间的相互作用模式进行了分析。从图 5 中可以看出，黄烷酮主要结合在 P450 上 Arg98、Val309、Tyr313、Pro314 和 His429 5 个氨基酸组成的疏水结合口袋中，其中与 Arg98 形成氢键，形成稳定结合的状态，结合能为-7.34 kcal/moL。

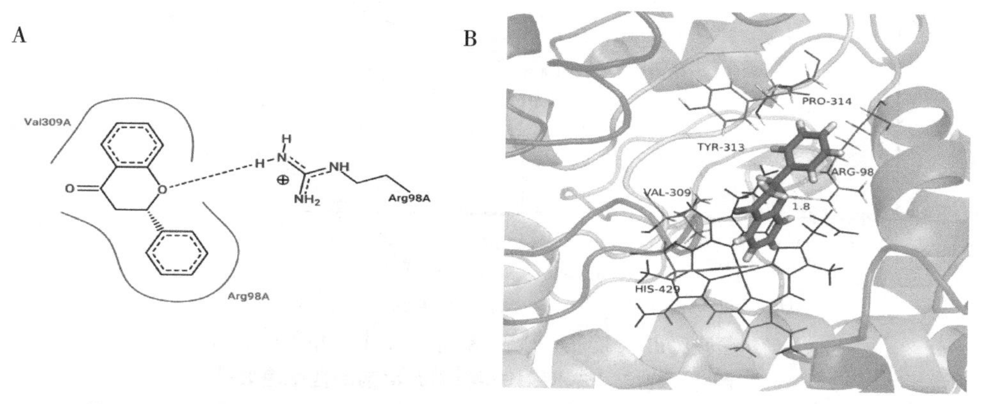

A. 黄烷酮与 P450 蛋白的二维相互作用；B. 黄烷酮与蛋白关键氨基酸的相互作用

图 5　黄烷酮与细胞色素 P450 蛋白结合模式图

3　讨论

随着杀菌剂的使用，植物病原菌对杀菌剂的抗药性现象频发且愈发严重，在田间甚至发现了多药抗性现象，这对病原菌化学防治提出了新的挑战，急需寻找有效的多药抗性治理新策略。实验室前期通过双苯菌胺离体诱导获得了一系列 *R. solani* 抗性突变体，这些突变体对氟啶胺、氰霜唑、咯菌腈、苯醚甲环唑、百菌清这 5 种杀菌剂具有交互抗性[19]。之后通过对亲本菌株 X19 和突变体 X19-7 的转录组测序结果分析发现，在突变体中一些包括 P450 和 GST 在内的解毒代谢酶编码基因和包括 ABC、MFS 在内的外排转运蛋白编码基因显著上调表达，进一步通过酵母异源表达试验验证了它们在 *R. solani* 多药抗性中发挥的作用，之后筛选得到了 GST 抑制剂马来酸二乙酯，其对双苯菌胺、氟啶胺、嘧菌酯、苯醚甲环唑和百菌

清抑制 *R. solani* 菌丝生长均具有协同增效性，并筛选出了最佳增效配比[10]。

黄烷酮是一种 P450 酶的抑制剂[21]，本研究在实验室前期研究的基础上，测定了解毒酶抑制黄烷酮与五种作用机制不同的杀菌剂的协同增效性，结果表明黄烷酮本身对 *R. solani* 菌丝生长无抑制作用，但将其与杀菌剂按不同比例复配后，可以显著提高供试杀菌剂对 *R. solani* 多抗菌株 X19-7 的毒力，这表明细胞色素 P450 酶的过量表达可能是导致水稻纹枯病菌对双苯菌胺抗性以及多药抗性的重要因素，但其究竟在抗性中扮演何种角色仍需要深入探讨。之后的分子对接试验模拟了黄烷酮与 P450 蛋白的相互作用，结合能打分值表明黄烷酮对 P450 具有抑制作用，这为利用代谢酶抑制剂来治理多药抗性提供了科学依据。黄烷酮作为 P450 酶的抑制剂，可以通过抑制该酶的表达活性来减少其对杀菌剂的氧化还原等反应，从而发挥出最大的杀菌效果。但试验中表现良好增效性的抑制剂用量普遍较高，这也为其在现实生产中病害防治提出了挑战，如此高剂量的抑制剂是否会对非靶标生物以及环境安全产生不良影响，以及它们的使用成本如何也是应该考虑的问题，因此，针对抑制剂的使用效果还需要进一步的田间试验验证，保证增效性的同时有效降低抑制剂的使用量需要进一步探索。

在杀虫剂和除草剂研究中，使用解毒代谢酶抑制剂以及转运蛋白调节剂可以有效的抑制相关蛋白的表达活性，从而提升药物对害虫以及杂草的毒性[22,23]，而相关研究在病原真菌多药抗性中并不多见。现阶段针对杀菌剂进行增效剂开发，一方面可以为解毒酶以及外排转运蛋白参与多药抗性提供间接的证据，另一方面可以提高杀菌剂对抗性群体的活性，提升病原菌对药剂敏感性，减少农药施用量，从而为解决水稻纹枯病菌多药抗性问题提供有效途径。因此，本研究中通过筛选代谢酶抑制剂，为研究水稻纹枯病菌对双苯菌胺的抗性以及多药抗性机制提供证据，同时测定它们与不同作用机制杀菌剂混配后对多抗菌株的抑制效果进而得到最佳增效配比，从而有效提升杀菌剂毒力，为多药抗性治理提供新的思路。

参考文献

［1］ MOLLA K A，KARMAKAR S，MOLLA J，et al. Understanding sheath blight resistance in rice：the road behind and the road ahead［J］. Plant Biotechnol J，2020，18（4）：895-915.

［2］ 王爱军，王娜，顾思思，等 . 我国水稻纹枯病菌的融合类群及致病性差异［J］. 草业学报，2018，27（7）：55-63.

［3］ 宁晓雪，苏跃，马玥，等 . 立枯丝核菌研究进展［J］. 黑龙江农业科学，2019（2）：140-143.

［4］ 李美霖，徐建强，杨岚，等 . 中国小麦纹枯病化学防治研究进展［J］. 农药学学报，2020，22（3）：397-404.

［5］ MAGIORAKOS A P，SRINIVASAN A，CAREY R B，et al. Multidrug-resistant，extensively drug-resistant and pandrug-resistant bacteria：an international expert proposal for interim standard definitions for acquired resistance［J］. Clin. Microbiol Infect，2012，18（3）：268-281.

［6］ 宋佳露，程星凯，刘鹏飞，等 . 植物病原菌对杀菌剂多药抗性的发生现状［J］. 植物保护，2021，47（6）：28-33.

［7］ 程星凯，张俊婷，刘鹏飞，等 . 植物病原菌对解偶联剂的抗性机制研究进展［J］. 农药学学报，2023：1-9.

［8］ STERGIOPOULOS I，ZWIERS L H，De WAARD M A. Secretion of natural and synthetic toxic compounds from filamentous fungi by membrane transporters of the ATP-binding cassette and major facilitator superfamily［J］. Eur J Plant Pathol，2002，108（7）：719-734.

[9] DAI T, WANG Z W, CHENG X K, et al. Uncoupler SYP-14288 inducing multidrug resistance of *Phytophthora capsici* through overexpression of cytochrome P450 monooxygenases and P-glycoprotein [J]. Pest Manag Sci, 2022, 78 (6): 2240-2249.

[10] CHENG X K, DAI T, HU Z H, et al. Cytochrome P450 and Glutathione *S*-Transferase Confer Metabolic Resistance to SYP-14288 and Multi-Drug Resistance in *Rhizoctonia solani* [J]. Front Microbiol, 2022, 13.

[11] CHENG X K, ZHANG J T, LIANG Z Y, et al. Multidrug resistance of *Rhizoctonia solani* determined by enhanced efflux for fungicides [J]. Pestic Biochem Physiol, 2023, 195.

[12] 龙泉鑫，周培富，吴宗辉，等．微生物药物外排泵及其抑制剂研究 [J]．药学学报，2008 (11)：1082-1088.

[13] HAYASHI K, SCHOONBEEK H J, De WAARD M A. Modulators of membrane drug transporters potentiate the activity of the DMI fungicide oxpoconazole against *Botrytis cinerea* [J]. Pest Manag Sci, 2003, 59 (3): 294-302.

[14] REIMANN S, DEISING H B. Inhibition of efflux transporter-mediated fungicide resistance in *Pyrenophora tritici-repentis* by a derivative of 4'-hydroxyflavone and enhancement of fungicide activity [J]. Appl Environ Microb, 2005, 71 (6): 3269-3275.

[15] PANINI M, TOZZI F, ZIMMER C T, et al. Biochemical evaluation of interactions between synergistic molecules and phase I enzymes involved in insecticide resistance in B-and Q-type *Bemisia tabaci* (*Hemiptera*: *Aleyrodidae*) [J]. Pest Manag Sci, 2017, 73 (9): 1873-1882.

[16] CUMMINS I, WORTLEY D J, SABBADIN F, et al. Key role for a glutathione transferase in multiple-herbicide resistance in grass weeds [J]. Proc Natl Acad Sci USA, 2013, 110 (15): 5812-5817.

[17] CHEN C. 田间多药抗性灰霉菌对杀菌剂的敏感性恢复研究 [D]．北京：中国农业大学，2018.

[18] SUN M Y. 盐酸小檗碱对杀菌剂抑制多药抗性灰葡萄孢的增效性及其机制研究 [D]．北京：中国农业大学，2020.

[19] CHENG X K, MAN X J, WANG Z W, et al. Fungicide SYP-14288 Inducing Multidrug Resistance in *Rhizoctonia solani* [J]. Plant Dis, 2020, 104 (10): 2563-2570.

[20] GISI U, BINDER H, RIMBACH E. Synergistic interactions of fungicides with different modes of action [J]. Trans Br Mycol Soc, 1985, 85 (SEP): 299-306.

[21] KIM Y W, HACKETT J C, BRUEGGEMEIER R W. Synthesis and aromatase inhibitory activity of novel pyridine - containing isoflavones [J]. Journal of medicinal chemistry, 2004, 47 (16): 4032-4040.

[22] SCALERANDI E, FLORES G A, PALACIO M, et al. Understanding Synergistic Toxicity of Terpenes as Insecticides: Contribution of Metabolic Detoxification in Musca domestica [J]. Front Plant Sci, 2018, 9.

[23] YANG Q, LI J, SHEN J, et al. Metabolic resistance to acetolactate synthase inhibiting herbicide tribenuron-methyl in *Descurainia sophia* L. mediated by cytochrome P450 enzymes [J]. J Agric Food Chem, 2018, 66 (17): 4319-4327.

几种不同杀菌剂防治小麦白粉病田间药效研究

孙　芹，李志念，兰　杰
（沈阳中化农药化工研发有限公司，新农药创制与开发国家重点实验室，沈阳　110021）

摘要：［目的］研究几种新型杀菌剂对于小麦白粉病的防治效果。［方法］根据中华人民共和国国家标准《农药田间药效试验准则（一）》开展试验，并于药后进行防效和产量调查。［结果］50%肟菌酯 WDG 和 75%肟菌·戊唑醇 WDG 对小麦白粉病防效优于生产常规使用药剂 15%三唑酮 WP 的效果。亩产量无显著差异。［结论］50%肟菌酯 WDG 和 75%肟菌·戊唑醇 WDG 可作为防治小麦白粉病的理想药剂。

关键词： 50%肟菌酯水分散性粒剂；75%肟菌·戊唑醇 WDG；小麦白粉病；田间防效

Research of filed efficacy of different fungicides against wheat powdery mildew

SUN Qin，LI Zhinian，LAN Jie
（*Shenyang Sinochem Agrochemicals R&D Co.，Ltd*，*State Key Laboratory of the Discovery and Development of Novel Pesticide*，*Shenyang* 110021，*China*）

Abstract：［Aims］This study aims to confirm the control efficacy of several fungicides against wheat powdery mildew.［Methods］Pesticide–guideline for the field efficacy trials（Ⅰ）was adopted.［Results］The efficacy of Trifloxystrobin 50%WDG and Trifloxystrobin · Tebuconazole 75%WDG against wheat powdery mildew was better than triadimefon 15% WP. There was no significant difference in yield per mu.［Conclusions］Trifloxystrobin 50%WDG and Trifloxystrobin · Tebuconazole 75% WDG were the efficacy fungicides against wheat powdery mildew.

Key words： Trifloxystrobin 50% WDG；Trifloxystrobin · tebuconazole 75% WDG；Wheat Powdery Mildew；Field Efficacy

小麦作为我国的主要粮食作物之一，产量的多少严重影响到我国经济水平的发展。小麦的产量受多方面的影响，其中叶部病害对于产量的影响极大[1]。由禾本科布氏白粉菌（*Blumeria graminis*）引起的小麦白粉病可侵染小麦植株地上部各器官，主要危害叶片、叶鞘和穗部。小麦白粉病发病初期为下部叶片出现白色霉点，后逐渐扩大成片，成为白色至灰色霉层。发病严重时可造成植株早枯，穗小粒少，千粒重有显著下降，影响小麦产量和品质，一般减产幅度可达 10%~20%[2]。

尽管一些农业措施如选用抗病品种、种子消毒、水肥管理、合理密植、调整播种时间等对小麦白粉病的发生和危害有一定的积极作用，但对其防治还是依靠化学药剂。近年来，主麦区“统防统治、治早、治小”的原则，导致用药有不同程度加量，加之长期使用三唑类杀菌剂，小麦白粉病的抗性问题不断显现，因此筛选出高效且抗性水平低的药剂显得尤为重要。

本试验通过研究 4 种杀菌剂的 2 点田间药效和其对小麦产量的影响，旨在明确防治小麦白粉病的最佳药剂及其用量。

1 材料与方法

1.1 试验药剂

50%肟菌酯水分散粒剂，河北兴柏农业科技有限公司；25%吡唑醚菌酯悬浮剂，江苏东南植保有限公司；30%戊唑·嘧菌酯悬浮剂，江苏剑牌农化股份有限公司；75%肟菌·戊唑醇水分散粒剂，拜耳股份公司，15%三唑酮可湿性粉剂，江苏剑牌农化股份有限公司。

1.2 防治对象

小麦白粉病（*Blumeria graminis*）。

1.3 试验方法

1.3.1 试验设计

试验共设6个处理，分别为50%肟菌酯水分散粒剂150 g/hm^2，25%吡唑醚菌酯悬浮剂150 g/hm^2，30%戊唑·嘧菌酯悬浮剂105 g/hm^2，75%肟菌·戊唑醇水分散性粒剂225 g/hm^2，15%三唑酮可湿性粉剂150 g/hm^2，并以清水为空白对照。每处理3次重复，随机区组排列，共计18个小区，小区面积24 m^2。

试验点I设在辽宁省阜新市大固本镇平安村。试验地为壤土，有机物含量丰富，肥水管理正常，试验田未使用其他杀菌剂。小麦品种为辽春10，小麦种植时间为2020年4月10日，收获时间为2020年7月14日。2020年5月30日第1次施药，2020年6月9日第2次施药。使用鑫康达锂电池电动喷雾器（工作压力：0.15~0.4 MPa，流量0.8 L/min，喷头：φ15 mm）均匀喷雾。

试验点II设在四川省眉山市青神县黑龙镇新光村。前茬为水稻，2019年11月17日播种，施药前1个月未施用过其他杀菌剂。小麦品种为西科麦7号，2020年3月24日第1次施药，2020年3月31日第2次施药，2020年4月7日第3次施药，使用PB-16型手动喷雾器（3号喷头，工作压力0.2~0.3MPa）均匀喷雾。

1.3.2 试验调查

试验点I分别于施药前（2020年5月30日）、第2次施药后10天（2020年6月18日）调查病情指数，试验点II第1次用药前零星发病，未调查病情基数，第3次施药后14天（2020年4月21日）调查病情指数。调查时，每小区对角线法五点取样20株，调查每株旗叶及旗叶下第一张叶片，记录总叶片数及各级病叶数。病情分级标准及药效计算方法参照国家标准《农药田间药效试验准则》相关内容。在麦收期，每小区随机取5点，每点取0.3 m^2，数出麦穗数，计算出每平方米平均穗数；每点中随机取出20穗，数出每穗粒数，计算每穗的平均粒数；把每点麦穗脱粒风干后，随机取样测各样点的千粒重。

1.3.3 数据分析

使用DPS评价系统（邓肯式新复极差法）对试验数据进行显著性分析。

2 结果与讨论

2.1 不同杀菌剂对小麦白粉病防治效果

在病情压力较大的阜新试验点发现，50%肟菌酯WDG和75%肟菌·戊唑醇WDG对小麦白粉病的防效依然优于25%吡唑醚菌酯SC、30%戊唑·嘧菌酯SC、15%三唑酮WP。

病情压力较小的四川眉山试验点发现，50%肟菌酯WDG和75%肟菌·戊唑醇WDG对小麦白粉病的防效优于30%戊唑·嘧菌酯SC、15%三唑酮WP，与25%吡唑醚菌酯SC

相当。

由表 1 可知，50%肟菌酯 WDG 和 75%肟菌・戊唑醇 WDG 对小麦白粉病在不同病情压力下，均表现出优异防效，可用于小麦白粉病防治的有效药剂。

表 1　不同杀菌剂对小麦白粉病的防治效果

药剂	剂量（g/hm²）	辽宁阜新				四川眉山		
		病指	防效（%）	显著性		防效（%）	显著性	
				5%	1%		5%	1%
50%肟菌酯 WDG	150	0. 78	98. 00	a	A	99. 57	a	A
25%吡唑醚菌酯 SC	150	0. 94	77. 90	c	C	98. 46	ab	A
30%戊唑・嘧菌酯 SC	105	0. 67	86. 80	b	B	95. 15	b	A
75%肟菌・戊唑醇 WDG	225	1. 06	98. 38	a	A	99. 31	a	A
15%三唑酮 WP	150	0. 90	66. 56	d	D	78. 92	c	B
CK	病指	1. 13	70. 39	—	—	13. 28		

2. 2　不同杀菌剂对小麦产量的影响

由表 2 可知，2 点田间试验测产结果显示 50%肟菌酯 WDG 亩产量最高。辽宁阜新试验点 50%肟菌酯 WDG 亩产量显著优于空白对照亩产量，四川眉山试验点与空白对照亩产量差异不显著。50%肟菌酯 WDG 、75%肟菌・戊唑醇 WDG 与 15%三唑酮 WP 处理亩产量差异不显著。

表 2　不同杀菌剂对小麦产量的影响

药 剂	剂量（g/hm²）	辽宁阜新				四川眉山			
		亩穗数（个）	穗粒数（个）	千粒重（g）	亩产量（kg）	亩穗数（个）	穗粒数（个）	千粒重（g）	亩产量（kg）
50%肟菌酯 WDG	150	261 167. 56a	35. 42a	49. 16a	451. 93a	155 010. 80a	59. 35a	39. 83a	367. 84a
25%吡唑醚菌酯 SC	150	262 056. 89a	33. 30a	46. 80a	408. 39ab	153 232. 13a	58. 35a	38. 90a	347. 87a
30%戊唑・嘧菌酯 SC	105	254 645. 78a	34. 53a	47. 55a	418. 13ab	148 785. 47a	57. 69a	38. 80a	332. 98a
75%肟菌・戊唑醇 WDG	225	266 207. 11a	33. 47a	49. 76a	410. 48ab	154 077. 00a	58. 66a	39. 17a	353. 40a
15%三唑酮 WP	150	257 462. 00a	32. 45a	45. 99a	417. 29ab	149 852. 67a	59. 03a	39. 33a	347. 70a
CK	病指	254 497. 60a	31. 03a	44. 57a	352. 37b	152 120. 47a	57. 43a	38. 83a	339. 17a

3　结论

50%肟菌酯 WDG 和 75%肟菌・戊唑醇 WDG 对小麦白粉病有优异的防治效果，明显优于生产常规药剂 15%三唑酮 WP。而产量测定结果表明，50%肟菌酯 WDG 明显优于空白对照，但与其他药剂相比，亩产量无明显差异。肟菌酯是一种甲氧基丙烯酸酯类杀菌剂，具有高效、广谱、内吸性强等特性，市场上目前主要应用于大豆锈病和玉米叶斑病的防治上，在小麦白粉病的防治上应用较少，因此抗性问题不明显。且肟菌酯的混剂 75%肟菌・戊唑醇

WDG 也对小麦白粉病有优异的防治效果，也可以有效的延缓抗药性的产生。

综上所述，50%肟菌酯 WDG 和 75%肟菌·戊唑醇 WDG 可作为防治小麦白粉病的理想药剂。为防止白粉病菌产生抗药性，建议在小麦白粉病发病初期，2 种药剂轮换交替使用，间隔 7~10 天施药 2 次。

参考文献

[1] 张士功，禾军，王道龙，等．入世对我国小麦生产的影响及对策研究［J］．农业技术经济，2001（1）：15-17.

[2] 李红霞，黄继兵，顾佩雯，等．白粉病发生对优质春小麦产量及品质的影响研究［J］．宁夏农林科技，2015，56（8）：46-48.

[3] 李娜，刘丽，曹克强，等．不同杀菌剂对小麦白粉病及其产量的影响［J］．宁夏农林科技，2020，61（12）：48-50.

[4] 侯珲，周增强，王丽．苯并烯氟菌唑对小麦白粉病及叶锈病田间防效［J］．农药，2020，59（11）：835-837.

[5] 时春喜，张仙，张晓东．几种不同杀菌剂防治小麦白粉病的试验初报［J］．乡村科技，2020，19：102-103.

[6] 顾林玲．肟菌酯的应用与开发进展［J］．现代农药，2019，18（1）：44-49.

几种杀菌剂对草莓白粉病的室内活性测定及田间应用评价*

刘　玥[1,2]**，贲海燕[1]，霍建飞[1]，姚玉荣[1]，王万立[1]，郝永娟[1]***
（1. 天津市农业科学院植物保护研究所，天津　300381；2. 天津农学院，天津　300384）

摘要：本试验测定了13种化学杀菌剂和6种生物制剂对草莓白粉病的室内毒力效果，并进行了田间药效实验，筛选出防治白粉病的高效杀菌剂。室内化学药剂测定表明，29%吡萘·嘧菌酯悬浮剂、50%醚菌酯水分散粒剂和30%丙硫菌唑可分散油悬浮剂对草莓白粉病菌的抑菌活性最好，抑菌率在82.13%~84.60%。生物药剂测定结果表明，6%春雷霉素可湿性粉剂对草莓白粉病菌的抑菌效果最好，防效在70.32%。田间试验表明，30%丙硫菌唑可分散油悬浮剂的防效最好，两次药后7天的平均防效达82.33%，其次是25%乙嘧酚磺酸酯微乳剂、43%氟菌·肟菌酯悬浮剂和29%吡萘·嘧菌酯悬浮剂，药效在78.53%~80.93%。筛选出的以上药剂可作为防治草莓白粉病的优选药剂。

关键词：草莓白粉病；杀菌剂；室内测定；田间试验

我国是草莓生产大国，随着草莓生产规模的扩大，草莓病害发生也日益严重，白粉病是大棚草莓常发病害之一[1]。草莓白粉菌为羽衣草单囊壳［*Sphaerotheca aphanis*（Wallr.）Braun］，属子囊菌亚门白粉菌目粉菌科单囊壳属，生长最适环境温度为15~25℃，相对湿度为75%~98%[2]，通常在温度升高、湿度大的条件下发生侵染[3]。草莓叶片受白粉病侵害后叶缘逐渐向上卷起，花、花梗和果实发病表现为外被一层白色粉末物，草莓白粉病属于空气传播型病害[4]一旦发生传播速度快、难控制。草莓白粉病发生后，减产在20%~50%，严重影响草莓的产量、品质和经济效益[5]。目前，国内对草莓白粉病的防治是以生物防治和化学防治为主，筛选出高效、安全、低毒的草莓白粉病防治药剂极为迫切[6]。

1　材料和方法

1.1　试验材料

供试化学药剂：43%氟菌·肟菌酯悬浮剂（露娜森），德国拜耳公司；42.4%唑醚·氟酰胺悬浮剂（健达），巴斯夫欧洲公司；300 g/L醚菌·啶酰菌悬浮液（翠泽），巴斯夫欧洲公司；29%吡萘·嘧菌酯悬浮剂（绿妃），瑞士先正达作物保护有限公司；36%硝苯菌酯乳油（卡拉生），美国陶氏益农公司；25%四氟醚唑水乳剂，陕西汤普森生物科技有限公司；250 g/L吡唑醚菌酯乳油（凯润），巴斯夫植物保护（江苏）有限公司；50%醚菌酯水分散粒剂（翠贝），巴斯夫欧洲公司；25%乙嘧酚硫磺酯微乳剂，山东省青岛奥迪斯生物科技有限公司；10%苯醚甲环唑水分散粒剂，瑞士先正达作物保护有限公司；430 g/L戊唑醇悬浮剂，拜耳作物科学（中国）有限公司；42%苯菌酮悬浮剂，巴斯夫欧洲公司；30%丙硫菌唑可分散油悬浮剂，安徽久易农业股份有限公司。

---

* 基金项目：天津市科技支撑项目（19YFZCSN00480）
** 第一作者：刘玥，硕士研究生
*** 通信作者：郝永娟，研究员，主要从事蔬菜病害防治研究及杀菌剂应用技术研究

供试生物制剂：植物清洗剂，吉林省草莓协会授权蛟河市瑞宏水果种植有限公司；新高脂膜，陕西省渭南高新区促花王科技有限公司；2%武夷霉素水剂，山东潍坊万胜生物农药有限公司；100 亿孢子/g 枯草芽孢杆菌可湿性粉剂，佛山市盈辉作物科学有限公司；0.5%小檗碱水剂，成都新朝阳作物科学股份有限公司；6%春雷霉素可湿性粉剂，兴农药业（中国）有限公司。

1.2 室内生测试验

1.2.1 菌种的获得

从天津市农业科学院植物保护研究所武清科技创新基地草莓温室中采集新鲜病叶，剪取与其他病斑间隔较远的白粉病菌单个病斑，蘸水后病斑朝下贴在培养好的草莓叶正面，置于温度 25℃、光照 16L∶8D 的光照培养箱中培养，扩繁菌种，备用。

1.2.2 孢子悬浮液配制

用含有少量表面活性剂吐温 80 的无菌水，洗下已培养好的白粉病菌的新鲜孢子，用双层纱布过滤。制成浓度为 1×10^5个孢子/mL 的孢子悬浮液备用。

1.2.3 杀菌剂室内毒力测定

采用离体叶片法。采集大小一致的草莓嫩叶，用镊子将叶片置于预先配置好的相应浓度的药液中浸泡 30 秒，之后将叶片放在预先铺好滤纸的搪瓷盘中（搪瓷盘中滤纸已经预先经沸水消毒)，叶柄用湿润的棉球裹住。待叶片上的药液被完全吸收后，在每片叶片上用微量移液器点 3 滴 50 μL 的白粉病菌孢子悬浮液，之后将搪瓷盘置于温度 25℃、光照 16L∶8D、湿度 90%的人工气候箱中培养。每个处理 12 片草莓叶片，3 次重复。8 天后待对照充分发病时调查每片叶片的病级，共调查 1 次。根据调查数据计算抑菌率，按如下公式计算。

叶片分级方法：

0 级，无病斑；

1 级，病斑面积占整个叶面积 5%以下；

3 级，病斑面积占整个叶面积 6%~10%；

5 级，病斑面积占整个叶面积 11%~20%；

7 级，病斑面积占整个叶面积 31%~50%；

9 级，病斑面积占整个叶面积 50%以上。

$$\text{病情指数} = \frac{\sum(\text{各级病叶数} \times \text{相对应级值})}{\text{调查总叶数} \times 9} \times 100$$

$$\text{防治效果（\%）} = \frac{(\text{空白对照病指} - \text{处理病指})}{\text{空白对照病指}} \times 100$$

1.3 田间防治试验

1.3.1 试验设计

试验在天津市农业科学院现代农业创新基地草莓温室中进行。基于室内生测试验选择 6 个试验药剂，包括 25%乙嘧酚磺酸酯微乳剂、43%氟菌·肟菌酯悬浮剂、29%吡萘·嘧菌酯（绿妃）、100 亿孢子/g 枯草芽孢杆菌、10%苯醚甲环唑水分散粒剂、30%丙硫菌唑可分散油悬浮剂进行田间草莓全株喷雾处理，以及空白对照处理，试验共计 7 个处理。

草莓品种为“红颜”，于 2021 年 8 月下旬定植，高畦栽培，覆盖黑色地膜，一畦双行，每行约 40 株，畦间距 25 cm 左右，定植密度约为 10 万株/hm^2。试验开始时，正值结果期，果实上白粉病已经发生。试验地肥力均匀，常规管理一致。施药时间分别为 2022 年 3 月

23日、3月30日，共施药2次。

1.3.2 调查时间和方法

田间试验第1次用药前（2022年3月23日）先进行病情基数调查，第2次用药后7天（2022年4月6日）调查各处理的病情，共调查2次。草莓叶片白粉病发生较轻，故未做叶片调查。每小区调查总果数，记录总果数及病果数。病果率及药效计算公式如下：

病果率（%）=（病果数/调查总果数）×100

防治效果（%）=［1-（空白对照区药前病果率×处理区药后病果率）/（空白对照区药后病果率×处理区药前病果率）］×100

试验期间观察各药剂处理对草莓生长是否有药害等不良影响。

2 结果和分析

2.1 化学药剂对草莓白粉病的室内抑菌效果

由表1可以看出，几种常用化学药剂对草莓白粉病菌抑制率最高的是29%吡萘·嘧菌酯悬浮剂、50%醚菌酯水分散粒剂和30%丙硫菌唑可分散油悬浮剂，分别为84.60%、82.13%和82.57%；其次为43%氟菌·肟菌酯悬浮剂、42.4%唑醚·氟酰胺悬浮剂（健达）、300 g/L醚菌·啶酰菌悬浮液和25%乙嘧酚硫磺酯微乳剂，对草莓白粉病菌的抑制率分别为72.77%、70.33%、78.15%、75.72%；对草莓白粉病菌抑制率较差的为36%硝苯菌酯乳油、25%四氟醚唑水乳剂、10%苯醚甲环唑水分散粒剂、430 g/L戊唑醇悬浮剂和42%苯菌酮悬浮剂，抑菌率分别为68.18%、43.58%、60.28%、65.67%和62.15%；250 g/L吡唑醚菌酯乳油对草莓白粉病菌抑制率最差，仅为20.81%。

表1 几种化学药剂对草莓白粉病的室内抑菌效果

处理	试验药剂	浓度（倍数）	病情指数	抑菌率（%）
处理1	43%氟菌·肟菌酯悬浮剂	2 000	13.69	72.77
处理2	42.4%唑醚·氟酰胺悬浮剂	2 000	14.91	70.33
处理3	300 g/L醚菌·啶酰菌悬浮液	1 000	10.98	78.15
处理4	29%吡萘·嘧菌酯悬浮剂	1 000	7.75	84.60
处理5	36%硝苯菌酯乳油	1 000	15.99	68.18
处理6	25%四氟醚唑水乳剂	600	28.36	43.58
处理7	250 g/L吡唑醚菌酯乳油	1 000	39.82	20.81
处理8	50%醚菌酯水分散粒剂	1 000	8.99	82.13
处理9	25%乙嘧酚硫磺酯微乳剂	800	12.22	75.72
处理10	10%苯醚甲环唑水分散粒剂	1 500	19.96	60.28
处理11	430 g/L戊唑醇悬浮剂	3 000	17.26	65.67
处理12	42%苯菌酮悬浮剂	1 500	19.03	62.15
处理13	30%丙硫菌唑可分散油悬浮剂	2 000	8.76	82.57
处理14	清水对照	—		—

2.2 生物制剂对草莓白粉病的室内抑菌效果

由表2能够看出，几种常用的生物制剂对草莓白粉病的整体抑菌效果一般且差异较大。

其中抑菌效果最好的是6%春雷霉素可湿性粉剂，抑菌率为70.32%；其次是植物清洗剂和100亿孢子/g枯草芽孢杆菌可湿性粉剂，抑菌率分别为68.47%和65.49%；而2%武夷霉素水剂、0.5%小檗碱水剂的防效较差，抑菌率为52.16%、50.72%，新高脂膜的抑菌率仅为35.28%。

表2　几种生物制剂对草莓白粉病的室内抑菌效果

处理	试验药剂	浓度（倍数）	病情指数	抑菌率（%）
处理1	植物清洗剂	375	12.73	68.47
处理2	新高脂膜	300	26.12	35.28
处理3	2%武夷霉素水剂	100	19.30	52.16
处理4	100亿孢子/g枯草芽孢杆菌	500	13.93	65.49
处理5	0.5%小檗碱水剂	600	19.89	50.72
处理6	6%春雷霉素可湿性粉剂	400	11.98	70.32
处理7	清水对照	—	40.36	—

2.3　田间防治效果

试验结果见表3。试验开始前各小区均已发病，平均药前病果率在15.96%~17.97%。用药2次后7天调查，空白对照区平均病果率上升为42.20%，而各药剂处理的病情得到较好的控制，平均病果率在7.32%~11.97%。其中29%吡萘·嘧菌酯悬浮剂的防效最好，2次药后7天的平均防效达82.33%，其次与之防效差异不显著的25%乙嘧酚磺酸酯微乳剂、43%氟菌·肟菌酯悬浮剂和30%丙硫菌唑可分散油悬浮剂的平均防效分别为80.55%、78.53%和80.93%；10%苯醚甲环唑水分散粒剂和100亿孢子/g枯草芽孢杆菌的防效相对较差，但2次用药后的防效分别达到了71.25%和70.43%，试验期间观察，试验药剂各处理对草莓植株均无药害等不良影响。

表3　草莓白粉病的田间防治效果

处理	试验药剂	用药量		药前病果率（%）	药后病果率（%）	防效（%）	差异显著性5%
		商品量（g，mL/亩）	有效成分量（g/hm²）				
处理1	25%乙嘧酚磺酸酯微乳剂	60	225	16.39	8.06	80.55	a
处理2	43%氟菌·肟菌酯悬浮剂	30	193.5	17.97	9.68	78.53	a
处理3	29%吡萘·嘧菌酯悬浮剂	22.5	101.25	16.54	7.98	80.93	a
处理4	100亿孢子/g枯草芽孢杆菌可湿性粉剂	90	1350	15.96	11.97	70.43	b
处理5	10%苯醚甲环唑水分散粒剂	30	45	16.44	11.96	71.25	b
处理6	30%丙硫菌唑可分散油悬浮剂	45	195.75	16.42	7.32	82.33	a
处理7	清水对照	—	—	16.70	42.20	—	—

3 讨论与结论

在本试验的室内测定试验中，29%吡萘·嘧菌酯悬浮剂、50%醚菌酯水分散粒剂和30%丙硫菌唑可分散油悬浮剂对草莓白粉病菌的抑菌率很高，其次防效较好的为43%氟菌·肟菌酯悬浮剂、42.4%唑醚·氟酰胺悬浮剂（健达）、300 g/L醚菌·啶酰菌悬浮液和25%乙嘧酚硫磺酯微乳剂。三唑类杀菌剂25%四氟醚唑水乳剂、10%苯醚甲环唑水分散粒剂和430 g/L戊唑醇悬浮剂对草莓白粉病菌的抑菌效果一般，抑菌率为43.58%~65.67%。生物制剂的室内抑菌效果差异较大，其中6%春雷霉素可湿性粉剂的抑菌率最高，为70.32%，其次是植物清洗剂和100亿孢子/g枯草芽孢杆菌可湿性粉剂，生物制剂抑菌效果不如化学药剂[7,8]。田间药效防治中，在推荐剂量下，30%丙硫菌唑可分散油悬浮剂的防效仍然最好，持效期长，效果稳定，药后7天对草莓白粉病的防效达82.33%，25%乙嘧酚磺酸酯微乳剂、43%氟菌·肟菌酯悬浮剂和29%吡萘·嘧菌酯悬浮剂的田间防效表现也较好，用药后7天的防效达78.53%~80.93%，生防菌剂100亿孢子/g枯草芽孢杆菌可湿性粉剂的防效一般，但用药2次后的防效也达70.43%。因此建议根据田间草莓发病的实际情况，间隔7~10天用药1次，共施药2~3次。

丙硫菌唑是一种新型的三唑硫酮类杀菌剂，其作用机理是抑制真菌中甾醇的前体羊毛甾醇的14位脱甲基化作用，即抑制病菌体细胞膜的生长，干扰菌体附着胞及吸器的生育、孢丝和孢子的形成以达到杀菌的效果，对草莓白粉病有很好的防效。琥珀酸脱氢酶抑制剂类杀菌剂持效期长，内吸性强，对线粒体呼吸链的复合物II中的琥珀酸脱氢酶起抑制作用，从而抑制靶标真菌的种孢子萌发，芽管和菌丝体生长。乙嘧酚磺酸酯可被植物茎、叶迅速吸收，并在植物体内运转到各个部位，抑制病菌孢子形成。可在草莓全生长期使用，可全面有效控制白粉病病菌的各个发育阶段，具有很好的预防、治疗和铲除作用。

草莓白粉病在草莓苗期到结果期均有可能发生，它会危害草莓的叶片、花和果实，暴发非常快。草莓的叶、果、叶柄、果梗、花蕾都会受到白粉病的侵害，侵害的部位表面出现蜘蛛丝状白霉，接着形成白粉状物，对草莓的品质和产量造成了直接影响。对于草莓白粉病来说，科学合理地使用农药不仅是防止抗性产生的有效手段，也是防治病害有效的方法。一方面要正确理解杀菌剂的作用机理，有针对性地制定一套科学用药方案，推行混用或交替使用不同作用机制的杀菌剂，限制一种药剂在一个地区一个生长季节的使用次数。制定合理的使用剂量，减少选择压力，延缓抗性产生；另一方面要提高杀菌剂使用技术，掌握正确的施药方法和施药的关键时期，减少污染环境，充分发挥药剂性能。长期利用化学药剂会使病菌产生抗药性。因此，必须寻求新型杀菌剂防治病害与有效的栽培管理技术措施有效结合，将白粉病的危害降至最低。

参考文献

［1］ 熊明国．微生物菌剂对草莓三种病害的防治效果及其对草莓生长的影响［J］．湖北农业科学，2022，61（12）：57-60，66.

［2］ 赵磊，魏肖楠，王步云，等．环保型杀菌剂防治大棚草莓白粉病的效果［J］．中国植保导刊，2020，40（8）：75-77.

［3］ SHUKA A，YUTAKA K，NAOKI U，et al. Real-Time Collection of Conidia Released from Living Single Colonies of *Podosphaera aphanis* on Strawberry Leaves under Natural Conditions with Electrostatic

Techniques [J]. Plants, 2022, 11 (24): 3453.
[4] 王佩玲，姚刚，张延波，等．关于草莓白粉菌的分离方法和显微鉴定［J］．陕西农业科学，2017，63（5）：13-16.
[5] 刘博，傅俊范．草莓白粉病研究进展［J］．河南农业科学，2007（2）：20-23.
[6] 徐继根，张顺昌，吴昊，等．草莓白粉病不同防治药剂筛选试验［J］．浙江农业科学，2022，63（3）：558-561.
[7] 王步云，张涛，郑书恒，等．5种生物药剂对草莓白粉病的田间防效研究［J］．农药科学与管理，2019，40（1）：54-57.
[8] 刘立保，杨柏明．3种生物源药剂对草莓白粉病的防效试验［J］．吉林农业，2017（21）：62-63.

几种杀菌剂对马铃薯早疫病菌的室内抑菌测定*

李子雨[2**]，姚玉荣[1***]，郝永娟[1]，霍建飞[1]，贲海燕[1]，李二峰[2]
（1. 天津市农业科学院植物保护研究所，天津 300381；2. 天津农学院，天津 300384）

摘要：本研究通过室内菌丝生长速率法测定了 8 种杀菌剂对马铃薯早疫病病原菌的抑制作用。菌丝生长速率测定结果显示：8 种杀菌剂对马铃薯早疫病菌菌丝生长均能起到不同程度的抑制作用；其中 75%肟菌·戊唑醇水分散粒剂和 500 g/L 氟啶胺悬浮剂对菌丝生长的抑制作用最好，EC_{50}值分别为 1.843 1 μg/mL、1.379 9 μg/mL；其次抑菌效果较好的是 500 g/L 异菌脲悬浮剂、430 g/L 戊唑醇悬浮剂和 30%吡唑醚菌酯乳油，EC_{50}值分别为 4.969 1 μg/mL、9.547 3 μg/mL、15.402 1 μg/mL；60%唑醚·代森联水分散粒剂、50%肟菌酯水分散粒剂抑菌效果较差，抑制中浓度 EC_{50}值分别为 31.045 1 μg/mL、40.681 3 μg/mL；杀菌剂 70%代森联水分散粒剂抑菌效果对该病菌抑菌效果最差，EC_{50}值为 72.145 6 μg/mL，生产上不推荐使用。

关键词：杀菌剂；马铃薯早疫病；敏感性测定

马铃薯广泛种植于全球温带地区，是世界上很多国家重要的食品品种之一，被列为全球主要粮食作物。近年来，由于全球温室效应的加剧以及阴雨或重露天气的增多，较高温度以及湿度导致马铃薯早疫病普遍发生，在中国的大部分马铃薯种植区，均可见到早疫病的发生，马铃薯品质和产量严重下降，且危害程度逐渐递增[1]。马铃薯早疫病（Potato early blight），又称夏疫病、轮纹病，由茄链格孢菌 *Alternaria solani* 和交链格孢菌 *Alternaria alternata* 两种病原菌引起的真菌型病害，其中，茄链格孢菌为优势病原菌[2]。茄链格孢属于半知菌亚门丝孢纲丛梗孢目暗色孢科[3]。本研究选用 8 种杀菌剂对马铃薯早疫病菌进行室内毒力测定，旨在筛选出控制效果较好的药剂，为马铃薯早疫病的实际防治提供参考。

1 材料与方法

1.1 供试菌源

本研究所用供试菌源为田间自然发病的马铃薯叶片，采自天津市西青区辛口镇第六阜村，将发病叶片经组织分离获得，作为本研究的供试菌株，经鉴定为茄链格孢 *Alternaria solani*，该菌株保存于天津市农业科学院植物保护研究所蔬菜病害实验室。

1.2 供试药剂

本研究中共有 8 种供试药剂：60%唑醚·代森联水分散粒剂，巴斯夫欧洲公司；75%肟菌·戊唑醇水分散粒剂，拜耳股份公司；500 g/L 氟啶胺悬浮剂，日本石原产业株式会社；50%肟菌酯水分散粒剂，拜耳股份公司；430 g/L 戊唑醇悬浮剂，拜耳作物科学（中国）有限公司；500 g/L 异菌脲悬浮剂，浙江天丰生物科学有限公司；70%代森联水分散粒剂，天

* 基金项目：天津市农业科学院青年科研人员创新研究与实验项目（2021004）
** 第一作者：李子雨，硕士研究生，主要从事病原菌致病机理研究；E-mail：814347113@ qq. com
*** 通信作者：姚玉荣，副研究员，主要从事蔬菜病害综合防治研究；E-mail：yyr1012@ 126. com

津市汉邦植物保护剂有限责任公司；30%吡唑醚菌酯乳油，东莞市瑞德丰生物科技有限公司。

1.3 病原菌室内毒力测定

病原菌室内毒力测定采用菌丝生长速率法。将供试菌株接种于 PDA 培养基中，置于25℃恒温培养箱中培养 7 天后，用直径为 5 mm 的打孔器于菌落边缘打孔，挑取菌饼接种于配制好的梯度浓度的含药 PDA 平板上，供试药剂系列梯度浓度详情（表 1），对照加等体积的无菌水，每个处理 3 个重复。置于恒温 25℃培养箱中培养 5 天后。采用十字交叉法测定菌落直径，取 3 个重复的平均值，并计算抑菌率。

表 1 8 种杀菌剂的试验浓度

药剂	浓度梯度（mg/L）		
	1	2	3
60%唑醚·代森联水分散粒剂	500	200	100
75%肟菌·戊唑醇水分散粒剂	100	20	10
500 g/L 氟啶胺悬浮剂	50	25	12.5
50%肟菌酯水分散粒剂	100	20	10
430 g/L 戊唑醇悬浮剂	100	20	10
500 g/L 异菌脲悬浮剂	100	20	10
70%代森联水分散粒剂	100	50	10
30%吡唑醚菌酯乳油	50	25	12.5

$$\text{抑菌率（\%）}=\frac{\text{（空白对照菌落直径增加值-药剂处理菌落直径增加值）}}{\text{空白对照菌落直径增加值}}\times 100$$

1.4 数据处理

利用 SPSS 软件进行数据处理，计算不同药剂的毒力回归方程、相关系数、抑制中浓度 EC_{50} 值等。

2 结果与分析

2.1 供试验药剂对马铃薯早疫病病菌的抑菌作用

本研究中筛选的 8 种试验药剂对马铃薯早疫病菌菌丝生长均能起到不同程度的抑制作用（表 2）。

表 2 8 种杀菌剂不同浓度的抑菌率

药剂	不同浓度抑菌率（%）		
	1	2	3
60%唑醚·代森联水分散粒剂	84.44	75.56	66.67
75%肟菌·戊唑醇水分散粒剂	96.00	87.78	75.56
500 g/L 氟啶胺悬浮剂	91.56	87.78	80.00
50%肟菌酯水分散粒剂	59.11	45.33	35.11

（续表）

药剂	不同浓度抑菌率（%）		
	1	2	3
430 g/L 戊唑醇悬浮剂	81.33	65.56	48.44
500 g/L 异菌脲悬浮剂	85.78	71.78	58.67
70%代森联水分散粒剂	60.44	39.11	10.22
30%吡唑醚菌酯乳油	85.78	61.33	46.22

2.2 供试药剂对马铃薯早疫病病菌的敏感性测定结果

杀菌剂敏感性测定结果显示：8 种杀菌剂对马铃薯早疫病菌的抑菌活性差异较大。8 种试验药剂中对马铃薯早疫病菌菌丝生长抑制作用最强的是 75%肟菌·戊唑醇水分散粒剂和 500 g/L 氟啶胺悬浮剂，EC_{50}值分别为 1.843 1 μg/mL、1.379 9 μg/mL；其次抑菌效果较好的是 500 g/L 异菌脲悬浮剂、430 g/L 戊唑醇悬浮剂和 30%吡唑醚菌酯乳油，EC_{50}值分别为 4.969 1 μg/mL、9.547 3 μg/mL、15.402 1 μg/mL；60%唑醚·代森联水分散粒剂、50%肟菌酯水分散粒剂，抑制中浓度 EC_{50}值分别为 31.045 1 μg/mL、40.681 3 μg/mL；抑菌效果最差的是 70%代森联水分散粒剂，EC_{50}值为 72.145 6 μg/mL。

表 3　8 种杀菌剂对马铃薯早疫病菌敏感性测定结果

药剂	相关系数	回归方程	EC_{50}值（μg/mL）
60%唑醚·代森联水分散粒剂	0.999 8	$y=3.753\ 1+0.835\ 7x$	31.045 1
75%肟菌·戊唑醇水分散粒剂	0.986 6	$y=4.728\ 3+1.023\ 3x$	1.843 1
500 g/L 氟啶胺悬浮剂	0.992 9	$y=4.875\ 5+0.890\ 4x$	1.379 9
50%肟菌酯水分散粒剂	0.988 8	$y=4.034\ 6+0.599\ 9x$	40.681 3
430 g/L 戊唑醇悬浮剂	0.980 9	$y=4.122\ 7+0.895\ 31x$	9.547 3
500 g/L 异菌脲悬浮剂	0.991 0	$y=4.421\ 7+0.830\ 5x$	4.969 1
70%代森联水分散粒剂	0.998 7	$y=2.095\ 6+1.563\ 0x$	72.145 6
30%吡唑醚菌酯乳油	0.981 2	$y=2.685\ 5+1.948\ 9x$	15.402 1

3　讨论

8 种不同类型杀菌剂在供试浓度范围内对马铃薯早疫病病菌均有不同程度的抑制作用。其中 75%肟菌·戊唑醇水分散粒剂和 500 g/L 氟啶胺悬浮剂的抑菌效果最强；其次为 500 g/L 异菌脲悬浮剂和 430 g/L 戊唑醇悬浮剂，其抑制中浓度 EC_{50}值均在 10 mg/L 以内，提示对马铃薯早疫病均有较高的抑制活性。在实际生产中，建议 75%肟菌·戊唑醇水分散粒剂和 500 g/L 氟啶胺悬浮剂交替使用，避免病原菌抗药性的产生。室内毒力测定是田间防效试验的基础，各药剂的真实防效仍需在室内毒力测定的基础上进一步进行田间防效试验[4]。程静等[5]在冀北地区开展 8 种杀菌剂对马铃薯早疫病田间药效试验，结果表明 75%肟菌·戊唑醇 SC 药剂有效地减缓了马铃薯早疫病的发生情况，防治效果达到了 75.17%。高浩等[6]采用菌丝生长速率法测定了 10 种杀菌剂对马铃薯早疫病病菌的抑制作用。结果表明，12%吡唑醚菌酯・己唑醇悬浮剂对菌丝生长的抑制作用最强。范子耀等[7]采用菌丝生长速率法测定7种杀菌剂对马铃薯早疫病菌的抑制作用，结果表明，嘧菌酯与苯醚甲环唑混合物（质量比8∶5）对菌丝生长的抑制作用最强，具有明显增效作用，显著高于其他6种杀菌剂。王清[1]通过室内菌丝生长速率测定8种试验药剂对马铃薯早疫病菌菌丝生长的抑制作用，结果表明42.4%唑醚・氟酰胺悬浮剂的抑菌效果最为显著，75%肟菌・戊唑醇悬浮剂的抑菌效果次之。

化学防治由于其见效快、高效、操作简便的特点在农田大面积使用，化学防治仍是生产上防治马铃薯早疫病的重要手段[8]；单一药剂的频繁使用易导致马铃薯病害产生抗药性，降低防治效果[9]；在田间施药时，应交替使用不同的有效药剂，避免病菌产生抗药性，在病菌产生抗药性时避免过多使用已产生抗性的药剂；目前，选育抗病品种是最经济、同时也是最有效的防治手段，加快培育抗马铃薯早疫病品种，对防控马铃薯早疫病，减少化学农药使用，实现马铃薯绿色生产具有重要意义[10]。地区的气候环境及用药习惯均会影响病原菌的结构及抗药性变化，所以对不同地区马铃薯早疫病菌的防治要有针对性施药，不能盲目借鉴其他地区施药方案[11]。

本研究评价了8种杀菌剂对马铃薯早疫病菌的抑菌效果，筛选出的75%肟菌・戊唑醇水分散粒剂和500 g/L氟啶胺悬浮剂两种药剂对马铃薯早疫病菌的抑菌效果明显优于其他药剂。由此可知，75%肟菌・戊唑醇水分散粒剂和500 g/L氟啶胺悬浮剂对马铃薯早疫病菌具有较强的抑制作用，对生产中选择马铃薯早疫病防治药剂具有一定的参考价值。

参考文献

［1］ 王清.8种杀菌剂对马铃薯早疫病菌毒力测定及田间药效研究［D］.杨凌：西北农林科技大学，2019.

［2］ 王怡凡，刘巍，朱其立，等.马铃薯早疫病的发生规律及防治研究进展［J］.黑龙江农业科学，2021（9）：129-133.

［3］ 李雅南，金光辉，王晓丹，等.马铃薯早疫病病原菌生物学特性和形态学鉴定技术研究［C］//中国作物学会马铃薯专业委员会，河北省农业厅，张家口市人民政府.2016年中国马铃薯大会论文集.哈尔滨地图出版社，2016：11.

［4］ 贺英，霍治军，艾海舰，等.榆林市马铃薯早疫病病原分离鉴定与化学药剂室内毒力测定［J］.中国马铃薯，2021，35（5）：438-443.

［5］ 程静，马恢，田佳，等.8种杀菌剂在冀北地区对马铃薯早疫病的田间防治效果［J］.山西农业科学，2023，51（3）：319-324.

［6］ 高浩，郭能伟，项兰斌，等.10种杀菌剂对马铃薯早疫病病菌的室内毒力测定［J］.长江大学学报（自科版），2014，11（29）：1-4.

［7］ 范子耀，王文桥，孟润杰，等.7种杀菌剂对马铃薯早疫病菌室内毒力及田间防效［J］.农药，2011，50（7）：531-533.

［8］ 夏善勇.马铃薯早疫病及综合防治研究进展［J］.农业科技通讯，2023（4）：152-156.

［9］ 惠娜娜，李继平，王立，等.不同杀菌剂对3种马铃薯病害病原菌的毒力测定［J］.西北农业学报，2021，30（8）：1251-1254.

［10］ 王凯宁.马铃薯主要气传病害化学药剂减施技术研究［D］.保定：河北农业大学，2020.

［11］ 范莎莎，赵冬梅，杨爽，等.6种杀菌剂对马铃薯早疫病菌的室内毒力测定［J］.东北农业科学，2021，46（1）：75-79.

抗氟唑菌酰羟胺的灰葡萄孢生物学性状及其抗药性研究*

董庆群**，陈诗情，祁之秋***
（沈阳农业大学植物保护学院，沈阳　110866）

摘要：本文研究了田间抗药性菌株和室内诱导抗药性菌株的抗药性遗传稳定性，并比较了抗药性菌株和敏菌株的菌丝生长速率、菌丝干重、产孢量、孢子萌发率、致病性，明确其抗药性产生的原因。研究结果表明，从田间获得的抗性菌株敏感性变异指数在0.857~0.940，而室内诱导的菌株敏感性变异指数为0.316，这说明田间抗药性菌株抗性遗传较为稳定；抗性菌株与敏感菌株在菌丝生长速率、菌丝干重、产孢量、孢子萌发率、致病性上适合度并无显著差异，表明抗药性菌株具有较高的适合度。*SdhB*基因测序结果表明，田间抗性菌株已经存在H272Y和P225L的突变，这是其抗药性产生的根本原因。本文的研究结果对制定该药剂在田间的使用策略具有一定的指导意义。

关键词：氟唑菌酰羟胺；灰葡萄孢；抗性菌株；生物学特性；SdhB

Biological Characters and Resistance of *Botrytis cinerea* to Pydiflumetofen*

DONG Qingqun**，CHEN Shiqing，QI Zhiqiu***
（*College of Plant Protection*，*Shenyang Agricultural University*，*Shenyang* 110866，*China*）

Abstract：In this paper，the genetic stability of resistance of field resistant strains and indoor resistant strains induced to pydiflumetofen was studied，and the mycelial growth rate，mycelial dry weight，sporulation，spore germination and pathogenicity of resistant strains and sensitive strains were compared，analyzed the resistance causes. The results showed that the susceptibility variation indexs of field resistant strains were 0.857~0.940，while the susceptibility variation index of the strains induced in the room was 0.316，indicating that the resistance heredity of the strains in the field was relatively stable. There was no significant difference in mycelial growth rate，mycelial dry weight，spore production，spore germination and pathogenicity between resistant and sensitive strains，indicating that resistant strains had higher fitness. The results of *SdhB* gene sequencing showed that H272Y and P225L mutations caused their resistance of the field resistant strains. The results of this study will provide a guide for the application strategy of pydiflumetofen in the field.

Key words：pydiflumetofen；*Botrytis cinerea*；Resistant strain；Biological characteristics；SdhB

灰葡萄孢（*Botrytis cinerea*）可侵染植物的茎、叶、花和果实等部位，引起灰霉病[1]。灰霉病是设施番茄生产上的重要病害，一般可减产15%~20%，严重时达50%以上[2]。化学防治是控制该病害的主要手段。氟唑菌酰羟胺是先正达公司近年研发上市的新型琥珀酸脱氢酶抑制剂（SDHIs）。2022年，该药剂与咯菌腈复配用于番茄灰霉病的防治。灰葡萄孢因其

* 基金项目：本科毕业论文（设计）培育计划项目（2021094）
** 第一作者：董庆群，应用化学专业本科生
*** 通信作者：祁之秋，副教授，从事农药毒理及抗药性研究；E-mail：2001500063@ syau. edu. con

具有繁殖速度快、遗传变异大和田间适合度高等特点，也已被国际杀菌剂抗性行动委员会（Fungicide Resistance Action Committee，FRAC）划为高抗药性风险的病原菌。琥珀酸脱氢酶抑制剂也因（SDHIs）作用位点单一，被 FRAC 列为中度抗性风险杀菌剂[3]。那么，灰葡萄孢对氟唑菌酰羟胺出现抗药性后，抗药性菌株的生物学性状如何，是否具有高的适合度，对制定该药剂在田间的使用策略具有重要意义。本文以灰葡萄孢对氟唑菌酰羟胺的田间抗药性菌株和室内诱导的抗药性菌株为研究对象，研究了抗药性菌株的生物学性状，明确其适合度，旨在为灰葡萄孢抗药性菌株治理及氟唑菌酰羟胺的合理应用提供理论依据。

1　材料与方法

1.1　试验材料

供试药剂：98%氟唑菌酰羟胺（pydiflumetofen），溶于适量甲醇中，配成 10^4 mg/L 母液，置于冰箱中保存。

供试菌株：敏感菌株 SY9、SY11、LZ3、LZ12；田间抗药性菌株 SY14、SY22、SY30；室内诱导抗药性菌株 LZ12-R。

1.2　试验方法

1.2.1　抗氟唑菌酰羟胺的灰葡萄孢抗性遗传稳定性测定

将预培养的各供试菌株接种至含系列浓度的氟唑菌酰羟胺的 PDA 平板中央，24℃，培养 3~4 天，测量菌落直径，计算得到的 EC_{50} 值为第一代抗药性菌株对药剂的敏感性。将抗药性菌株在无药 PDA 上以菌丝体的形式继代培养 10 代。相同方法，测定第十代抗药性菌株对氟唑菌酰羟胺的敏感性。每个处理重复 3 次。计算药剂对各菌株 EC_{50} 值，求得各菌株的抗性指数（RF）及敏感性变异指数（FSC）。

$$RF = \frac{\text{抗性菌株 } EC_{50} \text{ 值}}{\text{敏感基线}}$$

$$FSC = \frac{RF(\text{第 10 代菌株})}{RF(\text{第 1 代菌株})}$$

1.2.2　抗氟唑菌酰羟胺的灰葡萄孢与敏感菌株的生物学性状比较

菌丝生长速率测定：将预培养的各供试菌株菌碟（直径 5 mm）分别接种至 PDA 平板上，24℃，培养 72 h，测量各菌落直径。每个菌株重复 3 次，计算菌丝生长速率。

产孢量测定：将各菌株接种到 PDA 平板上，24℃，光照培养 72 小时后，转至黑暗条件下培养 12 天。待分生孢子产生后，向平板中加入一定量的无菌水，用涂布器刮下分生孢子，纱布过滤，获得孢子悬浮液。计数各菌株产孢量，试验重复 3 次。

孢子萌发率测定：取 50 μL 无菌水配制的孢子悬浮液（孢子浓度为 10^5 个/mL）均匀涂布到 WA 平板上，24℃、黑暗培养 10 小时。调查分生孢子萌发情况，计算各菌株分生孢子的萌发率，试验重复 3 次。

菌丝干重测定：将直径 5 mm 的供试菌株菌碟分别接种至 100 mL PD 中，24℃，振荡培养 3 天，用纱布滤掉培养液，获得的菌丝体经 40℃脱水烘干后称重，每处理重复 3 次。

致病性测定：将供试菌株菌碟分别接种至番茄果实上，24℃保湿培养 4 天，测量番茄果实上的病斑直径。每处理用 5 个番茄果实，重复 3 次。

1.2.3　抗性和敏感菌株 SdhB 亚基序列比对

菌丝体 DNA 使用 Omega 真菌基因组 DNA 抽提试剂盒（D3390-01）提取。根据灰葡萄孢琥珀酸脱氢酶基因（*SdhB*）序列，设计1对引物，SdhB-F：ACCTACTCGCCCTATCCAAT，SdhB-R：AGACTTAGCAATAACCGCCC，对全部菌株B亚基编码基因进行PCR扩增。PCR的扩增体系为50 μL，包含2× Es Taq PCR Master Mix 25 μL、上下游引物各1 μL、DNA模板2 μL，最后用dd H_2O补足。PCR程序：94℃预变性2 min，94℃变性30s，54℃退火30s，72℃延伸30s，循环35次，72℃ 延伸5 min，4℃保温。取5 μL PCR扩增产物于1%琼脂糖凝胶进行电泳检测，有条带PCR产物送生物工程（上海）公司进行测序。

2 结果与分析

2.1 抗氟唑菌酰羟胺的灰葡萄孢抗性遗传稳定性

将抗氟唑菌酰羟胺菌株在PDA平板上连续转接十代后，抗性指数均有下降，其中田间抗性菌株敏感性变异指数在0.857~0.940，表明田间菌株的抗药性有较稳定的遗传特性，而室内诱导菌株LZ12-R敏感性变异指数为0.316（表1），抗药性遗传稳定性较差。

表1 抗氟唑菌酰羟胺的灰葡萄孢抗性遗传稳定性

菌株	敏感型	EC_{50}（mg/L）		敏感基线（mg/L）	抗性指数RF		敏感性变异指数FSC
		第一代	第十代		第一代	第十代	
SY9	S	0.580	—	1.064±0.582	—	—	—
SY11	S	0.223	—		—	—	—
LZ3	S	0.890	—		—	—	—
LZ12	S	1.530	—		—	—	—
SY14	R	11.090	9.510		10.424	8.938	0.857
SY22	R	9.720	8.790		9.135	8.586	0.940
SY30	R	5.129	4.890		4.820	4.530	0.940
LZ12-R	R	7.110	2.250		6.682	2.114	0.316

注：S为敏感菌株，R为抗性菌株；RF为抗性指数；FSC为敏感性变异指数。

2.2 抗氟唑菌酰羟胺的灰葡萄孢与敏感菌株的生物学性状比较

结果表明，对氟唑菌酰羟胺敏感性不同的菌株间生物学性状存在着差异，但抗性菌株与敏感菌株间并无显著性差异。亲本菌株LZ12及其诱导抗性菌株在菌丝生长速率、产孢量、菌丝干重、孢子萌发率、致病性上也没有显著差异（表2）。因此，各菌株间生物学特性的差异性与抗药性之间并没有明显的相关性，表明抗药性菌株具有较高的适合度。

表2 对氟唑菌酰羟胺不同敏感性菌株的生物学性状比较

菌株	敏感型	菌丝生长速率（mm/h）	产孢量（× 10^6/mL）	孢子萌发率（%）	病斑直径（mm）	菌丝干重（g）
SY9	S	1.555 bc	14.3 a	43.33 c	11.0 cd	0.267 ab
SY11	S	1.409 cd	7.8 b	83.00 a	13.8 abc	0.265 ab
LZ3	S	1.322 d	11.6 a	22.28 d	12.5 bc	0.076 c
LZ12	S	1.200 d	0.0 c	0.00 e	8.30 de	0.189 bc
SY14	R	1.721 ab	10.8 a	12.50 d	14.8 ab	0.406 a

（续表）

菌株	敏感型	菌丝生长速率 (mm/h)	产孢量 ($\times 10^6$/mL)	孢子萌发率 (%)	病斑直径 (mm)	菌丝干重 (g)
SY22	R	1.890 a	1.0 c	58.33 b	15.2 ab	0.259 b
SY30	R	1.378 cd	1.0 c	34.88 c	16.6 a	0.372 bc
LZ12-R	R	1.212 d	1.0 c	0.00 e	7.4 e	0.200 bc

注：采用 Fisher's LSD 差异显著性分析法，同列数据后相同字母表示差异不显著（$P=0.05$）。

2.3 *SdhB* 亚基序列测定

对氟唑菌酰羟胺的抗性菌株 *SdhB* 进行克隆测序，结果显示，田间抗性菌株均发生突变，其中 SY14 菌株 *SdhB* 基因第 272 密码子由 CAC 突变为 CTC，组氨酸变为亮氨酸（H272Y）；SY22 和 SY30 菌株 *SdhB* 基因第 225 密码子由 CCC 突变为 TTC，脯氨酸变为苯丙氨酸（P225F）；室内诱导菌株未发生突变（表 3）。

表 3　灰葡萄孢对氟唑菌酰羟胺抗药性菌株 *SdhB* 基因突变类型

菌株	敏感型	*SdhB* 突变类型
SY14	R	H272Y
SY22	R	P225F
SY30	R	P225F
LZ12-R	R	—

注："—" 表示没有发生点突变。

3　结论与讨论

研究结果表明，在田间已经存在番茄灰霉病菌对氟唑菌酰羟胺的抗药性菌株。田间抗性菌株具有良好的遗传稳定性以及拥有和敏感菌株类似的适合度，这表明氟唑菌酰羟胺防治灰霉病存在较高的抗性风险，若长期、连续使用氟唑菌酰羟胺，抗性菌株种群逐渐成为优势种群，可能导致防治失败。因此，持续监测田间抗药性菌株的比例，掌握抗药性群体的变化情况对制定该药剂在田间的使用策略具有一定的指导意义。

有研究表明灰葡萄孢对琥珀酸脱氢酶类抑制剂抗性的产生主要是由 *SdhB* 发生点突变引起。已报道有多个国家已发现 *SdhB* 突变的田间灰葡萄孢抗药性菌株，其中 P225F、H272Y/R 突变菌株对氟唑菌酰羟胺低抗，N230I 突变菌株对氟唑菌酰羟胺敏感[4,5]。本试验在 *SdhB* 基因上共检测到 2 种突变类型，分别是 225 位脯氨酸突变为苯丙氨酸（P225F），272 位组氨酸突变为酪氨酸（H272Y），均对氟唑菌酰羟胺低抗。而室内诱导的菌株并未发生突变，其抗药性不能稳定遗传，也说明其抗药性产生可能还有其他原因。

参考文献

[1] 李保聚，朱国仁．番茄灰霉病发展症状诊断及综合防治［J］．植物保护，1998（6）：19-21.
[2] 刘福平，黄台明，宋淑芳，等．番茄灰霉病的生物学特性与防治研究进展［J］．安徽农业科学，2014，42（31）：10924-10926.
[3] 赵平，白雪婧，邓云艳，等．琥珀酸脱氢酶抑制剂（SDHI）类杀菌剂抗性机制研究进展［J］．农药，2022，61（6）：391-395，405.

［4］ 陶丽红，李佳俊，夏美荣，等．五种琥珀酸脱氢酶抑制剂类杀菌剂与灰葡萄孢琥珀酸脱氢酶的结合模式及抗性机制分析［J］．农药学学报，2021，23（6）：1085-1096.
［5］ 宋昱菲．山东省灰霉病菌对六种琥珀酸脱氢酶抑制剂类杀菌剂的敏感性检测及对啶酰菌胺抗性机制探究［D］．泰安：山东农业大学，2019.

锐收® 果香（400 g/L 氯氟醚菌唑·吡唑醚菌酯悬浮剂）对多种作物主要病害的防治效果研究

陈国庆[1*]，冯希杰[1]，金丽华[1**]，李广旭[2]，柴伟纲[3]，于俊杰[4]
[1. 巴斯夫（中国）有限公司，上海 200137；2. 辽宁果树科学研究所，营口 115009；3. 宁波市农业科学院，宁波 315000，4. 江苏省农业科学院植物保护研究所，南京 210014]

摘要：锐收® 果香是巴斯夫开发的全新一代三唑类杀菌剂（氯氟醚菌唑），与吡唑醚菌酯混配而成的400 g/L 悬浮剂，兼具保护和早期治疗效果，适用于抗性管理和多种主要真菌病害的综合治理。本文报道了锐收® 果香对多种作物主要靶标病害的部分田间药效试验。结果显示，锐收® 果香对葡萄、苹果、番茄、西瓜等作物安全，对葡萄炭疽病的防效优异，优于常规药剂，且持效期长，推荐使用浓度 1 500~2 500 倍液；对苹果褐斑病和斑点落叶病的防效好，推荐使用浓度 2 000~3 000 倍液；对番茄早疫病和灰霉病防效好（>90%），持效期长，推荐使用 20~40 mL/亩；对西瓜白粉病有优秀的预防效果，发病前使用，推荐使用浓度 1 500~2 000 倍液。锐收® 果香安全性高，广谱高效，持效期长，且具有植物健康作用，是病害管理和果蔬品质提升的优秀产品。

关键词：氯氟醚菌唑；锐收® 果香；三唑类；葡萄炭疽病；苹果褐斑病；苹果斑点落叶病；番茄早疫病；番茄叶霉病；西瓜白粉病

The efficacy study of Melyra® (Mefentrifluconazole+Pyraclostrobin，400 g/L，SC) on controlling the main diseases on some crops

Abstract：Melyra®（400 g/L，SC）is a ready-mixed formulation of Pyraclostrobin and Mefentrifluconazole (Revysol®)，the latest DMIs fungicide developed by BASF. Melyra® has protective and early curative activity that can be applied to resistance and integrated management of various important fungal diseases. The results of several field trials of Melyra® on controlling main diseases on some crops were reported in this paper. According to the result，Melyra® was safe to all tested crops and had better efficacy and longer validity than those of normal fungicides when controlling grape anthracnose with dilution of 1 500-2 500 x，apple brown spot & alternaria leaf spot with dilution of 2 000-3 000 x，tomato early blight & leaf spot with dosage of 300-600 mL/hm^2，watermelon powdery mildew by preventive spray with dilution of 1 500-2 000 x. With the specialties of excellent efficacy，broad spectrum，superior crop selectivity，long validity and outstanding plant health effect，Melyra® can become one of the ideal products for disease management on various crops.

Key words：Mefentrifluconazole；Melyra；Triazole；Grape anthracnose；Apple brown spot；Apple alternaria leaf

* 第一作者：陈国庆，主要从事杀菌剂技术开发；E-mail：aaron.a.chen@basf.com
** 通信作者：金丽华，主要负责产品技术开发；E-mail：lisa.jin@basf.com

spot Tomato early blight；Tomato leaf spot；Watermelon powdery mildew

氯氟醚菌唑（商品名：锐收®）是巴斯夫公司继 1992 年上市氟环唑以来，历经多年研发后的又一创制性的全新三唑类产品，同时填补了世界范围内近 20 年未有新三唑类产品诞生的空白。氯氟醚菌唑拥有独特的异丙醇结构基团，使其表现出超高的灵活性，与靶标的结合活性和强度远高于传统三唑类产品，从而表现出更持久和更优秀的防效；与其他三唑类无交互抗性，具有优秀的抗性管理能力；基本不参与植物代谢，对作物更安全，使用更灵活；对人体更安全，被欧盟认定为“绿色”等级，符合全球安全等级。

基于氯氟醚菌唑的混剂产品：锐收® 果香（400 g/L 氯氟醚菌唑·吡唑醚菌酯悬浮剂），于2019 年取得中国登记，2020 年上市销售。锐收® 果香是两种不同作用机理（三唑类 & 甲氧基丙烯酸酯类）的成分组合，能够表现出更加稳定和广谱的病害防治效果，同时，也是巴斯夫植物健康作用“施乐健”品牌下的又一重要产品，提质增产，给种植者带来更多收益。本文展示了锐收® 果香在中国开发阶段时做的部分药效试验的结果，以期对该产品做一个基本的介绍，供各植保工作者在推广时参考。

1 葡萄炭疽病 *Colletotrichum ampelinum*

1.1 试验设计

1.1.1 供试药剂

锐收® 果香（400 g/L 氯氟醚菌唑·吡唑醚菌酯 SC）、75%肟菌酯·戊唑醇 WG、325 g/L 苯醚甲环唑·嘧菌酯 SC。

1.1.2 试验处理与安排

试验 1：2015 年，浙江嘉兴，“藤稔”葡萄，露地栽培。完全随机区组设计，4 次重复，小区面积 20 m^2，连续 4 次用药，用水量 1 000 L/hm^2。

共 6 个处理：空白对照、锐收® 果香（3 200 倍液/2 667 倍液/2 000 倍液）、325 g/L 苯甲·嘧菌酯 1 500 倍液、75%肟菌酯·戊唑醇 3 000 倍液。施药时期：2015 年 5 月 26 日（谢花后）、6 月 6 日（幼果期）、6 月 19 日（膨大期）、7 月 3 日（转色期）。

试验 2：2019 年，上海市奉贤区，“巨峰”葡萄，露地栽培。完全随机区组设计，4 次重复，小区面积 15 m^2，谢花后-果转色期，连续 4 次用药，用水量 1 200 L/hm^2。

设计 4 个处理：空白对照、锐收® 果香 1 500 倍液、325 g/L 苯甲·嘧菌酯 1 500 倍液、75%肟菌酯·戊唑醇 3 000 倍液。施药时期为谢花后-转色期：2019 年 5 月 21 日、5 月 31 日、6 月 14 日、7 月 4 日，共 4 次。

试验 3：2019 年，上海奉贤区，“巨峰”葡萄，露地栽培。完全随机区组设计，3 次重复，每小区 5 株，谢花后-果转色期，连续 4 次用药，用水量 1 200 L/hm^2。

处理方案同试验 2。施药时期为谢花后-转色期：2019 年 5 月 28 日、6 月 6 日、6 月 23 日、7 月 14 日，共 4 次。

1.1.3 调查方法

在葡萄转色-成熟期，果面炭疽病开始显症后，药效稳定时，调查 1~2 次。每小区随机调查 10 个果穗，统计病粒数和总粒数，计算发病率和防效。

1.2 试验结果与分析

试验结果见表 1。试验 1 结果显示：在 4 次药后 43 天时（D43），空白处理发病率为

72%，所有供试药剂均对葡萄炭疽病有一定的防治效果，其中锐收® 果香 3 200～2 667 倍液的防效与对照药剂相仿（80%左右），而锐收® 果香 2 000 倍液防效 90%，显著高于对照药剂；在 D56 时，空白处理的发病率发展至 98%，所有供试药剂防效均较之前有所下降，而锐收® 果香 2 000 倍液 72%的防效仍显著高于其他对照药剂。

表 1　锐收® 果香对葡萄炭疽病的防治效果

处理	试验 1		试验 2	试验 3	
	D43* 防效（%）	D56 防效（%）	D26 防效（%）	D15 防效（%）	D25 防效（%）
CK 发病率（%）	72	98	72.3	42.2	72.8
锐收® 果香 3 200 倍液	80 b	62 b**	—***	—	—
锐收® 果香 2 667 倍液	82 b	59 bc	—	—	—
锐收® 果香 2 000 倍液	90 a	72 a	—	—	—
锐收® 果香 1 500 倍液	—	—	62 a	86 a	82 a
325 g/L 苯甲・嘧菌酯 1 500 倍液	77 bc	59 bc	39 c	72 b	61 b
75%肟菌・戊唑醇 3 000 倍液	80 b	67 b	50 b	73 b	60 b

注：*：D43 表示 4 次药后 43 天，大写字母+数字＝某次药后某天。字母 A，B，C，D，E，……依次代表施药次数 1，2，3，4，5，……。如 B07＝2 次药后 7 天，C14＝3 次药后 14 天，下同。

**：同列不同小写字母代表 5%水平上的差异显著，下同。

***：—表示未测，下同。

试验 2 和试验 3 的结果显示：在 D15～D26 调查时，空白处理发病率为 42.2%～72.8%，锐收® 果香 1 500 倍液处理的防效为 62%～86%，均显著高于对应试验的其他对照药剂。试验 3 中，D15 与 D25 的调查对比，锐收® 果香的防效稳定不下降，而其他药剂处理的药效明显下降，表明锐收® 果香的持效期较长。

综上所述，在高发病率（42.2%～98%）的情况下，锐收® 果香依然对葡萄炭疽病具有优秀的防治效果，并表现出显著优于常规药剂的持效期。推荐使用方法：锐收® 果香 1 500～2 500 倍液，预防性用药 3～4 次，在葡萄谢花后、幼果期、膨大期、转色期等主要生育期，视当地病害实际发生情况，灵活使用。

2　苹果褐斑病 *Marssonina mali*、斑点落叶病 *Alternaria mali*

2.1　试验设计

2.1.1　供试药剂

锐收® 果香、75%肟菌酯・戊唑醇 WG、80%代森锰锌 WG。

2.1.2　试验处理与安排

试验地点：2016 年，辽宁省果树科学研究所综合试验区。

苹果褐斑病供试品种为“岳帅”，斑点落叶病供试品种为“绿帅”。试验小区内土壤为壤土，肥力中等，岳帅品种 15 年生，绿帅品种 10 年生，栽植密度约为 60 棵/亩，树势中庸。完全随机区组设计，4 次重复，每小区至少 2 株成年果树，用水量 2 500 L/hm^2。

苹果斑点落叶病：施药时期为 2016 年 6 月 18 日（幼果期）、6 月 27 日（幼果期）、7 月 9 日（果实膨大期）和 7 月 19 日（果实膨大期），间隔 10～14 天，共 4 次用药。

苹果褐斑病：施药时期为2016年8月5日（果实膨大期）、8月15日（果实膨大期）和8月29日（果实膨大期），间隔10~14天，共3次用药。

共6个处理：空白处理、锐收® 果香（2 857倍液/2 222倍液/2 000倍液）、75%肟菌酯·戊唑醇2 000倍液、80%代森锰锌700倍液。

2.1.3 调查方法

于试验药效稳定后调查。药前病害基数均为零，苹果斑点落叶病在末次施药后15天（成熟期）调查，苹果褐斑病在末次施药后16天（近成熟期）调查。

每小区随机调查2株，每株分东、西、南、北、中5个方向各固定2个新梢，定期调查其全部叶片，记录总叶数、各级病叶数，照相记录各处理发病情况。

褐斑病和斑点落叶病分级标准：

0级，无病斑；

1级，病斑面积占整个叶面积的10%以下；

3级，病斑面积占整个叶面积的11%~25%；

5级，病斑面积占整个叶面积的26%~40%；

7级，病斑面积占整个叶面积的41%~65%；

9级，病斑面积占整个叶面积的66%以上。

2.2 试验结果与分析

试验结果见表2。对于褐斑病，3次药后16天，锐收® 果香2 857~2 000倍液的防效为81%~96%，显著优于其他对照药剂；对于斑点落叶病，4次药后15天调查，锐收® 果香2 857~2 000倍液的防效为78%~89%，也同样显著优于其他对照药剂。试验结果表明，锐收® 果香能有效防治苹果褐斑病和斑点落叶病，推荐使用方法：锐收® 果香2 000~3 000倍液，于苹果褐斑病或斑点落叶病发病前或发病初期，视病害发生情况，连续使用3~4次。严重病区或病害流行年份，酌情增加使用剂量和施药频次。

表2 锐收® 果香对苹果褐斑病、斑点落叶病的防治效果

处理	褐斑病		斑点落叶病	
	C16病指	C16防效（%）	D15病指	D15防效（%）
空白处理	8.1		11.8	
锐收® 果香2 857倍液	1.6	81 f	2.7	78 fg
锐收® 果香2 222倍液	0.7	92 hi	1.8	85 hi
锐收® 果香2 000倍液	0.3	96 i	1.3	89 ij
75%肟菌·戊唑醇2 000倍液	2.5	69 c	3.5	70 cde
80%代森锰锌700倍液	3	63 b	4.6	61 b

3 番茄早疫病 *Alternaria solani*

3.1 试验设计

3.1.1 供试药剂

锐收® 果香、75%肟菌酯·戊唑醇。

3.1.2 试验处理与安排

相同方案两年试验（2015/2016），巴斯夫上海农场，东冠番茄，大棚栽培。完全随机区组设计，4次重复，小区面积10 m^2，用水量675 L/hm^2。

共设5个处理：空白处理、锐收® 果香（20 mL/亩/25 mL/亩/33.3 mL/亩）、75%肟菌酯·戊唑醇15 g/亩。于发病初期连续用药2次。

3.1.3 调查方法

每小区随机调查8~10株，评估整株病害严重度（病斑面积/整株叶片面积,%）。

3.2 试验结果与分析

试验结果见表3。2015年试验结果显示，锐收® 果香20~33.3 mL/亩对番茄早疫病的防效优异，2次药后14天（B14）的防效>95%。2016年的试验数据显示，当年病害发生严重，B14~B31，空白病情严重度从7.5%发展至64%，连续3次调查数据显示，对照药剂在B21以后，防效开始明显下降，而锐收® 果香20~33.3 mL/亩的防效一直维持在88%~93%，防效和持效期显著优于对照药剂。

表3 锐收® 果香对番茄早疫病的防治效果

处理	2015年试验		2016年试验		
	B14 防效（%）	B21 防效（%）	B14 防效（%）	B21 防效（%）	B31 防效（%）
CK（严重度%）	30.3	33	7.5	14.7	64
锐收® 果香20 mL	96 a	96 a	89 b	88 ab	92 a
锐收® 果香25 mL	98 a	95 a	93 ab	89 ab	93 a
锐收® 果香33.3 mL	97 a	95 a	94 ab	91 a	91 a
75%肟菌·戊唑醇15 g	96 a	93 a	81 bc	80 bc	59 b

推荐使用方法：锐收® 果香20~40 mL/亩，在番茄早疫病发病前或是发病初期，连续用药2~3次，间隔7~10天。

4 番茄叶霉病 *Fulvia fulva*

4.1 试验设计

4.1.1 供试药剂

锐收® 果香、35%氟菌·戊唑醇SC。

4.1.2 试验处理与安排

巴斯夫广州农场，“桃园”番茄，大棚栽培。小区试验，4次重复，随机区组排列。发病初期连续用药3次（2018年4月20日、4月27日、5月7日），用水量675 L/hm^2。

共5个处理：空白对照、锐收® 果香（20 mL/亩/25 mL/亩/33.3 mL/亩）、35%氟菌·戊唑醇40 mL/亩。

4.1.3 调查方法

每小区随机调查8~10株，评估整株病害严重度（病斑面积/整株叶片面积,%）。

4.2 试验结果与分析

试验结果见表4。B07-C14的3次连续调查，显示锐收® 果香20~33.3 mL/亩对番茄叶霉病防效>90%，与常规对照药剂相当或是略优于部分对照药剂。试验结果表明，锐收® 果香能有效防治番茄叶霉病。

表 4　锐收® 果香对番茄叶霉病的防治效果

处理	B07 防效（%）	C07 防效（%）	C14 防效（%）
CK（严重度%）	19.3	33.3	41.8
锐收® 果香 20 mL	91 a	91 a	91 a
锐收® 果香 25 mL	92 a	91 a	91 a
锐收® 果香 33.3 mL	93 a	92 a	92 a
35%氟菌·戊唑醇 40 mL	89 ab	82 b	82 b

推荐使用方法：锐收® 果香 20~40 mL/亩，在番茄叶霉病发病前或是发病初期，连续用药 2~3 次，间隔 7~10 天。

5　西瓜白粉病 *Sphaerotheca cucurbitae*

5.1　试验设计

5.1.1　供试药剂

锐收® 果香、43%氟菌·肟菌酯 SC。

5.1.2　试验处理与安排

共 5 个处理：空白对照、锐收® 果香（1 500 倍液/2 000 倍液/2 500 倍液）、43%氟菌·肟菌酯 1 500 倍液。

试验 1：2018 年，浙江省宁波市邱隘镇，“8424” 西瓜，薄膜大棚栽培。随机区组设计，3 次重复，小区面积 13.5 m^2，用水量 900 L/hm^2。试验期间为西瓜结果期，共计施药 3 次，间隔 10 天。此试验为预防用药，第 1 次施药时，西瓜白粉病未发生，2 次药后白粉病开始发生和扩展。

试验 2：2018 年，江苏省宿迁市洋北镇，“8424” 西瓜，薄膜大棚栽培。随机区组设计，3 次重复，小区面积 20 m^2，用水量 750 L/hm^2。试验期间为西瓜伸蔓期，共计施药 3 次，间隔 7~10 天。为保证病害正常发生，于 6 月 13 日采集西瓜白粉病叶，对试验田进行人工接种。3 次药后白粉病开始发生和扩展。

5.1.3　调查方法

参考 GB/T 17980.30—2000《农药田间药效试验准则（一）　杀菌剂防治黄瓜白粉病》的规定。每小区标定 5 根瓜藤，每条瓜藤随机调查上、中、下部各 5 片叶，记录总叶数、病叶数和发病级数，计算病指和防效。

5.2　试验结果与分析

试验结果见表 5。浙江的试验中（2 次药后病害开始发展），3 次药后 8 天（C08），锐收® 果香 2 000~ 1 500 倍液对西瓜白粉病的防效为 87%~89%，显著优于对照药剂，而锐收® 果香 2 500 倍液的防效与对照药剂相当。江苏的试验中（3 次药后病害开始发展），4 次药后 15 天（D15），锐收® 果香 2 000~1 500 倍液对西瓜白粉病的防效为 94%~96%，与对照药剂相当。试验结果表明：锐收® 果香能有效预防西瓜白粉病的发生。

表 5 锐收® 果香对西瓜白粉病的防治效果

处理	试验 1-浙江		试验 2-江苏	
	C08 防效（%）	C15 防效（%）	C07 防效（%）	D15 防效（%）
空白处理（病指）	36.6	23.8	13.1	22.8
锐收® 果香 1 500 倍液	89 a	86 a	97 a	96 a
锐收® 果香 2 000 倍液	87 ab	84 ab	93 a	94 a
锐收® 果香 2 500 倍液	78 c	76 bcd	92 a	83 cd
43%氟菌．肟菌酯 1 500 倍液	75 c	71 d	93 a	93 ab

鉴于白粉病在适宜发病的条件下扩展蔓延迅速，一旦暴发，较难防治，药剂使用上，以预防施药为主。推荐使用方法：锐收® 果香 20～40 mL/亩（1 500～2 000 倍液），在西瓜白粉病未发生前，提早预防施药，连续用药 2～3 次，间隔 7～10 天。施药时注意水量要充足，均匀喷雾，使叶片正反面均匀着药。

6 结论

锐收® 果香中的氯氟醚菌唑，作为一个全新三唑类，相比于其他三唑类产品，基本不参与植物代谢，对作物的安全性更高，上述所有试验中均未观察到药害及传统三唑类抑制生长的情况。同时，因其被植物代谢得少，能在植物体内较长时间保持一定的有效活性浓度，因而持效期较长。这一优势，在葡萄炭疽病、番茄早疫病的试验中也得到很好的体现。

从上述展示的部分试验结果可以看出，锐收® 果香对西瓜白粉病有很好的预防效果，对葡萄炭疽病、苹果褐斑病和斑点落叶病、番茄早疫病和叶霉病等，均表现出比较理想的防治效果，优于或相当于目前市场常规药剂的处理效果。

对于病害的管理，应遵循预防为主的原则，因此锐收® 果香的使用，推荐以预防性用药为主，在未发病或是病害发生初期时使用，视病害发生情况，因地制宜采取合适的药剂剂量和施药频次，并注意与其他不同作用机理的杀菌剂品种交替使用，延缓抗药性的产生，提高综合防效。

参考文献（略）

桃褐腐病菌 *MfRad*50 基因的功能研究*

曾哲政[1,2**]，黄　松[1,2]，罗朝喜[1,2***]
（1. 华中农业大学果蔬园艺作物种质创新与利用全国重点实验室，武汉　430070；
2. 华中农业大学植物科学技术学院，武汉　430070）

摘要：桃褐腐病是桃树主要病害之一，其大规模流行给果农带来重大损失。当前关于褐腐病的研究重点在于病原菌的分离鉴定、抗药性和防治等方面，而对褐腐病菌致病机制的研究相对较少。致病基因的挖掘可以为该病的综合防控提供新的思路。本研究基于前期获得的桃褐腐病菌 *Monilinia fructicola* 侵染果实的早期转录组数据及基因组数据，通过 PHI 注释分析发现 *MfRad*50 基因在褐腐病菌侵染过程中可能发挥重要作用。通过基因敲低技术，获得 *MfRad*50 基因的敲低阳性转化子，并对其与野生型菌株进行生长发育、致病力测定和其他抗逆性表型测定，以解析其生物学功能。研究结果表明：桃褐腐病菌 *MfRad*50 基因的敲低不影响其生长、菌落形态、分生孢子产量和孢子萌发以及其致病力，说明 *MfRad*50 基因不参与调控褐腐病菌生长发育和致病力。在 H_2O_2 和蔗糖胁迫条件下，*MfRad*50 敲低降低了褐腐病菌的敏感性，表明 *MfRad*50 基因参与褐腐病菌的氧化应激反应和蔗糖胁迫应答。

关键词：桃褐腐病菌；*MfRad*50 基因；致病力；氧化应激反应；蔗糖胁迫应答

Study on the biological function of *MfRad*50 gene in *Monilinia fructicola* *

ZENG Zhezheng[1,2**], HUANG Song[1,2], LUO Chaoxi[1,2***]
(1. *National Key Laboratory for Germplasm Innovation & Utilization of Horticultural Crops*, *Huazhong Agricultural University*, *Wuhan* 430070, *China*; 2. *College of plant science and technology*, *Huazhong agricultural university*, *Wuhan* 430070, *China*)

Abstract: Peach brown rot disease is one of the main diseases of peach trees, and its widespread occurrence brings significant losses to fruit farmers. Current research on brown rot disease focuses on the isolation and identification of the pathogen, drug resistance, and prevention and control, while relatively little research has been done on the pathogenic mechanism. The mining of virulence related genes can provide new insights for the comprehensive prevention and control of the disease. This study is based on the previously obtained genome of *Monilinia fructicola*, the causative agent of peach brown rot, and its early-stage transcriptome from infected fruit. PHI annotation analysis revealed that the MfRad50 gene may play a vital role during the infection process. Through gene knockdown technology, positive knockdown transformants of the *MfRad*50 gene were obtained. Their growth, virulence, and other stress-resistant phenotypes were compared with the wild-type strain to analyze its biological functions. The study results showed that the knockdown of the *MfRad*50 gene in *M. fructicola* did not affect its growth, colony morphology, conidial yield, and spore germination, as well as its virulence, indicating that the *MfRad*50 gene was not involved in the

* 基金项目：国家桃产业技术体系（CARS-30）
** 第一作者：曾哲政；E-mail：402137943@ qq. com
*** 通信作者：罗朝喜；E-mail：cxluo@ mail. hzau. edu. cn

regulation of the fungus's growth and virulence. Under H_2O_2 and sucrose stress conditions, the knockdown of *MfRad*50 reduced the sensitivity of the brown rot fungus, indicating that the *MfRad*50 gene was involved in the oxidative stress response and sucrose stress response of *M. fructicola*.

Key words: *Monilinia fructicola*; *MfRad*50 gene; virulence; oxidative stress response; sucrose stress response

目前，关于桃褐腐病的研究主要集中在病原菌的分离鉴定、抗药性和防治等方面，而对该病致病机制的研究相对较少，仍有待深入挖掘。病原真菌产生的对寄主植物具有细胞毒性的代谢物被称为致病因子，主要分为酶[1-4]、效应蛋白[5]、毒素[6,7]以及植物生长调节物质[8]四大类。

研究表明，桃褐腐病菌的主要致病因子为角质酶和果胶酶。过表达角质酶 MfCUT1 能提高 *M. fructicola* 的致病力[1]。而桃褐腐病菌的多聚半乳糖醛酸酶 *MfPG1* 基因过表达则会导致病原菌致病力降低[9]。Yu 等研究人员发现，敲低和过表达氧化还原反应相关的转录因子 *MfAP1* 会影响 ROS 解毒和毒力相关基因表达，从而导致桃褐腐病菌的致病力下降[10]。此外，从油桃汁液中得到的毒素丁醇提取物中的馏分可导致桃子染病[10]。Zhang 等在实验中发现，敲低与氧化还原反应相关的 *MfOfd1* 基因会导致产孢量减少，进而降低致病力[11]。研究还发现，随着宿主乙烯产量增加，*M. fructicola* 的侵染能力会降低，从而影响宿主 *ERFs* 基因表达[13]。谷文倩的实验结果表明，*MfMel1* 基因缺失会导致 *M. fructicola* 菌株的 α-半乳糖苷酶活性显著降低、产孢量减少、对桃果实的致病力降低[14]。

转录组学是研究生物表型和基因功能的关键方法，在病原物与寄主植物相互作用、致病因子发掘等领域有着广泛应用。例如，对二穗短柄草与稻瘟菌、禾谷镰刀菌互作的转录组分析发现，寄主防卫相关途径中的基因，如氧化还原过程、MAPK 信号通路以及茉莉酸、水杨酸介导的信号传递等，在不同阶段表现出特异性的表达模式。此外，对病原菌转录组分析揭示了与致病相关的细胞壁降解酶和分泌蛋白等基因具有明显的时间顺序表达特异性，从而揭示了其相互作用的分子机制[15]。转录组学和蛋白质组学综合分析枯萎镰刀菌致病及香蕉抗病分子机理的研究中，发现在侵染香蕉过程中，尖孢镰刀菌古巴专化型（*F. oxysporuw* f. sp. *cubense*，Foc）Foc4 和 Foc1 中部分过氧化物酶类、蛋白合成相关酶和毒素相关蛋白的表达模式不同。在 Foc4 中，这些基因上调表达，而在 Foc1 菌株中下调表达或没有明显变化。这种基因表达差异可能解释了为什么 Foc4 能成功引起巴西蕉染病，而 Foc1 不具有致病性[16]。近年来，各种组学技术发展迅速，测序价格不断下降。基于基因组学，研究人员越来越多地利用转录组学、蛋白质组学、代谢组学等多组学相结合的方法，在植物病理学领域开展研究。这些方法有助于更深入地了解植物与病原物的相互作用机制。

全基因组测序的普及使得越来越多的基因上下游序列变得清晰，同源重组技术在基因功能研究中得到了广泛应用。Double Joint PCR 方法可将目标基因上下游同源序列与选择标记基因相融合，借助同源重组技术敲除目标基因[17]。分割标记法（Split Marker）是 Double Joint PCR 方法的改进，可提高转化成功率，被广泛应用于多种真菌的研究中[18,19]。自 1996 年在酵母中成功应用以来，已在赤霉 *Gibberella zeae*[20]、烟曲霉 *Aspergillus fumigatus*[21]、*Pochonia chlamydosporia*[22]等真菌中取得成果。

在前期的研究中，本课题组已获取桃褐腐病菌 *M. fructicola* 侵染果实早期的转录组数据。本研究通过对比分析该数据，试图发现与致病过程相关的基因。采用基因敲低技术，获得了阳性转化子。接着，对转化子和野生型菌株进行了致病力测定以及其他抗逆性表型测定，以明确其基因功能。分析致病相关基因的功能有助于更深入地解析和掌握桃褐腐病菌的致病分子机制，为桃褐腐病的防治提供了新的思路和理论依据，对有效控制褐腐病的发生与危害、提高桃产量和经济效益具有重要实践意义。

1 材料与方法

1.1 供试菌株

美澳型核果链核盘菌 Bmpc7，由克莱姆森大学 Guido Schnabel 教授实验室馈赠。该菌株为单孢分离菌株，笔者课题组已获得基因组和侵染阶段的转录组数据[12]。

1.2 *MfRad*50 基因生物信息学分析

根据笔者实验室基因组数据，得到基因 ID 为 evm. TU. scaffold255_cov165. 184，为 MfRad50 基因的基因序列。设计扩增 *MfRad*50 全长的引物对 MfRad50-For/MfRad50-Rev（表1）。提取野生型菌 Bmpc7 的 RNA，提取 RNA，利用 cDNA 第一链合成试剂盒 Thermo Scientific RevertAid First Strand cDNA Synthesis Kit（Thermo 公司）进行反转录，获得 cDNA。以 cDNA 为模板进行 PCR 扩增，得到 cDNA 序列并测序。提取野生型菌株 Bmpc7 的 DNA 为模板进行 PCR 扩增，得到 gDNA 序列并测序。通过 cDNA 和 gDNA 序列比对确定该基因的基因结构。在 NCBI 数据库中 BLAST 明确该基因的保守结构域，进一步解析该基因功能。

表 1 本研究所用的引物序列

引物名称	序列（5′-3′）
MfRad50/5′for	TACAGACTCCTCCCTCCCTCATTA
MfRad50/5′rev	TCAATATCATCTTCTGTCGAGCAGGTGGCTTGTGGATGGTA
MfRad50/3′for	AGATGCCGGATCCACTTAACCTGAAAAGGACGAGGGGAGAC
MfRad50/3′rev	CGCGAAGAAAGTCATGTGTAGCA
MfRad50/5′nest	AGCCTGCGTGGTCAATGTGC
MfRad50/3′nest	GGATTCCGCGAGTGCTTTGA
MfRad50-CZ-F	TCCGACCTAACCAACGAAACCA
MfRad50-CZ-R	AGTGTGGAAGGCTCGCTCATTG
MfRad50-RTF	GCGGACCGGATACTCGAAAT
MfRad50-RTR	CTCGAGATTCGCGCTCTTCT
MfRad50-For	AAGATGAGAATATGCGGGTTAGTG
MfRad50-R	ACCATCAATTTCCCTCCATCACTT
HF	TCGACAGAAGATGATATTGAAGGAG
HR	GTTAAGTGGATCCGGCATCT
UP-Nest-R	AGCATCAGCTCATCGAGAGCCT
DOWN-nest-F	AGGGCGAAGAATCTCGTGCTTT
Check-hyg-For	AGGAATCGGTCAATACACTACAT
Check-hyg-Rev	ATGTAGTGTATTGACCGATTCCT
β-tublin-F	AACCTTGAAGCTCAGCAACC
β-tublin-R	GAAATGGAGACGTGGGAATG

1.3 敲低片段的合成

基于分割标记法（Split Marker）设计引物（表 1），PCR 及融合 PCR 实验步骤遵循

Zhang 的方法进行[12]。提取 Bmpc7 菌株的 DNA 为模板，设计 *MfRad*50 基因上下游序列的引物，使用引物 MfRad50/5′for 和 MfRad50/5′rev 扩增 *MfRad*50 基因的上游序列（5′-MfRad50），使用引物 MfRad50/3′for 和 MfRad50/3′rev 扩增 *MfRad*50 基因的下游序列（3′-MfRad50）。以质粒 pSKH 为模板，使用引物 HF 和 HR 扩增潮霉素抗性基因（包含启动子 TrpC）。其中，引物 MfRad50/5′rev 和 HF、MfRad50/3′for 和 HR 的部分碱基互补。使用 DNA 凝胶回收试剂盒（北京全式金生物有限公司）对 PCR 产物进行纯化，得到所需的 5′-MfRad50、3′-MfRad50 和潮霉素抗性基因片段。将片段 5′-MfRad50、3′-MfRad50 和潮霉素抗性基因利用融合 PCR 体系和反应条件连接。以融合 PCR 产物为模板，分别用引物 MfRad50/5′nest 和 Up-Nest-R，引物 Down-Nest-F 和 MfRad50/3′nest 进行扩增，获得 MfRad50-HY、YG-MfRad50 片段。

1.4 Bmpc7 菌株原生质体的制备及 PEG 介导转化

将 200 g 去皮马铃薯切块，加入超纯水煮沸，经纱布过滤获得马铃薯汁。将 20 g 葡萄糖和 17 g 琼脂加入马铃薯汁，超纯水定容至 1 000 mL，121℃高温灭菌后倒入培养皿获得 PDA 平板，不加入琼脂则获得 PDB 培养基。将活化后的 Bmpc7 接种于 PDA 平板，22℃培养 4 天，取新鲜菌丝块（2 mm×2 mm）于 50 mL PDB 培养液，于 22℃、150 r/min 摇培 36 h。通过两层灭菌擦镜纸过滤菌丝，用 0.7 mol/L NaCl 溶液冲洗 3 遍，转移菌丝至 100 mL 无菌锥形瓶。加入现配好的裂解酶（Lysing Enzymes）溶液［0.75 g/mL Lysing Enzymes（Sigma），0.7 mol/L NaCl］没过菌丝，30℃、100 r/min 轻摇 3～4 h。在显微镜下观察到大量原生质体（饱满、半透明的球状细胞）和菌丝较少时，原生质体制备成功。

将裂解液过滤至 50 mL 洁净离心管中，4℃、4 000 r/min 离心 10 min，弃上清液。在沉淀的另一侧，沿管壁加入 1 mL STC 溶液［1.2 mol/L 山梨醇（Sorbitol），10 mmol/L Tris-HCl（pH 7.5），50 mmol/L $CaCl_2$］，轻轻地转动离心管，清洗沉淀。加入适量 STC 溶液，轻轻吹打混匀，悬浮原生质体，用血球计数板镜检计数，将原生质体终浓度调至 10^6个/mL。160 μL 配制好的原生质体悬浮液，加入 10 mL 玻璃管中，再加入纯化后的片段 C1、片段 D1 各 40 μL，用枪头轻轻吸吹混匀，冰上放置 20 min。先后沿管壁缓缓依次加入 200 μL PEG 溶液［60 g/mL PEG4000 60 g，10 mmol/L Tris-HCl（pH 值 7.5），10 mmol/L $CaCl_2$］，200 μL PEG 溶液和 800 μL PEG 溶液，每次边加入边转动离心管轻轻混匀，冰上静置 20 min。加入 1 mL STC 溶液，混匀。取 450 μL 转化混合液加入培养皿（Φ=9 cm）中，倒入 20 mL 灭菌后冷却至 45℃的再生培养基［1 g/L 酪蛋白水解物（Casein hydrolysate），342 g/L 蔗糖（Sucrose），1 g/L 酵母提取物（Yeast Extract），15 g/L 低熔点琼脂］与转化混合液混匀，凝固后密封，22℃ 黑暗培养。1 天后，原生质体刚刚萌发，加盖含潮霉素 hygB 150 μg/mL 的 WA 培养基（17 g/L 琼脂），22℃ 培养。4～6 天后，筛选培养基表面长出生长良好的单菌落。

1.5 *MfRad*50 基因敲低转化子的验证

根据 *MfRad*50 基因敲低转化子在浓度为 100 μg/mL 的 hygB-PDA 平板上的生长情况，初步筛选敲低转化子是否具有潮霉素抗性，并用四对引物进一步进行 PCR 验证（表 1）。引物对 HF 和 HR 验证完整潮霉素片段 1 414 bp，引物对 MfRad50/5′for 和 Check-hyg-Rev 扩增上游结合区得到 1 218 bp 条带，引物对 Check-hyg-For 和 MfRad50/3′rev 扩增下游结合区得到 1 376 bp 条带。野生型菌株 Bmpc7 无潮霉素抗性基因，引物 MfRad50/5′for 和 MfRad50/3′rev 均不在转化片段的范围内。因此野生型菌株上游验证、下游验证、潮霉素验证均扩增不出条带，而阳性转化子能扩增出特异性条带。引物对 MfRad50-CZ-F 和 MfRad50-CZ-R 验证 MfRad50 敲低转化子为纯合子还是杂合子。野生型菌株 Bmpc7 和杂合子应扩增得到 805 bp 的单一条带，纯合子不能扩增出条带。

1.6 *MfRad50* 基因表达量的测定

根据 *M. fructicola* 菌株 Bmpc7 的 *MfRad50* 基因 cDNA 序列设计引物 MfRad50-RTF 和 MfRad50-RTR 进行 PCR 扩增得到 169 bp 片段。选用 β-tublin 为内参基因，进行实时荧光定量 PCR，测定 MfRad50 基因表达量（表 1）。

1.7 敲低转化子生长发育测定、致病性测定和不同压力胁迫敏感性测定

1.7.1 敲低转化子在不同培养基的生长速率测定

在培养 4 天的野生型菌株 Bmpc7 及敲低转化子菌落边缘打孔（Φ=0.4 cm）接种至 PDA、CM 培养基（6 g $NaNO_3$，0.52 g KCl，0.52 g $MgSO_4 \cdot 7H_2O$，1.52 g KH_2PO_4，1 mL trace elementst 微量元素，10 g D-glucose 葡萄糖，2 g Peptone 蛋白胨，1 g Yeast extract 酵母提取物，1 g Casamino acid 酪蛋白水解物，1 mL Vitamin solution 维生素溶液，17 g 琼脂，加 ddH_2O 定容至 1 000 mL，通过 2 mol/L NaOH 调 pH 值至 6.5）、MM 培养基（50 mL 20× Nitrate saltst 硝酸盐 50 mL，1 mL trace elementst 微量元素，10 g D-glucose 葡萄糖，1 mL Vitamin solution 维生素溶液，17 g 琼脂，加 ddH_2O 定容至 1 000 mL，通过 2 mol/L NaOH 调 pH 值至 6.5）、MM-N 培养基（MM 培养基不加硝酸钠）和 MM-C 培养基（MM 培养基不加葡萄糖）平板上 22℃培养，4 天后用十字交叉法测量菌落直径，观察菌落形态并拍照。根据原始数据计算得到菌株的平均生长速率。每个菌株 3 个重复，每个实验进行 3 次独立生物学重复。所有后续实验数据均使用 SPSS21.0 软件进行 ANOVA 分析（LSD；$P=0.05$）。

1.7.2 敲低转化子分生孢子产量和萌发率的测定

将培养 4 天的 Bmpc7 菌株及敲低转化子打孔（Φ=0.4 cm）接种于新鲜 V8 培养基（500 mL V8 果蔬汁，42.5 g 琼脂，加 ddH_2O 定容至 2 500 mL），22℃黑暗培养 10 天，可看到菌丝长满全皿，同时表层有大量灰色孢子产生。加 3 mL 无菌水至菌落表面，用无菌棉签将孢子轻轻洗下，使用 25×16 规格血球计数板测定菌株产孢量并求平均值。收集孢子液调整浓度至 1×10^4 个/mL，取 100 μL 孢子液于 PDA 平板均匀涂板，培养 6 h 后于显微镜下用孢子计数器记录孢子萌发数并计算平均值。每个菌株 3 次重复，每个实验进行 3 次独立生物学重复。

1.7.3 敲低转化子致病力测定

选取大小和成熟度相似的蜜桃果实，首先用洗洁精将桃子表面的泥土、桃毛等杂质洗掉，清水洗净，1%的次氯酸钠浸泡桃果实 1 min，纯水冲洗两遍，充分晾干。育苗盒用纯水洗净晾干，放入一定厚度的灭菌纸，加入灭菌水以保持 100% 湿度。孢子液稀释到 10^5 个/mL 桃果实表面用接种针刺伤，接种 10 μL 孢子液。接种完成放入育苗盒中，盒子的底部放入润湿的吸水纸，并用保鲜膜将育苗盒密封处理，以保持育苗盒中的湿度，育苗盒置于 22℃培养箱中培养。3 天后十字交叉法测量病斑直径，每个菌株 3 次重复，每个实验进行 3 次独立生物学重复。

1.7.4 敲低转化子不同压力胁迫敏感性测定

将 PDA 平板上活化的 Bmpc7 菌株和基因敲低转化子通过打孔器打孔（Φ=0.4 cm），菌饼分别接种在 3% NaCl、200 g/L 葡萄糖、200 g/L 蔗糖、150 g/L 甘油、3 mmol/L H_2O_2、0.01% SDS、600 μg/mL 刚果红和 1.2 mmol/L 山梨醇的 PDA 平板上进行耐逆境筛选，以不添加额外物质的 PDA 作为对照。22℃培养 3 天后，十字交叉法测量菌落直径，观察并记录数据并计算抑制率。每个菌株 3 次重复，每个实验进行 3 次独立生物学重复。

2 结果与分析

2.1 *MfRad*50 基因的生物学信息分析

根据 gDNA 和 cDNA 序列比对，确定 *MfRad*50 基因全长 4 162 bp，1 个内含子，2 个外显子，CDS 区长 3 990 bp，编码 1 329 个氨基酸。*MfRad*50 基因位于 Bmpc7 基因组 evm. TU. scaffold33_cov166 组装片段上，基因结构图如图 1 A。在 NCBI 数据库中预测蛋白结构域发现，MfRad50 含有 P-环_NTP 酶超家族和 rad50 超家族两个保守结构域如图 1 B。P-环_NTP 酶超家族 P 环 NTP 酶参与不同的细胞功能，rad50 超家族中所有功能已知的蛋白都参与重组修复或非同源末端连接。NCBI 数据库中 blast 发现 *MfRad*50 与 *Bcrad*50 有很高的相似性（图 1 C）。

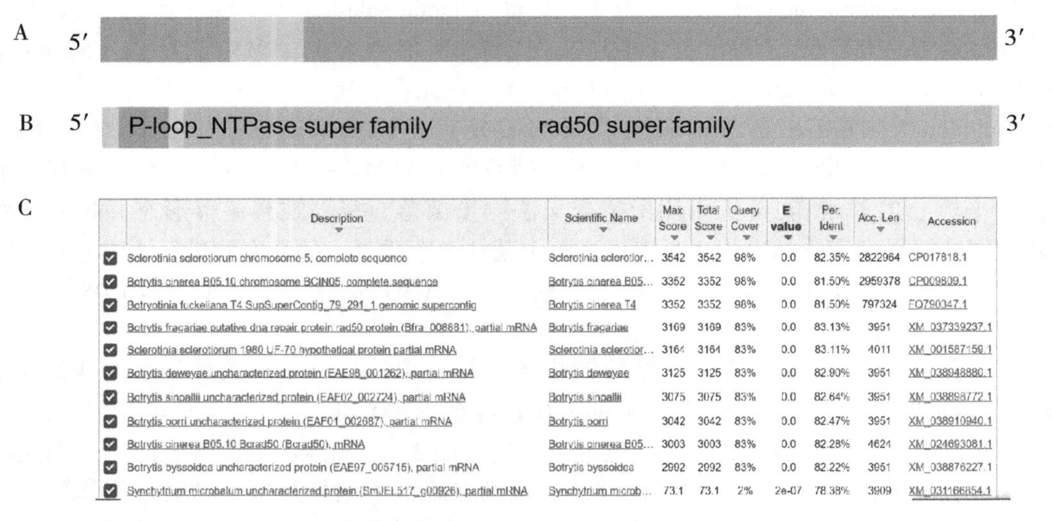

	Description	Scientific Name	Max Score	Total Score	Query Cover	E value	Per. Ident	Acc. Len	Accession
☑	Sclerotinia sclerotiorum chromosome 5, complete sequence	Sclerotinia sclerotior...	3542	3542	98%	0.0	82.35%	2822964	CP017818.1
☑	Botrytis cinerea B05.10 chromosome BCIN05, complete sequence	Botrytis cinerea B05...	3352	3352	98%	0.0	81.50%	2959378	CP009809.1
☑	Botryotinia fuckeliana T4 SupSuperContig_79_291_1 genomic supercontig	Botrytis cinerea T4	3352	3352	98%	0.0	81.50%	797324	FQ790347.1
☑	Botrytis fragariae putative dna repair protein rad50 protein (Bfra_008881), partial mRNA	Botrytis fragariae	3169	3169	83%	0.0	83.13%	3951	XM_037339237.1
☑	Sclerotinia sclerotiorum 1980 UF-70 hypothetical protein partial mRNA	Sclerotinia sclerotior...	3164	3164	83%	0.0	83.11%	4011	XM_001587159.1
☑	Botrytis deweyae uncharacterized protein (EAE98_001262), partial mRNA	Botrytis deweyae	3125	3125	83%	0.0	82.90%	3951	XM_038948880.1
☑	Botrytis sinoallii uncharacterized protein (EAF02_002724), partial mRNA	Botrytis sinoallii	3075	3075	83%	0.0	82.64%	3951	XM_038898772.1
☑	Botrytis porri uncharacterized protein (EAF01_002687), partial mRNA	Botrytis porri	3042	3042	83%	0.0	82.47%	3951	XM_038910940.1
☑	Botrytis cinerea B05.10 Bcrad50 (Bcrad50), mRNA	Botrytis cinerea B05...	3003	3003	83%	0.0	82.28%	4624	XM_024693081.1
☑	Botrytis byssoidea uncharacterized protein (EAE97_005715), partial mRNA	Botrytis byssoidea	2992	2992	83%	0.0	82.22%	3951	XM_038876227.1
☑	Synchytrium microbalum uncharacterized protein (SmJEL517_g00926), partial mRNA	Synchytrium microb...	73.1	73.1	2%	2e-07	78.38%	3909	XM_031166854.1

A. 根据测序结果绘制的 *MfRad*50 基因结构图，蓝色为 CDS 编码区；B. MfRad50 蛋白保守结构分析，蓝色为 P-环_NTP 酶超家族结构域，橙色为 rad50 超家族结构域；C. NCBI 数据库 Blast 结果

图 1 *MfRad*50 基因生物信息学分析

2.2 *MfRad*50 基因敲低转化片段的构建

以 Bmpc7 菌株的基因组 DNA 为模板，引物对 MfRad50/5′for 和 MfRad50/5′rev 进行 PCR 扩增得到 414 bp 的 5′-MfRad50 片段，引物对 MfRad50/3′for 和 MfRad50/3′rev 进行 PCR 扩增得到 743 bp 的 3′-MfRad50 片段，引物 HF 和 HR 以 pSKH 质粒为模板扩增得到完整潮霉素基因片段 1 414 bp（图 2）。将上述纯化的三片段进行融合 PCR，并以获得融合 PCR 产物为模板，进行第三步 PCR 反应，回收纯化的最后产物即敲低转化片段 MfRad50－HY 1 103 bp、YG-MfRad50 1 262 bp。测序结果与 1%琼脂糖凝胶电泳结果一致，表明敲低转化片段构建顺利，可用于后续原生质体转化。

2.3 *MfRad*50 基因敲低转化子的验证

选择在含 150 μg/mL hygB 的 PDA 上涨势良好的 *MfRad*50 敲低突变体，然后将其转移到潮霉素筛选培养基上转接超过 2 代，以获得稳定的初步转化子。Bmpc7 菌株潮霉素平板上不

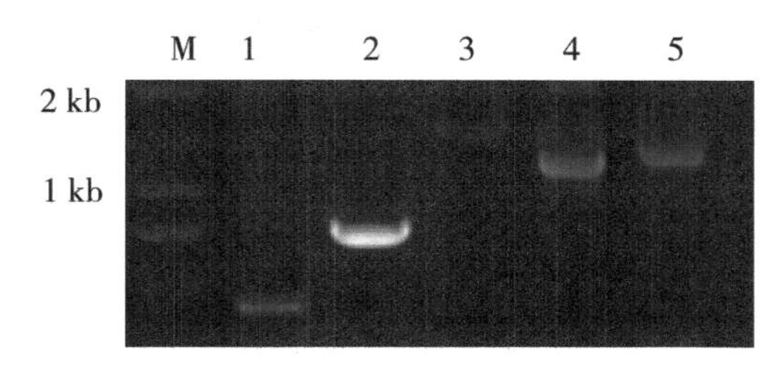

泳道 1：5′-MfRad50 片段（414 bp）；泳道 2：3′-MfRad50 片段（743 bp）；泳道 3：潮霉素片段 HYG（1 414 bp）；泳道 4：MfRad50-HY 转化片段（1 103 bp）；泳道 5：YG-MfRad50 转化片段（1 262 bp）。

图 2 *MfRad*50 基因敲低片段构建

能生长，而 *MfRad*50 敲低转化子能稳定生长（图 3），说明转化子中插入了潮霉素抗性基因，转化子对潮霉素产生了耐抗性。

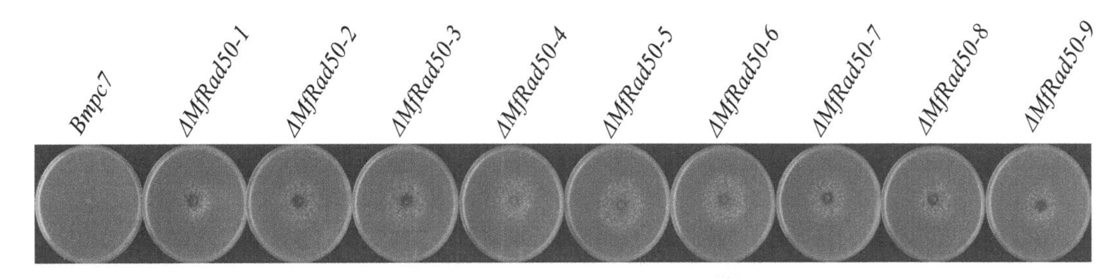

图 3 *MfRad*50 基因敲低转化子潮霉素平板验证

以亲本菌株 Bmpc7 和 *MfRad*50 敲低转化子的 DNA 为模板，用 4 对引物进行 PCR 验证。引物对 MfRad50/5′for 和 Check-hyg-Rev 特异性扩增得到上游结合片段 1 218 bp（图 4 A），引物对 Check-hyg-For 和 MfRad50/3′rev 特异性扩增得到下游结合片段 1 376 bp（图 4 B），引物对 HF/HR 扩增得到 1 414 bp 的完整潮霉素抗性基因片段（图 4 C）。野生型菌株 Bmpc7 无潮霉素抗性基因，且引物 MfRad50/5′for 和 MfRad50/3′rev 均不在转化片段的范围内。因此野生型菌株上游验证、下游验证、潮霉素验证均不能扩增出条带，而阳性转化子能扩增出单一条带。由此说明 *MfRad*50 基因被成功置换。由于桃褐腐病菌是多核生物，故有必要在 *MfRad*50 基因内部设计引物 MfRad50-CZ-F 和 MfRad50-CZ-R 用来检测转化子是否为纯合子。野生型菌株 Bmpc7 含 *MfRad*50 基因，能扩增出 805 bp 的条带；纯合转化子 *MfRad*50 基因被潮霉素抗性基因全部置换，不能扩增出条带；杂合转化子 *MfRad*50 基因被潮霉素抗性基因部分置换，杂合转化子还能扩增出 805 bp 的条带。琼脂糖凝胶电泳结果表明，9 个阳性转化子均为杂合子（图 4D）。后续实验均以该 9 个阳性转化子为实验组进行实验，用群体研究提高实验结果的可靠性。

2.4 敲低转化子 *MfRad*50 基因表达量测定

以 *β-tublin* 基因为内参基因，进行实时荧光定量 PCR，测定亲本菌株 Bmpc7 和敲低转化子的 *MfRad*50 基因表达量。与亲本菌株相比，敲低转化子 *MfRad*50 基因表达量显著降低（$P<0.001$），但是所有转化子中 *MfRad*50 基因仍有少量表达（图 5）。这与 PCR 纯杂合验证转化子均为杂合子一致。由于转化子全为杂合子，剩余 *MfRad*50 基因仍能表达并被检测到。

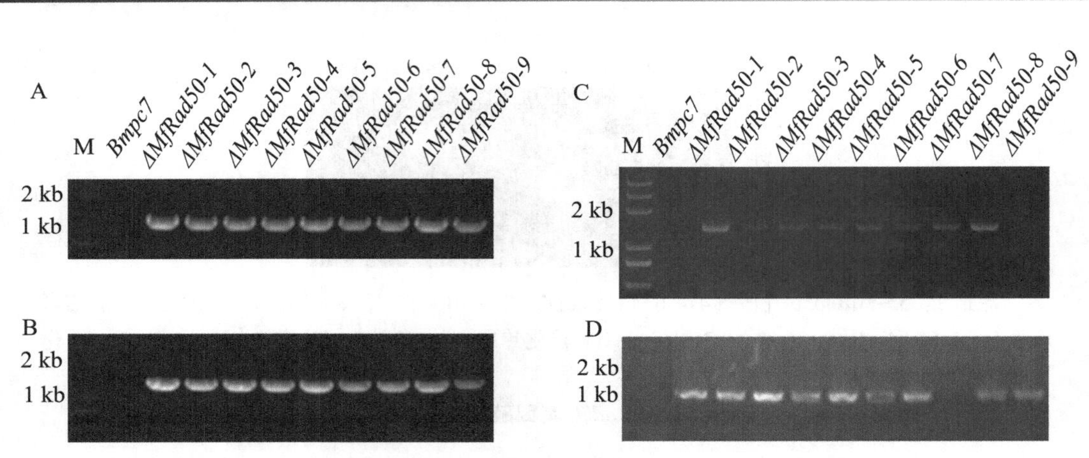

A. MfRad50/5′for 和 Check-hyg-Rev 特异性扩增上游结合区 1 218 bp 的片段；B. Check-hyg-For 和 MfRad50/3′rev 特异性扩增下游结合区 1 376 bp 的片段；C. HF 和 HR 特异性扩增完整潮霉素片段 1 414 bp；D. MfRad50-CZ-F 和 MfRad50-CZ-R 特异性扩增 MfRad50 基因片段 805 bp

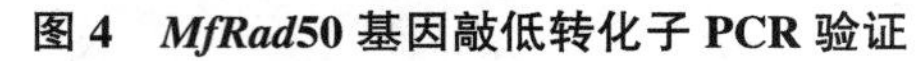

图 4 *MfRad*50 基因敲低转化子 PCR 验证

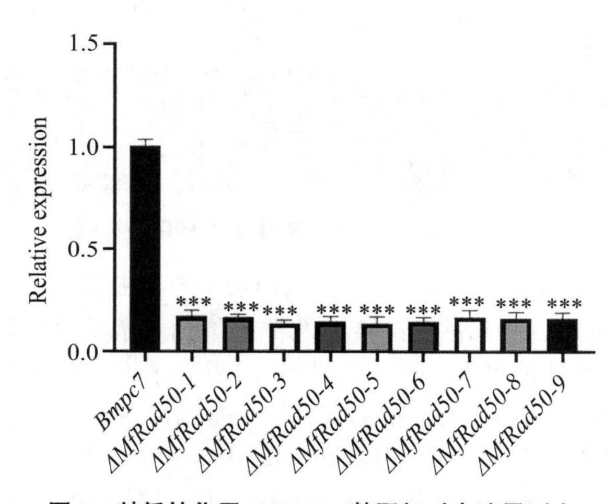

图 5 敲低转化子 *MfRad*50 基因相对表达量测定

注：SPSS21.0 对数据进行显著分析（LSD；$P=0.05$，显著性检验中 * $P<0.01$，** $P<0.05$，*** $P<0.001$）并用 GraphPad Prism 8.0 软件作图。

2.5 *MfRad*50 基因对菌落形态及菌丝生长的影响

根据测得的 PDA 菌落直径计算平均生长速率并进行方差分析，结果如表 4-1 所示。亲本菌株 Bmpc7 和 *MfRad*50 敲低转化子在 PDA 培养基上的生长速率无显著性差异（$P>0.05$）。这表明 *MfRad*50 基因不参与调控褐腐病菌的生长。此外，观察 Bmpc7 和转化子在 PDA 上的菌落形态发现两者基本一致（图 6）。这表明 *MfRad*50 基因也不调控褐腐病菌的菌落形态。

2.6 *MfRad*50 基因对分生孢子产生及孢子萌发的影响

收集 V8 培养基上 Bmpc7 和 *MfRad*50 基因敲低转化子分生孢子，用血球计数板计数，从而确定敲低转化子产孢量。结果表明，*MfRad*50 基因敲低转化子的产孢量与 Bmpc7 无显著差异（$P>0.05$）（表 2）。将上述收集的孢子悬浮液浓度统一调至 1×10^4 个/mL，100 μL 孢

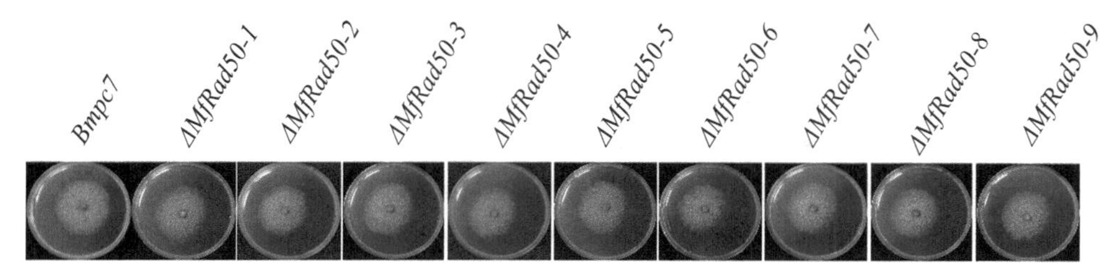

图 6　*MfRad*50 敲低转化子在 PDA 上的菌落形态及生长情况

子液涂板，于 6 h 后观察并记录孢子萌发数，最后计算孢子萌发率。结果表明，Bmpc7 和 *MfRad*50 基因敲低转化子的孢子萌发率没有显著差异（$P>0.05$）（表 2）。上述结果表明 *MfRad*50 基因敲低不影响分生孢子产量和孢子萌发。

表 2　*MfRad*50 敲低转化子的生长速率、产孢量、孢子萌发率和致病力

菌株	生长速率（mm/天）	产孢量（10^5个/cm^2）	孢子萌发率（%）	病斑直径（mm）
Bmpc7	14.70±0.48ab	0.96±0.10ab	89.67±5.03a	41.88±1.20ab
ΔMfRad50-1	14.82±0.53a	0.93±0.19b	89.67±3.21a	40.48±0.94b
ΔMfRad50-2	14.21±0.10a	0.94±0.13b	90.33±4.93a	42.65±0.30a
ΔMfRad50-3	14.87±0.27b	1.02±0.18ab	89.33±5.50a	39.52±0.32c
ΔMfRad50-4	14.73±0.21ab	0.94±0.13ab	88.00±6.08a	41.02±0.75ab
ΔMfRad50-5	14.78±0.28a	1.19±0.01a	88.67±4.04a	41.40±0.65ab
ΔMfRad50-6	14.74±0.17ab	1.01±0.08ab	90.33±4.16a	41.30±0.49ab
ΔMfRad50-7	14.94±0.29a	1.01±0.11ab	90.33±2.51a	40.98±1.05b
ΔMfRad50-8	14.99±0.07a	1.08±0.14ab	90.67±3.51a	39.77±0.62c
ΔMfRad50-9	14.92±0.18a	1.00±0.07ab	89.33±3.21a	39.32±1.36c

注：用 SPSS21.0 软件对数据进行 ANOVA 分析（LSD；$P=0.05$），每列数值后的字母相同，则表示两者间没有显著差异。表格中的数据为平均值±平均标准差（SD）。

2.7　*MfRad*50 基因对致病力的影响

采用孢子液刺伤接种测定转化子致病力。亲本菌株 Bmpc7 和 *MfRad50* 敲低转化子在桃果实上的病斑形态基本一致（图 7）。测定果实病斑大小并进行显著性分析，表明 Bmpc7 和转化子在病斑大小上无显著差异（$P>0.05$）（表 2）。因此，*MfRad*50 基因的敲低不影响褐腐病菌的致病力。

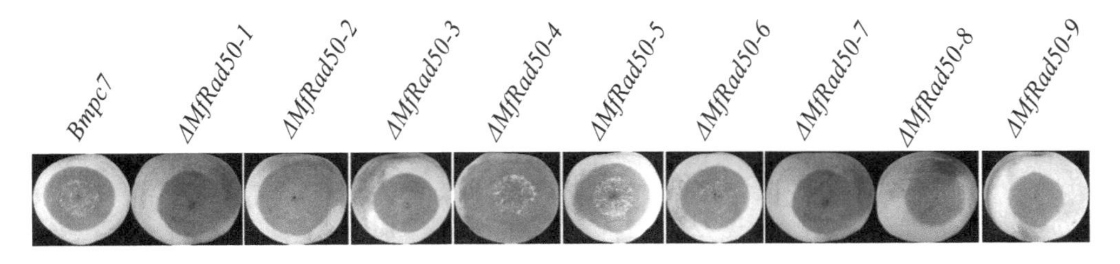

图 7　*MfRad*50 敲低转化子的致病力测定

2.8 *MfRad*50 基因对不同压力胁迫敏感性的影响

将 Bmpc7 菌株和 MfRad50 敲低转化子接种至含 3% NaCl、200 g/L 葡萄糖、200 g/L 蔗糖、150 g/L 甘油、3 mmol/L H_2O_2、0.01% SDS、600 μg/mL 刚果红和 1.2 mmol/L 山梨醇的 PDA 平板上测定不同压力胁迫敏感性，进一步明确基因功能。结果显示，在 H_2O_2、蔗糖胁迫条件下，*MfRad*50 敲低转化子的菌丝生长抑制率明显低于亲本菌株 Bmpc7（表 3，表 4）。这说明 *MfRad*50 基因敲低降低了褐腐病菌对 H_2O_2、蔗糖的敏感性，*MfRad*50 基因参与褐腐病菌的氧化应激反应和蔗糖胁迫应答。在 NaCl、葡萄糖、甘油、SDS、刚果红和山梨醇胁迫条件下，*MfRad*50 敲低转化子的菌丝生长抑制率与亲本菌株 Bmpc7 无显著差异（$P>0.05$）。这说明 *MfRad*50 基因不参与调控 NaCl、葡萄糖、甘油、SDS、刚果红和山梨醇胁迫应答。

表 3 *MfRad*50 敲低转化子对 NaCl、H_2O_2、甘油、山梨醇的平均抑制率

菌株	菌丝生长抑制率（%）			
	3% NaCl	3 mmol/L H_2O_2	150 g/L 甘油	1.2 mol/L 山梨醇
Bmpc7	55.42±1.80c	52.64±2.17a	48.75±5.94a	23.41±1.11ab
ΔMfRad50-1	58.19±1.13bc	47.53±1.06b	47.77±1.78a	23.65±0.60ab
ΔMfRad50-2	60.62±0.71a	46.06±1.78bc	47.63±1.76a	24.53±1.08a
ΔMfRad50-3	58.14±1.52bc	45.82±2.18bc	47.38±1.09a	22.90±0.30b
ΔMfRad50-4	57.44±0.64bc	43.71±0.65c	47.26±1.73a	24.81±1.18a
ΔMfRad50-5	59.54±1.16b	45.26±1.32bc	46.79±2.15a	22.43±0.91b
ΔMfRad50-6	58.90±1.79bc	43.23±2.16c	47.61±1.37a	23.32±0.58ab
ΔMfRad50-7	57.26±0.17bc	47.72±0.64b	48.91±0.13a	22.04±0.58b
ΔMfRad50-8	59.34±1.25b	47.68±0.55b	48.89±0.33a	22.77±0.50b
ΔMfRad50-9	61.02±0.58a	48.07±2.05b	49.17±0.21a	22.83±1.16b

注：用 SPSS 21.0 软件对数据进行 ANOVA 分析（LSD；$P=0.05$），每列数值后的字母相同，则表示两者间没有显著差异。表格中的数据为平均值±平均标准差（SD）。

表 4 *MfRad*50 敲低转化子对蔗糖、葡萄糖、SDS 和刚果红的平均抑制率

菌株	200 g/L 蔗糖 菌丝生长促进率（%）	菌丝生长抑制率（%）		
		200 g/L 葡萄糖	0.01% SDS	600 μg/mL 刚果红
Bmpc7	14.44±1.29a	11.96±0.28a	84.84±2，87ab	28.82±1.49d
Δ*MfRad*50-1	9.78±0.62e	11.32±0.61a	81.09±3.89abc	28.40±0.68d
Δ*MfRad*50-2	9.55±2.11e	11.76±0.28a	79.65±4.96bc	29.95±0.71ed
Δ*MfRad*50-3	9.63±0.58e	12.18±0.06a	85.19±4.46a	32.01±0.66ed
Δ*MfRad*50-4	10.55±0.73d	11.31±0.49a	84.94±0.77ab	31.57±1.63ab
Δ*MfRad*50-5	11.51±0.59c	11.63±0.60a	81.70±1.10abc	30.00±1.16bc
Δ*MfRad*50-6	11.71±0.64c	11.09±0.11a	84.55±0.82ab	29.61±1.10ed
Δ*MfRad*50-7	12.69±0.25b	12.00±0.35a	78.86±2.29c	28.25±0.51d
Δ*MfRad*50-8	10.76±0.63d	11.25±0.29a	84.33±1.90ab	33.60±1.26a
Δ*MfRad*50-9	12.16±1.76b	12.20±0.13a	84.64±0.44ab	29.8±0.96de

注：用 SPSS 21.0 软件对数据进行 ANOVA 分析（LSD；$P=0.05$），每列数值后的字母相同，则表示两者间没有显著差异。表格中的数据为平均值±平均标准差（SD）。

3 结论与讨论

DNA 损伤修复蛋白 Rad50 作为 DNA 双链断裂的主要感受器，在同源重组修复过程中起着至关重要的作用，参与 DNA 损伤修复应答的各个环节[23]。目前，Rad50 的研究主要集中在医学领域的肿瘤和哮喘[24]，而在真菌中的研究相对较少。

在本研究中，通过对桃褐腐病菌 *M.fructicola* 进行了全基因组 PHI 注释分析，发现 *MfRad*50 基因可能参与致病过程。通过生物信息学分析，发现 *MfRad*50 基因与灰葡萄孢中的 *Rad*50 基因具有 83.11%的相似性，并且具有 P-环_NTP 酶超家族和 rad50 超家族 2 个保守结构域。

为验证 *MfRad*50 基因是否参与桃褐腐病菌的致病过程，通过靶向基因敲低法对 *MfRad*50 基因进行功能研究。实验结果显示，*MfRad*50 基因敲低并不影响褐腐菌株的生长发育和致病力。这说明 *MfRad*50 基因并未参与调控褐腐菌株的生长发育和致病过程。然而，在不同压力胁迫敏感性测定中，发现 *MfRad*50 基因敲低降低了褐腐病菌对 H_2O_2 和蔗糖的敏感性，这表明 *MfRad*50 基因可能参与褐腐病菌的氧化应激反应和蔗糖胁迫应答。

在病原物侵染寄主植物的过程中，病原物往往会激活植物的免疫反应，寄主通过产生活性氧等方式抵御病原物的侵染[25]。因此，尽管 *MfRad*50 并不直接参与 *M.fructicola* 的致病过程，但由于该基因对 H_2O_2 的耐受能力产生显著影响，因此 *MfRad*50 可能在病原物定殖寄主的过程中发挥积极作用。本研究为进一步研究 Rad50 在其他真菌病原物中的功能和作用奠定了基础，有助于拓展 Rad50 家族成员在真菌生物学和医学领域的研究。同时，本研究为进一步研究桃褐腐病菌的致病机制提供了新思路以及重要参考。

参考文献

[1] LEE M H, CHIUMIN C, ROUBTSOVA T, et al. Overexpression of a redox-regulated cutinase gene, *MfCUT*1, increases virulence of the brown rot pathogen *Monilinia fructicola* on *Prunus* spp. [J]. Mol Plant Microbe Interact, 2010, 23: 176-186.

[2] ROGERS L M, KIM Y K, GUO W, et al. Requirement for either a host-or pectin-induced pectate lyase for infection of *Pisum sativum* by *Nectria hematococca* [J]. PNAS, 2000, 97: 9813-9818.

[3] ISSHIKI A, AKIMITSU K, YAMAMOTO M, et al. Endopolygalacturonase is essential for citrus black rot caused by *Alternaria citri* but not brown spot caused by *Alternaria alternata* [J]. Mol Plant Microbe Interact, 2001, 14: 749-757.

[4] OHTANI K, ISSHIKI A, KATOH H, et al. Involvement of carbon catabolite repression on regulation of endopolygalacturonase gene expression in citrus fruit [J]. J Gen Plant Pathol, 2003, 69: 120-125.

[5] PARK C H, CHEN S, SHIRSEKAR G, et al. The *Magnaporthe oryzae* effector AvrPiz-t targets the RING E3 Ubiquitin Ligase APIP6 to suppress pathogen-associated molecular pattern-triggered immunity in rice [J]. Plant Cell, 2012, 24: 4748-4762.

[6] BACON C W, PORTER J K, NORRED W P, et al. Production of fusaric acid by *Fusarium* species [J]. Appl Environ Microb, 1996, 62: 4039-4043.

[7] IZUMI Y, KAMEI E, MIYAMOTO Y, et al. Role of the pathotype-specific *ACRTS*1 gene encoding a hydroxylase involved in the biosynthesis of host-selective ACR-toxin in the rough lemon pathotype of *Alternaria alternata* [J]. Phytopathology, 2012, 102: 741-748.

[8] YIN C, PARK J J, GANG D R, et al. Characterization of a tryptophan 2-monooxygenase gene from *Puccinia graminis* f. sp. *tritici* involved in auxin biosynthesis and rust pathogenicity [J]. Mol Plant Mi-

crobe Interact，2014，27：227.

[9] CHOU C M，YU F Y，YU P L，et al. Expression of five endopoly galacturonase genes and demonstration that *MfPG*1 overexpression diminishes virulence in the brown rot pathogen *Monilinia fructicola* [J]. PLoS One，2015，10：e0132012.

[10] YU P L，WANG C L，CHEN P Y，et al. YAP1 homologue-mediated redox sensing is crucial for a successful infection by *Monilinia fructicola* [J]. Mol Plant Pathol，2017，18：783-797.

[11] GARCIA B C，MELGAREJO P，SANDIN E P，et al. Degrading enzymes and phytotoxins in *Monilinia* spp. [J]. Eur J Plant Pathol，2019，154：305-318.

[12] ZHANG M M，WANG Z Q，XU X，et al. *MfOfd*1 is crucial for stress responses and virulence in the peach brown rot fungus *Monilinia fructicola* [J]. Mol Plant Pathol，2020，21：820-833.

[13] VALL-LLAURA N，GINE B J，USALL J，et al. Ethylene biosynthesis and response factors are differentially modulated during the interaction of peach petals with *Monilinia laxa* or *Monilinia fructicola* [J]. Plant Sci，2020，299：110599.

[14] 谷文倩．桃褐腐病菌 *MfGh27A*、*MfMel*1 和 *MfSR* 基因的生物学功能研究［D］. 武汉：华中农业大学，2021.

[15] 李木．短柄草与赤霉菌和稻瘟菌互作的比较转录组学研究［D］. 杨凌：西北农林科技大学，2016.

[16] 李春强．基于转录组学和蛋白组学的枯萎镰刀菌致病及香蕉抗病分子机理研究［D］. 海口：海南大学，2017.

[17] YU J H，HAMARI Z，HAN K H，et al. Double-joint PCR：a PCR-based molecular tool for gene manipulations in filamentous fungi [J]. Fungal Genet Biol，2004，41：973-981.

[18] CATLETT N L，LEE B N，YODER O C，et al. Split-marker recombination for efficient targeted deletion of fungal genes [J]. Fungal Genet Newsl，2002，50：9-11.

[19] ULRICH K，BIRGIT H. New tools for the genetic manipulation of filamentous fungi [J]. Appl Microbiol Biotechnol，2010，86（1）：51-62.

[20] LIN Y，SON H，LEE J，et al. A putative transcription factor MYT1 is required for female fertility in the ascomycete *Gibberella zeae* [J]. PloS One，2011，6（10）：e25586.

[21] GRAVELAT F N，ASKEW D S，SHEPPARD D C. Targeted gene deletion in *Aspergillus fumigatus* using the hygromycin-resistance split-marker approach [J]. Methods Mol Biol，2012，845：119-130.

[22] SHEN B，XIAO J，DAI L，et al. Development of a high-efficiency gene knockout system for *Pochonia chlamydosporia* [J]. Microbiol Res，2015，170：18-26.

[23] WANG Q H，GOLDSTEIN M，ALEXANDER P，et al. Rad17 recruits the MRE11-RAD50-NBS1 complex to regulate the cellular response to DNA double-strand breaks [J]. EMBO J，2014，33：862-877.

[24] 张淑华，林娜．*RAD*50 基因与支气管哮喘的相关性研究［J］. 世界最新医学信息文摘，2019，92：79-80，82.

[25] WANG Y，XU Y，SUN Y，et al. Leucine-rich repeat receptor-like gene screen reveals that *Nicotiana* RXEG1 regulates glycoside hydrolase 12 MAMP detection [J]. Nat Commun，2018，9：594.

桃尖孢炭疽菌对8种杀菌剂的敏感性测定及咯菌腈作用效果评估*

王　京[1,2]**，罗朝喜[1]***
（1. 华中农业大学植物科学技术学院，武汉　430070；
2. 诺普信作物科学股份有限公司，深圳　518000）

摘要：使用菌丝生长抑制法测定了采自中国5个省份的113株尖孢炭疽复合种病菌对8种杀菌剂的敏感性。各种杀菌剂对供试菌株的EC_{50}平均值从低到高依次为咯菌腈（0.021 1±0.000 2 μg/mL），咪鲜胺（0.022 7±0.001 5 μg/mL），苯醚甲环唑（0.091 8±0.005 1 μg/mL），戊唑醇（0.119 9±0.005 8 μg/mL），嘧菌酯（0.126 7±0.015 8 μg/mL），丙环唑（0.274 1±0.014 4 μg/mL），粉唑醇（2.591 8±0.119 0 μg/mL），异菌脲（4.699 3±0.082 9 μg/mL）。咯菌腈对桃尖孢炭疽复合种病菌有显著影响，在0.05 μg/mL处理下，菌丝皱缩弯曲。咯菌腈对病原菌产孢具有抑制作用，但对孢子萌发的抑制不明显。在室内防效测定中，咯菌腈可以有效控制 *C. nymphaeae* 和 *C. godetiae* 引起的炭疽病，防治效果达100%，但对 *C. fioriniae* 效果不佳，在500 μg/mL药液处理下果实上仍有小病斑。通过药剂驯化得到8株抗性稳定的咯菌腈抗性突变体。与亲本菌株相比，抗性突变体对NaCl敏感性显著提高，致病力未见明显降低。咯菌腈与嘧菌酯、苯醚甲环唑都不存在交互抗性，两种药剂可有效防治咯菌腈抗性菌株。

综上所述，未登记用于防治桃炭疽病的杀菌剂咯菌腈对尖孢炭疽菌引起的桃炭疽病具有优异的防效，但抗性风险较高。除粉唑醇外的DMI类杀菌剂和嘧菌酯仍保持较高活性，生产中可以与咯菌腈轮换使用。

关键词：桃炭疽病；尖孢炭疽复合种；杀菌剂；咯菌腈；抗药性

Sensitivity of *Colletotrichum acutatum* species complex to eight fungicides and evaluation of the effect of fludioxonil*

WANG Jing[1,2]**，LUO Chaoxi[1]***
(1. *College of Plant Science and Technology*, *Huazhong Agricultural University*, *Wuhan* 430070, *China*; 2. *Shenzhen Noposion Crop Science Co.*, *Ltd*, *Shenzhen* 518000, *China*)

Abstract: The sensitivity of 113 isolates of *C. acutatum* species complex collected from five provinces of China to eight fungicides was determined by mycelial growth inhibition method. The average EC_{50} values of different fungicides to tested isolates from low to high were fludioxonil (0.021 1± 0.000 2 μg/mL), prochloraz (0.022 7± 0.001 5 μg/mL), difenoconazole (0.091 8± 0.005 1 μg/mL), tebuconazole (0.119 9± 0.005 8 μg/mL), azoxystrobin (0.126 7± 0.015 8 μg/mL), propiconazole (0.274 1± 0.014 4 μg/mL), flutriafol (2.591 8± 0.119 0 μg/mL), iprodione (4.699 3± 0.082 9 μg/mL). Fludioxonil had an obvious effect on *C. acutatum* species complex. Under the treatment of 0.05 μg/mL, the mycelium shrank and bent. Fludioxonil had an inhibitory effect on sporulation of pathogens, but the inhibition of spore germination was not obvious. In the indoor control ex-

* 基金项目：国家桃产业技术体系（CARS-30）
** 第一作者：王京；E-mail：773282344@qq.com
*** 通信作者：罗朝喜；E-mail：cxluo@mail.hzau.edu.cn

periment, fludioxonil could effectively control the anthracnose caused by *C. nymphaeae* and *C. godetiae*, and the control efficiency was 100%, but the efficiency on *C. fioriniae* was not good, there were still small lesions on the fruit under the treatment of 500 μg/mL. Eight fludioxonil-resistant mutants with stable resistance were obtained by fludioxonil taming. Compared with the parental isolate, the resistant mutants were significantly more sensitive to NaCl and slightly less pathogenic. There was no cross-resistance between fludioxonil and azoxystrobin or difenoconazole. The two fungicides could effectively control fludioxonil-resistant mutants.

In summary, The fungicide fludioxonil, which is not registered for the control of peach anthracnose, has excellent control effect on peach anthracnose caused by *C. acutatum* species complex, but the risk of resistance is high. Except for flutriafol, DMI fungicides and azoxystrobin still maintain high activity, which can be used in rotation with fludioxonil in production.

Key words: Peach anthracnose; *Colletotrichum acutatum* species complex; Fungicide; Fludioxonil; Resistance

炭疽病作为桃树重要病害之一，在各国桃产区广泛发生，造成严重经济损失[1-3]。炭疽病菌可以侵染叶片、枝条和果实。不同发育时期的果实受害表现不同的症状，幼果受到病菌侵染后，发育停止，果实萎缩硬化。成熟果实受害后会形成棕色、圆形或椭圆形、中心凹陷、较为坚硬的同心环状病斑，表面产生橘色小粒点。严重时，几个病斑会聚在一起形成更大的、边缘不规则的病斑，导致果实腐烂[4]。叶片和枝条感病后，病斑初期为水渍状，后逐渐扩展为形状不规则的褐色病斑，病健交界处明显，随着病斑的扩大，叶片卷缩枯落，枝条萎蔫。病原菌可以进行潜伏侵染，造成严重的采后病害，极大降低桃果实的产量和品质。化学防治是生产中防治桃炭疽病的重要手段，常用的单作用位点杀菌剂有 MBC 类、DMI 类和 Q_oI 类[5]。其中，MBC 类杀菌剂并不能防治所有炭疽病菌，因为 *C. acutatum* 复合种对该类杀菌剂表现天然中抗[6]。Q_oI 类杀菌剂的长时间使用，已经出现很多田间抗性的案例。DMI 类杀菌剂是效果最好的，不过也有报道称连续单一使用 DMI 类杀菌剂，会导致病菌耐药性提高，已有研究发现采自浙江省葡萄炭疽病的 *C. gloeosporioides* 已经对戊唑醇产生低水平抗性[7]。所以寻找新的杀菌剂防治桃炭疽病菌，对于田间生产以及降低其他药剂的抗性风险是十分必要的。咯菌腈抑菌活性极高，可与其他杀菌剂混合使用，作为一种非内吸性广谱杀菌剂主要用于种子处理和叶面喷雾，已经证明在多种病害防治中有优异的效果[8-11]。咯菌腈在美国已被登记用于防治葡萄、草莓和蓝莓等水果上的炭疽病[12]，但是在我国还没有登记使用防治炭疽病。

综上所述，调查我国桃炭疽病菌对常用杀菌剂的敏感性以及选择新药剂配合田间轮换对炭疽病的科学防治十分重要。

1 材料与方法

1.1 菌株的采集和分离

2014—2021 年，笔者在云南红河、浙江丽水、江西吉安、贵州铜仁和福建南平采集具有明显炭疽病特征的桃果实和叶片病样。采用单孢分离法得到 113 株菌株，经形态学和分子生物学鉴定，包括 37 株 *C. fioriniae*、13 株 *C. godetiae*、63 株 *C. nymphaeae*，以上 3 个种均为尖孢炭疽菌复合种（*C. acutatum* species complex）成员。

1.2 供试药剂

在敏感性测定试验中所使用的杀菌剂均为工业原药。

95%苯醚甲环唑，江苏丰登农药有限公司；97% 咪鲜胺，湖北康宝泰精细化工有限公司；96% 戊唑醇，江苏射阳黄海农药化工有限公司；95.3% 丙环唑，江苏丰登农药有限公司；97% 粉唑醇，江苏七洲绿色化工股份有限公司；98% 嘧菌酯，江苏耕耘化学有限公司；98% 咯菌腈，湖北健源化工有限公司；95.3% 异菌脲，浙江禾益农化有限公司；99% 水杨羟肟酸（SHAM），湖北鑫鸣泰化学有限公司

以上药剂均溶于丙酮，配制成终浓度为 10 000 μg/mL 的母液，保存于 4℃冰箱中待用。

1.3 含药培养基制备

测定供试菌株对苯醚甲环唑、咪鲜胺、戊唑醇、丙环唑和粉唑醇的敏感性，设置杀菌剂浓度梯度为 0、0.03 μg/mL、0.1 μg/mL、0.3 μg/mL、1 μg/mL、3 μg/mL 和 10 μg/mL。测定嘧菌酯敏感性，设置浓度梯度为 0、0.01 μg/mL、0.1 μg/mL、1 μg/mL、10 μg/mL 和 100 μg/mL，另外各浓度添加 100 μg/mL 的 SHAM，抑制真菌的替代氧化酶途径。测定咯菌腈敏感性，设置浓度梯度为 0、0.005 μg/mL、0.01 μg/mL、0.02 μg/mL、0.03 μg/mL、0.04 μg/mL 和 0.06 μg/mL。测定异菌脲敏感性，设置浓度梯度为 0、1 μg/mL、3 μg/mL、5 μg/mL 和 10 μg/mL。除嘧菌酯使用 AEA 培养基测定，其他药剂均使用 PDA 培养基。规定加入的母液体积等于培养基体积的 0.1%，即 400 mL 培养基加入 0.4 mL 的母液，据此计算配制各终浓度的培养基所需母液浓度，取提前配制好的 10 000 μg/mL 母液逐步稀释到所需母液浓度，以加入同体积的丙酮作为 0 浓度对照处理（CK）。

1.4 供试菌株对 8 种杀菌剂的敏感性测定

使用菌丝生长速率法测定供试菌株对各药剂的敏感性。制作好各含药平板后，取在 PDA 培养基上预培养 5 天的供试菌株菌落边缘打取直径为 3 mm 的菌饼，接种于系列浓度的含药平板中央，每菌株每浓度接种 3 个平板，25℃恒温培养。当 CK 菌落直径达到培养皿直径的 80%时，采用十字交叉法测量菌落直径并记录。按照公式计算各药剂浓度对供试菌株菌丝生长的抑制率。

$$生长抑制率（\%）=（对照菌落直径-处理菌落直径）/（对照菌落直径-打孔器直径）\times 100$$

杀菌剂浓度经对数转换后，绘制毒力曲线（以杀菌剂质量浓度的对数值为横坐标，抑制率几率值为纵坐标，求出各杀菌剂的毒力回归方程），通过线性回归，比较各杀菌剂的毒力大小，得到有效抑制中浓度（EC_{50}）。

1.5 供试菌株对 8 种杀菌剂的敏感性测定

制备含咯菌腈终浓度为 0.02 μg/mL 和 0.05 μg/mL 的 PDA 培养基平板，以加体积比 0.1%丙酮的 PDA 平板为对照处理（CK）。取在 25℃ 培养 5 天的 FJNP 20-1-2（*C. nymphaeae*）、JXJA 4（*C. fioriniae*）、YNHH 9-2（*C. godetiae*）菌株，用 3 mm 打孔器打取菌饼，放置于平板中央，于 25℃培养箱中培养 5 天后，将无菌盖玻片插在各菌落边缘，继续培养 1 天，使菌丝长到盖玻片上。将长有菌丝的盖玻片放在光学显微镜下观察菌丝形态并拍照。该试验独立重复 3 次。

1.6 咯菌腈对菌丝形态的影响

制备含咯菌腈终浓度为 0.02 μg/mL 和 0.05 μg/mL 的 PDA 培养基平板，以加体积比 0.1%丙酮的 PDA 平板为对照处理（CK）。取在 25℃ 培养 5 天的 FJNP 20-1-2（*C. nymphaeae*）、JXJA 4（*C. fioriniae*）、YNHH 9-2（*C. godetiae*）菌株，用 3 mm 打孔器打取菌饼，放置于平板中央，于 25℃培养箱中培养 5 天后，将无菌盖玻片插在各菌落边缘，继续培养 1 天，使菌丝长到盖玻片上。将长有菌丝的盖玻片放在光学显微镜下观察菌丝形态

并拍照。该试验独立重复 3 次。

1.7 咯菌腈对产孢量及孢子萌发率的影响

对于产孢量的测定，本试验选取 GZTR 2-2（*C. fioriniae*）、JXJA 4（*C. fioriniae*）、FJNP 20-1-2（*C. nymphaeae*）和 YNHH 9-2（*C. godetiae*）菌株，于 25℃培养箱中培养 5 天后，用 3 mm 打孔器打取菌饼接种于终浓度为 0.02 μg/mL、0.05 μg/mL 和 0.1 μg/mL 的 PDA 平板中央，以加体积比 0.1%丙酮的 PDA 平板为对照处理（CK），每个菌株每个浓度重复 3 皿，放入 25℃培养箱中培养 14 天。为了收集孢子，在每个 PDA 平板中加入 5 mL 无菌水，用无菌棉签洗下孢子，经过两层无菌擦镜纸过滤后吸取 1 mL 孢子悬浮液到 1.5 mL 离心管中，用血球计数板计数。

为了测定孢子萌发率，将上述孢子悬浮液浓度调节为 1×10^6个/mL，取 10 μL 均匀涂在含有咯菌腈终浓度为 0.02 μg/mL、0.05 μg/mL 和 0.1 μg/mL 的 WA 平板上，以加体积比 0.1%丙酮的 PDA 平板为对照处理（CK），每个菌株每个浓度重复 3 皿。于 25℃培养箱中培养 10 h 后，在光学显微镜下统计孢子萌发数，具体方法为：选择 5 个视野共统计 100 个孢子，记录其中萌发的孢子数。产孢量及孢子萌发率试验独立重复 3 次。

1.8 咯菌腈对离体桃果实的保护效果测定

咯菌腈对桃炭疽病的防效测定参考[13,14]的方法，加以修改。选取成熟度、大小基本一致的锦绣黄桃，先用清水洗两次，再用 1%次氯酸钠清洗一次，用水洗掉果实表面的次氯酸钠，再用 75%酒精清洗一次，用水洗掉果实表面的残留酒精，将果实转移到育苗盒中晾干。将商品药剂“卉友”（50%咯菌腈可湿性粉剂）用清水配置成终浓度为 500 mg/L 和 1 000 mg/L 的药液，均匀喷施在果实表面，直至径流，以喷施清水作为对照处理。于通风橱中放置 24 h。制备菌株 GZTR 2-2（*C. fioriniae*）、JXJA 4（*C. fioriniae*）、FJNP 20-1-2（*C. nymphaeae*）、YNHH 9-2（*C. godetiae*）的孢子悬浮液，调节浓度为 1×10^6个/mL。使用采血针微刺伤处理果实表面，向伤口处接种 10 μL 孢子悬浮液，接种后的果实转移到底部铺有浸湿擦手纸的育苗盒中，果实和纸之间用无菌培养皿隔开，育苗盒用保鲜膜封口，放在室温下培养 7 天，观察病斑情况。该试验重复 3 次。

1.9 咯菌腈抗性突变体的诱导

本试验参照武东霞（2015）的药剂驯化方法[15]。随机选取 3 株 *C. nymphaeae* 敏感菌株（FJNP 1-1-2、FJNP 11-1-2 和 FJNP 20-1-2）、3 株 *C. godetiae* 敏感菌株（YNHH 1-1、YNHH 4-2 和 YNHH 9-2）、2 株 *C. fioriniae* 敏感菌株（ZJLS 11-2 和 JXJA 4），将这 8 株菌株在 PDA 平板上培养 5 天后，分别用 3 mm 打孔器打取菌饼，接种到含咯菌腈终浓度为 0.05 μg/mL 的 PDA 平板上，每皿接种 6 个菌饼，每个菌株接种 10 皿，置于 25℃的恒温培养箱中培养 14 天。挑取生长最快的扇形菌落边缘的菌丝转接到含咯菌腈终浓度为 0.1 μg/mL 的 PDA 平板上，按照此方法依次提高咯菌腈浓度（1 μg/mL、5 μg/mL 和 10 μg/mL）进行抗性菌株诱导，最后将能在 10 μg/mL 的 PDA 平板上生长的菌丝转接到不含药的 PDA 斜面保存。测定诱导菌株及其亲本对咯菌腈的敏感性，对于产生抗性的菌株用 0、1 μg/mL、10 μg/mL 和 100 μg/mL 的浓度梯度计算 EC_{50}。

1.10 咯菌腈抗性突变体抗性稳定性

为检测咯菌腈抗性突变体的抗性稳定性，将 8 株抗性突变体及其对应的亲本敏感在不含药的 PDA 平板上每 5 天继代培养一次，连续培养 10 代。分别在第 1 代前和第 10 代后测定这些抗、感菌株对咯菌腈的 EC_{50} 值。对于敏感菌株，所设咯菌腈浓度梯度为 0、

0.005 μg/mL、0.01 μg/mL、0.02 μg/mL、0.03 μg/mL、0.04 μg/mL 和 0.06 μg/mL；对于抗性突变体，所设咯菌腈浓度梯度为 0、1 μg/mL、10 μg/mL 和 100 μg/mL，每个处理重复 3 皿，试验重复 2 次。抗性倍数（RF，resistance factor）计算公式如下：RF = 抗药性突变体的 EC_{50}/亲本菌株的 EC_{50}。抗性遗传稳定性用敏感性变化（RFC，factor of sensitivity change）来衡量，RFC = 转接第 1 代的抗性倍数/转接 10 代后的抗性倍数。

1.11 咯菌腈与其他杀菌剂的交互抗性测定

采用菌丝生长抑制率法分别测定 QoI 类杀菌剂嘧菌酯和 DMI 类杀菌剂苯醚甲环唑以及苯基吡咯类杀菌剂咯菌腈对抗性突变体及其亲本菌株的 EC_{50} 值。嘧菌酯对突变体和亲本所用浓度梯度为 0、0.01 μg/mL、0.1 μg/mL、1 μg/mL、10 μg/mL 和 100 μg/mL，同时加入终浓度为 100 μg/mL 的 SHAM，抑制真菌旁路氧化酶途径；苯醚甲环唑对突变体和亲本所用浓度为 0、0.03 μg/mL、0.1 μg/mL、0.3 μg/mL、1 μg/mL 和 3 μg/mL；咯菌腈对亲本所用浓度为 0、0.005 μg/mL、0.01 μg/mL、0.02 μg/mL、0.03 μg/mL、0.04 μg/mL 和 0.06 μg/mL，对突变体浓度为 0、1 μg/mL、10 μg/mL 和 100 μg/mL。运用统计软件 SPSS（Statistical Product and Service Solutions，ver. 19.0，SPSS Inc.，Chicago，IL）进行 Pearson 相关性分析。

1.12 咯菌腈抗性突变体的菌丝生长速率、菌落形态及产孢量

在本试验中，将全部抗性突变体及其亲本菌株转接到 PDA 平板培养基上 25℃ 培养 3 天，用 3 mm 打孔器打取菌饼转接到新的 PDA 平板中央，放于 25℃ 恒温培养箱中，从第 2 天至第 7 天每天用十字交叉法测量菌落直径。以生长天数（Growth days）为横坐标，菌丝平均直径（mm）为纵坐标绘制生长曲线，比较抗性突变体及其对应亲本的菌丝生长速率差异。在第 7 天观察菌落形态并拍照。拍照后的 PDA 平板放入 25℃ 恒温培养箱中继续培养 7 天，计算产孢量。

1.13 咯菌腈抗性突变体对氯化钠渗透压敏感性的测定

为了测量抗性突变体及其亲本对氯化钠（NaCl）的渗透压敏感性，首先配制 4% NaCl 的 PDA 培养基，灭菌后倒平板，以加无菌水的 PDA 平板作为对照。取培养 5 天的各菌株，用 3 mm 打孔器打取菌饼，接种到各平板中央，菌丝面接触平板，每个菌株重复 3 皿，最后放于 25℃ 恒温培养箱中培养 5 天后用十字交叉法测量菌落直径，计算菌丝生长抑制率。该试验独立重复两次。

1.14 咯菌腈抗性突变体的致病力测定

选用冬桃品种的桃果实，表面清洗消毒后晾干，用直径 3 mm 的打孔器在果实表面打两个孔，深度约 1 mm。然后将桃果实放入底部铺有湿润吸水纸的育苗盒中，果实和纸之间用直径 60 mm 的无菌空培养皿隔开。从培养 5 天的抗性突变体及其亲本菌株的菌落上打取 3 mm 的菌饼接种于果实上，将育苗盒封口室温培养 7 天后，用十字交叉法测量病斑直径。每个菌株重复 3 个果实，试验独立重复 2 次。

2 结果与分析

2.1 8 种杀菌剂对供试菌株的 EC_{50}

采用菌丝生长速率法测定了于 2017 年、2018 年和 2021 年采自福建南平、贵州铜仁、江西吉安、浙江丽水和云南红河的共 113 株菌株对苯醚甲环唑、咪鲜胺、戊唑醇、丙环唑、粉唑醇、嘧菌酯、咯菌腈和异菌脲的敏感性。结果表明，供试菌株对苯醚甲环唑的

EC_{50}平均值为（0.091 8±0.005 1）μg/mL；对咪鲜胺的EC_{50}平均值为（0.022 7±0.001 5）μg/mL；对平均值为（0.119 9±0.005 8）μg/mL；对丙环唑的EC_{50}平均值为（0.274 1±0.014 4）μg/mL；对粉唑醇的EC_{50}平均值为（2.591 8±0.119 0）μg/mL；对嘧菌酯的EC_{50}平均值为（0.126 7±0.015 8）μg/mL；对咯菌腈的EC_{50}平均值为（0.021 1±0.000 2）μg/mL；对异菌脲的EC_{50}平均值为（4.699 3±0.082 9）μg/mL（表1）。所选杀菌剂对桃炭疽病病菌的EC_{50}值从低到高依次为咯菌腈，咪鲜胺，苯醚甲环唑，戊唑醇，嘧菌酯，丙环唑，粉唑醇，异菌脲，这些结果说明供试菌株对咯菌腈最敏感；咪鲜胺、苯醚甲环唑，戊唑醇，嘧菌酯和丙环唑的抑菌效果仍保持在较高水平，但是嘧菌酯的EC_{50}波动较大，最高值是最低值的30倍；异菌脲不适合用于炭疽病的防治。

表1　供试菌株对8种杀菌剂的EC_{50}范围和平均值

杀菌剂	菌株数	EC_{50}范围（μg/mL）	平均值±标准误	标准差
苯醚甲环唑	113	0.042 0~0.241 4	0.091 8±0.005 1	0.056 2
咪鲜胺	113	0.009 0~0.063 6	0.022 7±0.001 5	0.016 3
戊唑醇	113	0.057 6~0.248 0	0.119 9±0.005 8	0.061 7
丙环唑	113	0.142 6~0.622 6	0.274 1±0.014 4	0.153 0
粉唑醇	113	1.118 2~6.009 6	2.591 8±0.119 0	1.264 9
嘧菌酯	113	0.026 7~0.806 8	0.126 7±0.015 8	0.167 7
咯菌腈	113	0.016 4~0.032 8	0.021 1±0.000 2	0.002 8
异菌脲	113	3.023 7~6.152 2	4.699 3±0.082 9	0.881 5

2.2　咯菌腈作用下菌丝形态变化

咯菌腈作用下菌丝形态变化如图1所示。可以看出，在对照处理下（CK），*C. nymphaeae*、*C. fioriniae* 和 *C. godetiae* 的菌丝饱满，呈线性生长（图1A，1D，1G），0.02 μg/mL咯菌腈处理下的菌丝形态与CK相比无明显差异（图1B，1E，1H），而0.05 μg/mL咯菌腈作用下的菌丝体破碎、胞内物质流失，菌丝皱缩弯曲（图1C，1F，1I）。在敏感性测定试验中，0.05 μg/mL浓度咯菌腈对桃炭疽病病菌的抑制率为90%左右，由此看来，较高抑制率的咯菌腈浓度对桃炭疽病病菌菌丝形态具有严重的破坏作用。

2.3　咯菌腈作用下产孢量及孢子萌发率变化

产孢量测定结果表明，供试菌株的所有处理组产孢量均显著低于对照组（CK），说明咯菌腈会导致桃炭疽病菌产孢量下降。有趣的是，GZTR 2-2（*C. fioriniae*）在0.1 μg/mL处理下的产孢量高于0.05 μg/mL，并且0.1 μg/mL处理下的菌落直径大于0.05 μg/mL；JXJA 4（*C. fioriniae*）菌株产孢量在0.02 μg/mL和0.05 μg/mL处理之间没有显著性差异；FJNP 20-1-2（*C. nymphaeae*）菌株产孢量随浓度增加而显著降低；YNHH 9-2（*C. godetiae*）菌株在0.1 μg/mL处理下完全没有孢子产生（图2A）。

孢子萌发率会随着药剂浓度的增加而下降（图2B）。将各浓度下的萌发率与CK比较，计算孢子萌发率下降百分比，具体而言，在0.02 μg/mL处理下，GZTR 2-2下降2.1%，

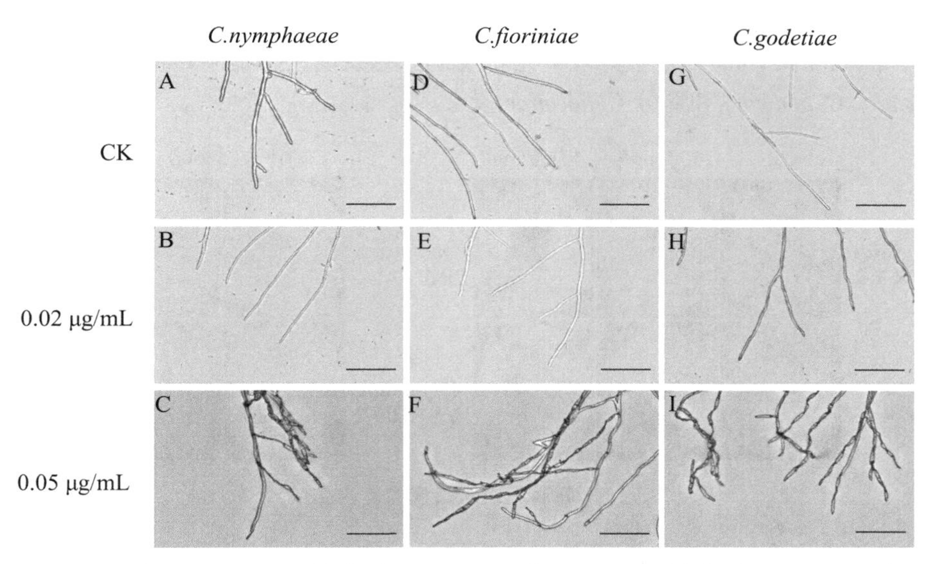

A、B、C 为 *C. nymphaeae* 的菌丝，D、E、F 为 *C. fioriniae* 的菌丝，G、H、I 为 *C. godetiae* 的菌丝；A、D、G 为对照处理，B、E、H 为 0.02 μg/mL 的咯菌腈处理，C、F、I 为 0.05 μg/mL 的咯菌腈处理。图中标尺为 50 μm

图 1　咯菌腈对桃炭疽病菌菌丝形态的影响

JXJA 4 下降 2.8%，FJNP 20-1-2 下降 2.9%，YNHH 9-2 下降 4.7%；在 0.05 μg/mL 处理下，GZTR 2-2 下降 4.9%，JXJA 4 下降 4.3%，FJNP 20-1-2 下降 6.1%，YNHH 9-2 下降 5.4%；在 0.1 μg/mL 处理下，GZTR 2-2 下降 7.4%，JXJA 4 下降 6.8%，FJNP 20-1-2 下降 10.4%，YNHH 9-2 下降 12.4%。

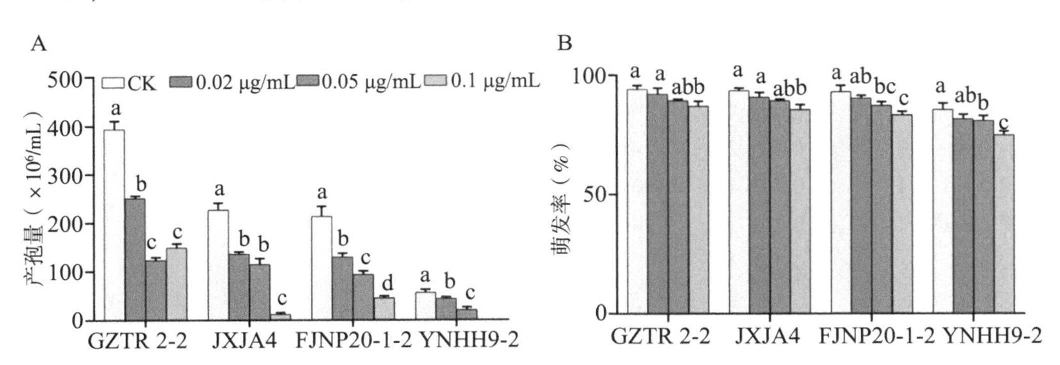

A. 不同物种的菌株在含不同浓度咯菌腈的 PDA 培养基上的产孢量；B. 不同物种的菌株在含不同浓度咯菌腈的 WA 培养基上的孢子萌发率

图 2　咯菌腈对炭疽病菌产孢和孢子萌发的影响

注：用 SPSS 26.0 软件对平均值±标准差进行 ANOVA 分析（LSD：$P \leqslant 0.05$），柱形图上方中含有相同字母，表明两数据不存在显著性差异。

2.4　咯菌腈对离体桃果实的保护效果

咯菌腈对离体桃果实的保护效果如图 3。经 500 mg/L 和 1 000 mg/L 咯菌腈药液处理后，接种 FJNP 20-1-2（*C. nymphaeae*）和 YNHH 9-2（*C. godetiae*）菌株孢子的果实均未发病，保护效果达 100%；而接种 GZTR 2-2（*C. fioriniae*）菌株孢子的果实都有发病，病斑面积随浓度增加有所下降；经 500 mg/L 药液处理后接种 JXJA 4（*C. fioriniae*）菌株孢子的果实也会产生病斑，但在 1 000 mg/L 药液处理下则不发病。这说明咯菌腈可以有效保护桃果实不受 *C. nymphaeae*、*C. godetiae* 和部分 *C. fioriniae* 侵染。

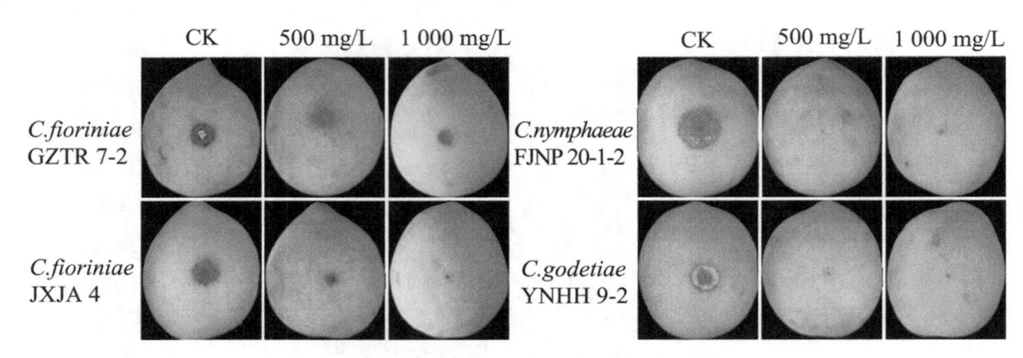

图 3　咯菌腈对炭疽病的室内防效

2.5　咯菌腈抗性突变体的 EC_{50} 以及抗性稳定性

经药剂驯化后，每个亲本菌株都得到 1 个可在 10 μg/mL 咯菌腈平板上生长的抗性突变体，抗性突变体命名由亲本名称和 R（Resistance）组成。同样用菌丝生长速率法测定 EC_{50}，计算抗性倍数（RF），发现所有抗性突变体的 RF 均达上千倍（表 2）。将抗性突变体继代培养 10 代后，抗性没有明显变化，说明 8 株抗性突变体具有较高的抗性遗传稳定性。

表 2　咯菌腈抗性突变体及其亲本菌株的 EC_{50} 值、抗性倍数以及抗性稳定性

菌株	EC_{50} 值（μg/mL）			抗性倍数 RF	抗性稳定性 RFC
	亲本	第 1 代	第 10 代		
YNHH 1-1 R	0.023 3	73.123 0	79.191 1	3 138	0.923 4
YNHH 4-2 R	0.031 2	49.383 1	54.469 2	1 583	0.906 6
YNHH 9-2 R	0.036 9	40.894 4	38.412 7	1 108	1.064 6
FJNP 1-1-2 R	0.025 2	42.205 7	42.045 0	1 675	1.003 8
FJNP 11-1-2 R	0.025 4	38.302 8	38.689 1	1 508	0.990 0
FJNP 20-1-2 R	0.023 9	46.669 3	34.974 4	1 953	1.334 4
JXJA 4 R	0.024 4	>100	>100	—	—
ZJLS 11-2 R	0.017 9	51.717 2	59.238 0	2 889	0.873 0

2.6　咯菌腈与其他类型杀菌剂的交互抗性

本试验测定了咯菌腈抗性突变体及其对应亲本菌株对生产上常用防治炭疽病的嘧菌酯和苯醚甲环唑的敏感性。通过数据分析发现，咯菌腈与两种杀菌剂的 EC_{50} 值均无显著相关性，说明咯菌腈与嘧菌酯和苯醚甲环唑之间不存在交互抗性（图 4A，4B）。

2.7　咯菌腈抗性突变体的菌丝生长速率、菌落形态及产孢量

各突变体与其亲本菌株的菌丝生长速率如图 5，*C. nymphaeae* 的抗性突变体 FJNP 1-1-2R、FJNP 11-1-2R 和 FJNP 20-1-2R 与亲本的菌丝生长速率没有差异（图 5A，5B，5C），*C. godetiae* 的抗性突变体 YNHH 1-1R、YNHH 4-2R 和 YNHH 9-2R 与亲本相比也没有差异（图 5D，5E，5F），而 *C. fioriniae* 的 2 株抗性突变体 ZJLS 11-2R 和 JXJA 4R 的菌丝生长速率

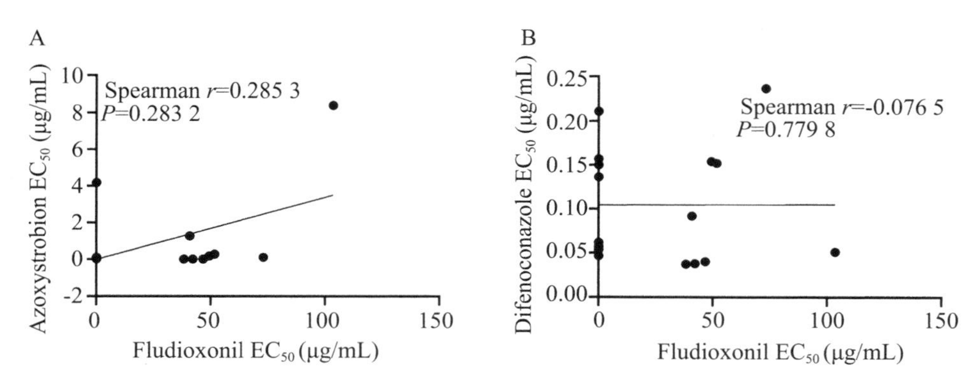

A. 咯菌腈与嘧菌酯的 EC_{50}值相关性分析；B. 咯菌腈与苯醚甲环唑的 EC_{50}值相关性分析

图 4 咯菌腈与不同类型杀菌剂的交互抗性

显著慢于亲本菌株（图 5G，5H）。在 PDA 培养基上培养 7 天后，*C. nymphaeae* 的抗性突变体 FJNP 1-1-2R、FJNP 11-1-2R 和 FJNP 20-1-2R 菌落中心颜色明显变黑，*C. godetiae* 的抗性突变体 YNHH 1-1R 的菌落变白，而 YNHH 4-2R 和 YNHH 9-2R 与亲本没有明显差别，*C. fioriniae* 的 ZJLS 11-2R 颜色与亲本相比稍微变浅，JXJA 4R 菌落颜色则没有变化（图 6）。

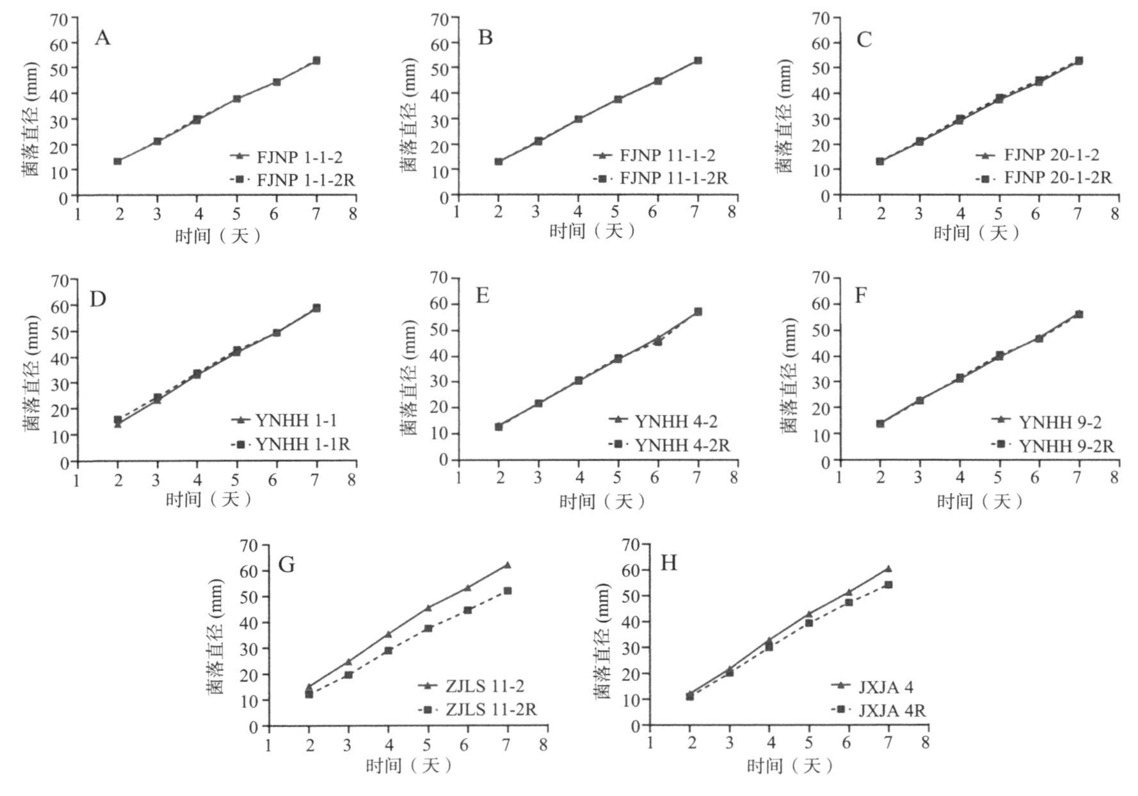

图 5 咯菌腈抗性突变体及其对应亲本的菌丝生长速率

不同物种咯菌腈抗性突变体与对应亲本的产孢量结果不一致。*C. nymphaeae* 的抗性菌株产孢量显著高于对应亲本菌株（图 7A）。*C. godetiae* 的 YNHH 4-2R 和 YNHH 9-2R 与对应亲本菌株产孢量没有明显差别，但是 YNHH 1-1R 的产孢量非常低，其亲本菌株 YNHH 1-1

的产孢量却是 3 株 *C. godetiae* 中最高的（图 7B）。*C. fioriniae* 的抗性突变体与对应亲本相比没有显著差异（图 7C）。

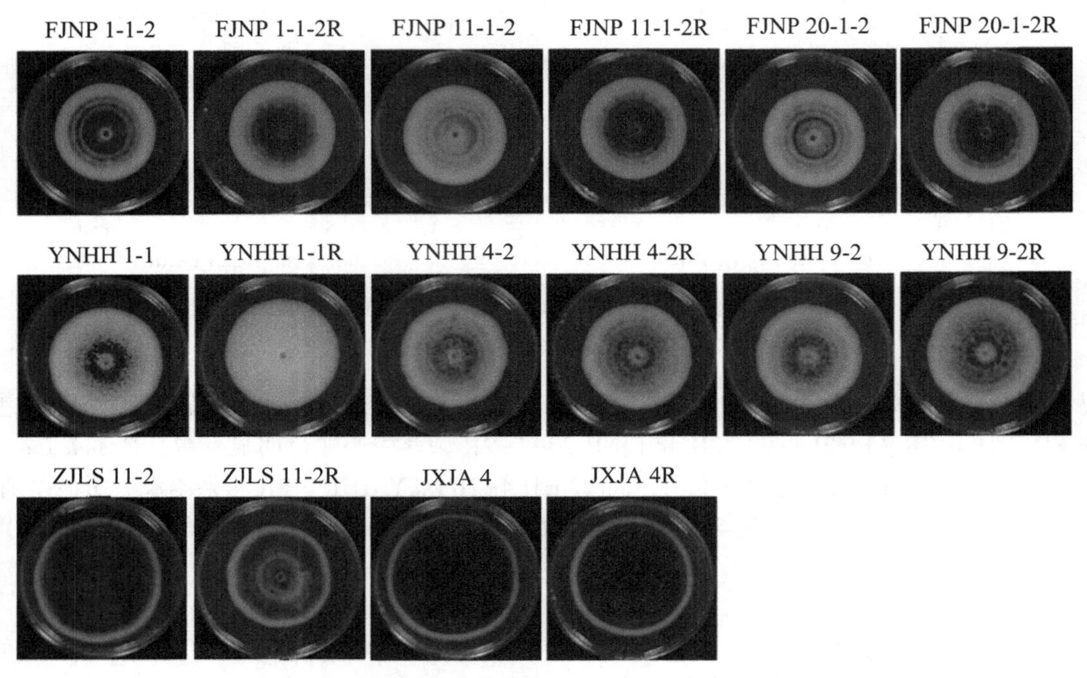

图 6　咯菌腈抗性突变体及对应亲本在 PDA 平板上生长 7 天后的菌落背面

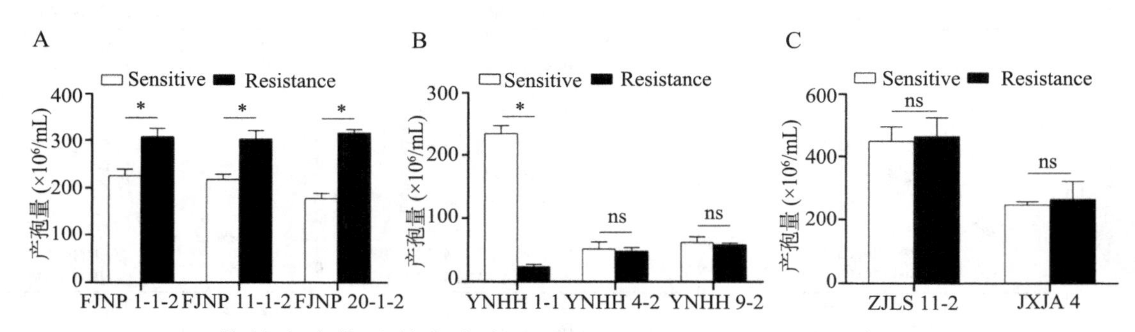

A. *C. nymphaeae* 抗性突变体及其亲本产孢量；B. *C. godetiae* 抗性突变体及其亲本产孢量；C. *C. fioriniae* 抗性突变体及其亲本产孢量

图 7　咯菌腈抗性突变体及对应亲本在 PDA 平板上的产孢量

2.8　咯菌腈抗性突变体对氯化钠的渗透压敏感性

试验结果显示，4% NaCl 处理对抗性突变体及其对应亲本菌株的菌丝生长均有抑制，且抗性突变体对 4% NaCl 的敏感性均显著高于对应亲本菌株（图 8），例如 ZJLS 11-2 亲本菌株抑制率为 34.2%，而其抗性突变体 ZJLS 11-2R 的抑制率高达 85.3%。

2.9　咯菌腈抗性突变体的致病力

将抗性突变体及其对应亲本接种在桃上，室温保湿培养 7 天，测定致病力差异。结果表明，接种抗性突变体的果实病斑直径小于接种其亲本的直径，即抗性突变体的致病力均低于亲本，但差异不显著（图 9）。

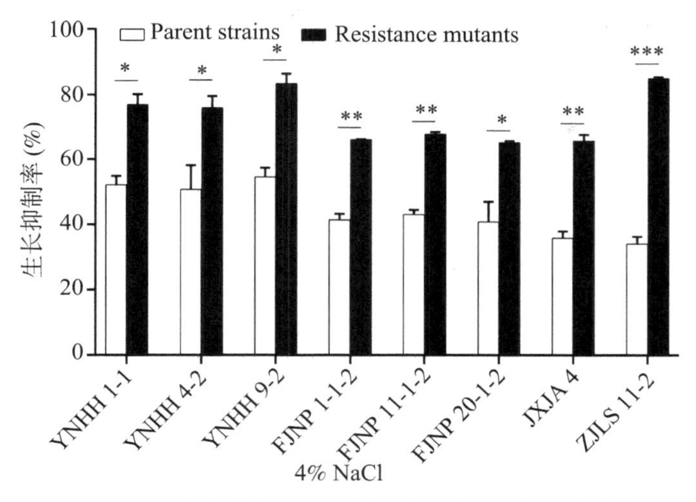

图 8　4% NaCl 对咯菌腈抗性突变体及其对应亲本的菌丝生长抑制率

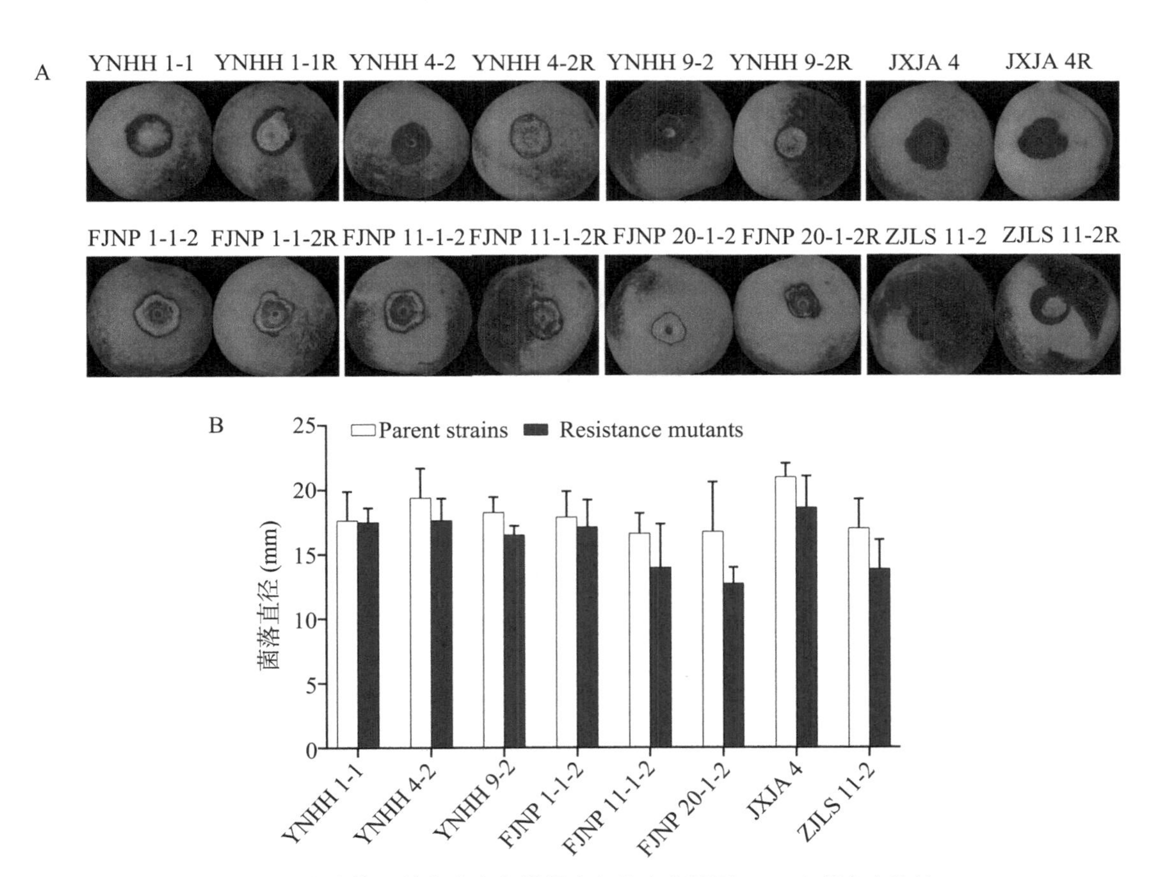

A. 抗性突变体及其亲本在冬桃果实上的病斑情况；B. 病斑大小统计

图 9　咯菌腈抗性突变体及其对应亲本的致病力

3 结论

桃尖孢炭疽菌对咪鲜胺、苯醚甲环唑、戊唑醇和丙环唑的敏感性仍然很高，但是对粉唑醇的敏感性已经下降，说明使用DMI类杀菌剂要慎重选择，并不是所有该类杀菌剂都适用于防治桃炭疽病。嘧菌酯虽然整体抑菌活性较好，但是其EC_{50}最大值和最小值的差异有30倍，主要是采自江西吉安的菌株敏感性比较低，都在0.5 μg/mL以上，说明不同地区的菌株对嘧菌酯的敏感性具有显著差异，生产中应该因地制宜。

目前，咯菌腈并未在我国登记用于防治炭疽病用药，但是在炭疽病的防治上潜力巨大。在国外，咯菌腈已经被登记用于防治一些水果上的炭疽病，Haack等研究表明在草莓苗定植前，在咯菌腈和氟唑菌酰羟胺混剂中进行浸蘸处理，大大降低了炭疽病发生[12]。平板试验结果表明，桃尖孢炭疽菌对咯菌腈的敏感性最高，其EC_{50}平均值低至0.0211 μg/mL。进一步研究发现，在0.05 μg/mL浓度咯菌腈作用下，菌丝体破碎、菌丝皱缩弯曲。产孢量随着咯菌腈浓度的增加而显著降低，孢子萌发率也有下降，但是下降的幅度并不大，在0.1 μg/mL作用下整体的萌发率仍在80%左右。炭疽病菌主要依靠分生孢子进行再侵染，造成病害的大流行，而咯菌腈对分生孢子的产生有强烈的抑制作用，说明其在控制炭疽病的扩散上将会发挥重要作用。室内防效试验结果表明，经咯菌腈药液处理后再接种 *C. nymphaeae* 和 *C. godetiae* 菌株孢子的果实均未发病，保护效果达100%，而接种 *C. fioriniae* 孢子表现不同结果，GZTR 2-2菌株在1 000 mg/L药液处理的果实上仍然有病斑产生，JXJA 4菌株在500 mg/L药液处理的果实上有小病斑，但在1 000 mg/L下不发病，说明咯菌腈的保护效果在炭疽病菌物种间有差异，但整体防治效果较好。

咯菌腈被FRAC评定为低等抗性风险杀菌剂，到目前为止，关于出现咯菌腈田间抗性的报道并不多，但是实验室内诱导抗性菌株的成功率非常高，已经在许多病原真菌上诱导出了稳定遗传的咯菌腈抗性菌株。在本试验中也有相同结果，使用药剂驯化的方法对8株不同物种的炭疽病菌进行咯菌腈抗性诱导，仅在第四代便得到高抗菌株，其抗性倍数均在上千倍，并且可以稳定遗传。在本研究中发现，抗性突变体和对应亲本在菌丝生长速率和产孢量方面因物种的不同具有很大差异，具体而言，*C. fioriniae* 物种的抗性突变体菌丝生长速率明显慢于亲本，*C. nymphaeae* 和 *C. godetiae* 的抗性突变体菌丝生长速率与亲本一致，*C. nymphaeae* 物种的抗性突变体产孢量显著增加，*C. godetiae* 物种中YNHH 1-1R的产孢量却显著降低，另外两株突变体和 *C. fioriniae* 的突变体与亲本产孢量相比没有明显差异，造成这种生物学特性差异的原因可能是刺盘孢属内物种多样性极其丰富，不同物种间基因有差异。在渗透压敏感性方面所有物种表现一致，与对应亲本相比，抗性突变体明显对渗透压更敏感；在致病力方面，所有抗性突变体仍具备致病能力，但是其造成的病斑面积略小于亲本菌株。不同杀菌剂间的交互抗性测定是评价是否可以轮换用药的重要参考，试验结果显示咯菌腈与嘧菌酯和苯醚甲环唑之间不存在交叉抗性，这两种药剂对咯菌腈抗性菌株仍然具有很高的抑菌活性。综合看来，炭疽病菌存在产生田间抗咯菌腈菌株的风险，但是由于可以与其他杀菌剂轮换使用，抗性风险将大大降低。

参考文献

[1] 魏茂兴，王连延，兰枫．桃炭疽病暴发流行原因的调查与综合防治［J］．中国果树，2004，5：48-50.

[2] KIM W G, HONG S K. Occurrence of anthracnose on peach tree caused by *Colletotrichum* species [J]. Plant Pathology Journal, 2008, 24: 80-83.

[3] HU M J, GRABKE A, SCHNABEL G. Investigation of the *Colletotrichum gloeosporioides* species complex causing peach anthracnose in South Carolina [J]. Plant Disease, 2015b, 99: 797-805.

[4] TAN Q, SCHNABEL G, CHAISIRI C, et al. *Colletotrichum* species associated with peaches in China [J]. Journal of Fungi, 2022, 8: 313-347.

[5] 孙伟，陈淑宁，闫晓静，袁会珠．我国防治炭疽病杀菌剂的应用现状 [J]. 现代农药，2022，21：1-6.

[6] PERES N A R, SOUZA N L, PEEVER T L, TIMMER L W. Benomyl sensitivity of isolates of *Colletotrichum acutatum* and *C. gloeosporioides* from citrus [J]. Plant Disease, 2004, 88: 125-130.

[7] 陈聃．葡萄炭疽病菌的抗药性检测和治理研究 [D]. 杭州：浙江农林大学，2013.

[8] BROWN M, JAYAWEERA D P, HUNT A, et al. Yield losses and control by sedaxane and fludioxonil of soilborne *Rhizoctonia*, *Microdochium*, and *Fusarium* species in winter wheat [J]. Plant Disease, 2021, 105: 2521-2530.

[9] DISKIN S, SHARIR T, FEYGENBERG O, et al. Fludioxonil-a potential alternative for postharvest disease control in mango fruit [J]. Crop Protection, 2019, 124: 104855.

[10] 符雨诗，王明爽，阮若昕，等．柑橘绿霉病菌对咯菌腈的敏感基线的建立 [J]. 浙江农业学报，2015，27：68-74.

[11] 陈亚伟，徐建强，王硕，等．河南省假禾谷镰刀菌对咯菌腈的敏感性 [J]. 农药学学报，2022，24：306-314.

[12] HAACK S E, IVORS K L, HOLMES G J, et al. Natamycin, a new biofungicide for managing crown rot of strawberry caused by QoI-resistant *Colletotrichum acutatum* [J]. Plant Disease, 2018, 102: 1687-1695.

[13] ZHANG J X. The potential of a new fungicide fludioxonil for stem-end rot and green mold control on Florida citrus fruit [J]. Postharvest Biology and Technology, 2007, 46: 262-270.

[14] ISHII H, WATANABE H, YAMAOKA Y, et al. Sensitivity to fungicides in isolates of *Colletotrichum gloeosporioides* and *C. acutatum* species complexes and efficacy against anthracnose diseases [J]. Pesticide Biochemistry and Physiology, 2022, 182: 105049.

[15] 武东霞．灰葡萄孢菌（*Botrytis cinerea*）对苯噻菌酯和咯菌腈的抗药性风险研究．[D]. 南京：南京农业大学，2015.

樱桃炭疽病菌对甲基硫菌灵的抗药性及对 QoIs 的敏感性*

胡硕丹[1**]，李阿根[2]，董代幸[3]，包蔓菲[1]，杨晓琦[1]，张传清[1***]
（1. 浙江农林大学现代农学院，杭州 311300；2. 杭州市余杭区农业生态与植物保护管理总站，杭州 311100；3. 杭州市富阳区农业技术推广中心，杭州 311499）

摘要：甜樱桃（*Prunus avium*）是我国重要的经济作物之一，由炭疽病菌导致的果实腐烂现象极大的限制了甜樱桃产业的发展。本研究测定了樱桃炭疽病菌对樱桃的致病性，采用区分剂量法和菌丝生长速率法分别测定了樱桃炭疽病菌对甲基硫菌灵的抗药性以及对嘧菌酯和肟菌酯的敏感性。结果表明，从果实病样中分离到的樱桃炭疽病菌对樱桃果实有较强的致病性。46 株樱桃炭疽病菌均对甲基硫菌灵产生了抗性，频率达到 100%。嘧菌酯对樱桃炭疽病菌的 EC_{50}值在 0.779~2.068 μg/mL，平均值为 1.576 μg/mL；肟菌酯对樱桃炭疽病菌的 EC_{50}值在 0.043~1.528 μg/mL，平均值为 0.640 μg/mL。樱桃炭疽病菌对嘧菌酯和肟菌酯均表现为敏感。本研究结果为樱桃炭疽病的防治提供了理论指导。

关键词：樱桃炭疽病菌；甲基硫菌灵；嘧菌酯；肟菌酯；抗药性频率；敏感性

Resistance of *Colletotrichum* spp. to thiophanate-methyl and sensitivity to azoxystrobin and trifloxystrobin in cherry*

HU Shuodan[1**], LI Agen[2], DONG Daixing[3],
BAO Manfei[1], YANG Xiaoqi[1], ZHANG Chuanqing[1***]
(1. *College of Advanced Agricultural Sciences, Zhejiang Agricultural and Forestry University, Hangzhou* 311300, *China*; 2. *Yuhang's Management Station for the Agricultural Ecology and Plant Protection of Hangzhou, Hangzhou* 311100, *China*; *Agricultural Technology Extension Centre of Fuyang District, Hangzhou* 311499, *China*)

Abstract: Sweet cherry (*Prunus avium*) is one of the most important economical crops in our country. Cherry anthracnose caused by *Colletotrichum* spp. has greatly restricted the development of sweet cherry industry. In this study, the pathogenicity of *Colletotrichum* spp. to cherry was determined. The frequency of resistance to thiophanate-methyl and the sensitivity to azoxystrobin and trifloxystrobin were determined by differential dose method and mycelium growth rate method respectively. The results showed that *Colletotrichum* spp. isolated from cherry fruit disease samples had strong pathogenicity. All 46 strains of *Colletotrichum* spp. were resistant to thiophanate-methyl, with the resistance frequency of 100%. The EC_{50} values of azoxystrobin against *Colletotrichum* spp. ranged from 0.779 to 2.068 μg/mL, and the average value was 1.576 μg/mL. The EC_{50} values of trifloxystrobin against *Colletotrichum* spp. ranged from 0.043 to 1.528 μg/mL, and the average value was 0.640 μg/mL. *Colletotrichum* spp. was sensitive

* 基金项目：杭州市农业与社会发展重大项目资助（202203A07）
** 第一作者：胡硕丹；E-mail：hu2497332799@163.com
*** 通信作者：张传清；E-mail：cqzhang9603@126.com

to azoxystrobin and trifloxystrobin. The results of this study provided a theoretical basis for the control of cherry anthracnose.

Key words: Cherry anthracnose; Thiophanate - methyl; Azoxystrobin; Trifloxystrobin; Resistance frequency; Sensitivity

甜樱桃（*Prunus avium*）又名大樱桃，是我国重要的经济作物之一，其营养丰富，味道鲜美，近年来广受人们的喜爱[1,2]。炭疽病是樱桃的主要病害之一，由炭疽菌属（*Colletotrichum* spp.）真菌侵染所致，主要危害樱桃果实[3]。其症状表现为果实表面干缩凹陷，严重时缩成僵果或软腐脱落。病原菌亦可以潜伏在果实内，当采收和包装过程受到机械损伤时表现出症状，导致樱桃采后腐烂现象也较为严重[4]。这些问题都极大的限制了甜樱桃产业的发展。

樱桃炭疽病的防治主要依赖于药剂防治，由于病菌环境适应性和繁殖能力强，后代群体数量大，容易对化学药剂产生抗药性[5,6]。甲基硫菌灵、多菌灵等属于苯并咪唑类杀菌剂（Benzimidazole fungicides，BENs），这类杀菌剂作用于真菌的β-微管（β-tubulin）蛋白，阻止微管二聚体的形成而抑制真菌的细胞分裂，表现为抑制孢子芽管和菌丝生长[7]。过去常使用 BENs 类药剂防治樱桃炭疽病，在田间表现出了良好的防治效果[8]，但由于该类杀菌剂的作用位点单一，连续大面积使用，病原菌抗药性现象也频频发生[9,10]。嘧菌酯、肟菌酯属于甲氧基丙烯酸酯（Quinone outside inhibitors，QoIs）类杀菌剂，通过与线粒体上细胞色素 b 的 Qo 位点结合，阻断细胞色素 b 和细胞色素 c1 之间的电子传递，抑制呼吸作用，从而抑制真菌孢子的萌发以及菌丝的生长[11]。研究表明苯并咪唑类杀菌剂的高抗菌株与甲氧基丙烯酸酯类杀菌剂之间无交互抗性，所以甲氧基丙烯酸酯类杀菌剂经常可被用于苯并咪唑类杀菌剂的抗药性治理[12]。本研究测定了樱桃炭疽病菌对甲基硫菌灵的抗药性以及对 QoIs 的敏感性，旨在为实际生产中樱桃炭疽病的有效防治提供理论指导。

1 材料与方法

1.1 供试材料

1.1.1 供试菌株

于 2019—2000 年从杭州等地采集樱桃炭疽果实病样，症状表现为果面出现暗褐色皱缩，有水渍状浅褐色病斑，后病斑扩大逐渐变成暗黑色干缩凹陷，最后果实软腐脱落或干缩成僵果挂在树枝上（图 1）。共分离到 46 株樱桃炭疽病菌，供试菌株保存于浙江农林大学杀菌剂与植物病害治理实验室。将菌株接种于 PDA 培养基，在 25℃黑暗条件下培养 5 天后进行活化转接培养，置于 4℃冰箱保存备用。

图 1 樱桃炭疽病病害症状

1.1.2 供试培养基

马铃薯葡萄糖琼脂（PDA）培养基：马铃薯 200 g、琼脂 20 g、葡萄糖 20 g，无菌水定容至 1 L。

1.1.3 供试药剂

97%甲基硫菌灵原药由浙江禾本农药化学有限公司提供，96%嘧菌酯原药由浙江天丰化学公司提供、97%肟菌酯原药由浙江天丰化学公司提供。

1.2 致病性测定

随机选择 4 株分离得到的樱桃炭疽病菌分离株（BE1－1、BE1－9、BE2－13、BE2－16）进行致病性测定。采用静置产孢的方法获取孢子悬浮液[13]，用涂布器刮洗 PDA 平板上的分生孢子后，经无菌纱布过滤制得孢子悬浮液，将浓度调节到 1×10^6个/mL 备用。采用离体刺伤接种法[14]，挑选健康、大小一致的樱桃，表面用 75%乙醇消毒和无菌水冲洗干净，使用灭菌昆虫针在樱桃中间刺 5 个伤口，每个樱桃接种 5 μL 孢子悬浮液，置于覆有滤纸的无菌塑料盒中，并在滤纸上加少量水以保证湿度，阴性对照用无菌水接种，每株接种 3 个樱桃。然后将樱桃置于 25℃、湿度为 90%光照培养箱中，12 h 光/暗循环条件下进行培养，观察并记录发病情况。

1.3 樱桃炭疽病菌对甲基硫菌灵的抗性水平测定

采用区分剂量法测定樱桃炭疽病菌对甲基硫菌灵抗性频率[9]。将 46 株樱桃炭疽病菌分别在 PDA 培养基上活化培养 5 天后，用灭菌枪头（直径 5.0 mm）沿菌丝生长活跃的同一圆周打孔，挑取菌饼接种于含不同质量浓度甲基硫菌灵的 PDA 培养基平板中央，以 5 μg/mL 作为区分浓度，以不含药剂但含有相同体积有机溶剂的处理作为对照（CK），每个处理重复 3 次。25℃黑暗条件下培养 3 天后观察，在 0 μg/mL 上能生长，5 μg/mL 上不能生长的为敏感菌株，在 5 μg/mL 上能生长的为抗性菌株。按照以下公式计算抗药性频率。

$$抗药性频率（\%）=（抗药性菌株数/总菌株数）\times100$$

1.4 樱桃炭疽病菌对嘧菌酯、肟菌酯的敏感性

采用菌丝生长速率法测定樱桃炭疽病菌对嘧菌酯、肟菌酯的敏感性[15]。随机选择 4 株樱桃炭疽病菌（BE1-1、BE1-9、BE2-13、BE2-16）测定对嘧菌酯、肟菌酯的敏感性。各菌株分别在 PDA 培养基活化培养 5 天后，用灭菌枪头（直径 5.0 mm）沿菌丝生长活跃的同一圆周打孔，挑取菌饼接种于最终质量浓度分别为 0.125 μg/mL、0.25 μg/mL、0.5 μg/mL、1 μg/mL、2 μg/mL 的含药 PDA 培养基平板中央，以未加入任何药剂但含相同溶剂的 PDA 平板为对照，每个浓度设置 3 次重复，在 25℃黑暗条件下培养 7 天，采用十字交叉法测量菌落直径（cm），计算菌丝生长抑制率。利用 SPSS 22.0 软件，求出 EC_{50}值。

2 结果与分析

2.1 致病性测定

接种实验表明，4 株樱桃炭疽菌分离株均能对樱桃果实致病，且致病力较强。接种 2 天后，樱桃表面轻微凹陷；接种 4 天后，各分离株接种的樱桃表面凹陷进一步加重，凹陷处产生橘红色水渍状病斑，伤口上出现白色的细小菌丝；接种 7 天后，病斑已经覆盖满至樱桃的一个侧面，病斑中央橘红色孢子堆极为明显，病斑周围的菌丝较多且茂盛；接种 10 天后，病斑进一步蔓延，菌丝更加茂盛。对照组没有明显发病现象（图 2）。

2.2 樱桃炭疽病菌对甲基硫菌灵的抗性频率

采用区分剂量法测定了樱桃炭疽病菌对甲基硫菌灵的抗性频率，结果表明，46 株樱桃炭疽病菌均能够在含 5 μg/mL 甲基硫菌灵的 PDA 平板上生长，表现出抗药性，抗药性频率

达到 100%（图 3A），部分樱桃炭疽病菌在含 5 μg/mL 甲基硫菌灵的 PDA 平板上生长状态如图 3B 所示。

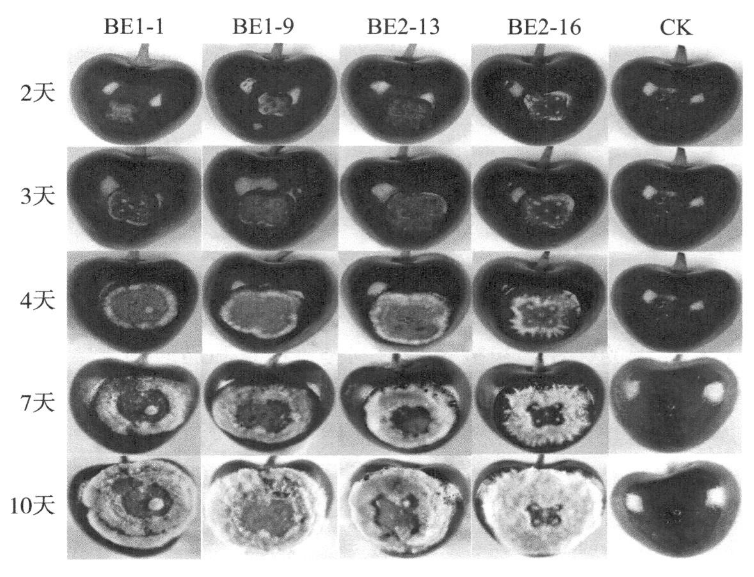

图 2　樱桃炭疽病菌代表分离株致病性测定

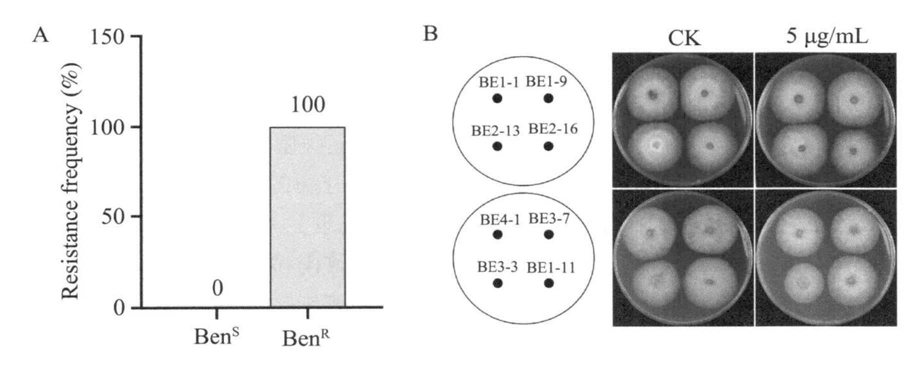

图 3　樱桃炭疽病菌（*n*=46）对甲基硫菌灵抗药性频率（A）
和代表性菌株在含甲基硫菌灵（5 μg/mL）的 PDA 平板上生长情况（B）

2.3　樱桃炭疽病菌对嘧菌酯、肟菌酯的敏感性

樱桃炭疽病菌对嘧菌酯、肟菌酯的敏感性水平如表 1 所示。嘧菌酯抑制樱桃炭疽病菌菌丝生长的 EC_{50}值在 0.779~2.068 μg/mL，平均 EC_{50}值为 1.576 μg/mL；肟菌酯抑制樱桃炭疽病菌菌丝生长的 EC_{50}值在 0.043~1.528 μg/mL，平均值为 0.640 μg/mL。樱桃炭疽病菌对嘧菌酯、肟菌酯均表现为敏感。

表 1　樱桃炭疽病菌对嘧菌酯和肟菌酯的敏感性水平

药剂	菌株编号	EC_{50}（μg/mL）
嘧菌酯	BE1-1	1.528
	BE1-9	0.779
	BE2-13	1.932
	BE2-16	2.068

（续表）

药剂	菌株编号	EC_{50}（μg/mL）
肟菌酯	BE1-1	0.043
	BE1-9	0.779
	BE2-13	0.213
	BE2-16	1.528

3 讨论

甜樱桃是一种颇受消费者喜爱的水果，随着栽培面积和规模不断扩大，樱桃生产中的病害问题也不断引起种植者的关注。炭疽病是影响樱桃产量和品质的主要病害之一。目前针对炭疽病防治主要以化学防治为主，常使用甲基硫菌灵等苯并咪唑类杀菌剂来进行防治[16]。由于炭疽菌繁殖能力强以及长时间单一药剂的使用，致使炭疽菌对苯并咪唑类杀菌剂的抗性问题日益突出，防治难度提高[17,18]。本研究进行了樱桃炭疽病菌对甲基硫菌灵的抗性检测，结果同样发现有较高水平抗性的现象，抗药性频率达到100%，因此，在樱桃炭疽病的田间防治中，不宜再单一使用该类杀菌剂。

研究表明苯并咪唑类杀菌剂的高抗菌株与甲氧基丙烯酸酯类杀菌剂之间无交互抗性，可以使用甲氧基丙烯酸酯类杀菌剂进行苯并咪唑类杀菌剂的抗药性治理[12]。本研究进一步测定了樱桃炭疽病菌对嘧菌酯和肟菌酯的敏感性，结果表明，嘧菌酯对樱桃炭疽病菌的 EC_{50} 值在0.779~2.068 μg/mL，平均值为1.576 μg/mL；肟菌酯对樱桃炭疽病菌的 EC_{50} 值在0.043~1.528 μg/mL，平均值为0.640 μg/mL。樱桃炭疽病菌对嘧菌酯、肟菌酯均表现为敏感。可使用该类药剂替换苯并咪唑类杀菌剂进行樱桃炭疽病的田间防治。Peng 等研究表明，在贵州地区采集的樱桃炭疽病菌对嘧菌酯、肟菌酯也表现为敏感[3]。然而后续在病害防治过程中也要加强敏感性检测。炭疽菌也可以在贮藏期导致樱桃果实腐烂，杀菌剂易产生化学物质残留对人体健康造成危害，因此贮藏期不宜使用杀菌剂防治樱桃采后炭疽病。天然的生物活性物质使用安全、简单易得，近年来备受关注，可将应用到樱桃采后的贮藏保鲜中[19]。

总之，本研究表明，樱桃炭疽病菌对苯并咪唑类杀菌剂的抗性已十分严重，而对嘧菌酯和肟菌酯表现为敏感，应停止苯并咪唑类杀菌剂在樱桃病害防治中的应用。本研究结果为樱桃炭疽病的防治提供了理论依据。

参考文献

[1] 任静，李龙俊，刘光霞，等．贵阳市乌当区樱桃的常见病害及防控措施［J］．农技服务，2019，36（5）：54-56.

[2] 李国琴，武晋海，朱洪梅，等．甜樱桃采后保鲜技术的研究进展［J］．食品研究与开发，2021，42（20），191-197.

[3] PENG K，PAN Y，TAN T，Zeng X，et al. Characterization and fungicide sensitivity of *Colletotrichum godetiae* causing sweet cherry fruit anthracnose in Guizhou，China［J］. Front Microbiol，2022，13：923181.

[4] TANVIR A，YANG L，HUANG S，et al. First record of *Alternaria alternata* causing postharvest fruit rot of sweet cherry（*Prunus avium*）in China［J］. Plant Dis，2020.

[5] MARTIN P L，KRAWCZYK T，PICRCE K，et al. Fungicide sensitivity of *Colletotrichum* species

causing bitter rot of apple in the Mid-Atlantic U. S. A. [J]. Plant Dis, 2022, 106 (2): 549-563.

[6] RELLO C S, BAGGIO J S, FORCELINI B B, et al. Sensitivity of *Colletotrichum acutatum* species complex from strawberry to fungicide alternatives to quinone-outside inhibitors [J]. Plant Dis, 2022, 106 (8): 2053-2059.

[7] BANNO S, FUKUMORI F, ICHIISHI A, et al. Genotyping of benzimidazole-resistant and dicarboximide-resistant mutations in *Botrytis cinerea* using real-time polymerase chain reaction assays [J]. Phytopathology, 2008, 98 (4): 397-404.

[8] 张琪静，戴启东，艾佳音，等. 辽宁省樱桃病虫害发生现状及防控对策 [J]. 中国果树, 2022, (12): 94-98.

[9] LIU Y H, YUAN S K, HU X R, et al. Shift of sensitivity in *Botrytis cinerea* to benzimidazole fungicides in strawberry greenhouse ascribing to the rising-lowering of E198A subpopulation and its visual, on-site monitoring by loop-mediated isothermal amplification [J]. Sci Rep, 2019, 9 (1): 1-7.

[10] WANG H C, ZHANG C Q. Multi-resistance to thiophanate-methyl, diethofencarb, and procymidone among *Alternaria alternata* populations from tobacco plants, and the management of tobacco brown spot with azoxystrobin [J]. Phytoparasitica, 2018, 46 (5): 677-687.

[11] BARTLETT D W, CLOUGH J M, GODWIN J R, et al. The strobilurin fungicides [J]. Pest Manage Sci, 2002, 58: 649-662.

[12] 周建波，任璐，殷辉，等. 苹果树腐烂病菌对甲基硫菌灵、苯醚甲环唑和嘧菌酯的敏感性及交互抗性 [J]. 农药, 2016, 55 (11): 854-858.

[13] GALE L R, BRYANT J D, CALVO S, et al. Chromosome complement of the fungal plant pathogen*Fusarium graminearum* based on genetic and physical mapping and cytological observations [J]. Genetics, 2005, 171 (3): 985-1001.

[14] 张艳婷. 草莓茎基腐病的病原菌鉴定、生物学特性及生物-化学协同控制技术 [D]. 杭州：浙江农林大学, 2021.

[15] 毛程鑫，陆强，周小军，等. 浙江省稻田藤仓镰孢霉对咪鲜胺的敏感性及抗药性菌株的适合度与交互抗性 [J]. 农药学学报, 2020, 22 (3): 432-438.

[16] MOREIRA R R, HAMADA N A, PERES N A, et al. Sensitivity of the *Colletotrichum acutatum* species complex from apple trees in Brazil to dithiocarbamates, methyl benzimidazole carbamates, and quinone outside inhibitor fungicides [J]. Plant Dis, 2019, 103 (10): 2569-2576.

[17] TORRES-CALZADA C, TAPIA-TUSSELL R, HIGUERA-CIAPARA I, et al. Sensitivity of *Colletotrichum truncatum* to four fungicides and characterization of thiabendazole-resistant isolates [J]. Plant Dis, 2015, 99 (11): 1590-1595.

[18] CHECHI A, STAHLECKER J, DOWLINGD M E, et al. Diversityin species composition and fungicide resistance profiles in *Colletotrichum* isolates from apples [J]. Pestic Biochem Physiol, 2019, 158: 18-24.

[19] PASQUARIELLO M S, PATRE DD, MASTROBUONI F, et al. Influence of postharvest chitosan treatment on enzymatic browning and antioxidant enzyme activity in sweet cherry fruit [J]. Postharvest Bio Tec, 2015, 109: 45-56.

会议论文摘要

Analysis of the genetic mechanism, baseline sensitivity and risk of resistance to difenoconazole in *Colletotrichum truncatum*

SHI Niuniu[1,2 *], QIU Dezhu[1,2], CHEN Furu[1,2], DU Yixin[1,2**]

(1. *Institute of Plant Protection*, *Fujian Academy of Agricultural Sciences*, *Fuzhou* 350013, *China*; 2. *Fujian Key Laboratory for Monitoring and Integrated Management of Crop Pests*, *Fuzhou* 350013, *China*)

Abstract: Anthracnose disease, caused by *Colletotrichum truncatum*, is one of the most common diseases in soybean around the world. Demethylation inhibitor fungicides (DMIs) are currently registered chemical agents to manage anthracnose. This study was aimed at determining baseline sensitivity of *C. truncatum* to difenoconazole and assessing the risk for development of resistance to difenoconazole and its resistance mechanism in *C. truncatum*. The results showed that the EC_{50} values of 139 isolates to difenoconazole ranged from 0.232 6 μg/mL to 1.780 2 μg/mL and the frequency of sensitivity formed a unimodal distribution. Six stable mutants were generated after 10 successive culture transfers. All the mutants exhibited fitness penalties in reduced mycelial growth rate, sporulation and pathogenicity, except for the Ct2－3－5 mutant. Difenoconazole at 80 g/hm^2 performed good preventive efficacies, ranging from 54.35% to 64.40%. Positive cross－resistance was observed between difenoconazole and propiconazole, but not between difenoconazole and prochloraz, pyraclostrobin, or fluazinam. One point mutation V463I in CYP51A was found in five resistant mutants, but there were no amino acid changes in CYP51B. By inducing gene expression, *CYP51A* and *CYP51B* expression increased slightly in the resistant mutants as compared to wild－types when exposed to difenoconazole, but not in the CtR61－2－3f and CtR61－2－4a mutants. TIn general, one point mutation, V463I in CYP51A, could be associated with low resistance to difenoconazole in *C. truncatum*. The resistance risk of *C. truncatum* to difenoconazole is likely to be low, which suggests that this fungicide can still be reasonably used to control soybean anthracnose.

Key words: *Colletotrichum truncatum*; difenoconazole; resistance mechanism; CYP51; point mutation

* First author: SHI Niuniu; E-mail: niuniushi@126.com

** Corresponding author: DU Yixin; E-mail: yixindu@163.com

Two novel point-mutations in cytochrome bconfer resistance to florylpicoxamid in *Colletotrichum scovillei*

SHI Niuniu[1 *], ZHAO Deyou[2], QIU Dezhu[1],
WANG Haihong[2], WU Liting[2], CHEN Furu[1], DU Yixin[1,2**]
(1. *Institute of Plant Protection*, *Fujian Academy of Agricultural Sciences*, *Fuzhou* 350013, *China*; 2. *Corteva* (*China*) *Investment Co.*, *Ltd.*, *Shanghai* 200120, *China*)

Abstract: Anthracnose caused by *Colletotrichum scovillei* is one of the most destructive diseases of chili worldwide. Florylpicoxamid is a new quinone inside inhibitor (QiI) fungicide, which shows intensively inhibitory activity against *C. scovillei*. Currently, florylpicoxamid is in the registration process to control chili anthracnose in China. This study investigated the risk of resistance and genetic mechanism of *C. scovillei* to florylpicoxamid. Baseline sensitivity of 141 *C. scovillei* isolates to florylpicoxamid was established with an average EC_{50} value of (0.232 8±0.087 6) μg/mL. A total of seven stable florylpicoxamid-resistant mutants were obtained with resistance factors ranging from 41 to 276. The mutants showed similar or weaker traits in mycelial growth, sporulation, conidial germination and pathogenicity than their parental isolates. Generally, the resistance risk of *C. scovillei* to florylpicoxamid would be moderate. In addition, there was no cross-resistance between florylpicoxamid and the commercially available fungicides tested. A37V and S207L mutations in the cytochrome *b* protein were detected in four high-resistance and three moderate-resistance mutants, respectively, of which, S207L is a new mutation. Molecular docking confirmed that the two mutations conferred different resistance levels to florylpicoxamid. These results suggested the need to implement an optimized disease control and smart anti-resistance strategy.

Key words: Florylpicoxamid; QiI fungicide; *Colletotrichum scovillei*; Resistance risk; Point mutations; Molecular docking

* First author: SHI Niuniu; E-mail: niuniushi@126.com
** Corresponding author: DU Yixin; E-mail: yixindu@163.com

草莓茎腐根腐病病原鉴定及对防治药剂敏感性*

任创岭[1**]，刘　爱[1]，董秀霞[2]，徐　梁[3]，张大侠[1***]，刘　峰[1***]

（1. 山东农业大学植物保护学院，山东省蔬菜病虫生物学重点实验室，泰安　271018；
2. 聊城市茌平区农业发展服务中心，聊城　252100；
3. 山东胜邦绿野化学有限公司，济南　250204）

摘要： 草莓茎腐根腐病在世界草莓产区广泛发生，引起严重的死棵缺苗，是草莓育苗期及移栽期的重要病害之一，近年来该病害在山东省各草莓产区愈发严重，威胁到草莓产业的健康发展。2021—2023年，在山东省主要草莓种植区调查并采集草莓死棵病株，初步确定山东省草莓茎腐根腐病发病率普遍在30%左右，严重者可达80%。该病主要危害草莓短缩茎，症状初期表现为短缩茎横截面外缘出现棕褐色病斑，对应的根系变黑坏死，后期整个横截面为棕褐色波纹状病斑，根系全部变黑导致植株萎蔫死亡。结合组织分离法与单胞分离法获得484株病原菌。25℃，PDA培养基培养5天，形态观察鉴定主要为刺盘孢菌。按照形态特征与地理位置选择代表性菌株，克隆核糖体内转录间隔区（ITS）、三磷酸甘油醛脱氢酶（GADPH）、β-微管蛋白（TUB）、钙调蛋白（CAL）和几丁质合成酶（CHS）基因构建多基因系统发育树，确定菌株均属于胶孢刺盘孢菌复合种，包括暹罗刺盘孢菌（*C. siamense*）、果生刺盘孢菌（*C. fructicola*）。柯赫式法则证明病原菌造成草莓短缩茎部位的症状与田间症状一致，再分离病原菌与原接种病原菌形态特征及多基因序列一致。其中，暹罗刺盘孢菌对草莓植株的致病性最强。室内测定了上述刺盘孢菌对甾醇脱甲基抑制剂类杀菌剂（戊唑醇、苯醚甲环唑、咪鲜胺、氯氟醚菌唑）与四霉素的敏感性，发现暹罗刺盘孢菌和果生刺盘孢菌的菌丝和分生孢子对四霉素均敏感，菌丝EC_{50}分别为2.33 mg/L和2.89 mg/L；分生孢子EC_{50}分别为0.032 mg/L和0.038 mg/L。戊唑醇对两种刺盘孢菌菌丝毒力最高，EC_{50}分别为0.008 2 mg/L和0.006 3 mg/L。本研究为该病害的有效防治提供了依据。

关键词： 草莓；茎腐根腐病；调查；病原鉴定；敏感毒力

---

* 项目资助：山东省蔬菜产业技术体系（SDAIT-05-13）

** 第一作者：任创岭，硕士研究生；E-mail：15726083895@163.com

*** 通信作者：张大侠，博士，副教授，主要从事农药制剂加工与施药技术研究；E-mail：daxia586@163.com
刘峰，博士，教授，主要从事农药制剂加工与施药技术以及农药毒理学研究；E-mail：fliu@sdau.edu.cn

SDHI 类杀菌剂对假禾谷镰孢菌的毒力选择性研究*

王国贤[1**]，刘　松[1]，薛　梅[1]，汪金玉[1]，张　莉[1,2,3]，李北兴[1,2,3***]，刘　峰[1,2***]
[1. 山东农业大学植物保护学院，泰安　271018；2. 山东农业大学小麦育种全国重点实验室，泰安　271018；3. 山东农业大学德州（齐河）小麦产业研究院，德州　251100]

摘要：假禾谷镰孢菌是造成小麦茎基腐病的主要病原物，严重威胁我国北方粮食产区的生产和安全。本研究首先确定 SDHI 类杀菌剂不同品种对假禾谷镰孢菌存在着显著的毒力差异，三氟吡啶胺、氟唑菌酰羟胺、氟吡菌酰胺、苯丙烯氟菌唑、氟唑菌酰胺、吡唑萘菌胺、啶酰菌胺、氟唑菌苯胺、吡噻菌胺的有效抑制中浓度（EC_{50}）分别为 0. 01 μg/mL、0. 02 μg/mL、17. 87 μg/mL、10. 88 μg/mL、15. 21 μg/mL、7. 94 μg/mL、>1 000 μg/mL、>1 000 μg/mL、>1 000 μg/mL。在此基础上，采用 PEG 介导的原生质体转化方法将潮霉素磷酸转移酶片段分别同源置换假禾谷镰孢菌的琥珀酸脱氢酶的 5 个基因（*SDHA*、*SDHB*、*SDHC*1、*SDHC*2、*SDHD*），将遗传霉素磷酸转移酶片段同源置换 *SDHC*1 敲除突变体的 *SDHC*2 基因，每个处理分别各得到 2 个转化子。采用菌丝生长速率法，测定上述 SDHI 类杀菌剂对野生型菌株和基因敲除突变菌株的 EC_{50}值。结果发现，*SDHC*1 敲除突变体对 9 种 SDHI 类杀菌剂极敏感，三氟吡啶胺、氟唑菌酰羟胺、氟吡菌酰胺、苯丙烯氟菌唑、氟唑菌酰胺、吡唑萘菌胺、啶酰菌胺、氟唑菌苯胺、吡噻菌胺的有效抑制中浓度（EC_{50}）分别为 0. 015 μg/mL、0. 045 μg/mL、0. 23　μg/mL、0. 54　μg/mL、0. 76　μg/mL、0. 15　μg/mL、0. 36　μg/mL、0. 067　μg/mL、0. 011 μg/mL。可以看出，9 种 SDHI 类杀菌剂对 *SDHC*2 敲除突变体的 EC_{50}值没有变化，三氟吡啶胺、氟唑菌酰羟胺、氟吡菌酰胺对 *SDHA*、*SDHB*、*SDHC*1-*SDHC*2（双敲）、*SDHD* 敲除突变体的毒力消失，苯丙烯氟菌唑、氟唑菌酰胺、吡唑萘菌胺仍有较高毒力，啶酰菌胺、氟唑菌苯胺、吡噻菌胺对其毒力无变化。*SDHA*、*SDHB*、*SDHC*1-*SDHC*2、*SDHD* 基因缺失突变体和野生型菌株生长速率显著减慢、无产孢能力与致病力、SDH 活力显著降低。*SDHC*1 敲除突变体和野生型菌株在生长速率、产孢量和致病力生物学上没有差异，SDH 活力与抗胁迫能力无变化。*SDHC*2 敲除突变体和野生型菌株在生长速率和抵抗胁迫能力上没有差异，但产孢量、致病力和 SDH 活力显著降低。综上，SDHC1 基因调控 SDHI 类杀菌剂对假禾谷镰孢菌的毒力选择，本研究对高效防控小麦茎基腐病提供了分子靶标资源。

关键词：SDHI 类杀菌剂；假禾谷镰孢菌；原生质体转化；毒力；选择性

---

* 项目资助：山东省小麦产业技术体系（SDAIT-01-09）

** 第一作者：王国贤，硕士研究生；E-mail：wanggx199901@ 163. com

*** 通信作者：李北兴，博士，副教授，主要从事纳米农药研究；E-mail：libeixing@ 126. com

刘峰，博士，教授，主要从事农药制剂加工与施药技术以及农药毒理学研究；E-mail：fliu @ sdau. edu. cn

新型杀线虫剂三氟吡啶胺兼防番茄根结线虫病和颈腐根腐病*

刘　阳[1**]，李长洋[1]，李　金[1]，杨丽媛[1]，姚志浩[1]，张敬智[2]，管廷龙[3]，刘　峰[1***]
［1. 山东农业大学植物保护学院，山东省蔬菜病虫生物学重点实验室，泰安　271018；
2. 山东思远农业开发有限公司，淄博　255400；
3. 先正达（中国）投资有限公司，上海　200126］

摘要：南方根结线虫（*Meloidogyne incognita*）和番茄颈腐根腐病（*Fusarium oxysporum* f. sp. *radicis-lycopersici*）在我国北方设施番茄生产中普遍发生，引起植株长势衰弱和产量下降，两者协同侵染后能够导致更严重的复合病害，造成重大损失。然而，生产中对植物病害的管理多集中在单一病害上，复合病害控制研究关注较少。本研究评价了三氟吡啶胺、氟吡菌酰胺和咯菌腈等在防治番茄南方根结线虫和颈腐根腐病菌复合病害的防治效果。确定新型琥珀酸脱氢酶抑制剂三氟吡啶胺对 *M. incognita* 和 *F. oxysporum* f. sp. *radicis-lycopersici* 具有独特的杀线虫和抗真菌活性，其 LC_{50}和 EC_{50}分别为 0.34 mg/L 和 0.12 mg/L。氟吡菌酰胺对 *M. incognita* 的 LC_{50}分别为 2.15 mg/L，而咯菌腈对 *M. incognita* 的 LC_{50}>50 mg/L；氟吡菌酰胺对 *F. oxysporum* f. sp. *radicis-lycopersici* 的 EC_{50} > 50 mg/L，而咯菌腈对该菌的 EC_{50}为 0.30 mg/L。在盆栽和田间试验中，三氟吡啶胺对根结线虫的防治效果大于 70%，对番茄颈腐根腐病的防治效果大于 50%；氟吡菌酰胺对根结线虫的防治效果大于 70%，但对番茄颈腐根腐病的防治效果低于 30%；咯菌腈对根结线虫的防治效果低于 20%，对番茄颈腐根腐病的防治效果也仅为 20%。此外，三氟吡啶胺显著提高了番茄果实产量 30%以上，而氟吡菌酰胺和咯菌腈仅提高了番茄果实产量 20%和 10%。3 种杀线虫剂在土壤中的迁移和分布也验证了三氟吡啶胺具有更好的土壤移动性，有利于其保护更广泛的作物根系。综上所述，对于南方根结线虫和尖孢镰刀菌引起的复合病害，同时防治两种病原生物比仅防治单一病原生物更具有优势，可以显著提高作物产量。因此，三氟吡啶胺（TYMIRIUM®）在对番茄根结线虫病和颈腐根腐病的综合治理中具有广阔的应用前景。

关键词：三氟吡啶胺；杀线虫剂；南方根结线虫；尖孢镰孢菌；兼治

---

* 项目资助：国家重点研发计划（2022YFD1700500）；山东省蔬菜产业技术体系（SDAIT-05-13）
** 第一作者：刘阳，博士研究生；E-mail：yliu0501@163.com
*** 通信作者：刘峰，博士，教授，主要从事农药制剂加工与施药技术以及农药毒理学研究；E-mail：fliu@sdau.edu.cn

丙硫菌唑、嘧菌酯与百菌清对植物炭疽病菌协同增效作用研究

张 杰[1,2*]，张 鲁[1,2]，李乐成[1,2]，蔡义强[1,2]，王建新[1]，段亚冰[1,2**]，周明国[1**]
（1. 南京农业大学植物保护学院，南京 210095；
2. 南京农业大学三亚研究院，三亚 572025）

摘要：炭疽菌属（*Colletotrichum* spp.）是一类常见且重要的植物病原真菌，引起蔬菜、水果及景观植物炭疽病，危害植物叶片、茎蔓、枝梢与果实等，导致叶枯、茎枯、果腐，造成重大的经济损失。我国植物炭疽病的发生及暴发受气候条件影响较大，呈显著性的发生规律，即南方地区重于北方地区、东部沿海地区重于西部内陆地区。目前，针对炭疽病的防治手段主要有培育抗病品种和使用化学药剂，其中使用化学药剂是农业生产中主要的应急措施。用于防治植物炭疽病的化学药剂主要有多作用位点的传统保护性杀菌剂和作用位点单一的现代选择性杀菌剂，如微管蛋白抑制剂类（Tubulin inhibitors）、麦角甾醇生物合成抑制剂类（Ergosterol biosynthesis inhibitors，EBIs）及甲氧基丙烯酸酯类（Quinone outside inhibitors，QoIs）杀菌剂等。由于长期大量使用作用位点单一的现代选择性杀菌剂，已在多个地区不同寄主上发现了对多菌灵、戊唑醇及嘧菌酯等药剂产生抗药性的炭疽病菌，如芒果炭疽病菌多菌灵抗性菌株、葡萄炭疽病菌戊唑醇抗性菌株与葡萄炭疽病菌嘧菌酯抗性菌株，且抗性频率与抗性范围呈逐年扩大趋势，常导致病害防效降低或失败，严重制约我国农业的安全生产。本文采集、分离并鉴定了大豆平头炭疽菌（*Colletotrichum truncatum*）、葡萄炭疽菌（*Colletotrichum gloeosporioides*）、芒果炭疽菌（*Colletotrichum asianum*，*Colletotrichum siamense*）、苹果炭疽菌（*Colletotrichum fructicola*）、辣椒炭疽菌（*Colletotrichum capsici*）、柑橘炭疽菌（*Colletotrichum frucrigenum*）、大叶黄杨炭疽菌（*Colletotrichum frigidium*）等8种植物炭疽病菌，测定了丙硫菌唑、嘧菌酯、百菌清三种药剂及其组合对8种植物炭疽病菌的抑菌活性及协同增效作用。试验结果表明，丙硫菌唑对8种炭疽病菌的 EC_{50} 范围为0.666 8~20.061 5 μg/mL；嘧菌酯对大豆炭疽菌 EC_{50} 为3.75 μg/mL，对芒果炭疽菌、苹果炭疽菌、柑橘炭疽菌等 EC_{50} 均超过10 μg/mL；百菌清对各炭疽病菌的 EC_{50} 均大于10 μg/mL；丙硫菌唑与嘧菌酯、丙硫菌唑与百菌清及嘧菌酯与百菌清组合在不同比例下多表现为拮抗作用，仅在部分比例下表现为相加作用，但丙硫菌唑、嘧菌酯与百菌清3种药剂组合表现出显著的增效作用，其中复配比为2∶1∶2的复配药剂组合对8种植物炭疽病菌的 EC_{50} 范围为0.062 4~0.412 6 μg/mL，复配药剂对各植物炭疽病菌的增效系数（Wadley增效系数法）在7.21~59.14。以大豆子叶及苹果为试验材料，验证丙硫菌唑、嘧菌酯、百菌清复配比为2∶1∶2的最优复配组合的室内活体防效。结果表明，复配药剂具有较好的保护及治疗作用。另外，通过液相色谱分析法对复配组合中的三种药剂有效成分进行鉴定分析。结果表明，3种药剂混合后未发生化学反

* 第一作者：张杰，博士后；E-mail：2018202061@njau.edu.cn
** 通信作者：段亚冰，教授，主要从事杀菌剂生物学研究；E-mail：dyb@njau.edu.cn
周明国，教授，主要从事杀菌剂生物学研究；E-mail：mgzhou@njau.edu.cn

应，协同增效作用是3种药剂进入细胞内产生生理生化作用的体现。通过本文研究，研发了丙硫菌唑、嘧菌酯、百菌清增效组合使用技术，在提高药剂防治效果的基础上，减少了药剂使用量，节约了药剂使用成本，减轻了环境污染压力，缓解了农药研发缓慢与市场需求紧迫的矛盾，克服和延缓了药剂抗药性的产生，为“老药新用”提供了科学理论。

关键词：植物炭疽菌；丙硫菌唑；嘧菌酯；百菌清；复配药剂；协同增效

新型 QiI 类杀菌剂 florylpicoxamid 的抑菌活性及其对番茄灰霉病的防治效果研究*

李　雄[1**]，杨继焜[1]，苗建强[1]，刘西莉[1,2***]

（1. 西北农林科技大学植物保护学院，旱区作物逆境生物学国家重点实验室，杨凌　712100；2. 中国农业大学植物病理学系，北京　100193）

摘要： Florylpicoxamid 是陶氏杜邦（现科迪华）公司基于第一代吡啶酰胺类杀菌剂 fenpicoxamid 开发的第二代吡啶酰胺类杀菌剂，其作用机理是通过结合真菌呼吸电子传递链复合物Ⅲ上 Qi 位点，进而抑制病原真菌的呼吸作用和能量合成。

本研究测定了 florylpicoxamid 对农业生产中重要的 16 种植物病原菌的抑制活性，结果表明，florylpicoxamid 对番茄灰霉病菌等 12 种真菌都有较好的抑制作用，其 EC_{50} 为 0.017～2.096 μg/mL。通过离体果实接种法测定了 florylpicoxamid 对番茄灰霉病的治疗与保护作用，结果表明，florylpicoxamid 对番茄灰霉病有良好的保护与治疗作用，并且保护作用优于治疗作用。

进一步测定了 florylpicoxamid 对番茄灰霉病菌不同发育阶段的影响，结果表明，florylpicoxamid 对番茄灰霉病菌菌丝生长、孢子萌发、菌核萌发和芽管伸长都有良好的抑制作用，其 EC_{50} 分别为（0.051 0 ± 0.007 2）μg/mL、（0.006 2 ± 0.000 7）μg/mL、（0.012 0 ± 0.006 9）μg/mL 和（0.019 0 ± 0.004 1）μg/mL。采用菌丝生长速率法测定了来自我国 10 个不同地区 129 株番茄灰霉病菌对 florylpicoxamid 的敏感性，其 EC_{50} 为 0.007～0.123 μg/mL，平均 EC_{50} 为 0.04 μg/mL，敏感基线呈单峰分布，未监测到抗药性亚群体。交互抗药性分析结果表明，florylpicoxamid 与多菌灵、嘧菌环胺、吡唑醚菌酯和啶酰菌胺无交互抗性。田间防效结果表明，135 g/hm² 的 florylpicoxamid 对番茄灰霉病的田间防效显著优于 300 g/hm² 的啶酰菌胺。本研究结果为 florylpicoxamid 在番茄灰霉病防治过程的科学使用以及番茄灰霉病菌田间抗药性治理策略的制定提供了重要依据。

关键词： 番茄灰霉病；florylpicoxamid；抑菌活性；防治效果

---

* 基金项目：陕西省科技创新人才推进计划－科技创新团队（2020TD－035）；“十三五”国家重点研发计划项目（2016YFD0201305）

** 第一作者：李雄，在读博士研究生；E-mail：ica_lixiong@163.com

*** 通信作者：刘西莉，博士，教授，主要从事植物病原菌与杀菌剂互作的理论和技术研究；E-mail：seedling@nwafu.edu.cn

氟吡菌胺的作用机制解析*

代　探[1**]，杨继焜[1]，赵　闯[1]，陈金珠[1]，苗建强[1]，刘西莉[1,2***]
（1. 西北农林科技大学旱区作物逆境生物学国家重点实验室，植物保护学院，
杨凌　712100；2. 中国农业大学植物病理学系，北京　100193）

摘要：氟吡菌胺（Fluopicolide）是拜耳作物科学公司开发的一种苯甲酰胺类杀菌剂，于2005年在我国登记用于防治马铃薯/番茄晚疫病、辣椒疫病、黄瓜霜霉病、西瓜疫病以及大白菜霜霉病等多种果蔬作物卵菌病害。前期研究报道表明，该药剂的作用机制可能是通过影响类血影蛋白的分布而发挥抑菌作用，但其具体结合的靶标蛋白尚未被明确阐释。

本研究结果表明，辣椒疫霉中仅含有一个类血影蛋白编码基因 *α-actinin*，但其纯合敲除转化子对氟吡菌胺的敏感性未发生明显变化，表明 α-actinin 不是氟吡菌胺的靶标蛋白。本研究通过联合 BSA-seq（Bulked Segregate Analysis-sequencing）和优化的 DARTS（Drug Affinity Responsive Target Stability）方法将抗性相关基因成功定位在辣椒疫霉基因组 scaffold12 上，并最终获得 8 个候选靶标蛋白。通过 17 株抗性菌株和 5 株亲本敏感菌株的测序分析，发现所有抗性菌株的 Pc106526 蛋白上均存在点突变，点突变类型包括 G767E、N771Y、N846S 和 K847R。该蛋白被注释为液泡型 H^+-ATPase（V-ATPase）亚基 a（VHA-a）。进一步通过 CRISPR/Cas9 进行点突变验证，发现 PcVHA-a 上 N846S 突变可引起辣椒疫霉对氟吡菌胺的低水平抗性（抗性倍数<50），而 G767E、N771Y 和 K847R 突变均可引起高水平抗药性（抗性倍数>500）。进一步通过分子对接、酶活测定和体外结合能力验证，最终确认 VHA-a 为氟吡菌胺的靶标蛋白。通过共定位观察发现，VHA-a-mCherry 可以将 α-actinin-GFP 的质膜定位改变为囊泡状定位，且与氟吡菌胺存在与否无关，基于此我们推测氟吡菌胺改变 α-actinin 的分布是通过 VHA-a 介导发生的。综上，本研究系统揭示了氟吡菌胺的靶标蛋白为 VHA-a，是我国自主发现的第二个商品化杀菌剂的靶标蛋白。研究结果对于后续靶向液泡型 H^+-ATPase 的杀菌剂研发以及氟吡菌胺的田间抗性监测和治理具有重要意义。

关键词：氟吡菌胺；BSA；DARTS；液泡型 H^+-ATPase 亚基 a；作用机制

---

* 基金项目：“十四五”国家重点研发计划项目（2022YFD1400900）；陕西省科技创新人才推进计划-科技创新团队（2020TD-035）

** 第一作者：代探，博士后；E-mail：daitan2020@163.com

*** 通信作者：刘西莉，博士，教授，主要从事植物病原菌与杀菌剂互作的理论和技术研究；E-mail：seedling@nwafu.edu.cn

假禾谷镰孢菌对两种新型琥珀酸脱氢酶抑制剂的抗性风险评估及抗性分子机制*

李怡文[1**]，王　妍[1]，彭　钦[1]，苗建强[1]，刘西莉[1,2***]
（1. 西北农林科技大学旱区作物逆境生物学国家重点实验室，植物保护学院，杨凌　712100；2. 中国农业大学植物病理学系，北京　100193）

摘要：小麦茎基腐病是由多种病原菌引起的土传病害，其优势致病菌是假禾谷镰孢菌（*Fusarium pseudograminearum*）。该病害在我国发生日趋严重，威胁我国粮食安全，遗憾的是，目前生产中仍缺乏登记药剂用于其防治。前期研究发现，先正达公司研发的两种新型琥珀酸脱氢酶抑制剂 cyclobutrifluram 和氟唑菌酰羟胺对 *F. pseudograminearum* 均表现出优异的抑制活性。本研究旨在明确 *F. pseudograminearum* 对上述两种新型杀菌剂的抗性风险和抗性分子机制，为指导小麦茎基腐病的科学化学防控及合理用药提供理论依据。研究结果表明，cyclobutrifluram 对 167 株 *F. pseudograminearum* 的平均 EC_{50}为 0.024 8 μg/mL，氟唑菌酰羟胺对 100 株 *F. pseudograminearum* 的平均 EC_{50}为 0.016 2 μg/mL，敏感性频率分布均呈单峰曲线，表明田间不存在两种药剂的抗性菌株，上述平均 EC_{50}值可作为未来田间抗性监测的敏感基线。通过室内药剂驯化共获得了 5 株 cyclobutrifluram 抗性突变体和 4 株氟唑菌酰羟胺抗性突变体，其抗性倍数均大于 300 倍，且抗药性可稳定遗传，但所有抗性突变体的生存适合度显著低于亲本菌株或与亲本无显著差异。交互抗性分析结果表明，cyclobutrifluram 和氟唑菌酰羟胺之间具有正交互抗药性，但两种杀菌剂均与多菌灵、戊唑醇和氰烯菌酯无交互抗药性，综合分析表明，假禾谷镰孢菌对这两种杀菌剂均具有中等水平抗性风险。进一步克隆分析比对了抗性突变体和敏感亲本菌株中的 *FpSdhA/B/C_1/C_2/D* 基因，发现 cyclobutrifluram 抗性突变中存在 FpSdhB-H248Y 和 $FpSdhC_1$-A83V/R86K 点突变，氟唑菌酰羟胺抗性突变体中存在 $FpSdhC_1$-A83V/R86K 点突变。遗传转化试验结果表明，含 FpSdhB-H248Y 和 $FpSdhC_1$-A83V/R86K 点突变的转化子对两种杀菌剂的敏感性均显著降低。分子对接结果显示，两种点突变导致药剂与 FpSdhB 或 $FpSdhC_1$ 的结合能显著降低。因此假禾谷镰孢 FpSdhB-H248Y 和 $FpSdhC_1$-A83V/R86K 点突变是导致 *F. pseudograminearum* 对 cyclobutrifluram 和氟唑菌酰羟胺高水平抗性的主要原因。

关键词：小麦茎基腐病；假禾谷镰孢菌；cyclobutrifluram；氟唑菌酰羟胺；抗性风险评估；抗性分子机制

---

* 基金项目："十四五"国家重点研发计划项目（2022YFD1400900）；陕西省科技创新人才推进计划-科技创新团队（2020TD-035）

** 第一作者：李怡文，在读博士研究生；E-mail：liyiwendec@foxmail.com

*** 通信作者：刘西莉，博士，教授，主要从事植物病原菌与杀菌剂互作的理论和技术研究；E-mail：seedling@nwafu.edu.cn

番茄早疫病菌和桃褐腐病菌对氯氟醚菌唑的抗性风险评估和抗性机制研究*

李桂香[1]**，彭　钦[1]，苗建强[1]，刘西莉[1,2]***
（1. 西北农林科技大学植物保护学院，旱区作物逆境生物学国家重点实验室，杨凌　712100；2. 中国农业大学植物病理学系，北京　100193）

摘要：番茄早疫病和桃褐腐病分别是番茄和桃生产过程中的两种重要病害，且化学防治仍是上述两种病害防治的重要手段。由于可用于两种病害防控的高活性杀菌剂相对较少及已经存在的抗药性问题，筛选新型杀菌剂用于两种病害的防治尤为重要。氯氟醚菌唑（mefentrifluconazole）是巴斯夫研发上市的第1个新型异丙醇三唑类杀菌剂，前期研究发现氯氟醚菌唑对番茄早疫病菌和桃褐腐病菌均具有优异的抑制活性，但是目前关于两种病原菌对该药剂的抗性风险及抗性分子机制尚未见报道。

本研究采用菌丝生长速率法分别测定了122株番茄早疫病菌和101株桃褐腐病菌对氯氟醚菌唑的敏感性，结果表明，氯氟醚菌唑对桃褐腐病菌的 EC_{50} 分布于0.001～0.025 μg/mL，平均 EC_{50} 为0.003 μg/mL，对番茄早疫病菌的 EC_{50} 介于0.051 μg/mL和0.940 μg/mL，平均 EC_{50} 为0.306 μg/mL。两者敏感性分布均呈单峰曲线，未监测到抗药性亚群体，可分别作为番茄早疫病菌和桃褐腐病菌对氯氟醚菌唑的敏感性基线。

通过室内药剂驯化的方法，从3株番茄早疫敏感菌株筛选获得了6株抗药性突变体，抗性频率为 3.28×10^{-4}，抗性水平为19～147倍；从3株桃褐腐敏感菌株筛选获得了7株抗药性突变体，抗性频率为 2.57×10^{-5}，抗性水平为8～147倍。与亲本菌株相比，大部分抗性突变体的菌丝生长、孢子产量、孢子萌发率和致病力显著低于亲本。交互抗药性结果表明，氯氟醚菌唑与苯醚甲环唑和腈苯唑存在正交互抗药性，与番茄生产中防治番茄早疫病常用药剂嘧菌酯、啶酰菌胺等之间无交互抗性；同样对不同类型的桃褐腐病菌抗性菌株进行交互抗药性测定，结果表明，氯氟醚菌唑与氟吡菌酰羟胺、腐霉利和嘧霉胺无交互抗性，与三唑类杀菌剂腈苯唑存在正交互抗药性。根据药剂驯化获得抗药性突变体的难易程度、突变体的抗性倍数及其生存适合度、交互抗药性结果以及同类药剂田间使用情况等，综合分析表明，番茄早疫病菌和桃褐腐病菌对氯氟醚菌唑可能存在低等抗性风险。进一步克隆和比对了抗药突变体及其亲本的 *CYP*51 基因，发现番茄早疫抗性突变体 CYP51 蛋白上存在3种类型点突变：I300S、A303T 和 A303V，而3株桃褐腐抗性突变体 CYP51 蛋白上存在已报道的三唑类杀菌剂抗性相关点突变 G461S。qRT-PCR 测定结果表明，与亲本菌株相比，在药剂处理下番茄早疫突变体中 *CYP*51 基因发生过量表达。上述结果表明 *CYP*51 基因点突变和过量表达可能是番茄早疫病菌对氯氟醚菌唑产生抗性的主要原因，而 *CYP*51 基因点突变是桃褐腐病菌对

---

* 基金项目：“十四五”国家重点研发计划项目（2022YFD1400900）；陕西省科技创新人才推进计划-科技创新团队（2020TD-035）

** 第一作者：李桂香，博士研究生；E-mail：2401044708@qq.com

*** 通信作者：刘西莉，博士，教授，主要从事植物病原菌与杀菌剂互作的理论和技术研究；E-mail：seedling@nwafu.edu.cn

氯氟醚菌唑产生抗性的主要原因，但也存在其他抗性机制。本研究结果为氯氟醚菌唑在番茄早疫病和桃褐腐病防治过程的科学使用以及制定有效延缓抗药性发生发展的治理策略提供了重要依据。

关键词： 番茄早疫病；桃褐腐病；氯氟醚菌唑；抗性风险评估；抗性机制

假禾谷镰孢菌对种菌唑和氯氟醚菌唑的抗性风险评估和抗性机制研究*

李桂香[1**]，张　玲[1]，彭　钦[1]，苗建强[1]，刘西莉[1,2***]
（1. 西北农林科技大学旱区作物逆境生物学国家重点实验室，植物保护学院，杨凌　712100；2. 中国农业大学植物病理学系，北京　100193）

摘要： 由假禾谷镰孢菌（*Fusarium pseudograminearum*）引起的小麦茎基腐病，已成为影响我国小麦生产的重要病害。该病害不仅导致小麦产量的下降，而且还会产生毒素污染问题，对人畜健康具有潜在威胁。生产上迫切需要高效杀菌剂用于小麦茎基腐病的防治。种菌唑（ipconazole）是日本吴羽化学公司于 20 世纪 90 年代初开发的三唑类杀菌剂，氯氟醚菌唑（mefentrifluconazole）是巴斯夫研发上市的第 1 个新型异丙醇三唑类杀菌剂，目前关于假禾谷镰孢菌对种菌唑和氯氟醚菌唑的抗性风险及抗性分子机制尚未见报道。

敏感性测定结果表明，种菌唑对 101 株假禾谷镰孢菌的平均 EC_{50} 为 0. 11 μg/mL，氯氟醚菌唑对 124 株假禾谷镰孢菌的平均 EC_{50} 为 0. 25 μg/mL，敏感性分布均呈单峰曲线，未监测到抗药性亚群体，因此上述数据可分别作为假禾谷镰孢菌对种菌唑和氯氟醚菌唑的敏感性基线。

采用药剂驯化的方法，筛选获得了 7 株种菌唑抗性突变体，抗性频率为 1.67×10^{-4}，抗性水平在 60. 1～305. 8 倍；同时获得了 5 株抗氯氟醚菌唑的突变体，抗性频率为 2.65×10^{-5}，抗性水平在 19. 21～111. 34 倍。与亲本菌株相比，大部分抗性突变体的菌丝生长、孢子产量、孢子萌发率和致病力显著低于亲本。交互抗药性结果表明，种菌唑与氯氟醚菌唑和戊唑醇之间存在正交互抗药性，而与小麦生产中常用药剂氟唑菌酰羟胺、多菌灵、咯菌腈、吡唑醚菌酯和氰烯菌酯之间无交互抗性。根据药剂驯化获得抗药性突变体的难易程度、突变体的抗性倍数及其生存适合度、交互抗药性结果以及药剂和病原菌的固有抗性风险，综合分析表明，假禾谷镰孢菌对种菌唑和氯氟醚菌唑均存在低等抗性风险。进一步克隆和比对了假禾谷镰孢菌中 3 个 *CYP*51 基因，发现 2 株种菌唑突变体 CYP51B 蛋白存在 G464S 点突变，4 株氯氟醚菌唑抗性突变体 CYP51B 中存在点突变 L144F，其余抗药性突变体 CYP51 蛋白上不存在点突变。qRT－PCR 测定结果表明，与亲本菌株相比，在药剂处理下突变体菌株中 *CYP*51*A*/*B*/*C* 基因都发生过量表达。综上所述，*CYP*51 基因点突变和过量表达可能是假禾谷镰孢菌对种菌唑和氯氟醚菌唑产生抗性的主要原因，但也存在其他的抗性分子机制。本研究结果将为种菌唑和氯氟醚菌唑在小麦茎基腐病防治过程中的科学使用以及制定有效延缓抗药性发生发展的治理策略提供重要依据。

关键词： 小麦茎基腐病；种菌唑；氯氟醚菌唑；抗性风险评估；抗性机制

---

* 基金项目：“十四五”国家重点研发计划项目（2022YFD1400900）；陕西省科技创新人才推进计划–科技创新团队（2020TD–035）

** 第一作者：李桂香，在读博士研究生；E-mail：2401044708@ qq. com

*** 通信作者：刘西莉，博士，教授，主要从事植物病原菌与杀菌剂互作的理论和技术研究；E-mail：seedling@ nwafu. edu. cn

Diversity and characterization of resistance to pyraclostrobin in *Colletotrichum* spp. from strawberry*

HU Shuodan[1**], ZHANG Shuhan[1], KONG Zhangliang[2], ZHANG Chuanqing[1***]
(1. *College of Advanced Agricultural Sciences*, *Zhejiang Agricultural and Forestry University*, *Hangzhou* 311300, *China*; 2. *Jiande Agricultural Technology Extension Center*, *Jiande* 311600, *China*)

Abstract: Strawberry is widely cultivated for its good economic benefit and high nutritional value. Strawberry crown rot (SCR) and anthracnose are major diseases in most strawberry growing areas which can lead to serious economic losses, and the main pathogen is *Colletotrichum* spp.. The prevention and control of *Colletotrichum* spp. need to consider a variety of control measures. Pyraclostrobin, a well-known quinone outside inhibitors (QoIs) fungicide, is one of the main fungicides currently registered for use in anthracnose caused by *Colletotrichum* spp. Since their widespread usages, resistance has occurred for a number of plant pathogens. G143A mutations are most common in resistant strains which confer high levels of resistance, F129L and G137R mutations are associated with moderate levels of resistance. Resistant mutations may impose fitness costs in the absence of fungicide selection pressure. In order to explore the pathogen diversity of crown rot and assess the risk of developing resistance to pyraclostrobin in different years. We isolated 25 and 30 *Colletotrichum* spp. in 2019 and 2021 from Jiande City, Zhejiang Province, where is a important famous national base for strawberry productions. Based on the morphological observations and phylogenetic analysis of multiple genes (*ACT*, *CAL*, *CHS*, *GAPDH*, and ITS), all 55 tested isolates were identified as *C. gloeosporioides* species complex, including 23 isolates of *C. siamense* and 2 isolates of *C. fructicola* in 2019 and all isolates were identified as *C. siamense* in 2021. *C. siamense* is still the main pathogen of strawberry crown rot. The resistance frequency of the isolates collected in 2019 and 2021 were 69.57% and 100%, respectively. With the increasing duration of fungicide use, the risk of resistance increases. And the EC_{50} ranged from 0.98 μg/mL to 25.99 μg/mL. In terms of fitness, there was no significant difference between resistant strains and sensitive strains in mycelium growth rate, sporulation, and spore germination rate. These results indicated that resistant strains had a higher risk of spreading in the fields. In addition, the resistant mutants demonstrated positive cross-resistance to kresoxim-methyl and azoxystrobin. Sequential analysis of *cytochrome b* gene showed that *C. siamense* resistance to pyraclostrobin is associated with the G143A point muta-

* Funding: This research was funded by the Agriculture and Social Development Research Project of Hangzhou (202203A07) and Joint-extension Project of important Agriculture Technology in Zhejiang Province (2021XTTGSC02-4)
** First author: Hu Shuodan; E-mail: hu2497332799@163.com
*** Corresponding author: Zhang Chuanqing; E-mail: cqzhang9603@126.com

tion. F129L and G137R locus mutation was not found in our study. *C. siamense* showed high level of resistance to pyraclostrobin in the field. Our study suggested that as the risk of fungicide resistance increases with the extension of use years. In order to delay the development of the resistant subpopulations, fungicides with different mechanism of action should be adopted to mix with pyraclostrobin.

Key words: Strawberry; *Colletotrichum siamense*; Pyraclostrobin; Resistance

FgPMA1调控禾谷镰刀菌对氰烯菌酯药敏性的机制及其作为核酸分子靶标的可行性研究*

武洛宇[1,2**]，袁治理[1]，周明国[1]，侯毅平[1***]
（1. 南京农业大学植物保护学院，南京 210095；
2. 河南科技学院资源与环境学院，新乡 453000）

摘要：由禾谷镰刀菌（*Fusarium graminearum*）侵染引起的小麦赤霉病是一种严重的世界性病害，会导致小麦产量和品质损失严重。目前，由于缺乏高抗品种，化学防治仍是防治小麦赤霉病的主要手段。氰烯菌酯是一种特异性防治小麦赤霉病的药剂，其靶标是I型肌球蛋白（FgMyo-5），与FgMyo-5结合之后会抑制FgMyo-5的ATP酶活性，导致ATP酶循环被破坏，从而抑制禾谷镰刀菌的生长。质膜ATP酶在植物和真菌中广泛存在并发挥重要的生物学功能。本研究发现禾谷镰刀菌中有两个质膜ATP酶：FgPMA1和FgPMA2，FgPMA1参与对氰烯菌酯的药敏性调控，FgPMA2不参与对氰烯菌酯的药敏性调控。当在氰烯菌酯的敏感菌株中敲除FgPMA1时，ΔFgPMA1显著增加对氰烯菌酯的敏感性；当在氰烯菌酯的抗性菌株中敲除FgPMA1时，ΔFgPMA1显著降低对氰烯菌酯的抗性。Co-IP和酵母双杂交验证发现FgPMA1与FgMyo-5间接互作。通过分析FgPMA1和FgMyo-5的互作蛋白，发现14-3-3蛋白同时存在于FgPMA1和FgMyo-5蛋白的互作蛋白中。通过Co-IP和酵母双杂交验证发现14-3-3蛋白中的FgBmh2既可以与FgPMA1互作也可以与FgMyo-5互作，且FgBmh2也参与调控禾谷镰刀菌对氰烯菌酯的药敏性，因此FgPMA1、FgMyo-5和FgBmh2形成复合体参与调控对氰烯菌酯的药敏性。除此之外，发现缺失FgPMA1后，ΔFgPMA1的生长速率显著下降，菌丝分支增多，产孢能力下降，失去产子囊壳的能力，毒素合成能力下降，致病力明显下降。因此，FgPMA1在禾谷镰刀菌的生命活动中发挥重要的功能，具有开发成为靶标的潜力。通过将*FgPMA1*基因划分为6段（PMA1RNAi-1、PMA1RNAi-2、PMA1RNAi-3、PMA1RNAi-4、PMA1RNAi-5和PMA1RNAi-6），并构建了干扰载体及干扰突变体，表型筛选发现PMA1RNAi-1、PMA1RNAi-2和PMA1RNAi-5这三个区段能够起到干扰效果，FgPMA1RNAi-1、FgPMA1RNAi-2和FgPMA1RNAi-5突变体的生长受到抑制；有性生殖能力出现缺陷；分生孢子的产量及形态等受到抑制；毒素的合成受到抑制；致病力下降。因此，我们在体外的条件下合成了以这三个区段为模板的dsRNA。在离体条件下，当用25 ng/μL PMA1RNAi-1、PMA1RNAi-2和PMA1RNAi-5的dsRNA处理后，禾谷镰刀菌PH-1、亚洲镰刀菌2021和氰烯菌酯抗性菌株YP-1的菌丝生长受到抑制，菌丝中出现膨大的畸形结构，并且失去了产孢能力。在田间，当用PMA1RNAi-1和PMA1RNAi-2的dsRNA处理麦穗后，禾谷镰刀菌侵染的病斑长度显著下降。这些结果表明：FgPMA1在禾谷镰刀菌中可以作为一个新型的药剂靶标，并且在田间直接施用FgPMA1的dsRNA可以减轻病害的发生。本研究为筛选新型作用机制的药剂靶标提供了新的思路以及为小麦赤霉病的防治提供了新的策略。

关键词：禾谷镰刀菌；氰烯菌酯；FgPMA1；FgMyo5；RNAi

---

* 基金项目：国家自然科学基金（31772191）
** 第一作者：武洛宇；E-mail：15996230927@163.com
*** 通信作者：侯毅平；E-mail：houyiping@njau.edu.cn

Loop-mediated isothermal amplification for the rapid detection of the S312T mutant genotype of prochloraz-resistant isolates of *Fusraium fujikuroi*[*]

GE Chengyang[1**], LI Xinyue[2], HU Shuodan[1],
WANG Jieling[1], MAO Chengxin[1], ZHANG Chuanqing[1***]
(1. *College of Advanced Agricultural Sciences, Zhejiang Agricultural and Forestry University, Hangzhou* 311300, *China*; 2. *Station of Agriculture Techniques of Zhenhai District, Ningbo* 315200, *China*)

Abstract: Rice bakanae disease (RBD) is caused by *Fusarium fujikuroi*, a typical seed-borne fungal disease, for which seeds carrying the pathogenic fungus are the main source infection of RBD. With the germination of the seeds and growth of seedlings, the pathogen spread to the whole plant. Using chemical fungicides to control RBD through seed treatment is the most effective method at present, which has the advantages of quick, economical and effective. Prochloraz belongs to sterol demethylation inhibitors (DMIs), which is one of the most important active ingredients for the management of RBD until present. With the long-term use of fungicides, resistance of DMIs fungicides in the fields has been reported. Therefore, rapid determination the resistance of *F. fujikuroi* to prochloraz in seed can provide meaningful reference for control of RBD. According to previous studies, the resistance mechanism includes *CYP*51 gene point mutation, *CYP*51 gene overexpression and the involvement of efflux actions by different transporters. The S312T point mutation of *FfCYP*51*b* is the main mechanism of *F. fujikuroi* resistance to prochloraz. Traditional fungicide resistance detection methods require a long test cycle and a large amount of human resources. Loop-mediated isothermal amplification (LAMP) is a new nucleic acid amplification technique with rapidness, high specificity, and low cost. In this study, a LAMP assay was developed for the detection of S312T mutation in *F. fujikuroi* from fungal samples, rice seeds and seedlings. LAMP primer mismatch design was performed based on *CYP*51*b* gene, and 100-300 bp sequences containing the mutation at codon 312 were amplified. The results showed that the detection can specifically detect the resistance of *F. fujikuroi* to prochloraz, and the results were verified by electrophoresis. The concentration limit of this LAMP technology was 0. 001 ng/μL. The rice seeds and seedlings inoculated with prochloraz-sensitive and-resistant strains were tested by our LAMP test. Chromogenic reaction was observed only in seeds and seedlings inoculated with prochloraz-resistant strains. This LAMP tech-

* Funding: This research was funded by the national postgraduate innovation program, Key Research and Development Project of Zhejiang Province, China (2015C02019), Science & Technology Program of Agriculture and Country in Zhenhai District
** First author: Ge Chengyang; E-mail: 19857137232@ 163. com
*** Corresponding author: Zhang Chuanqing; E-mail: cqzhang9603@ 126. com

nique can rapidly and specifically detect prochloraz-resistant strains in seeds and rice seedlings. It provides technical support for detecting whether the rice seeds contain resistance of *F. fujikuroi* to prochloraz before decision-making the application of prochloraz or not.

Key words: *Fusarium fujikuroi*; Rice bakanae disease; Prochloraz resistance; S312T mutation; LAMP

烷基多胺类杀菌剂——辛菌胺对水稻白叶枯病菌抑菌机制的研究*

金　玲**，庞超越，孙　扬，陈　星，陈　雨***
（安徽农业大学植物保护学院，合肥　230036）

摘要：水稻是我国的三大主要粮食作物之一，其高产稳产对于保障国家粮食安全至关重要。然而在水稻种植的过程中常受到多种病原菌的威胁，如白叶枯病、稻瘟病、纹枯病、褐条病、条斑病等。其中，由黄单胞菌属病原细菌 *Xanthomonas oryzae* pv. *oryzae*（*Xoo*）引起的水稻白叶枯病（BLB）是世界主要水稻种植区最具破坏性的水稻病害之一，主要发生在我国的华东、华中和华南稻区。目前对于水稻白叶枯病害的防治除了种植抗性品种，使用化学药剂也是一个重要的手段。辛菌胺是一种化学结构新颖，我国为数不多的具有自主知识产权的杀细菌剂，在国内已取得化合物专利（ZL001321196），具有高效、广谱、低毒等特点，现已在国内登记用于防治由假单胞菌和黄单胞菌等引起的细菌病害。但目前关于它的研究主要集中在毒性测定和田间药效试验上，其抗菌机制尚不清楚。因此有必要解析其抑菌机制，以便有效和安全地使用该化合物。

研究结果显示，辛菌胺可以有效抑制多种植物病原细菌的生长，尤其对黄单胞菌属细菌具有较强的抑菌效果。该研究以水稻白叶枯病菌 PXO99A 为模式菌，研究辛菌胺的抑菌机制。通过转录组测序，发现经辛菌胺处理不同时间后，PXO99A 中有 452 个基因在不同处理时间下均差异表达。对这 452 个差异表达基因（DEGs）做 KEGG 富集分析，发现 DEGs 主要富集在氧化磷酸化和 TCA 循环途径中。通过荧光定量 PCR 检测 TCA 循环和氧化磷酸化途径中基因的表达水平，结果显示大多数基因的表达水平呈现下调趋势。通过酶活试验检测辛菌胺对 TCA 循环中酶活性的影响，结果显示，TCA 循环中柠檬酸合酶、异柠檬酸脱氢酶、α-酮戊二酸脱氢酶、琥珀酸脱氢酶和苹果酸脱氢酶这 5 种酶的活性受辛菌胺抑制，并进一步导致氧化磷酸化途径前体物质 NADH 的减少，进而影响了氧化磷酸化途径的效率，使得 ATP 合成减少，最终导致细胞因缺乏正常生长的能量而死亡。进一步检测了辛菌胺处理是否对其他属病原细菌 ATP 含量也有所影响，结果显示辛菌胺同样能够抑制黄单胞菌属水稻细菌性条斑病菌（*Xanthomonas oryzae* pv. *oryzicola*）和十字花科黑腐病菌（*Xanthomonas campestris* pv. *campestris*）、嗜酸菌属西瓜细菌性果斑病菌（*Acidovorax citrulli*）、假单胞菌属丁香假单胞番茄致病变种（*Pseudomonas syringae* pv. *tomato*）和棒形杆菌属番茄细菌性溃疡病菌（*Clavibacter michiganensis* subsp. *michiganensis*）ATP 的产生，而体外适当补充 ATP 可以降低由辛菌胺引起的细胞死亡。以上研究结果充分证实了辛菌胺可降低 TCA 循环和氧化磷酸化整体运行效率，显著降低了菌体 ATP 合成从而起到抑菌效果，进一步丰富了辛菌胺抑制病原细菌生长的分子机制。

关键词：辛菌胺；水稻白叶枯病菌；RNA-seq；作用方式；ATP 合成

---

* 基金项目：国家自然科学基金（32272587；32202342；31872003）；安徽农业大学人才发展基金（rc342006）
** 第一作者：金玲；E-mail：1102246363@qq.com
*** 通信作者：陈雨；E-mail：chenyu66891@sina.com

藤仓镰刀菌对琥珀酸脱氢酶抑制剂氟唑菌酰羟胺的抗性机理研究*

刘　雨**，孙　扬，白　杨，程　鑫，李　慧，陈　星，陈　雨***

（安徽农业大学植物保护学院，合肥　230036）

摘要：前期研究发现氟唑菌酰羟胺是具有潜力登记为防治水稻恶苗病的药剂，然而其对水稻恶苗病主要致病菌藤仓镰刀菌 *Fusarium fujikuroi* 的抗性风险及其抗性机制仍不明。因此本研究通过药剂驯化法，获得了 12 株可稳定遗传的藤仓镰刀菌抗氟唑菌酰羟胺突变体，序列分析发现，以上抗性菌对氟唑菌酰羟胺的抗性可能是由藤仓镰刀菌 *Sdh* 基因点突变导致，共检测到 7 种突变类型，其中基因型 $FfSdhB^{H248L}$ 和 $FfSdhC_2^{A83V}$ 突变体表现为高抗，抗性水平在 184.04~672.90 倍；基因型 $FfSdhB^{H248D}$、$FfSdhB^{H248Y}$、$FfSdhC_2^{H144Y}$ 和 $FfSdhD^{E166K}$ 突变体表现为中抗，抗性水平在 12.63~42.49 倍；而基因型 $FfSdhD^{S106F}$ 突变体表现为低抗，抗性水平<10 倍。通过定点突变和基因替换方法，获得了以上 7 种突变类型的转化子并进行药敏性实验，证明以上 7 种藤仓镰刀菌的 *Sdh* 基因点突变均会导致该病菌对氟唑菌酰羟胺产生抗性。与亲本菌株相比，抗性突变体致病力略增强，菌丝生长速率、产孢量均显著降低。交互抗性结果显示，氟唑菌酰羟胺与同类琥珀酸脱氢酶抑制剂氟唑菌苯胺之间存在交互抗性，而与不同类药剂氰烯菌酯、咪鲜胺、嘧菌酯、多菌灵和咯菌腈之间不存在交互抗性。结果表明，藤仓镰刀菌 $FfSdhB^{H248L/D/Y}$、$FfSdhC_2^{A83V,H144Y}$、$FfSdhD^{S106F,E166K}$ 的突变导致其对氟唑菌酰羟胺产生抗性，且以上抗性产生的同时伴随着病菌生物适应度的下降，因此我们将氟唑菌酰羟胺对藤仓镰刀菌的抗药性风险水平定为中等，在生产中用氟唑菌酰羟胺防治水稻恶苗病时应注意与不同作用机制的杀菌剂混用或交替使用以降低抗药性产生的概率。

关键词：藤仓镰刀菌；氟唑菌酰羟胺；抗性机制；交互抗性；抗性风险

---

* 基金项目：安徽农业大学人才发展基金（rc342006）

** 第一作者：刘雨；E-mail：2509263114@qq.com

*** 通信作者：陈雨；E-mail：chenyu66891@sina.com

Tn-seq 和 SPR 联合使用以筛选与鉴定杀菌剂在水稻黄单胞菌中作用靶点体系的建立*

庞超越**，杨家伟，刘新燕，孙家智，金　玲，孙　扬，陈　星，陈　雨***
（安徽农业大学植物保护学院，合肥　230036）

摘要：黄单胞菌（*Xanthomonas*）是一种重要的植物病原细菌，可侵染400多种植物，包括水稻、番茄和豆类等多种农作物，引起严重的植物病害，给农业生产造成了巨大的经济损失。尽管抗性育种与生物防治方面也取得了一定进展，但由于抗源单一或不稳定等问题，化学防治方法依旧是防治该类病害最经济有效的措施。由于市场上防治细菌性病害的药剂较少，并且多有相关抗药性的报道，在实际田间生产中，该类病害的防治仍然面临着缺乏高效的杀菌剂这一严峻的问题。所以，深入了解黄单胞菌的基因组特征，并鉴定新型药剂的作用靶点，从而更加科学地选择、使用以及开发杀菌剂是目前工作的重中之重。在这项研究中，以引起水稻白叶枯病的病原菌——稻黄单胞菌（*Xanthomonas oryzae* pv. *oryzae*，*Xoo*）为代表，利用mariner C9转座子成功构建了包含大约20万个插入突变体的*Xoo*的转座子插入文库。通过转座子测序（Transposon sequencing，Tn-seq）技术揭示了491个*Xoo*生长过程中的必需基因。GO分类表明这些必需基因大多数富集在生物过程水平；KEGG分类表明这些必需基因多数都与辅酶因子的合成相关；将必需基因数据库（Database of Essential Gene，DEG）与非必需基因数据库（no-essential Genes database，NDEG）报道出的必需与非必需基因的数据进行自建库，使用BLASTp分析本研究中病原菌必需基因与已报道的基因的同源性，发现有409个必需基因在DEG中至少有一个同源基因，为共同必需基因，有25个必需基因在DEG中无同源基因，在NDEG中有同源基因，推测这25个基因仅为黄单胞菌属类群生长所必需的；在NCBI中，比较非冗余蛋白序列，发现这491个必需基因中，有3个基因甚至是黄单胞菌属特有的。这些发现为开发广谱型、黄单胞菌特异型、环境友好型的杀菌剂提供了潜在的靶点。在本研究中，利用表面等离子体共振（Surface Plasmon Resonance，SPR）和高效液相色谱-质谱（High Performance Liquid Chromatography-Mass Spectrometry，HPLC-MS）相结合的方法，成功鉴定了一种对水稻黄单胞菌具有良好抑制效果的新型杀菌剂辛菌胺在*Xoo*中可能的作用靶点。此外，Tn-seq联合分析表明辛菌胺的作用靶点为*Xoo*的必需基因。这些靶点的发现为今后开发针对黄单胞菌属细菌的杀菌剂提供了重要线索。除此之外，本研究中所构建的转座子插入文库也可以为研究*Xoo*在寄主植物中的生存策略以及识别与*Xoo*适应度相关的未知基因等提供重要的参考依据。综上所述，这项研究不仅深化了我们对黄单胞菌的认识，还为由黄单胞菌引发的病害的防治提供了新的视角。此外，也促进了黄单胞菌中新的杀菌剂靶标的鉴定和挖掘，从而为新型杀菌剂的研发点奠定了基础。

关键词：黄单胞菌属；转座子测序；辛菌胺；表面等离子体共振

---

* 基金项目：国家自然科学基金（32272587；32202342）；安徽农业大学人才发展基金（rc342006）

** 第一作者：庞超越；E-mail：954076937@qq.com
*** 通信作者：陈雨；E-mail：chenyu66891@sina.com

二甲酰亚胺类杀菌剂异菌脲对玉米小斑病菌的抑菌活性研究*

孙家智[1,3]**，庞超越[1,3]，程　鑫[1,3]，孙　扬[1,3]，陈　星[1,3]，刘文德[2]，陈　雨[1,3]***

（1. 安徽农业大学植物保护学院，合肥　230036；2. 中国农业科学院植物保护研究所，植物病虫害生物学国家重点实验室，北京　100193；3. 安徽省作物有害生物综合治理重点实验室，合肥　230036）

摘要：南方玉米叶枯病（Southern corn leaf blight，SCLB）是由玉蜀黍平脐蠕孢（*Bipolaris maydis*）引起的一种破坏性极强的世界玉米叶部病害，在世界范围内的玉米种植区普遍发生，目前国内市场针对该病害的防治药剂和抗性品种种类较少，因此寻找防治 SCLB 的替代药剂已经迫在眉睫。异菌脲是二甲酰亚胺类杀菌剂（dicarboximide fungicides，DCFs）中的典型药剂，因其广谱的抑菌效果，主要用于防治灰霉病菌（*Botrytis cinerea*）、番茄早疫病菌（*Alternaria solani*）和新月弯孢菌（*Curvularia lunata*）等引起的病害。前期研究发现异菌脲对 *B. maydis* 具有良好的皿内抑菌活性，但其具体的抑菌机制及防效尚未得到充分证实。为探究异菌脲对 *B. maydis* 的抑菌活性、生理生化的影响以及防治效果，本研究采用菌丝生长速率法测定了 *B. maydis* 群体（$n=103$）对异菌脲的敏感性，采用室内离体叶片和盆栽试验评价异菌脲对玉米小斑病的保护和治疗作用，并分析了异菌脲对 *B. maydis* 菌丝形态及相关生物学特性的影响。结果显示，异菌脲对 *B. maydis* 具有较强的抑菌活性，对 103 株 *B. maydis* 菌株群体的 EC_{50} 值范围在 0.088～1.712 μg/mL，平均 EC_{50} 值为（0.685±0.687）μg/mL，敏感性频率分布呈现单峰曲线，可作为 *B. maydis* 菌株对异菌脲的敏感性基线；异菌脲处理后，*B. maydis* 的菌丝出现明显的分支增多、表面皱缩以及断裂等现象，分生孢子量也显著下降；基于菌丝形态的变化，对菌丝的相对电导率和甘油含量进行测定发现，异菌脲会增大细胞膜通透性和刺激甘油合成；从基因表达调控角度，测定了与渗透压调控相关基因组氨酸激酶（*hk*）和 Ssk2 型丝裂原活化蛋白激酶（*Ssk2*）基因的表达量，*hk* 和 *Ssk2* 均显著上调，我们推测异菌脲可能通过破坏细胞壁、细胞膜的完整性达到抑菌效果。离体条件下，50 μg/mL 异菌脲对玉米小斑病的保护效果为 71.30%，治疗效果为 90.70%；盆栽条件下，200 μg/mL 异菌脲的防治效果为 90.92%，表明在离体和盆栽条件下，异菌脲对 SCLB 均具有较好的防治效果。本研究结果可为异菌脲对玉米小斑病的化学防治提供理论基础，为后续的病原物对药剂的敏感性监测提供重要信息，同时，异菌脲良好的防治效果表明其可以作为我国 SCLB 防治的备选药物。

关键词：异菌脲；敏感性基线；玉米小斑病菌；生物活性

*　基金项目：安徽农业大学人才发展基金（rc342006）

**　第一作者：孙家智；E-mail：1339505731@qq.com

***　通信作者：陈雨；E-mail：chenyu66891@sina.com

引起大蒜紫斑病的互隔交链孢菌对 DMIs 抗药性检测及其生物学性质

魏令令*，陈长军**
（南京农业大学植物保护学院，南京 210095）

摘要： 大蒜是江苏省一种特色蔬菜，为农民增收做出了贡献。但是，近年来由链格孢属引起的大蒜紫斑病发生比较严重，已经成为产业发展的瓶颈因子。该病原菌侵染范围比较广泛，包括西蓝花、番茄、马铃薯、梨、苹果、草莓、辣椒和大豆等农作物。目前，由于缺少商业化的抗病品种，最有效的应急防控措施仍是使用杀菌剂。但是，由于杀菌剂长期、单一的使用，导致一些常用杀菌剂的防效下降。为了明确江苏省由链格孢菌引起的大蒜紫斑病的抗药性状况，于 2018 年在江苏省邳州和大丰采集了病样，并分离、纯化和鉴定出 115 株互隔交链孢菌（*Alternaria alternata*）。经鉴定，115 株互隔交链孢菌对甲氧基丙烯酸酯类杀菌剂嘧菌酯未产生抗药性；14 株对二甲酰亚胺类杀菌剂腐霉利形成高水平抗性，抗药性基因型丰富，除了抗性菌株 PZ10、PZ74 与 PZ78 外，其余抗性菌株的 *AaOS*1 基因序列均发生改变，高抗菌株 PZ40 和 PZ70 分别发生一个点突变，造成 1 277 位的丝氨酸突变为亮氨酸或 512 位的甘氨酸突变为精氨酸；高抗菌株 PZ71 发生 5 个点突变，分别为 524 位甘氨酸突变为天冬氨酸，1 144 位精氨酸突变为苏氨酸，1 161 位赖氨酸突变为天冬酰胺，1 180 位丙氨酸突变为脯氨酸和 1 198 位缬氨酸突变为亮氨酸；高抗菌株 PZ72、PZ75、P76、PZ95、PZ80 和 PZ92 的该基因序列中由于核苷酸的缺失或插入导致氨基酸的改变与移位，导致氨基酸序列提前或延迟终止，分别为第 1 175 位的核苷为 A 缺失，导致 342 位的异亮氨酸突变为丝氨酸和序列在 392 位氨基酸提前终止；1 566 位的核苷为 C 和 1 578 位的核苷为 G 同时缺失，导致 472 位的丙氨酸和 476 位的甘氨酸突变为缬氨酸和丙氨酸，并导致序列在 477 位氨基酸提前终止；4 120 位的核苷为 C 缺失，导致 1 290 位的脯氨酸突变为组氨酸和序列在 1 332 位氨基酸的延迟终止；1 985 位的核苷为 T 缺失，导致 612 位的缬氨酸突变为甘氨酸和序列在 630 位氨基酸的提前终止；528 位与 529 位之间核苷为 G 的插入，导致 177 位的丝氨酸突变为谷氨酸和序列在 188 位氨基酸的提前终止；3 006 位与 3 007 位核苷为 G 的插入，导致 1 003 位的丝氨酸突变为丙氨酸和序列在 1 138 位氨基酸的提前终止；高抗菌株 PZ73 的 886 位核苷为 C 突变为 T，导致谷氨酰胺发生突变，最终导致序列在 263 位氨基酸的提前终止；高抗菌株 PZ77 的 OS1 序列的核苷在 528 位与 529 位之间插入了长度为 18 bp 的核苷酸重复序列，导致序列在 1 337 位氨基酸的延迟终止。

关键词： 大蒜紫斑病；互隔交链孢菌；嘧菌酯；啶酰菌胺；腐霉利

* 第一作者：魏令令，博士生；E-mail：1151410218@qq.com
** 通信作者：陈长军，教授；E-mail：changjun-chen@njau.edu.cn

河南省假禾谷镰孢菌对氟唑菌酰羟胺及其复配药剂的敏感性*

段雪莲**，姜　佳，钱　乐，高续恒，刘圣明***
（河南科技大学园艺与植物保护学院植物保护系，洛阳　471023）

摘要：假禾谷镰孢菌（*Fusarium pseudograminearum*）为丛赤壳科（Nectriaceae）镰孢菌属（*Fusarium*）病原真菌，是我国北方地区小麦茎基腐病的优势致病菌。氟唑菌酰羟胺是先正达公司开发的一种对镰孢菌具有优异抑制活性的 SDHIs 杀菌剂。本研究采用菌丝生长速率法，测定了采自河南省 8 个地区的 281 株假禾谷镰孢菌对氟唑菌酰羟胺的敏感性。氟唑菌酰羟胺对假禾谷镰孢菌的平均 EC_{50}为（0.02±0.009）μg/mL，假禾谷镰孢菌对氟唑菌酰羟胺的敏感性频率分布呈连续单峰曲线，表明田间不存在对氟唑菌酰羟胺敏感性下降的抗药性亚群体，其平均 EC_{50}可作为假禾谷镰孢菌对氟唑菌酰羟胺的敏感基线，为将来假禾谷镰孢菌对氟唑菌酰羟胺的田间抗性监测提供参考。联合毒力测定结果显示，氟唑菌酰羟胺与叶菌唑、多菌灵、氰烯菌酯复配均表现出不同程度的增效作用，增效系数（SR）范围为 1.90～5.31，实际 EC_{50}范围为 0.005～0.04 μg/mL，其中 *V*（氟唑菌酰羟胺）：*V*（氰烯菌酯）＝1：5 时，增效系数最大（SR＝5.31），实际 EC_{50}＝0.02 μg/mL，而 *V*（氟唑菌酰羟胺）：*V*（叶菌唑）＝5：1 时，实际 EC_{50}最低为 0.005 μg/mL，增效系数为 4.47。上述试验结果表明，氟唑菌酰羟胺可以作为小麦茎基腐病的潜在防治药剂使用，在实践过程中可与叶菌唑、氰烯菌酯和多菌灵等杀菌剂进行复配，以延缓病原菌对氟唑菌酰羟胺产生抗性，该研究结果为氟唑菌酰羟胺的科学使用和小麦茎基腐病的综合治理提供理论依据和数据支持。

关键词：小麦茎基腐病；假禾谷镰孢菌；氟唑菌酰羟；敏感基线；复配剂

---

* 基金项目：河南省自然科学基金（212300410015；222300420145）；河南省科技攻关（222102110077）；中原青年拔尖人才（ZYQR201912157）；洛阳市公益性行业科研专项（2302032A）

** 第一作者：段雪莲，硕士研究生；E-mail：1273743342@qq.com
*** 通信作者：刘圣明，教授，主要从事植物病害化学防治、杀菌剂毒理及抗药性研究；E-mail：liushengmingzb@163.com

飞防助剂对杀菌剂性能及对防治水稻纹枯病效果的影响*

李　祎**，魏松红，祁之秋***

（沈阳农业大学植物保护学院，沈阳　110866）

摘要：水稻是我国主要粮食作物之一，种植面积广，病害发生严重。传统的人工喷雾防治存在许多弊端，如水田施药时行走困难、喷洒农药时药剂用量大且效果差等。植保无人机凭借操作灵活、省时省工、作业面大等优点，逐渐被推广使用，但也存在药液易漂移等问题。飞防助剂的添加可有效增加农药药液的黏附性和铺展性，减少雾滴的蒸发和飘移，提高药剂的防效。目前，飞防助剂种类繁多，如混用不当也会影响药液性能，造成喷头堵塞、作业质量和防治效果下降等问题。本研究采用迈道、倍达通、橙皮精油、飞手宝、U伴、云展、精油助剂、沉降飞农8种飞防助剂与防治水稻纹枯病的重要杀菌剂240 g/L噻呋酰胺悬浮剂和2.5%井冈蜡芽菌水剂分别混匀，测定飞防助剂对两种药剂的表面张力、润湿时间、接触角、黏度和抗蒸发能力的影响，并进行田间药效试验，筛选防治水稻纹枯病效果较好的杀菌剂与飞防助剂组合。

试验结果表明：迈道和精油助剂对药液性能的影响显著好于其他飞防助剂。按药液2%的剂量添加飞防助剂后，显著影响了药液的表面张力，使240 g/L噻呋酰胺悬浮剂药液的表面张力降低了39.53%和37.72%，使2.5%井冈蜡芽菌水剂的表面张力降低了49.88%和47.20%；迈道使240 g/L噻呋酰胺悬浮剂药液和2.5%井冈蜡芽菌水剂药液与水稻叶片的接触角降低了38.89%和34.96%，精油助剂使2种药液的接触角分别降低了82.80%和79.47%；2种药液的润湿时间均缩短，润湿性显著提高。2种飞防助剂能显著提高药剂的抗蒸发能力。迈道使240 g/L噻呋酰胺悬浮剂药液和2.5%井冈蜡芽菌水剂药液的蒸发速率降低8.99%和11.74%，对药液的黏度无显著性影响；精油的抗蒸发能力高于迈道，使2种药剂的蒸发速率降低21.33%和16.03%；黏度提高了18.92%和67.74%。

采用大疆T40型农业无人机喷洒农药防治水稻纹枯病，结果表明，240 g/L噻呋酰胺添加迈道助剂后，采用水敏纸测得水稻上、中、下部雾滴密度提高了70.95%、42.08%、20.74%；精油助剂添加使雾滴密度提高了69%、35.34%、20.14%。2.5%井冈蜡芽菌添加迈道助剂后，水稻上、中、下雾滴密度提高了81.36%、50.82%、25.91%，精油助剂使雾滴密度分别提高了72%、44.26%、22.08%。240 g/L噻呋酰胺悬浮剂对水稻纹枯病的防治效果为81.18%，添加迈道助剂和精油助剂后的防治效果分别为93.14%和89.02%。2.5%井冈蜡芽菌水剂的防治效果为84.23%，添加迈道助剂和精油助剂后的防治效果分别为95%和91.64%。由此可见，迈道和精油助剂适合与240 g/L噻呋酰胺悬浮剂和2.5%井冈蜡芽菌水剂桶混防治水稻纹枯病。

关键词：植保无人机；飞防助剂；水稻纹枯病；防治效果

---

* 基金项目：国家水稻产业技术体系（CARS-01-36）

** 第一作者：李祎，在读研究生；E-mail：1371684500@qq.com

*** 通信作者：祁之秋，副教授，从事农药毒理及抗药性研究；E-mail：2001500063@syau.edu.cn

禾谷镰孢菌对氟苯醚酰胺的抗性风险评估

陈稳产*，李秀娟，陈长军**
（南京农业大学植物保护学院，南京　210095）

摘要：隶属于禾谷镰孢菌复合种（*Fusarium graminearum* species complex）的禾谷镰孢菌（*F. graminearum* stricto sensu）是引起我国小麦赤霉病的主要致病菌之一，在其流行年份不仅引起作物大量减产，而且产生真菌毒素，威胁人畜健康。目前，防控该病最有效的方法依然是化学防治。据报道，苏皖等省的禾谷镰孢菌对苯并咪唑类杀菌剂多菌灵的抗药性严重，在部分田块检测到对麦角甾醇杀菌剂三唑酮和戊唑醇敏感性下降的亚群体。因此，需要研发新型杀真菌剂用于防控小麦赤霉病。

氟苯醚酰胺（Flubeneteram，开发编号 Y13149）是华中师范大学采用药效基团连接的片段虚拟筛选（PFVS）方法创制的一种新型的琥珀酸脱氢酶抑制剂。离体测定结果表明，氟苯醚酰胺对禾谷镰孢菌的菌丝生长具有较强的抑制作用，该药在田间对小麦赤霉病表现出较好的防控效果；通过室内药剂驯化的方式，获得了禾谷镰孢菌对氟苯醚酰胺的抗性突变体，评估了其对氟苯醚酰胺的抗性风险。实验结果表明：通过室内药剂驯化共获得 4 株对氟苯醚酰胺抗性突变体，驯化抗性频率 0.4%；抗性突变体的突变位点可分为 3 种类型（Ⅰ：$FgSdhC_1^{5'UTR}$在距 $FgSdhC_1$起始翻译位置 ATG 前的 57bp 处的碱基 A 突变成 T；Ⅱ：$FgSdhC_2^{T77I}$；Ⅲ：$FgSdhC_2^{R86C}$）；通过遗传学验证发现，$FgSdhC_1^{5'UTR}$导致禾谷镰孢菌对氟苯醚酰胺产生高水平抗性，而 $FgSdhC2^{T77I}$或 $FgSdhC_2^{R86C}$均可导致其对氟苯醚酰胺低水平抗性；3 种抗性替换突变体对氧化胁迫敏感性显著降低；对于 $FgSdhC_1^{5'UTR}$突变体，氟苯醚酰胺与氟唑菌酰羟胺、啶酰菌胺、噻呋酰胺或氯苯醚酰胺之间都存在正交互抗性，而对 $FgSdhC_2^{T77I}$和 $FgSdhC_2^{R86C}$突变体，氟苯醚酰胺与氟唑菌酰羟胺或啶酰菌胺之间存在正交互抗性，但氟苯醚酰胺与噻呋酰胺或氯苯醚酰胺之间无交互抗性；在 10 μg/mL 氟苯醚酰胺处理条件下，出发菌株 PH-1、$FgSdhC_1^{5'UTR}$、$FgSdhC_2^{T77I}$和 $FgSdhC_2^{R86C}$替换突变体 $FgSdhC_1$相对表达量较无药处理分别升高了 84.28 倍、64.03 倍、52.12 倍和 107.27 倍，而 *FgSdhA*、*FgSdhB*、$FgSdhC_2$和 *FgSdhD* 相对表达量变化在 0.39~3.78 倍；与 PH-1 相比，在 10 μg/mL 氟苯醚酰胺处理条件下，$FgSdhC_1^{5'UTR}$和 $FgSdhC_2^{T77I}$替换突变体 $FgSdhC_1$相对表达量显著降低 0.74 倍和 0.23 倍，而 $FgSdhC_2^{R86C}$替换突变体 $FgSdhC_1$相对表达量无显著变化。综上，认为禾谷镰孢菌对氟苯醚酰胺存在中至高的潜在抗性风险。

关键词：禾谷镰刀菌；氟苯醚酰胺；药靶突变；抗性风险

* 第一作者：陈稳产，博士生；E-mail：2017202050@njau.edu.cn
** 通信作者：陈长军，教授；E-mail：changjun-chen@njau.edu.cn

禾谷镰孢菌三唑类药靶基因 *FgCyp51s* 调控产毒小体的结构形成

任富豪*，陶　娴，赵婳婳，张　杰，周明国**，段亚冰**
（南京农业大学植物保护学院，南京　210095）

摘要：由禾谷镰孢菌（*Fusarium graminearum*）为优势种群引起的小麦赤霉病（Fusarium head blight，FHB）是一种世界性病害，在我国长江中下游冬麦区发生流行最为严重，近年来，该病发生呈北扩西移态势，发病面积逐年增加，已被我国农业农村部列入《一类农作物病害名录》。该病害不仅造成严重的产量损失，而且感病的麦粒可分泌各种真菌毒素，其中最主要的真菌毒素为脱氧雪腐镰刀菌烯醇（Deoxynivalenol，DON），由于食用含有该毒素的小麦会造成呕吐反应，因此也称为呕吐毒素。该毒素化学性质稳定，在高温、高压条件下不易分解，可随食物链进行传递而累积于牛奶、肉、禽蛋等食品中，严重威胁着食品安全和人畜健康，引起社会的广泛关注。近年来，随着人们对食品安全追求的不断提高，小麦赤霉病防控已引起各级政府及社会的高度重视，防控的重心已由“控病”转为“降毒”。产毒小体（Toxisomes）是赤霉病菌合成 DON 毒素生物合成的重要场所，是内质网发生结构重塑在细胞核周围形成的特殊球形亚细胞结构，目前已有报道证实毒素合成重要基因 Tri1、Tri4 等定位于产毒小体。麦角甾醇是真菌细胞膜中的重要组分，在维持真菌细胞膜的流动性、完整性以及膜蛋白功能的正常运行等方面发挥重要作用。Cyp51 编码甾醇 14α-脱甲基酶，是麦角甾醇生物合成所必需的酶，也是市场主流杀菌剂三唑类杀菌剂的作用靶点。在镰孢菌属中，Cyp51 有 3 个同源亚基，分别为 Cyp51a、FgCyp51b、FgCyp51c，这 3 个亚基分别行使不同的生物学功能。Cyp51a 主要与三唑类敏感性的内在变化相关；Cyp51b 主要与子囊孢子的形成有关；Cyp51c 与赤霉病菌的毒力相关。本研究通过构建荧光融合蛋白、共聚焦观察、免疫共沉淀及 DON 毒素含量测定分析 FgCyp51s 对产毒小体结构形成的影响。DON 与麦角甾醇均属于次生代谢物质，两者合成途径的前体物质均为法尼基焦磷酸（FPP），是异戊二烯途径的终产物。本团队开展了 DON 生物合成与麦角甾醇生物合成的相关研究。通过构建融合蛋白表达载体证实了 FgCyp51a、FgCyp51b、FgCyp51c 均与 FgTri1 共定位于产毒小体；利用 Co-IP 技术证实 FgCyp51s 与 Tri1 存在互作。在 ΔFgCyp51s 突变体中构建 FgTri1-GFP 荧光融合载体，发现产毒小体荧光强度发生变化，且 FgTri1 的蛋白表达量与荧光强度变化一致。使用不同浓度的麦角甾醇生物合成抑制剂（ergosterol biosynthesis inhibitors，EBIs）处理后，产毒小体的数量和荧光强度均显著增加，表明 EBIs 类杀菌剂能够诱导产毒小体的形成。本研究阐述了禾谷镰孢菌三唑类药靶基因 *FgCyp51s* 参与禾谷镰孢菌产毒小体的结构形成，为产毒小体的功能解析提供了重要的理论支撑，为开发小麦赤霉病 DON 毒素抑制剂提供了必要的理论基础。

关键词：禾谷镰刀菌；产毒小体；麦角甾醇；DON 毒素；FgCyp51s；FgTri1

* 第一作者：任富豪，在读博士；E-mail：2020102113@stu.njau.edu.cn
** 通信作者：周明国，教授；E-mail：mgzhou@njau.edu.cn
段亚冰，教授；E-mail：dyb@njau.edu.cn

功能助剂与不同剂型杀菌剂及增效组合协同防治梨树病害的应用*

毕秋艳**，赵建江***，韩秀英，吴　杰，路　粉，刘翔宇
（河北省农林科学院植物保护研究所，河北省农业有害生物综合防治工程技术研究中心，农业农村部华北北部作物有害生物综合治理重点实验室，保定　071000）

摘要：提高化学杀菌剂的利用率，逐渐减少化学杀菌剂的使用成为生产中的难题。功能助剂与常规化学杀菌剂协同使用是提高其利用率的有效手段之一。本研究围绕化学杀菌剂减量施用，针对梨树主要病害发病规律，重点就功能助剂与杀菌剂增效产品协同关键技术以及减量应用中的关键科学问题开展研究，评价功能助剂与不同剂型杀菌剂、增效组合与梨树主要病害的对靶关系、防效及安全性。主要通过分析 10 种功能助剂的组成和机制，明确其安全性及性能；离体和田间验证功能助剂与 6 种不同剂型杀菌剂共同使用的可用性，确定不同杀菌剂与功能助剂协同对主要病害的有效性；找到不同杀菌组合与功能助剂协同增效对靶关系，制定梨树主要病害减药防治流程，明确其防效。研究发现 0.1% NF-100、T-max、迈道和 0.025% N-280 对梨树更安全，与不同剂型杀菌剂协同使用减少药液量 20%时对梨树主要病害防效差异不显著。双胍三辛烷基苯磺酸盐+氟菌唑+N-280、辛菌胺醋酸盐+肟菌酯+NF100、代森联+吡唑醚菌酯+Tmax、醚菌酯+氟硅唑+迈道、氟吡菌酰胺+嘧菌酯+Tmax 等协同使用对梨树常发病害褐斑病、黑星病、白粉病有效。制定出的梨树主要病害增效减量防治流程在梨树整个生育期应用使得用药次数由 11 次减少为 7 次，与助剂协同作用减少用药量 30%以上，综合防效达到 93%以上。

关键词：梨树病害；功能助剂；协同减量；流程应用；杀菌剂

---

* 基金项目：基本科研业务费（2021120202）；国家重点研发计划（2016YFD0200505-6）
** 第一作者：毕秋艳；E-mail：0304biqiuyan@ haafs. org
*** 通信作者：赵建江；E-mail：zhaojianjiang@ haafs. org

致病疫霉对吡唑醚菌酯的抗性分子机制及快速检测技术*

路 粉[1]**，赵建江[1]，吴 杰[1]，毕秋艳[1]，韩秀英[1]，李 洋[2]，王文桥[1]***
（1. 河北省农林科学院植物保护研究所，农业农村部华北北部作物有害生物综合治理重点实验室，河北省农业有害生物综合防治技术创新中心，河北省作物有害生物综合防治国际科技联合研究中心，保定 071000；2. 滨州职业学院，滨州 256603）

摘要：由致病疫霉（*Phytophthora infestans*）引起的晚疫病是马铃薯上一种最具毁灭性的病害，目前化学防治仍然是控制马铃薯晚疫病最为有效的手段。但是由于一些内吸性药剂的长期不合理使用，致病疫霉已经对甲霜灵和精甲霜灵等苯酰胺类药剂产生了严重抗性。抗药性的产生成为马铃薯晚疫病化学防治中面临的突出问题。吡唑醚菌酯和嘧菌酯等 QoI（quinone outside inhibitor）类药剂作为苯酰胺类杀菌剂的高效替代药剂，对马铃薯晚疫病防效良好。但是，致病疫霉对该类药剂具有高等抗性风险。为了明确致病疫霉对吡唑醚菌酯等 QoI 类药剂的抗性机制及实现抗/感菌株的快速鉴定，本研究通过药剂驯化获得了对吡唑醚菌酯抗性可以稳定遗传的致病疫霉突变菌株，测定了抗/感菌株在菌丝生长、产孢子囊能力和致病力等方面的生物学差异，发现抗性菌株产孢子囊能力和致病力均弱于亲本敏感菌株，部分抗性菌株的菌丝生长情况与亲本敏感菌株相当；克隆了抗/感菌株 *Cytb* 基因并测序发现抗性菌株发生了 G136R 或者 G142S 突变；针对 Cytb-G136R 点突变建立了等位基因特异性 PCR 技术和酶切扩增多态性序列标记技术两种快速检测方法，针对 Cytb-G142S 点突变建立了等位基因特异性 PCR 技术。本研究在明确了致病疫霉对吡唑醚菌酯抗性分子机制的基础上实现了致病疫霉对吡唑醚菌酯抗/感菌株的快速鉴定，丰富了致病疫霉对 QoI 类杀菌剂抗性检测技术体系，为生产中致病疫霉对吡唑醚菌酯抗性群体发展的动态监测、马铃薯晚疫病的流行预警和综合防控提供了科学依据和技术支持。

关键词：致病疫霉；吡唑醚菌酯；抗性；分子机制；检测技术

---

* 基金项目：河北省自然科学基金青年基金（C2018301025）
** 第一作者：路粉，副研究员，主要从事植物病原菌抗药性及杀菌剂应用；E-mail：lufen1206@126.com
*** 通信作者：王文桥，研究员，主要从事杀菌剂药理学及病原菌抗药性研究；E-mail：wenqiaow@163.com

Resistance risk assessment of *Fusarium verticillioides* from maize to phenamacril*

LEI Tengyu[1,2]**, HAO Xiaojuan[2], YAN Xiaojing[1], CHEN Shuning***

(1. *Key Laboratory of pesticides evaluation*, *Ministry of Agriculture*, *Institute of Plant Protection*, *Chinese Academy of Agricultural Sciences*, *Beijing* 100193, *China*;
2. *College of Plant Protection*, *Shanxi Agricultural University*, *Jinzhong* 030801, *China*)

Abstract: Maize stem rot caused by *Fusarium* and *Pythium* is one of the major diseases occurring on maize, causing reduced yields and quality as well as affecting the health of humans and animals. Phenamacril is a cyanoacrylate fungicide with a novel mechanism of action. It has a strong inhibitory activity against *Fusarium* species. However, the resistance risk of *Fusarium verticillioides*, one of the main causal organisms of maize stem rot, to phenamacril is unknown at present.

In this study, the sensitivity of 102 *Fusarium verticillioides* isolates collected from Shandong, Henan, Hebei, Jilin, Jiangsu and Anhui provinces were determined by the mycelial growth inhibition method. The results showed that the EC_{50} values of these strains ranged from 0.23 μg/mL to 4.34 μg/mL, and the average EC_{50} value was (2.22±0.85) μg/mL. The frequency distribution of their EC_{50} values presented a consequent unimodal curve. and thus the average EC_{50} value can be established as the baseline sensitivity of *Fusarium verticillioides* to phenamacril in the test area.

By exposing 10 consecutive generations tophenamacril, 5 phenamacril-resistant mutants were obtained from 3 parent sensitive strains. The resistance factor range (RF) of mutants ranged from 33.87 to 196.37. The genetic stability assay showed that resistance can be inherited stably for 10 generations. The optimal growth temperature was the same between parental strains and the mutants. Besides, the mutants displayed different degrees of defects in vegetative growth compared with their parental strains. Conidial production, conidial germination and pathogenicity of mutants were significantly lower than their parents. Cross resistance test showed that no cross-resistance was observed between phenamacril and carbendazim, prothioconazole, or pyraclostrobin.

Single point mutations of S73L, S73P, V161I, T274S or I437V were found by comparing the sequencing alignment results of *myosin*-5 from five mutants with their parental strains, which may be responsible for the resistance of *Fusarium verticillioides* to phenamacril. The above mutation sites will be validated in the future.

Key words: *Fusarium verticillioides*; phenamacril; resistance risk assessment; sensitivity; Maize stem rot

---

* Funding: National Natural Science Foundation of China (No. 32001945)

** First author: LEI Tengyu, Master's degree student; E-mail: leitengyu777@126.com

*** Corresponding author: CHEN Shuning, associate researcher, research direction is molecular mechanism of fungicide resistance; E-mail: chenshuning@caas.cn

花生尖镰孢菌对噁霉灵的抗性风险评估*

雷腾宇[1,2**]，郝晓娟[2]，闫晓静[1]，陈淑宁[1***]
（1. 中国农业科学院植物保护研究所，北京 100193；
2. 山西农业大学植物保护学院，晋中 030801）

摘要：花生是我国重要的经济和油料作物，近年来花生根腐病的发生给花生生产带来了巨大损失。花生根腐病主要由多种镰孢菌复合侵染引起，其中尖镰孢菌（*Fusarium oxysporum*）的分离频率较高。噁霉灵是一种具有内吸性和传导性的广谱杀菌剂，对由包括镰孢菌在内的多种病原真菌引起的植物病害有较好的防治效果，同时具有高效、低毒、无残留等特点，但目前镰孢菌对噁霉灵的抗性风险等级仍然未知。

本研究所用花生尖镰孢菌菌株分离自从北京、东北、河北、河南等地采集的花生根腐病样，采用菌丝生长速率法测定了92株菌株对噁霉灵的敏感性。结果显示，噁霉灵对各省份花生根腐病原菌的EC_{50}范围为2.14~94.67 μg/mL，平均EC_{50}值为（37.31±15.39）μg/mL。尖镰孢菌对噁霉灵的敏感性频率分布呈连续单峰曲线，供试尖镰孢菌群体未出现对噁霉灵敏感性降低的亚群体，因此可以将其作为试验地区尖镰孢菌对噁霉灵的敏感基线。

通过药剂驯化对随机选取的5株敏感菌株进行20代抗药性选育后获得5株抗噁霉灵突变体，抗性指数分别为9.37、8.01、10.54、11.19和27.08。通过对随机选取的5株敏感菌株进行紫外诱变后共获得12株抗药性突变体，抗性突变频率为8.57×10^{-6}。选用通过药剂驯化获得的5株突变体进行后续生物学性状研究，研究结果表明：突变体抗性均能稳定遗传；就适合度而言，抗性突变体的生长最适温度与亲本菌株一致，所有抗性突变体的菌丝生长速率与亲本菌株无显著性差异，3株抗性突变体在产孢率上显著高于亲本菌株，而抗性突变体的分生孢子萌发率均显著弱于亲本菌株。此外，2株突变体对高糖和高盐环境的耐受力弱于亲本菌株。交互抗性研究结果显示噁霉灵与多菌灵、丙硫菌唑和吡唑醚菌酯均不存在交互抗性。结合花生尖镰孢菌对噁霉灵的敏感基线、抗性突变频率、抗性突变体的遗传稳定性、交互抗性、适合度等几个方面，综合评估花生尖镰孢菌对噁霉灵的抗性风险为低至中等抗性风险。

关键词：花生根腐；尖镰孢菌；噁霉灵；敏感基线；抗药性；风险评估

---

* 基金项目：国家自然科学基金项目（32001945）

** 第一作者：雷腾宇，在读硕士研究生；E-mail：leitengyu777@126.com

*** 通信作者：陈淑宁，副研究员，主要从事杀菌剂抗药性分子机理研究；E-mail：chenshuning@caas.cn

比较转录组分析揭示杀菌剂氰烯菌酯在尖孢镰刀菌中的抑菌活性及抗药性调控机制研究*

刘华琪**，骆　笑，郑志天***
（淮阴工学院生命科学与食品工程学院，淮安　223003）

摘要：尖孢镰刀菌（*Fusarium oxysporum*）是一种重要的土传病原真菌，可引起农作物的枯萎病、根腐病以及人类的一些机会性疾病。研究表明，杀菌剂氰烯菌酯对禾谷镰孢菌（*Fusarium graminearum*）和藤仓镰孢菌（*Fusarium fujikuroi*）具有抗真菌活性。在之前的研究中，我们发现I型肌球蛋白FoMyo5中的氨基酸替代（V151A和S418T）导致多种植物病原菌尖孢镰刀菌专化型对氰烯菌酯表现出天然低抗药性。本研究通过对1 μg/mL氰烯菌酯处理后的尖孢镰刀菌抗性菌株FoII5、Fo1st和敏感菌株Fo3_a的转录组分析，在2 728个差异表达基因（DEGs）中，发现有14个涉及氧化还原过程和MFS转运蛋白的基因在氰烯菌酯抗药性菌株中显著上调。这些基因编码的蛋白包括硝酸盐还原酶NADPH、亚硝酸盐还原酶NADH和2,4-二乙酰辅酶A还原酶$NADPH_2$等，他们的上调表达增强了抗性菌株代谢药物、转运药物及增加能量供给以增强耐药性的分子机制。

有14个涉及ATP依赖的RNA解旋酶和核糖体生物合成相关蛋白的DEGs在氰烯菌酯抗药和敏感菌株中均显著下调表达。这些基因编码的蛋白包括DBP2、DBP3、DBP9、DBP10、DED1、RRP3和SPB4等，这些结果表明，氰烯菌酯不仅严重影响敏感菌株的细胞骨架蛋白结合和ATPase活性，而且抑制所有菌株的核糖体生物合成。本研究有助于我们更好地了解氰烯菌酯的抗性调节机制和抑菌活性，并为开发基于靶标新的杀菌剂防治尖孢镰刀菌提供参考。

关键词：比较转录组；氰烯菌酯；尖孢镰刀菌；抗性调控；抑菌活性

---

* 基金项目：江苏省自然科学基金青年基金（BK20191048）；国家自然科学基金（31901914）
** 第一作者：刘华琪，硕士研究生；E-mail：lhq958390094@163.com
*** 通信作者：郑志天，讲师，主要从事杀菌剂毒理学与真菌病害抗药性研究；E-mail：zztsdta@yeah.net

几种杀线剂防治黄瓜根结线虫的效果*

符美英**，王会芳***，罗激光
[海南省农业科学院植物保护研究所（海南省农业科学院农产品质量安全与标准研究中心），海南省植物病虫害防控重点实验室，海口　571199]

摘要：海南属于热带亚热带地区，年平均气温在25℃左右，非常适合根结线虫生长繁殖，加上设施农业的快速发展、复种指数的增加，瓜菜作物重茬现象严重，因此瓜菜根结线虫病在海南的发生危害也日益加重。根结线虫的寄主植物种类繁多，特别是瓜类植物，是根结线虫的高感寄主。本试验选择黄瓜根结线虫为防治对象，试验地点在海南澄迈县永发镇黄瓜种植大棚，选用市面售卖的3%阿维菌素微囊悬浮剂800 mL/亩、20%噻唑膦水乳剂800 mL/亩、400 g/L氟吡菌酰胺悬浮剂0.03 mL/株、100亿芽孢/g坚强芽孢杆菌可湿性粉剂800 g/亩、5亿活孢子/g淡紫拟青霉颗粒剂3 000 g/亩和2%氨基寡糖素水剂180 mL/亩等6个杀线剂对黄瓜根结线虫进行田间防治实验。45天后调查根结防效结果显示：防治效果最理想的是400 g/L氟吡菌酰胺悬浮剂，防效高达到82.5%；第二是3%阿维菌素微囊悬浮剂，防效达70.8%；第三是20%噻唑膦水乳剂，其防效是66.8%；而100亿芽孢/g坚强芽孢杆菌可湿性粉剂、5亿活孢子/g淡紫拟青霉颗粒剂和5亿活孢子/g淡紫拟青霉颗粒剂的防治效果均不理想，防效分别为38.5%、40.6%和45.2%。本文的试验结果为今后黄瓜根结线虫的防治提供重要依据。

关键词：海南黄瓜；根结线虫；药剂防治

* 基金项目：海南省重点研发项目（ZDYF2022XDNY336）
** 第一作者：符美英，副研究员，研究专业为植物保护；E-mail：94427962@qq.com
*** 通信作者：王会芳，副研究员，研究方向为植物病理学；E-mail：whf-hn@163.com

由胶孢炭疽菌和尖孢炭疽菌复合侵染导致的辣椒炭疽病对三唑类药剂的抗性发展

魏令令*，陈长军**
（南京农业大学植物保护学院，南京　210095）

摘要： 由刺盘孢属和长圆盘孢属侵染所引起的辣椒炭疽病，俗称轮纹病、轮斑病。该病分布广，危害重，在多雨季节流行快，已成为辣椒产业发展的瓶颈因子，常年减产20%～30%，重发年份高达50%。目前，该病依赖于化学防控，主要包括甲氧基丙烯酸酯类（QoIs）与甾醇脱甲基抑制剂类（DMIs）等药剂。但近年来，江苏多地椒农抱怨防效下降，损失逐年加重。为此，于2018—2019年在江苏省盐城采集了48株辣椒炭疽菌株［8株为胶孢炭疽菌（*Colletotrichum gloeosporioides*），40株为尖孢炭疽菌（*C. acutatum*）］。药剂敏感性测定结果表明：这两种病原菌均未对QoIs类药剂产生抗药性；尖孢炭疽菌仍对戊唑醇药剂敏感，而胶孢炭疽菌对戊唑醇已产生中等水平抗性，与其他DMIs药剂苯醚甲环唑和丙环唑之间存在正交互抗性。进一步研究表明：辣椒胶孢炭疽菌对戊唑醇抗性菌株的甾醇14α-去甲基化酶*CgCYP51A*和*CgCYP51B*均发生突变，存在3种基因型：基因型Ⅰ（$CgCYP51A^{V18F+L58V+S175P+P341A}$；*CgCYP51B*：无突变），基因型Ⅱ（$CgCYP51A^{L58V+S175P+A340S+T379A+N476T}$；$CgCYP51B^{D121N+T132A+F391Y}$）和基因型Ⅲ（$CgCYP51A^{L58V+S175P}$；$CgCYP51B^{T262A}$）。

虽在同一个田块（即相同生境条件下），尖孢炭疽菌对DMIs药剂未能检测到抗药性菌株。为此，评价了该致病菌对DMIs药剂的抗药性潜在风险。结果表明：通过紫外诱变与药剂驯化，共获得了20株抗戊唑醇菌株，分生孢子紫外诱变抗性频率1.17×10^{-5}，驯化抗性频率0.6%；尖孢炭疽抗性菌株也存在3种基因型：基因型Ⅰ（$CaCYP51A^{Y128H}$；*CaCYP51B*：无突变）、基因型Ⅱ（$CaCYP51A^{T207M}$；*CaCYP51B*：无突变）和基因型Ⅲ（*CaCYP51A*与*CaCYP51B*无突变）；在药剂处理后，*CaCYP51A*与*CaCYP51B*基因表达量均显著上升；抗性菌株适合度高，戊唑醇与苯醚甲环唑之间存在正交互抗性。结果表明：尖孢炭疽菌对DMIs药剂存在低至中等水平的潜在抗药性风险。

关键词： 辣椒炭疽病；胶孢炭疽菌；尖孢炭疽菌；三唑类抗药性机制

---

* 第一作者：魏令令，博士研究生；E-mail：1151410218@qq.com
** 通信作者：陈长军，教授；E-mail：changjun-chen@njau.edu.cn

河南省小麦赤霉病菌对己唑醇及其复配药剂的敏感性*

李梦雨**，高续恒，姜 佳，钱 乐，刘圣明***
（河南科技大学园艺与植物保护学院植物保护系，洛阳 471023）

摘要：小麦赤霉病（Fusarium head blight，FHB）是由镰孢菌（*Fusarium*）侵染引起的一种世界范围内麦类作物上的毁灭性病害。河南省小麦赤霉病的优势致病菌为禾谷镰孢菌（*Fusarium graminearum*），不仅影响小麦的产量和品质，病原菌还会产生脱氧雪腐镰刀菌烯醇（Deoxynivalenol，DON）等真菌毒素，严重威胁人畜健康。己唑醇属 C-14α-脱甲基酶抑制剂，通过抑制病原菌羊毛甾醇合成中的14α-脱甲基酶的活性，以达到杀菌效果。明确河南省禾谷镰孢菌对己唑醇的敏感性，对小麦赤霉病的综合治理和抗药性监测具有重要意义。

己唑醇对禾谷镰孢菌不同发育阶段的抑制活性表明：禾谷镰孢菌不同发育阶段对己唑醇的敏感性存在较大差异，EC_{50}由大到小依次为孢子萌发>分生产孢量>芽管伸长>菌丝生长，分别为22.58 μg/mL、2.17 μg/mL、0.89 μg/mL和0.39 μg/mL。采用菌丝生长速率法分别测定了来自河南省6个地区的205株禾谷镰孢菌对己唑醇的敏感性，己唑醇对禾谷镰孢菌的平均EC_{50}为（0.36±0.19）μg/mL，禾谷镰孢菌对己唑醇的敏感性频率分布均呈连续单峰曲线，表明田间不存在对己唑醇敏感性下降的抗药性亚群体，其平均EC_{50}可作为禾谷镰孢菌对己唑醇的敏感基线，为将来禾谷镰孢菌对己唑醇的田间抗性监测提供参考。复配药剂联合毒力结果表明，己唑醇与咯菌腈和氟唑菌酰羟胺复配具有不同程度的相加和增效作用，增效系数SR在0.97~3.73，实际EC_{50}范围在0.01~0.14 μg/mL。其中V（己唑醇）：V（氟唑菌酰羟胺）=1：5时，增效系数值最大（SR=3.73），实际EC_{50}=0.01 μg/mL。本研究为己唑醇的科学使用以及小麦赤霉病的综合防治提供了重要的理论依据。

关键词：小麦赤霉病；禾谷镰孢菌；己唑醇；敏感基线；复配剂

---

* 基金项目：河南省自然科学基金（212300410015；222300420145）；河南省科技攻关（222102110077）；中原青年拔尖人才（ZYQR201912157）；洛阳市公益性行业科研专项（2302032A）

** 第一作者：李梦雨，硕士研究生；E-mail：18339245323@163.com

*** 通信作者：刘圣明，教授，主要从事植物病害化学防治、杀菌剂毒理及抗药性研究；E-mail：liushengmingzb@163.com

防控稻瘟病 pH/几丁质酶双响应型精油递送体系构建

丁 怡[1,2]，袁 军[1,2]，吴 帅[1,2]，马 悦[1,2]，高云昊[4]，李荣玉[1,2,3]，李 明[1,2,3]
（1. 贵州大学作物保护研究所，贵阳 550025；2. 贵州大学农学院，贵阳 550025；
3. 贵州省山地农业病虫害重点实验室，贵阳 550025；
4. 南京农业大学植物保护学院，南京 210095）

摘要： 柠檬醛精油（Citral，以下简称 CT）对大多数病原菌具有显著的生物活性，但因其稳定性差限制了在田间的应用。智能介孔纳米材料因其比表面积高、表面可修饰和介孔结构等特点，可设计对植物病害的微环境刺激作出反应，以实现按需释放活性成分控制病害，从而有效提高柠檬醛精油的稳定性。本研究中，通过在中空介孔二氧化硅（HMS）内封装柠檬醛精油（CT），并采用层层自组装技术在 HMS 上包覆壳聚糖（CH）与单宁酸（TA）成功制备一种 pH/几丁质酶双重刺激响应的柠檬醛精油控释剂（CT@ HMS@ CH/TA）。通过扫描电子显微镜（SEM）、傅里叶红外光谱（FTIR）和比表面积与孔径分布测试（BET-BJH）等表征技术对 CT@ HMS@ CH/TA 的形貌结构进行表征；采用超高效液相色谱质谱（UPLC-MS/MS）考察了 CT@ HMS@ CH/TA 的紫外线屏蔽性能、贮藏稳定性和 pH/酶双重响应性控制释放行为；最后分别采用菌丝生长速率法和盆栽试验研究了它对水稻稻瘟病的防治效果。结果表明，CT@ HMS@ CH/TA 的平均粒径为（125.12±0.12）nm，具有稳定的纳米中空介孔结构，对柠檬醛精油的负载率达 16.58%；在紫外线照射 48 h 后，被 CH 和 TA 外壳保护后的柠檬醛降解率仅降低了 15.31%，远低于柠檬醛精油的降解率（51.18%）；CT@ HMS@ CH/TA 在酸性和几丁质酶环境下表现出优异的 CT 释放行为，类似于稻瘟病菌侵染水稻时的环境；此外 CT@ HMS@ CH/TA 表现出优良的附着力，且不影响目标水稻作物的正常生长。生物活性结果显示，CT@ HMS@ CH/TA 对水稻稻瘟病菌的 EC_{50} 值比柠檬醛精油低，增强了柠檬醛精油的抗真菌活性。CT@ HMS@ CH/TA 对稻瘟病的防控效果比柠檬醛精油具有更长的持效期。上述研究结果表明，精油智能纳米控释体系 CT@ HMS@ CH/TA，不仅具有提高柠檬醛精油稳定性的作用，还有良好的智能控释性能和病害防治效果，为植物源精油在植物病害绿色防控中的智能高效应用提供新策略。

关键词： 柠檬醛；中空介孔二氧化硅；双重刺激响应；稻瘟病菌；绿色防控

辽宁省黄瓜棒孢叶斑病菌对咯菌腈的抗药性风险评估

邓云艳*，祁之秋，汪　涛，纪明山**
（沈阳农业大学植物保护学院，沈阳　110866）

摘要： 黄瓜棒孢叶斑病是温室黄瓜叶片的主要病害，由多主棒孢菌（*Corynespora cassiicola*）侵染引起。咯菌腈是苯基吡咯类杀菌剂，可抑制多主棒孢菌的生长。本文测定了170株多主棒孢菌对咯菌腈的敏感性，并评估了抗药性风险。所有菌株对咯菌腈敏感，EC_{50}值范围为0.082 0~0.539 0 μg/mL，平均值为（0.207 0±0.005 3）μg/mL。实验室诱导的对咯菌腈具有高抗性水平的突变体菌株在连续转移10次后抗性稳定遗传，并且对异菌脲和腐霉利表现出交互抗药性，与嘧菌酯、多菌灵、氟唑菌酰羟胺和咪鲜胺没有交互抗性。除致病性和产孢能力减弱外，抗性突变菌株与亲本菌株的菌丝生长和温度适应性无显著差异。抗性突变菌株比亲本离株积累更少的甘油，并对渗透压胁迫更敏感。与抗性突变菌株相比，敏感菌株的组氨酸激酶活性显著受到抑制。组氨酸激酶基因 *CCos* 的序列比对结果表明，突变菌株RTL4、RXM5和RFS102在不同位点具有点突变，导致CCos蛋白中G934E、S739F和A825P的氨基酸发生变化。突变菌株RFS102在位点824处有丙氨酸缺失。咯菌腈处理后，菌株RFS20的 *CCos* 表达显著低于亲本离株。从以上结果可以看出，黄瓜棒孢叶斑病菌对咯菌腈表现中等抗药性风险。

关键词： 黄瓜棒孢叶斑病菌；咯菌腈；抗药性

---

* 第一作者：邓云艳，在读博士研究生；E-mail：15840178392@163.com
** 通信作者：纪明山，博士，教授，主要从事农药毒理及抗药性研究；E-mail：jimingshan@163.com

灰霉病菌对二甲酰亚胺抗性的AS-PCR快速检测*

刘梦晴**，屠紫娟，余　洋，杨宇衡，方安菲，田斌年，王　静，毕朝位***
（西南大学植物保护学院，重庆　400715）

摘要：灰霉病是很多果树、蔬菜、花卉等植物上的重要真菌病害，对农业生产造成巨大损失，于是人们引进多种杀菌剂对其进行防治，但目前都相继出现了抗药性。病原菌在自然界的数量巨大，抗药性个体在群体中的比例达到3%时，即可引起抗药性病害流行，导致药剂防治失败。因此，为能及时了解和发现本地区抗性发展情况、了解抗性发展规律、评估抗性水平、筛选高效药剂、制定合理的防治策略，建立抗药性的快速检测方法也就显得尤为重要。为快速检测灰霉病菌对二甲酰亚胺类杀菌剂抗性，本文基于灰霉病菌 *Bos1* 基因的点突变 I365S 和 I365N，建立了一种灰霉病菌对二甲酰亚胺类杀菌剂抗性的等位基因特异性 PCR（Amplification Refractory Mutation System PCR，AS-PCR）快速分子检测方法。以 *Bos1* 基因为靶序列，将突变位点设计在3′末端，并在突变位点前人工引入了1～2个错配碱基，得到AS-PCR检测引物，引物序列如下，I365S-7F：5′-AGGTATTCTTGGGGGTCAAGCAGAGAG-3′；I365S-8F：5′-AGGTATTCTTGGGGGTCAAGCAGATGG-3′；I365N-8F：5′-AGGTATTCTTGGGGGTCAAGCAGATGA-3′；I365-R：5′-AAGAGTTCCATCAGTTCCGACCTCCCT-3′。反应体系包括：2×Taq Master Mix 12.5 μL、10 μmol/L 正反向引物各1 μL和 ddH_2O 补足至25 μL。并对该体系碱基错配、退火温度、内参引物与特异性引物浓度配比进行优化。结果表明，正向特异性引物I365S-7F、I365S-8F和I365N-8F分别与引物I365-R结合组成的3组引物可以将I365S和I365N突变方式的抗性菌株和敏感菌株区分，且其最适退火温度分别为57℃、58℃和57℃。该3对特异性引物和内参引物组成的3组多重AS-PCR对二甲酰亚胺敏感和抗性菌株具有较好的特异性，抗性菌株的扩增产物含1条526 bp的目的片段和大约250 bp的内参片段，而敏感菌株的扩增产物只有1条250 bp的内参片段，且特异性引物和内参引物浓度ITS4/ITS86比例均为2∶1。3组AS-PCR检测体系中引物I365S（N）-7F/I365-R都对灰霉病菌DNA的检测灵敏度达7 ng/mL，引物I365S-8F/I365-R对灰霉菌DNA的灵敏度为70ng/mL。综上，该AS-PCR技术具有特异性强、操作简单、成本低等优势，为灰霉病菌的抗药性检测提供技术支撑。

关键词：灰霉病；二甲酰亚胺；AS-PCR技术；抗药性检测

---

* 基金项目：国家重点研发计划（2022YFD1400901）
** 第一作者：刘梦晴，硕士研究生，主要从事杀菌剂方面的研究；E-mail：2306521164@qq.com
*** 通信作者：毕朝位，副教授，主要从事植物真菌病害及病原菌抗药性研究；E-mail：chwbi@swu.edu.cn

Sensitivity and resistance mechanism of *Colletotrichum scovillei* to tebuconazole in Shanxi Province[*]

ZHANG Wenjing[**], ZOU Xiaolu, YAO Futian, REN Lu, YIN Hui, ZHAO Xiaojun[***]
(*College of Plant Protection*, *Shanxi Agricultural University*, *Taiyuan* 030031, *China*)

Abstract: Pepper anthracnose is a common disease in pepper production, which leads to fruit decay and reduces marketability. Continuous use of the same kind of fungicide will lead to resistance in production, thus reducing the effectiveness of the fungicide. It was found that *Colletotrichum scovillei* was the main pathogenic species of pepper anthracnose in Shanxi Province. The aim of this study was to clarify the sensitivity of *C. scovillei* in Shanxi Province to tebuconazole and explore its resistance mechanism, in order to provide theoretical support for the prevention and control of anthracnose of capsicum. A total of 55 strains of *C. scovillei* were collected, isolated and purified from 5 pepper producing areas in Shanxi Province. The sensitivity of *C. Scovillei* to tebuconazole was determined by growth rate method, and the logEC_{50} values of these strains were tested by SPSS using normal distribution test (K-S test). The resistant mutants were obtained by indoor acclimation method, and the genetic stability of the mutants was determined by continuous fungicide-free culture. *CYP*51*A* and *CYP*51*B* gene sequences and relative expression levels of resistant mutants and parental sensitive strains were compared to determine the resistance mechanism. The EC_{50} values of *C. scovillei* strains for tebuconazole ranged from 0.099 3~0.824 7 μg/mL, and the mean EC_{50} values were (0.364 1±0.019 2) μg/mL. After data outliers analysis and elimination, the sensitivity distribution of strains to tebuconazole showed an approximate normal distribution. The mean EC_{50} value can be used as a sensitivity baseline for *C. scovillei* to tebuconazole. A total of 10 resistant mutants (6 with low resistance and 4 with medium resistance) were obtained after tebuconazole domestication. Among them, the resistance of 6 resistant mutants could be stably inherited under the condition of no fungicide stress. The comparison of *CYP*51*A* and *CYP*51*B* gene sequences of resistant and sensitive strains showed that the 527 base of *CYP*51*A* gene sequence of low resistant-mutant YX12R1 and YX12R2 changed from T to C, and the amino acid at the corresponding site changed from tyrosine (Tyr) to histidine (His) (Y128H). The relative expression of *CYP*51*A* gene in low resistant-mutant YX12R1, YX12R2 and medium resistant-mutant YX3R2 and YX10R2 were up-regulated by 20.50, 9.81, 24.30 and 5.32 times, respectively. The relative expression of *CYP*51*B* gene in low resistant-mutant YX10R1, YX12R1 and medium resistant-mutant YX3R2 and YX10R2 were up-

* Funding: Supported by Fundamental Research Program of Shanxi Province (202203021211281); Shanxi Vegetable Industrial Technology System Construction Project (2023CYJSTX08-07)

** First author: ZHANG Wenjing; E-mail: 1951255524@qq.com

*** Corresponding author: ZHAO Xiaojun; E-mail: zhaoxiaojun0218@163.com

The authors declare that they have no competing interests

regulated by 1.48, 1.56, 5.60 and 2.55 times, respectively. The results of cross-resistance analysis showed that there was cross-resistance between tebuconazole and difenoconazole, but no cross-resistance with prochloraz and pyraclostrobin. *C. scovillei* did not show reduced sensitivity to tebuconazole in Shanxi Province, but resistance mutants can be obtained by fungicide domestication. The resistance to tebuconazole is related to *CYP51A* and *CYP51B* gene mutation and overexpression. It is suggested that tebuconazole can be used alternately or in mixture with pyraclostrobin to delay the development of resistance of *C. scovillei* to tebuconazole.

Key words: Anthracnose of pepper; Tebuconazole; Sensitivity; Cross-resistance; Resistance mechanism

茄腐镰孢菌（*Fusarium solani*）对氰烯菌酯的固有抗性机制

毛玉帅[1,2*]，张紫阳[1,2]，沈静涵[1]，殷消茹[1]，王甜诗[3]，郑暄茗[1]，盛桂林[4]，蔡义强[1]，沈迎春[4]，陈园园[3]，段亚冰[1,2**]，周明国[1]

（1. 南京农业大学植物保护学院，南京 210095；2. 南京农业大学三亚研究院，三亚 572025；3. 南京农业大学理学院，南京 210095；4. 江苏省农药总站，南京 210036）

摘要：茄腐镰孢菌（*Fusarium solani*）是多种作物根腐病的主要病原种群，被其侵染后导致作物枯萎死亡，造成作物产量损失、品质降低。氰烯菌酯是一种镰孢菌专化型杀菌剂，对禾谷镰孢菌（*F. graminearum*）、亚洲镰孢菌（*F. asiaticum*）、尖孢镰孢菌（*F. oxysporum*）、藤仓镰孢菌（*F. fujikuroi*）等镰孢菌具有优异的抑菌活性，其作用靶标为肌球蛋白-5。目前，氰烯菌酯已被登记用于小麦赤霉病、水稻恶苗病、草莓根腐病的化学防控。本研究从花生、草莓、番茄和菊花等作物根腐病样品中分离获得 20 株茄腐镰孢菌（*F. solani*）菌株，药敏性测定发现，氰烯菌酯对所有分离获得的茄腐镰孢菌抑菌活性较差，EC_{50}大于 160 μg/mL。鉴于氰烯菌酯的高度选择性，这一现象可能被归因于固有抗性。本研究通过靶标蛋白序列比对分析、蛋白分子建模、药-靶分子对接、定点突变、药敏性与适合度分析揭示了其固有抗性机制。通过对不同镰孢菌中的肌球蛋白-5 进行的序列比对分析，发现茄腐镰孢菌肌球蛋白-5 与氰烯菌酯结合口袋关键位点第 218 位和第 376 位氨基酸残基与其他镰孢菌（*F. graminearum*、*F. pseudograminearum*、*F. oxysporum*、*F. verticillioides*、*F. avenaceum*）存在差异，*F. solani* 第 218 位为苏氨酸（Threonine），而其他镰孢菌为丝氨酸（Serine），*F. solani* 第 376 位为赖氨酸（Lysine），而其他镰孢菌为甲硫氨酸（Methionine）。基于 T218 和 K376 关键氨基酸残基，通过同源建模获得了野生型和 3 种突变型肌球蛋白-5 三维结构（WT、T218S、K376M 和 T218S&K376M），通过与氰烯菌酯的药-靶分子对接，发现与野生型肌球蛋白-5 相比，T218S、K376M 和 T218S&K376M 突变型茄腐镰孢菌肌球蛋白-5 与氰烯菌酯之间的结合力下降，WT、T218S、K376M 和 T218S&K376M 与氰烯菌酯间的结合能分别为 -3.51 kcal/moL、-3.70 kcal/moL、-3.84 kcal/moL 和-4.46 kcal/moL。利用定点突变技术获得了上述突变基因型突变体，药敏性测定结果表明，T218S、K376M 和 T218S&K376M 定点突变体的 EC_{50}值分别为 26.08±0.74、16.56±0.35 和 0.21±0.01，与亲本菌株相比分别降低了 6.13 倍、9.66 倍和 761.90 倍。生物适合度测定结果发现，T218S、K376M 和 T218S&K376M 定点突变体与亲本菌株在菌丝生长率上无显著差异；与亲本菌株相比，K376M 或 T218S&K376M 定点突变体产孢量显著降低，T218S 和亲本菌株产孢量之间无显著差异；与亲本菌株相比，T218S 定点突变体的致病力显著增加，K376M 或 T218S&K376M 定点突变体与亲本菌株之间无显著差异。综上所述，茄腐镰孢菌和其他镰孢菌之间的肌球

* 第一作者：毛玉帅，博士研究生；E-mail：2020202064@ njau. edu. cn

** 通信作者：段亚冰，教授；E-mail：dyb@ njau. edu. cn

蛋-5第218位和第376位的自然变异与氰烯菌酯固有抗性高度相关。茄腐镰孢菌肌球蛋白-5关键药敏性变异位点的发现与鉴定，不仅丰富了氰烯菌酯抗性分子机制的研究，为反氰烯菌酯抗性杀菌剂的设计提供了参考数据，而且为氰烯菌酯在镰孢菌病害防控上的科学使用提供了理论支撑。

关键词：氰烯菌酯；固有抗性；茄腐镰孢菌；定点突变；多重突变

嘧霉胺对多主棒孢霉形态结构影响及转录组学数据分析*

潘　双**，吴丽婷，祁之秋***
（沈阳农业大学植物保护学院，沈阳　110161）

摘要： 嘧霉胺是一种接触性杀菌剂，具有保护和治疗作用，对灰葡萄孢高效，对多主棒孢霉、青霉和镰刀菌等多种病原真菌具有较高活性，已广泛用于蔬菜灰霉病等真菌病害的防治。因嘧霉胺对病原真菌的作用机理和抗性机理仍不明确，尚无法从根本上为制定延缓抗药性和治理田间抗药性菌株的田间应用技术提供有效建议。前期研究发现嘧霉胺对灰葡萄孢菌丝和芽管形态影响不明显，而作用于多主棒孢霉，会引起芽管严重畸形。笔者以多主棒孢霉为研究对象，通过嘧霉胺对菌体孢子形态观察及转录组数据分析，深度挖掘药剂的作用靶点，为研究嘧酶胺的作用机理提供新思路。

嘧霉胺处理病原菌后，菌丝体生长不良，表面皱缩、扭曲，隔膜间距缩短，节间不正常突起；孢子塌陷变形，芽管呈现卷曲、肿大、弹簧状的畸形状态。对超微结构的观察发现，细胞壁不规则增厚，细胞膜向内皱缩，通透性改变，细胞内物质外渗，线粒体破坏较重，嵴消失后肿胀形成空腔，细胞器疏松解体，整个细胞空泡化严重。

转录组数据分析表明，多主棒孢霉在嘧霉胺胁迫下，出现 2 520 个差异表达基因，其中，下调表达基因 1 987 个，上调表达基因 533 个，涉及半胱氨酸和甲硫氨酸合成代谢、淀粉和蔗糖代谢，半乳糖代谢、细胞壁代谢、线粒体、膜结合细胞器、细胞色素 P_{450}、氨基糖和核苷酸代谢、硫代谢、细胞死亡等，这样的结果与嘧霉胺影响菌体多处细胞结构相吻合。针对文献报道的嘧霉胺影响 β-胱硫醚裂解酶及甲硫胺酸、半胱氨酸和高半胱氨酸氨基酸逆转嘧霉胺的作用，笔者筛选到与半胱氨酸和甲硫氨酸合成代谢有关的通路中，β-胱硫醚裂解酶（CBL）、胱硫醚-γ-合成酶（CGS）、甲硫氨酸合成酶（MS）、腺苷高半胱氨酸酶（SAH）、高丝氨酸乙酰转移酶（HAT）基因表达显著下调，这些基因将是我们进一步明确嘧霉胺作用机理的候选基因。

关键词： 嘧霉胺；多主棒孢霉；形态结构；作用机理

---

* 基金项目：辽宁省教育厅面上项目（LJKMZ20221045）
** 第一作者：潘双，在读硕士研究生；E-mail：1531844601@ qq. com
*** 通信作者：祁之秋，副教授，从事农药毒理及抗药性研究；E-mail：2001500063@ syau. edu. cn

黑龙江省水稻恶苗病菌对氰烯菌酯的抗药性检测*

孙　烨[1**]，张　灿[1]，李　芸[1]，张清华[1]，刘西莉[1,2***]
（1. 中国农业大学植物病理学系，北京　100193；2. 西北农林科技大学植物保护学院，旱区作物逆境生物学国家重点实验室，杨凌　712100）

摘要：水稻恶苗病是世界范围的水稻病害，其主要的致病菌是藤仓镰孢菌（*Fusarium fujikuroi*）。水稻恶苗病严重影响水稻的生长发育，发病时可减产 30%～50%，严重时可达 80%以上，造成巨大的经济损失。黑龙江省是我国寒地水稻的重要产区，该地区水稻恶苗病发病严重，严重影响水稻的产量和品质。目前，化学防治结合抗病品种选育已成为当地常用的恶苗病防治手段，但随着杀菌剂多年单一使用，水稻恶苗病菌对多菌灵、咪鲜胺等常用杀菌剂产生了普遍的抗药性，导致其防治效果逐年下降。氰烯菌酯是近年来在该地区用于防治水稻恶苗病的主要药剂之一，因此有必要针对该地区水稻恶苗病菌对氰烯菌酯的抗药性发生发展情况进行监测和研究。

本研究于 2021—2022 年从黑龙江省不同地区采集分离并鉴定到了 204 株水稻恶苗病菌，采用菌丝生长速率法测定其对氰烯菌酯的敏感性分布情况，采用已报道的水稻恶苗病菌对氰烯菌酯抗药性划分标准，评价当前采集分离的 204 株藤仓镰刀菌对氰烯菌酯的抗性水平。检测结果表明，供试菌株中 107 株对氰烯菌酯表现为高水平抗性，45 株对氰烯菌酯表现为中等水平抗性，52 株对氰烯菌酯表现为敏感；即高抗菌株比例为 52.45%，中抗性菌株比例为 22.06%。上述结果表明，黑龙江省水稻恶苗病菌对氰烯菌酯的抗药性问题已十分严重，当前生产中仍需加速开展抗药性治理，使用与氰烯菌酯无交互抗药性的杀菌剂用于恶苗病防治，并适时监测和评价水稻恶苗病菌对氰烯菌酯的抗药性发展情况，为科学指导田间合理使用氰烯菌酯提供参考。

关键词：水稻恶苗病；藤仓镰刀菌；氰烯菌酯；抗药性检测

* 基金项目：农业农村部财政项目（HT2022-0084-1）

** 第一作者：孙烨，硕士研究生；E-mail：YSun@ cau. edu. cn

*** 通信作者：刘西莉，教授，主要从事植物病原菌与杀菌剂互作的理论和技术研究；E-mail：seedling@ cau. edu. cn

海南省芒果可可毛色二孢对咪鲜胺的敏感性及抗感菌株在生化和分子上的特征[*]

王晨光[**]，徐璐茜，梁晓宇，张　宇，杨　叶[***]
（海南大学植物保护学院，海口　570228）

摘要：芒果蒂腐病是由可可毛色二孢（*Lasiodiplodia theobromae*）引起的一种真菌病害，严重危害芒果的产量和品质。甾醇脱甲基抑制剂咪鲜胺，已在我国广泛应用与芒果蒂腐病的防治。2019 年，对采自中国海南省 6 个芒果主产区的芒果蒂腐病样品进行了病原菌的分离和鉴定，利用菌丝生长速率法测定了病原菌对咪鲜胺的敏感性，并对抗性及敏感菌株在菌丝生长、孢子萌发、温度敏感性、致病力、渗透压等方面进行了比较。结果表明：分离得到 139 株可可毛色二孢，咪鲜胺对可可毛色二孢的 EC_{50}值在 0.000 6～16.431 0 μg/mL，分离到的菌株对咪鲜表现为抗性的菌株有 21 株。发现抗性菌株在菌丝生长、孢子萌发、温度敏感性三方面显著弱于敏感菌株。随后对抗感可可毛色二孢的生理生化特性进行了比较，在 10 μg/mL 咪鲜胺处理下，敏感菌株中麦角甾醇含量下降了 80.23%，而抗性菌株仅下降了 57.52%，细胞膜完整性实验结果表明，敏感菌株较抗性菌株而言细胞膜受损程度更高。抗性菌株由于细胞膜受损严重，电解质外渗细胞膜通透性升高。为了揭示抗性机制，对靶基因 *CYP*51 和 ATP 结合盒（ABC）亚家族 *ABCG* 基因进行了克隆，比对抗感菌株并未发现氨基酸突变。抗性菌株中的 *CYP*51 和 *ABCG* 的表达量显著高于敏感菌株，因此，靶基因的诱导表达与外排转运蛋白的诱导表达相结合，介导了可可毛色二孢对咪鲜胺的抗药性。

关键词：可可毛色二孢；咪鲜胺；抗性机制；*Ltcyp*51 基因；*LtABCG* 基因

* 基金项目：国家自然科学基金（32160653）；海南省自然科学基金（321RC457）

** 第一作者：王晨光，博士研究生，研究方向为杀菌剂毒理及抗药性；E-mail：924344093@qq.com
*** 通信作者：杨叶，教授，研究方向为热带作物病害防治及病原菌抗药性；E-mail：yyyzi@tom.com

藤仓镰孢菌 ATP 合成酶亚基 FfATPh、FfATPb、FfATP5 的功能分析及其对氟啶胺药敏性调控作用*

杨　鑫**，王晨光**，侯毅平***
（南京农业大学植物保护学院，南京　210095）

摘要：水稻恶苗病是由藤仓镰孢菌（*Fusarium fujikuroi*）引起的一种严重的种传病害，对全球水稻生产及贸易造成严重威胁。ATP 合成酶通过消耗质子梯度催化能源物质 ATP 的合成，对病原真菌功能的发挥也不可或缺。然而它们在丝状真菌中的调节作用尚不清楚。本研究对 ATP 合酶 3 个关键亚基进行了鉴定和功能分析。FfATPh 编码 128 个氨基酸，含有一个 ATP_sub_h 结构域。FfATPb 编码 242 个氨基酸，含有一个 ATP_synt_B 结构域。FfATP5 编码 226 个氨基酸，含有一个 OSCP 结构域。研究构建了 *FfATPh*、*FfATPb* 和 *FfATP5* 基因敲除突变体。*FfATPh*、*FfATP5* 和 *FfATPb* 缺失突变体（ΔFfATPh、ΔFfATP5 和 ΔFfATPb）在营养生长、孢子形成和致病性方面存在缺陷。ΔFfATPh、ΔFfATP5 和 ΔFfATPb 对咯菌腈、氰烯菌酯、吡唑醚菌酯、氟啶胺的敏感性显著降低。此外，ΔFfATPh 对离子胁迫和渗透胁迫的敏感性降低，而 ΔFfATPb 和 ΔFfATP5 对氧化应激更敏感。FfATPh、FfATP5 和 FfATPb 位于线粒体上，并且 ΔFfATPh、ΔFfATPb 和 ΔFfATP5 破坏线粒体的形态。研究使用双分子荧光互补（BIFC）发现 ATP 合成酶亚基 FfATPh、FfATPb、FfATP5 两两之间的直接互作关系。本研究为进一步理解藤仓镰孢菌的生长发育、抗药性调控和致病机理提供基础，为挖掘防治水稻恶苗病新靶标提供科学依据。

关键词：藤仓镰孢菌；ATP 合成酶；*FfATPh*；*FfATPb*；*FfATP5*；杀菌剂敏感性

---

* 基金项目：国家自然科学基金（31972307）；国家重点研发计划（2022YFD1400900）
** 第一作者：杨鑫，硕士研究生，研究方向为杀菌剂毒理及抗药性；E-mail：2020102118@stu.njau.edu.cn
王晨光，博士研究生，研究方向为杀菌剂毒理及抗药性；E-mail：2022202004@stu.njau.edu.cn
*** 通信作者：侯毅平，教授，研究方向为杀菌剂毒理及抗药性；E-mail：houyiping@njau.edu.cn

灰葡萄孢多药抗性与其对寄主次生代谢物的适应相关*

吴照晨**，张俊婷，喻楚贤，梁正雅，刘鹏飞***
（中国农业大学植物保护学院，北京 100193）

摘要： 随着杀菌剂在果蔬灰霉病防治中的大量使用，其致病菌灰葡萄孢的多药抗性现象在田间频繁发生。其中，ABC（ATP-binding cassette transporter）和 MFS（major facilitator superfamily）等转运蛋白过表达被认为与杀菌剂外排产生抗性有关。但是，寄主植物在病原菌多药抗性发展中的作用尚不清楚。本研究从病原菌、寄主植物次生代谢物和杀菌剂三者互作角度探究了多药抗性的形成机制。通过 GC/QTOF 结合固相微萃取技术分析了接种灰葡萄孢的葡萄叶片中挥发性和非挥发性代谢组分，发现接种后的叶片中积累了更大量的非挥发性代谢物 γ-氨基丁酸（GABA）、白藜芦醇、白藜芦醇甙，以及挥发性代谢物 β-罗勒烯、α-法尼烯、丁香烯、吉玛烯 D、β-古巴烯和烷烃。LC/QTOF 检测到丁香酚、黄烷酮、利血平、白藜芦醇和水杨酸等在病菌侵染后积累量升高。生物活性测定表明，这些次生代谢物对灰葡萄孢菌丝生长具有抑制活性，此外，侵染过程中多药抗性相关的 ABC 外排蛋白编码基因 *BcatrB*、*BcatrD* 和 *BcatrK* 发生了显著的过量表达。在此基础上，选择 10 种可引起外排蛋白过表达的次生代谢物白藜芦醇、利血平、查尔酮、黄烷酮、丁香酚、法尼醇、茴香醇、喜树碱、水杨酸和补骨脂素，分别于添加至培养基中继代培养灰葡萄孢标准菌株 B05.10，经过 5 代、10 代和 15 代培养后，qPCR 检测表明 *BcatrB*、*BcatrD* 和 *BcatrK* 表达量上调了 2~78.4 倍，且对嘧菌酯、氟啶胺、咯菌腈和啶酰菌胺的敏感性发生了 2~27 倍不同程度的下降。分析认为，病原菌侵染寄主植物促进了具有抗菌活性的次生代谢物的积累，从而增强了植物的抗病能力，同时，病原菌响应或者预适应次生代谢物的刺激过表达外排蛋白，进而发展出对不同作用机制杀菌剂的抗性即多药抗性。后续，将进一步开展寄主植物次生代谢物对多药抗性相关的 ABC 等外排蛋白表达调控研究，以期深入揭示田间灰葡萄孢多药抗性的来源。

关键词： 灰葡萄孢；多药抗性；外排蛋白；次生代谢物；预适应

---

* 基金项目：国家重点研发计划项目（2022YFD1400900）

** 第一作者：吴照晨，博士研究生，从事病原菌对杀菌剂多药抗性机制研究方向；E-mail：lzyabd@163.com

*** 通信作者：刘鹏飞，教授，主要从事植物病害化学防治领域研究；E-mail：pengfeiliu@cau.edu.cn

西瓜蔓枯病菌对三种 SDHI 类杀菌剂的抗性风险评估*

吴志文**，毛雪伟，侯毅平***
（南京农业大学植物保护学院，南京　210095）

摘要：由黑腐球壳菌（*Didymella bryoniae*）引起的西瓜蔓枯病是西瓜上的重要病害，严重影响西瓜的产量和品质。目前针对西瓜蔓枯病菌的防治依然是以化学防治为主，SDHI 类杀菌剂苯并烯氟菌唑、氟唑菌酰胺和氟唑菌酰羟胺对西瓜蔓枯病菌的菌丝生长具有很好的抑制作用。为明确田间分离的西瓜蔓枯病菌对这 3 种 SDHI 类杀菌剂的敏感性及其抗性风险，本研究采用菌丝生长速率法测定了 69 株西瓜蔓枯病菌对上述 3 种杀菌剂的敏感性，并采用药剂驯化法进行抗性诱导。结果表明上述 3 种药剂对西瓜蔓枯病菌的有效抑制中浓度（EC_{50}）分别为 0.002 1～0.098 3 μg/mL，0.004 2～0.119 4 μg/mL 和 0.001 8～0.007 1 μg/mL，平均 EC_{50} 值分别为（0.027 0± 0.021 6）μg/mL、（0.022 0± 0.003 0）μg/mL 和（0.003 7±0.001 3）μg/mL。3 种药剂对西瓜蔓枯病菌的最低抑制浓度（MIC）分别为 3 μg/mL、0.1 μg/mL和 0.05 μg/mL。通过药剂驯化法分别获得 4 株（2 株中抗，2 株高抗）、8 株（8 株中抗）和 8 株（4 株中抗，4 株高抗）抗性突变体。多数抗性突变体在菌丝生长、温敏、对不同胁迫因子的敏感性以及致病力上与亲本菌株相比无显著性差异，表明西瓜蔓枯病菌对上述 3 种杀菌剂的抗性风险为中到高等抗性风险。交互抗性结果表明 3 种药剂的抗性菌株对 SDHI 类杀菌剂均具有正交互抗性，对其他类杀菌剂戊唑醇、乙霉威、氟啶胺和灭锈胺不存在交互抗性。通过测序发现，苯并烯氟菌唑高抗突变体 XN51R-1 及氟唑菌酰羟胺的高抗突变体（MKR-15、MKR-91、BB15R-1）和中抗突变体 BB15R-3 *SDHB* 亚基的 277 位存在由组氨酸变为酪氨酸的突变，其他抗性突变体不存在点突变。在小麦赤霉病菌 PH-1 中将 *SDHB* 亚基的 248 位（等同于蔓枯病菌中的 277 位）由组氨酸突变为酪氨酸后发现，点突变体对苯并烯氟菌唑和氟唑菌酰羟胺均产生抗性，但抗性水平不一致，对苯并烯氟菌唑为低抗，对氟唑菌酰羟胺为中抗。本研究提供了西瓜蔓枯病菌对 3 种 SDHI 类杀菌剂的敏感性，并评价了其抗性风险，对抗性机制进行了初步探究，可为西瓜蔓枯病菌的防治提供理论参考，也为 SDHI 类杀菌剂的抗性机制研究提供理论数据。

关键词：西瓜蔓枯病菌；SDHI 类杀菌剂；抗性风险；交互抗性；抗性机制

---

* 基金项目：国家自然科学基金（31972307）；江苏省"六大人才高峰"项目（NY-040）

** 第一作者：吴志文，博士研究生，研究方向为杀菌剂生物学；E-mail：2867072451@qq.com
*** 通信作者：侯毅平，教授，研究方向为杀菌剂生物学；E-mail：houyiping@njau.edu.cn

稻瘟病菌对新型嘧啶胺类杀菌剂SYP-34773的抗性机制探究*

肖雯慧[1**]，李静茹[1]，殷霜霜[1]，张 灿[1***]，刘西莉[1,2]
（1. 中国农业大学植物病理学系，北京 100193；2. 西北农林科技大学植物保护学院，旱区作物逆境生物学国家重点实验室，杨凌 712100）

摘要： 稻瘟病是水稻上危害最严重的病害，引起稻瘟病的病原菌是稻梨孢（*Pyricularia oryzae*），极易分化产生丰富的生理小种，给该病害的防治带来了一定困难。目前，化学防治仍是防治稻瘟病的主要方式之一，然而稻瘟病菌对常用的多种杀菌剂已产生了不同程度的抗药性，因此亟须研发新型作用机制的杀菌剂用于防治稻瘟病。SYP-34773是沈阳中化农药化工研发有限公司开发的一类新型嘧啶胺类杀菌剂。课题组前期研究表明，该药剂对稻瘟病菌等多种病原真菌和马铃薯晚疫病菌等卵菌均具有良好的抑制作用。本研究进一步筛选获得了稻瘟病菌对SYP-34773的抗性突变体，开展了其抗性风险评估和抗性机制探究，为揭示其作用机制以及指导该药剂的科学使用等提供参考。

选取来自不同地区的133株稻瘟病菌，建立了其对SYP-34773的敏感性基线，平均EC_{50}值为0.08 μg/mL。通过药剂驯化获得10株对SYP-34773产生抗性的稻瘟病菌突变体，其中8株中高抗突变体、2株低抗突变体，其均在连续转代10代后抗性保持稳定。测定了抗、感菌株的生物学性状，结果表明，突变体与亲本菌株的菌丝生长速率无显著性差异，但产孢量和孢子萌发率明显下降；低抗突变体的离体致病力弱于亲本菌株，中高抗突变体的离体致病力与亲本菌株相当。进一步研究发现，SYP-34773与多菌灵、氟啶胺、嘧菌酯和咪鲜胺等药剂无交互抗药性，与氟嘧菌胺具有交互抗药性。综上，稻瘟病菌对SYP-34773具有低到中等抗性风险。RNA-Seq分析显示，在SYP-34773处理下，低抗菌株中有3个细胞色素*P450*基因表达上调，且与亲本菌株相比，低抗菌株中SYP-34773含量显著降低，表明低抗菌株可通过影响*P450*基因介导的解毒代谢产生对SYP-34773的抗药性，后续还要进一步研究中高抗突变体对该类药剂的抗性分子机制。

关键词： 稻瘟病菌；SYP-34773；抗性风险；抗性机制

---

* 基金项目：国家重点研发计划（2022YFD1400901）

** 第一作者：肖雯慧，硕士研究生；E-mail：xiaowenhui1992als@163.com

*** 通信作者：张灿，副教授，主要从事植物病原菌与杀菌剂互作及病原菌基因功能研究；E-mail：czhang@cau.edu.cn

禾谷镰孢菌 *FgNR* 基因生物学功能研究*

殷铭灿**，高续恒，姜　佳，钱　乐，刘圣明***
（河南科技大学园艺与植物保护学院植物保护系，洛阳　471023）

摘要：禾谷镰孢菌（*Fusarium graminearum*）为丛赤壳科（Nectriaceae）镰孢菌属（*Fusarium*）病原真菌，是我国北方小麦赤霉病（Fusarium head blight，FHB）的优势致病菌。禾谷镰孢菌主要侵染小麦穗部，不仅影响小麦的产量和品质，病原菌还会产生脱氧雪腐镰刀菌烯醇（Deoxynivalenol，DON）等真菌毒素，对人畜健康构成严重威胁。硝酸还原酶（Nitrate reductase）在真核生物氮代谢过程中发挥着至关重要的作用，前期研究发现，禾谷镰孢菌中硝酸还原酶基因 *FgNR* 在受到不同杀菌剂胁迫后会产生显著的上调表达，但该基因在禾谷镰孢菌中参与的代谢途径和生物学功能尚无系统报道。

本研究通过 PEG 介导的同源重组基因敲除，获得了禾谷镰孢菌 *FgNR* 的敲除转化子。对敲除转化子生物学性状分析发现，*FgNR* 敲除转化子在菌丝形态、分生孢子形态、分生孢子产量等方面未发生显著变化，而在菌丝生长速率、分生孢子萌发率和分生孢子致病力等方面则表现出显著的降低；敲除转化子对盐离子胁迫、渗透压胁迫的耐受性增强，而对氧化胁迫的耐受性降低，并且对氰烯菌酯表现得更加敏感。对 *FgNR* 敲除转化子进行原位回补，回补转化子的菌丝生长速率，分生孢子萌发率和分生孢子致病力等表型均可以得到恢复，表明 *FgNR* 基因在禾谷镰孢菌的无性繁殖、致病力、应对非生物胁迫和杀菌剂胁迫的过程中发挥了重要作用。本研究丰富了人们对禾谷镰孢菌中硝酸还原酶的认识，为深入了解植物病原真菌中氮代谢途径提供参考依据。

关键词：禾谷镰孢菌；硝酸还原酶；生物学功能；*FgNR*

---

* 基金项目：河南省自然科学基金（212300410015，222300420145）；河南省科技攻关（222102110077）；中原青年拔尖人才（ZYQR201912157）；洛阳市公益性行业科研专项（2302032A）

** 第一作者：殷铭灿，硕士研究生；E-mail：yinmingcan1023@163. com

*** 通信作者：刘圣明，教授，主要从事植物病害化学防治、杀菌剂毒理及抗药性研究；E-mail：liushengmingzb@163. com

灰葡萄孢双组分组氨酸激酶 Bos1 与咯菌腈和异菌脲的结合模式及分子机制*

殷学茹**，李鹏飞，余　洋，杨宇衡，方安菲，田斌年，王　静，毕朝位***
（西南大学植物保护学院，重庆　400715）

摘要： 灰霉病是世界范围内发生和危害最严重的十大真菌病害之一，寄主范围十分广泛，全球每年因该病害造成的经济损失可达 1 000 亿美元。目前防治灰霉病主要是化学防治，咯菌腈由于其低毒高效被广泛用于灰霉病的防治，但长期用药导致的抗药性已日益突显，因此，探究杀菌剂的抗药机制，可以为延缓病害的发生和防治灰霉病提供理论基础。人们普遍认为咯菌腈的作用机制与二甲酰亚胺类杀菌剂类似，可以阻断渗透调节信号转导途径。真菌渗透性组氨酸激酶属于Ⅲ型组氨酸激酶，结构域由 N-末端的 5～6 个重复 HAMP 结构域、HATPase_c、HIS-KIN 等组成。咯菌腈可抑制Ⅲ型组氨酸激酶磷酸化，激活 HOG-MAPK 途径，然后由它磷酸化下游目标 Ypd1，最终可合成大量的甘油而致使细胞死亡，但目前对咯菌腈的作用方式还不完全清楚。前人对灰葡萄孢菌咯菌腈室内诱变和田间抗性菌株的生物学特性研究表明，与野生菌株相比，抗性菌株的适合度降低。本研究以不同敏感菌株通过室内药剂驯化得到咯菌腈高抗菌株，测序确定突变位点。将测序突变位点通过定点突变获得原位点突变菌株，并进行生物学测定，并通过分子对接预测咯菌腈和异菌脲与灰葡萄孢 Bos1 的结合模式。研究结果表明灰葡萄孢 Bos1 蛋白上的 F127S、I365S、I365N、F127S+I365N、I376M 等突变方式均可导致异菌脲和咯菌腈与 BcBos1 的结合能降低；而 A1259T 突变并不会导致两种药剂与 BcBos1 结合能降低，A1259T 并不是导致药剂产生抗性的原因；咯菌腈抗性菌株和点突变抗性菌株生物学适合度降低，生长速率、产孢率、致病力明显下降；敏感菌株的甘油含量显著低于抗性菌株，且在用 0.1 μg/mL 咯菌腈处理后甘油含量显著增加，而抗性菌株在加入 0.1 μg/mL 咯菌腈后甘油含量下降；抗性菌株渗透压敏感性显著低于敏感菌株；交互抗药性表明咯菌腈和异菌脲之间存在正交互抗性。本研究阐述了单个激酶在药物触发信号转导途径中的潜在作用，对于理解和研究灰霉病化学防治的相关分子机制提供了理论依据。

关键词： 灰霉病；灰葡萄孢；组氨酸激酶 Bos1；咯菌腈；异菌脲

---

* 基金项目：国家重点研发计划（2022YFD1400901）

** 第一作者：殷学茹，硕士研究生，主要从事杀菌剂方面的研究；E-mail：2693009520@qq.com

*** 通信作者：毕朝位，副教授，主要从事植物真菌病害及病原菌抗药性研究；E-mail：chwbi@swu.edu.cn

灰葡萄孢抗咯菌腈菌株生物学适合度降低的转录组学分析*

殷学茹**，王宗伟，余　洋，杨宇衡，方安菲，田斌年，王　静，毕朝位***
（西南大学植物保护学院，重庆　400715）

摘要：灰霉病是由灰葡萄孢（*Botrytis cinerea* Pers. ex. Fr.）引起的一类真菌性病害，可以侵染草莓、番茄、黄瓜等200多种植物，严重时可减产40%左右，造成严重的经济损失。咯菌腈是防治灰霉病最重要的杀菌剂之一，随着杀菌剂的使用已有抗药性的产生，但灰葡萄孢对该类杀菌剂的抗性频率较低，研究其抗性机制可以延缓病害发生。前期研究表明，灰葡萄孢菌咯菌腈抗性菌株的生物学与野生菌株相比，抗性菌株的适合度降低，在菌丝生长速率、分生孢子产生率、孢子萌发率、致病性方面表现出降低趋势，对渗透性和其他压力的敏感性增加。目前对抗咯菌腈菌株生物学适合度下降的机制仍不清楚，因此，本研究通过转录组学分析，对灰葡萄孢抗咯菌腈菌株的不同突变类型的转录组进行比较分析，利用全基因组水平分析其分子机理，挖掘生物学适合度降低的候选基因。对测序产生的120.4 Gb序列数据进行了有参转录组分析，结果表明，1 869个DEGs在5种突变类型F127S、I365S、I365N、F127S+I365N、I376M的抗性菌株中共有，对其进行KEGG和GO富集分析，GO富集主要在催化活性、膜和氧化还原酶等途径；KEGG富集主要富集在氧化磷酸化、淀粉和蔗糖代谢、丙酮酸代谢等代谢途径。对DEGs的进一步分析发现，下调基因 *Bcgad1* 被同时富集到丁酸代谢、β-丙氨酸代谢，以及丙氨酸、天冬氨酸和谷氨酸代谢途径；下调基因 *Bcin05g07030* 被富集到苯丙氨酸代谢和β-丙氨酸代谢途径；基因 *Bcin*03*g*05840在突变方式I365N中上调，但对于其他4种突变方式均下调，而且被同时富集到脂肪酸氧化、氨基酸（缬氨酸、亮氨酸和异亮氨酸）降解、丁酸代谢、β-丙氨酸代谢、脂肪酸延伸、丙酸代谢6条代谢途径。这3个基因可能参与灰葡萄孢抗咯菌腈菌株适合度下降的调控，但还需要进一步深入研究。对2个上调基因 *Bcin04g01940*、*Bcin14g03390* 和两个下调基因 *Bcin02g08600*、*Bcin05g07030* 进行了RT-qPCR验证，结果与转录组测序结果完全一致。本研究重点探索导致抗性菌株生物学适合度降低的候选基因，使我们更加深入地理解灰葡萄孢菌咯菌腈抗性分子机理，同时也为探索灰葡萄孢菌的生长发育和致病分子机制提供理论基础。

关键词：灰葡萄孢；咯菌腈；转录组学；抗性分子机理

---

* 基金项目：国家重点研发计划（2022YFD1400901）

** 第一作者：殷学茹，硕士研究生，主要从事杀菌剂方面的研究；E-mail：2693009520@qq.com

*** 通信作者：毕朝位，副教授，主要从事植物真菌病害及病原菌抗药性研究；E-mail：chwbi@swu.edu.cn

70个商品化杀菌剂对禾谷镰刀菌活体盆栽试验

孙 庚*，李轲轲，杨慧鑫，王 斌**
（沈阳中化农药化工研发有限公司，新农药创制与开发国家重点实验室，沈阳 110021）

摘要：近年来，由禾谷镰刀菌（*Fusarium graminearum*）引起的小麦赤霉病、玉米茎基腐病等，在我国各个种植区大面积发生，造成大量减产，并导致严重的经济损失。同时，该病原菌在生长的过程中，也可产生次生代谢毒素，一旦被误食，会造成恶心、呕吐、腹泻和免疫抑制等人体损害。因此，该病害的防治研究便显得尤为重要。本研究以玉米苗为寄主植物，建立了禾谷镰刀菌的活体盆栽试验方法，并采用喷雾法进行了70个商品化杀菌剂对禾谷镰刀菌的活体盆栽试验。试验结果表明，在70个供试杀菌剂中，200 mg/L浓度下，共有19个杀菌剂的防治效果>95%；进一步研究表明，19个杀菌剂对禾谷镰刀菌的活体盆栽试验防治效果排序为：氟唑菌酰羟胺>丙硫菌唑、咯菌腈>多菌灵、叶菌唑、种菌唑>甲基硫菌灵、氰烯菌酯、咪鲜胺、戊唑醇、氟环唑>苯醚甲环唑、氯氟醚菌唑、腈菌唑、丙环唑、粉唑醇、喹啉铜、啶菌恶唑、百菌清。本研究所建立的活体盆栽试验方法，可以快速、大量、准确检测出对禾谷镰刀菌有效的杀菌剂或新化合物，为该病原菌防治的前期研究提供试验方法和依据。

关键词：禾谷镰刀菌；活体盆栽试验方法；杀菌剂

* 第一作者：孙庚，高级工程师；E-mail：sungeng@yangnongchem.com
** 通信作者：王斌，高级工程师；E-mail：wangbin@yangnongchem.com

灰葡萄孢对嘧菌酯的代谢抗性机制研究*

张俊婷**，王婷婷，吴照晨，高图强，梁正雅，刘鹏飞***
（中国农业大学植物保护学院，北京　100193）

摘要：由灰葡萄孢（*Botrytis cinerea*）引起的灰霉病是园艺作物中最普遍和最具破坏性的真菌病害，每年造成严重的经济损失。目前灰葡萄孢田间抗药性发生严重，甚至出现多药抗性群体。已知灰葡萄孢对嘧菌酯的抗性机制常与靶标基因突变有关，但是其对该药剂是否存在代谢抗性尚不清楚。本研究采用 LC-Q-TOF-MS/MS 对嘧菌酯在灰葡萄孢中的水解产物进行了定性和定量分析，结果显示嘧菌酯水解产物为嘧菌酸，该产物的抑菌活性显著低于母体嘧菌酯，表明嘧菌酯在多药抗性菌株中发生解毒代谢。进一步采用 TQ-MS 对嘧菌酸进行定量分析，表明多药抗性菌株 Bc242 中嘧菌酯向嘧菌酸的转化率高达 33.18%，其对嘧菌酯的代谢能力显著高于标准菌株 B05.10。转录组分析发现多药抗性菌株 Bc242 中 41 个 P450 酶编码基因和 13 个羧酸酯酶编码基因相比于标准菌株 B05.10 表达量显著上调。进一步通过酵母异源表达表明 P450 酶编码基因 *Bcin_02g01260*、*Bcin_12g06380* 和羧酸酯酶编码基因 *Bcin_12g06360* 的过表达使酵母对嘧菌酯和多种杀菌剂的敏感性显著下降。本研究在解析嘧菌酯代谢产物结构和代谢动力学分析的基础上，探明了灰葡萄孢田间多药抗性菌株中存在的代谢抗性机制，丰富了抗性机制研究。

关键词：灰葡萄孢；代谢抗性；嘧菌酸；细胞色素 P450；羧酸酯酶

* 基金项目：国家重点研发计划项目“重要病虫害抗药性机制与治理技术研发”（2022YFD1400900）

** 第一作者：张俊婷，博士研究生，从事病原菌对杀菌剂多药抗性机制研究方向；E-mail：18843008100@163.com
*** 通信作者：刘鹏飞，教授，主要从事植物病害化学防治研究；E-mail：pengfeiliu@cau.edu.cn

小麦白粉病菌对氯氟醚菌唑的敏感性基线建立*

张思聪[1**]，钟 珊[1]，张博瑞[1]，黄中乔[1]，刘西莉[1,2***]
（1. 中国农业大学植物病理学系，北京 100193；2. 西北农林科技大学植物保护学院，
旱区作物逆境生物学国家重点实验室，杨凌 712100）

摘要：布氏白粉菌（*Blumeria graminis*），作为引发小麦白粉病的主要病原菌，主要通过空气传播。小麦白粉病的分布广泛且危害严重，目前主要依赖化学药剂进行防治。其中，三唑类杀菌剂在小麦白粉病的防治中被广泛应用，并表现出良好的防治效果。氯氟醚菌唑（Mefentrifluconazole）是巴斯夫公司最新研发的一种新型 C14 α-脱甲基化抑制剂，其分子结构中的异丙醇基团可以自由旋转与靶标位点结合，从而减少因为靶标发生点突变导致作用靶点失效的概率，有望延缓抗性的产生和发展。目前的研究表明，该药剂在小麦白粉病防治试验中表现出了良好的田间防治效果。因此，对氯氟醚菌唑敏感基线的研究对于后续开展田间抗药性监测以及指导科学用药具有重要意义。

本研究对采集自北京、山东、河北、辽宁、浙江、湖北、安徽、云南、四川等多地小麦种植区域的病样进行分离、纯化和鉴定，并对其用药历史进行调查，选择 86 株供试菌株，采用叶段法分别测定了其对氯氟醚菌唑的敏感性。测定结果显示，供试的小麦白粉病菌对氯氟醚菌唑的有效抑制中浓度（EC_{50}）为连续分布，平均 EC_{50}为（0.075 2±0.063 5）μg/mL，其中 EC_{50}值最大为 0.244 μg/mL，最小为 0.001 μg/mL。不同菌株对氯氟醚菌唑的敏感性频率分布呈单峰曲线，未出现敏感性下降的病原菌亚群体。因此可将氯氟醚菌唑对该病原群体的平均 EC_{50}值作为小麦白粉病菌对氯氟醚菌唑的敏感性基线，作为田间抗药性监测的参考标准。

关键词：小麦白粉病；C14 α-脱甲基化抑制剂；氯氟醚菌唑；敏感性基线

---

* 基金项目：科技部重点研发计划（2022YFD1400901）

** 第一作者：张思聪，博士研究生；E-mail：13379375613@163.com

*** 通信作者：刘西莉，教授，主要从事植物病原菌与杀菌剂互作的理论和技术研究；E-mail：seedling@cau.edu.cn

不同温度下啶酰菌胺和氟酰胺对斑马鱼毒性作用的影响*

张毅凯**，钱 乐，姜 佳，高续恒，王晶晶，刘圣明***
（河南科技大学园艺与植物保护学院植物保护系，洛阳 471023）

摘要：农用化学品在满足不断增长的人口对粮食需求方面发挥了不可替代的作用，但农用化学品的频繁使用也会对环境造成不利影响。近年来，我国水体中农药的检测浓度和频率逐年上升，这对水生生态的稳定和安全构成了严重威胁。啶酰菌胺和氟酰胺属于琥珀酸脱氢酶抑制剂类杀菌剂（SDHIs），主要登记用于谷物和蔬菜上纹枯病、叶斑病、菌核病和灰霉病的防治。上述杀菌剂化学性质稳定，在沉积物、地表水以及地下水中均有检出。然而，在全球气候变化的背景下，啶酰菌胺和氟酰胺对鱼类生存的影响尚未报道。

本研究以斑马鱼作为试验材料，旨在探究环境因子和农药污染双重作用下啶酰菌胺和氟酰胺对斑马鱼的急性毒性效应。18℃、28℃和38℃条件下，啶酰菌胺对斑马鱼胚胎的96h-LC_{50}分别为2.60 mg/L、2.69 mg/L和0.45 mg/L，对仔鱼的96h-LC_{50}分别为2.19 mg/L、1.52 mg/L和1.42 mg/L；氟酰胺对斑马鱼胚胎的96h-LC_{50}分别为4.25 mg/L、5.59 mg/L和0.57 mg/L，对仔鱼的96h-LC_{50}分别为6.38 mg/L、4.22 mg/L和0.98 mg/L。结果显示在最适生长温度（28℃）条件下，啶酰菌胺对胚胎和仔鱼的急性毒性显著高于氟酰胺，而在高温条件（38℃）下，氟酰胺对仔鱼的急性毒性显著高于啶酰菌胺。此外，高温条件对啶酰菌胺和氟酰胺的急性毒性具有显著影响，即18/28℃条件下药剂对斑马鱼的急性毒性为中等毒性，而38℃条件下药剂对斑马鱼胚胎/仔鱼的急性毒性为高毒。通过对胚胎/仔鱼形态观察发现，高温条件下药剂暴露（啶酰菌胺和氟酰胺）加重了对斑马鱼发育的不利影响，导致心包水肿、卵黄囊水肿、黑色素沉积的发生比例显著增加。研究结果对啶酰菌胺和氟酰胺的科学使用提供理论依据，为农药环境风险评估以及鱼类种群保护研究提供数据支持。
关键词：琥珀酸脱氢酶抑制剂类杀菌剂；温度变化；斑马鱼；LC_{50}；毒性效应

* 基金项目：河南省自然科学基金（212300410015；222300420145）；河南省科技攻关（222102110077）；中原青年拔尖人才（ZYQR201912157）；洛阳市公益性行业科研专项（2302032A）
** 第一作者：张毅凯，硕士研究生；E-mail：zyk0708@stu.haust.edu.cn
*** 通信作者：刘圣明，教授，主要从事植物病害化学防治、杀菌剂毒理及抗药性研究；E-mail：liushengmingzb@163.com

靶向辣椒疫霉 *PcCesA3* SIGS 介体纳米制剂的制备及其防效研究*

郑 漾[1**]，王治文[1]，李 瑜[1]，刘芳敏[1]，刘西莉[1,2***]
（1. 中国农业大学植物病理学系，北京 100193；2. 西北农林科技大学植物保护学院，旱区作物逆境生物学国家重点实验室，杨凌 712100）

摘要：辣椒疫霉（*Phytophthora capsici*）是一种重要的土传植物病原卵菌，可侵染包括茄科辣椒、番茄以及葫芦科黄瓜、南瓜等在内的 70 多种作物，给全球经济造成严重的损失。目前其防治主要以化学防治为主，而由于卵菌杀菌剂种类较少以及单一作用机制杀菌剂的长期大量使用，辣椒疫霉抗药性问题日趋严重，亟须探究新的防治方法。利用 RNA 干扰（RNA interference，RNAi）可以通过沉默有害生物关键基因来调控其发育或致病，依据这一原理而开发的喷施诱导基因沉默（Spray-induced gene silencing，SIGS）是一种极具潜力的新型植保方法，可以基于直接施用的双链 RNA（double-stranded RNA，dsRNA）防治病虫害。然而，由于 dsRNA 在疫霉体内吸收传递效率低以及在环境中容易降解导致 SIGS 在作物疫病的防治应用受到限制。已有研究表明，纳米材料介导的 dsRNA 高效递送对提高 SIGS 效率有显著作用，其中，碳量子点是一种新型碳基纳米材料，具有生物相容性好、对环境友好等特点。功能化的碳量子点（CDs）可与 dsRNA 通过静电结合，使其更易于被递送入植物或疫霉细胞中。进一步通过筛选获得了靶向辣椒疫霉重要靶基因纤维素合成酶 3（*CesA*3）的 dsRNA（ds*CesA*3），其单独使用时对辣椒疫病的离体防效达 61.19%，温室防效为 52.17%。随后将 dsRNA 与 CDs 结合形成 dsRNA-CDs 制剂，并通过评估 dsRNA 与不同质量 CD 结合后的复合物对辣椒疫霉的离体防效确定了 dsRNA 与 CDs 的最佳使用比例为 1∶12.5，此比例下的复合物与 dsRNA 或碳量子点单独使用时相比活性更强，防效与商品化制剂烯酰吗啉相当。本研究为通过增强 dsRNA 的细胞内化效率提升 SIGS 在植物病害防治中的效果提供了理论依据，为植物疫病防治提供了新的策略。

关键词：辣椒疫病；RNA 干扰；SIGS

---

* 基金项目：旱区作物逆境生物学国家重点实验室开放课题（CSBAA202214）；国家自然科学基金（32001939）

** 第一作者：郑漾，硕士研究生；E-mail：Yzheng1015@163.com
*** 通信作者：刘西莉，教授，主要从事植物病原菌与杀菌剂互作的理论和技术研究；E-mail：seedling@cau.edu

黑龙江省大豆根腐病的病原菌鉴定及其对不同杀菌剂的敏感性测定*

郑玉欣[1**]，刘詹云[1]，马全贺[1]，张　灿[1***]，刘西莉[1,2]
（1. 中国农业大学植物病理学系，北京　100193；2. 西北农林科技大学植物保护学院，旱区作物逆境生物学国家重点实验室，杨凌　712100）

摘要：大豆根腐病是世界范围内常见的土传病害，其分布范围广、危害严重、防治困难，已被列为大豆毁灭性病害之一，2023 年 3 月农业农村部首次将其增补为我国一类农作物病害。目前研究报道的大豆根腐病的主要病原菌有立枯丝核菌（*Rhizoctonia solani*）、镰孢菌（*Fusarium* spp.）等真菌和腐霉（*Pythium* spp.）、大豆疫霉（*Phytophthora sojae*）等卵菌，且大多数情况下会复合侵染，使病害发生更加严重。其中，大豆镰孢菌根腐病大多发生在幼苗期，镰孢菌侵染大豆根茎部并产生不规则的凹陷病斑，使植株生长缓慢，产量降低。本研究以 2021 年从黑龙江省不同市县采集的大豆根腐病病样为研究对象，分离纯化病原菌，对其进行形态观察和分子生物学鉴定，并针对不同病原菌进行药剂敏感性测定，以筛选有效的杀菌剂品种，为黑龙江省大豆根腐病的科学防治提供参考。

从大豆根腐病样品中共分离出镰孢菌、间座壳属真菌、大豆疫霉和腐霉等 214 株，其中包括 134 株镰孢菌，通过观察菌落形态并进一步构建多基因系统发育树将其鉴定为 6 个不同的种，包括藨草镰孢菌（*Fusarium scirpi*）、尖孢镰孢菌（*F. oxysporum*）、*F. clavum*、锐顶镰孢菌（*F. acuminatum*）、燕麦镰孢菌（*F. avenaceum*）和拟枝孢镰孢菌（*F. sporotrichioides*）。采用菌丝生长速率法测定了上述 6 种镰孢菌对 5 种不同杀菌剂的敏感性，分别是丙硫菌唑、氯氟醚菌唑、咯菌腈、氰烯菌酯和氟唑菌酰羟胺。其中，氯氟醚菌唑和咯菌腈具有良好的抑制效果，其对镰孢菌的 EC_{50} 分别为 0.215～0.930 μg/mL 和 0.050～0.912 μg/mL，丙硫菌唑的抑制效果一般，其他 3 种药剂存在种间敏感性差异，后续还需进一步测定其他病原菌对不同药剂的敏感性情况。综上，推荐可使用氯氟醚菌唑和咯菌腈等与卵菌抑制剂二元复配进行种子处理、土壤处理或者田间根茎部喷施防治该地区大豆根腐病。

关键词：大豆根腐病；分子生物学鉴定；形态观察；致病性；药剂敏感性

---

* 基金项目：农业农村部大豆疫病联合监测与防控（15216047）

** 第一作者：郑玉欣，硕士研究生；E-mail：zyx18854807007@163.cm

*** 通信作者：张灿，副教授，主要从事植物病原菌与杀菌剂互作及病原菌基因功能研究；E-mail：czhang@cau.edu.cn

Resistance analysis and the control of cucumber target spot by a two-way mixture of mefentrifluconazole and prochloraz*

PENG Qin[1**], LI Xiuhuan[1], LI Guixiang[1], HAO Xinchang[1], LIU Xili[1,2***]

(1. *State Key Laboratory of Crop Stress Biology for Arid Areas*, *College of Plant Protection*, *Northwest A&F University*, *Yangling* 712100, *China*; 2. *Department of Plant Pathology*, *College of Plant Protection*, *China Agricultural University*, *Beijing* 100193, *China*)

Abstract: The cucumber target spot, caused by *Corynespora cassiicola*, is a major cucumber disease in China. Mefentrifluconazole, a new triazole fungicide, has exhibited remarkable efficacy in controlling cucumber target spot. However, the resistance risk and mechanism remain unclear. In this study, the inhibitory activity of mefentrifluconazole against 101 *C. cassiicola* isolates was determined, and the results indicated that the EC_{50} ranged between 0.15–12.85 μg/mL, with a mean of 4.76 μg/mL. Fourteen mefentrifluconazole-resistant mutants of *C. cassiicola* were generated from six parental isolates in the laboratory through fungicide adaptation or UV induction. The resistance was relatively stable after ten consecutive transfers on a fungicide-free medium. No cross-resistance was observed between mefentrifluconazole and pyraclostrobin, fluopyram, prochloraz, mancozeb, or difenoconazole. Investigations into the biological characteristics of the resistant mutants revealed that six resistant mutants exhibited an enhanced survival fitness compared to the parental isolates, while others displayed reduced or comparable survival fitness. The overexpression of *CcCYP51A* and *CcCYP51B* was detected in the resistant mutants, regardless of the presence or absence of mefentrifluconazole. Additionally, a binary complex of mefentrifluconazole and prochloraz at a concentration of 7 : 3 demonstrated superior control efficacy against the cucumber target spot, achieving a protection rate of 80%. In conclusion, this study suggests that the risk of *C. cassiicola* developing resistance to mefentrifluconazole is medium, and the overexpression of *CcCYP51A* and *CcCYP51B* might be associated with mefentrifluconazole resistance in *C. cassiicola*. The mefentrifluconazole and prochloraz two-way mixture presented promising control efficacy against the cucumber target spot.

Key words: mefentrifluconazole; *Corynespora cassiicola*; fungicide resistance; *CcCYP51* gene; overexpression

* Funding: Supported by the National Key R&D Program of China (2022YFD1400900)

** First author: PENG Qin; E-mail: pengqin1991@126.com

*** Corresponding author: LIU Xili; E-mail: seedling@nwafu.edu.cn

Characteristics of laboratory-derived resistant mutants of *Phytophthora litchii* against a novel fungicide, SYP-34773*

LI Chengcheng[1**], FU Yixin[1], LI Xinyue[1], ZHANG Can[2], LIU Pengfei[2], MIAO Jianqiang[1], LIU Xili[1,2***]

(1. *State Key Laboratory of Crop Stress Biology for Arid Areas*, *College of Plant Protection*, *Northwest A&F University*, *Yangling* 712100, *China*; 2. *Department of Plant Pathology*, *College of Plant Protection*, *China Agricultural University*, *Beijing* 100193, *China*)

Abstract: SYP-34773 is a low-toxicity pyrimidine amine compound synthesized by Shenyang Sinochem Pesticide Chemical Research Co. , Ltd. based on the lead compound diflumetorim. Previous literature has shown that it strongly inhibited the mycelial growth of several important plant pathogens, including *Phytophthora litchii*. However, the resistance risk of SYP-34773 has not been reported for any plant pathogens. The mean EC_{50} value of SYP-34773 against the mycelial growth of 111 *P. litchii* isolates was (0.108±0.008) μg/mL, which can be used as the baseline sensitivity for SYP-34773 resistance detection in future. Six mutants were obtained from two parental strains through fungicide adaption, whose resistance levels fell between 194 and 687, with stable inheritance. Results regarding mycelial growth, sporangial production, sporangial germination, zoospore release, cyst germination, and pathogenicity showed that the mutants' compound fitness index values were significantly lower than those of their parental isolates. Furthermore, there was no cross-resistance between SYP-34773 and diflumetorim, and the resistance mechanism of SYP-34773 occurred independently of ATP production and mitochondrial complex I. The resistance risk of SYP-34773 in *P. litchii* is moderate, and resistance management strategies should be adopted in field use. SYP-34773 may possess a different mode of action and resistance mechanism as compared to diflumetorim.

Key words: *Phytophthora litchii*; SYP-34773; resistance risk; resistance mechanis

* Funding: Supported by the National Key R&D Program of China (2022YFD1400900)

** First author: LI Chengcheng; E-mail: m15890968176@163.com

*** Corresponding author: LIU Xili; E-mail: seedling@nwafu.edu.cn

Characteristics of famoxadone-resistant mutants of *Phytophthora litchii* and their effect on lychee fruit quality*

MIAO Jianqiang[1**], GAO Xuheng[1], TANG Yidong[1], DAI Tan[1], LIU Xili[1,2***]
(1. *State Key Laboratory of Crop Stress Biology for Arid Areas*, *College of Plant Protection*, *Northwest A&F University*, *Yangling* 712100, *China*; 2. *Department of Plant Pathology*, *College of Plant Protection*, *China Agricultural University*, *Beijing* 100193, *China*)

Abstract: Litchi downy blight, a common disease caused by the oomycete *Phytophthora litchii*, poses a significant threat to both pre- and post-harvest stages, leading to substantial economic losses. Famoxadone, a quinone outside inhibitor fungicide, was registered for controlling *P. litchii* in China in 2002. However, limited information is available regarding the risk, mechanism, and impact on litchi fruit quality associated with famoxadone resistance. In this study, we determined the sensitivity of 133 *P. litchii* isolates to famoxadone, yielding a mean EC_{50} value of (0.046 ± 0.21) μg/mL. Through fungicide adaption, we derived several resistant mutants with two independent point mutations in PlCyt b from wild-type isolates. *In vitro* assessments revealed that the fitness of the resistant mutants was significantly lower compared to the parental isolates. These laboratory findings demonstrate a moderate resistance risk of *P. litchii* to famoxadone. Molecular docking analyses indicated that the two independent point mutation in condon 124 or 131 disrupted hydrogen bonds and weakened the binding energy between famoxadone and PlCyt b. This indicates that the two independent point mutation do indeed confer famoxadone resistance in *P. litchii*. Infection caused by famoxadone-resistant mutants exhibited a decreased or comparable impact on the characteristic traits of lychee fruit compared to the sensitive isolate. For future detection of famoxadone-resistant strains, AS-PCR primers were designed based on the point mutation in condon 124.

Key words: QoI fungicide; fungicide resistance; Cyt b; Point mutation; lychee quality

---

* Funding: National Key R&D Program of China (2022YFD1400900); Innovation Capability Support Plan of Shaanxi Province (2020TD-035)

** First author: MIAO Jianqiang; E-mail: mjq2018@ nwafu. edu. cn

*** Corresponding author: LIU Xili; E-mail: seedling@ nwafu. edu. cn

Attributes of cyazofamid-resistant *Phytophthora litchii* mutants and its impact on quality of lychee fruits*

GAO Xuheng[1**], LI Wenhao[1], WANG Shuai[1], XIE Bowen[1],
PENG Qin[1], ZHANG Can[2], MIAO Jianqiang[1], DAI Tan[1], LIU Xili[1,2***]
(1. *State Key Laboratory of Crop Stress Biology for Arid Areas*, *College of Plant Protection*, *Northwest A&F University*, *Yangling* 712100, *China*; 2. *Department of Plant Pathology*, *College of Plant Protection*, *China Agricultural University*, *Beijing* 100193, *China*)

Abstract: Litchi downy blight (LDB), brought about by the devastating pathogen*Phytophthora litchii*, poses a significant threat both before and after harvesting, necessitating the development of safe and effective strategies to combat this disease. Despite cyazofamid being the first quinone inside inhibitor fungicide registered for *P. litchii* control over a decade ago, studies investigating the risk of cyazofamid resistance, resistance mechanisms, and its impact on litchi fruit quality are lacking. Firstly, herein, we determined the 148 *P. litchii* isolates sensitivity to cyazofamid, revealing a mean (0.009 1± 0.002 8) μg/mL EC_{50} value. Through fungicide adaptation, resistant mutants (RMs) carrying the F220L substitution in PlCyt b were derived from wild-type (WT) isolates. Notably, these RMs exhibited a lower fitness compared to the parental isolates (PIs) under laboratory conditions. Positive cross-resistance was observed with amisulbrom, while negative cross-resistance occurred with ametoctradin and azoxystrobin. Molecular docking analysis further revealed that the F220L change contributed to a reduction in the binding energy between cyazofamid and PlCyt b. Interestingly, infection of cyazofamid-resisitant mutants showed no significant effect on the chromaticity, anthocyanin, ascorbic acid, titratable acidity, or total flavonoids contents of litchi fruits, but could significantly decreased the total phenol and total soluble solid content. However, cyazofamid treatment almost had no effect on the quality of lychee fruits. Surprisingly, the total phenol and flavonoid content in the litchi pericarp treated with cyazofamid on day 5 were significantly higher than in other treatments, suggesting a potential enhancement of litchi ′s pathogen resistance ability. Furthermore, AS-PCR primers targeting the F220L substitution were designed to enable the detection of cyazofamid-resistant strains in future studies. Overall, the laboratory assessment indicated a moderate risk of cyazofamid resistance in *P. litchii*, but the emergence of the novel F220L change could lead to a high level of resistance. Thus, cyazofamid represents a promising agrochemical for controlling post-harvest LDB and extending the shelf life of litchi fruits.

Key words: QoI fungicide; fungicide resistance; Cyt b; point mutation; lychee quality

---

* Funding: National Key R&D Program of China (2022YFD1400900); Innovation Capability Support Plan of Shaanxi Province (2020TD-035)

** First author: GAO Xuheng; E-mail: xuhenggao@ 163. com

*** Corresponding author: LIU Xili; E-mail: seedling@ nwafu. edu. cn

Resistance risk toametoctradin and its association with resistance-related point mutations in PsCyt b of *Phytophthora sojae* *

DAI Tan[1**], GAO Xuheng[1], YUAN Kang[1], MIAO Jianqiang[1], LIU Xili[1,2***]

(1. *State Key Laboratory of Crop Stress Biology for Arid Areas*, *College of Plant Protection*, *Northwest A&F University*, *Yangling* 712100, *China*; 2. *Department of Plant Pathology*, *College of Plant Protection*, *China Agricultural University*, *Beijing* 100193, *China*)

Abstract: Ametoctradin was primarily employed to treat infections caused by plant oomycetes due to its potent inhibitory effect. In contrast, little is known about the mechanism and resistance risk of ametoctradin in *Phytophthora sojae*. This investigation assesses the ametoctradin sensitivity profile of 106 *P. sojae* isolates. It was discovered that the EC_{50} values' frequency distribution, with a mean of (0.174 3±0.090 1) μg/mL, was unimodal. Furthermore, resistant mutants acquired through fungicide adaptation had a substantially lower compound fitness index than isolates of the wild type. Ametoctradin did not show cross-resistance to other fungicides and only showed negative cross-resistance to amisulbrom. For resistant strains, ametoctradin's control efficacy was less than that of sensitive ones. These results imply that *P. sojae* may be at low risk for ametoctradin resistance. Sequence alignment revealed that the S33L point mutation in PsCyt b was present in all resistant mutants. To get additional insight into the mechanism behind the ametoctradin resistance in *P. sojae*, a method for mitochondrial overexpression was developed. Using this method, it was effectively confirmed that *P. sojae* can develop ametoctradin resistance due to the S33L point mutation in PlCyt b. Additionally, we found via molecular docking that the negative contact resistance between ametoctradin and amisulbrom was caused by changes in the binding cavity at sites 33 and 220.

Key words: ametoctradin; *Phytophthora sojae*; mitochondrial overexpression system; resistance mechanism

---

* Funding: National Key R&D Program of China (2022YFD1400900); Innovation Capability Support Plan of Shaanxi Province (2020TD-035)

** First author: DAI Tan; E-mail: daitan2020@163.com

*** Corresponding author: LIU Xili; E-mail: seedling@nwafu.edu.cn

Evaluation of resistance potential and molecular mechanisms of *Phytophthora litchii* towards the novel QiIs fungicide Y14079*

YUAN Kang[1**], GAO Xuheng[1], MIAO Jianqiang[1], ZHANG Can[2], DAI Tan[1], LIU Xili[1,2***]
(1. *State Key Laboratory of Crop Stress Biology for Arid Areas*, *College of Plant Protection*, *Northwest A&F University*, *Yangling* 712100, *China*; 2. *Department of Plant Pathology*, *College of Plant Protection*, *China Agricultural University*, *Beijing* 100193, *China*)

Abstract: Lychee, a cherished tropical fruit, is highly vulnerable to infection by *Phytophthora litchii* during both its growth and transportation, which often leads to fruit rot. In an effort to combat this issue, Y14079, an innovative fungicide with a distinct structure, was synthesized by optimizing the composition of cyazofamid and amisulbrom by Professor Guangfu Yang team. Nevertheless, the risk of resistance and the underlying resistance mechanism associated with Y14079 remain largely enigmatic. In the present study, the sensitivity of 148 *P. litchii* isolates to Y14079 was thoroughly examined, revealing a mean EC_{50} value of (0.21±0.10) μg/mL. By fungicide adaptation, nine Y14079 resistant mutants were successfully obtained. Extensive characterization analyses indicated that the fitness index of all mutants was consistently lower in comparison to that of the parental strains. Considering the challenges encountered when generating mutants under laboratory conditions, the stability of mutant resistance, the fitness index of the mutants, as well as the inherent resistance of both Y14079 and *P. litchii*, we surmise that *P. litchii* presents a moderate risk of developing resistance towards Y14079. Interestingly, Y14079 exhibited positive resistance against amisulbrom, but conversely showcased negative resistance towards azoxystrobin and ametoctradin. Through molecular docking experiments, it was revealed that the F220L mutation could alter the hydrophobic pocket of PlCytb involved in Y14079 binding, consequently resulting in a significant decrease in binding affinity. Thus, it can be inferred that the F220L point mutation serves as the primary factor contributing to the heightened resistance observed towards Y14079.

Key words: Y14079; *Phytophthora litchii*; Cyt b; point mutation; resistance

* Funding: National Key R&D Program of China (2022YFD1400900); Innovation Capability Support Plan of Shaanxi Province (2020TD-035)

** First author: YUAN Kang; E-mail: ykhist@163.com

*** Corresponding author: LIU Xili; E-mail: seedling@nwafu.edu.cn

藜属植物笋霉软腐病病原鉴定及室内药剂筛选*

彭玉飞，田　淼，秦　楠，吕　红，任　璐，殷　辉，赵晓军**
（山西农业大学植物保护学院，太原　030031）

摘　要： 在山西省 7 个种植区的开花期发现了藜属植物笋霉软腐病。藜属植物笋霉软腐病能够引起藜麦的叶、茎和穗颈腐烂，台湾藜的穗颈和茎腐烂以及藜的茎腐烂。典型症状为水渍状病斑，快速软腐，并在整个穗颈、茎和叶上形成大量孢子。基于病原菌形态特征、系统发育分析和致病性测定，将其鉴定为瓜笋霉（*Choanephoraceae cucurbitarum*）。瓜笋霉的小孢子囊孢子和孢囊孢子均可在 30℃、接种 2 h 后萌发。接种 3～4 h 时，小孢子囊孢子和孢囊孢子的萌发率显著提高，萌发率为 91.53%～97.67%。温度对瓜笋霉的致病性有显著影响，藜麦、台湾藜和藜的茎在接种 1 天后，最适致病温度为 30℃。瓜笋霉在 20～30℃范围内可侵染白藜和红藜的穗颈，平均病斑长度为 0.21～3.62 cm。在 5 种测试的杀菌剂（啶酰菌胺、烯酰吗啉、吡唑萘菌胺、丙环唑和戊唑醇）中，吡唑萘菌胺对瓜笋霉小孢子囊孢子的萌发有较强的抑制作用，EC_{50}值为 0.655 0 μg/mL；吡唑萘菌胺和戊唑醇对孢囊孢子有较强的抑制作用，EC_{50}分别为 0.440 6 μg/mL 和 0.385 7 μg/mL。本研究首次报道瓜笋霉能引起台湾藜的穗颈腐和茎腐以及藜的茎腐，而笋霉软腐病首先出现在藜麦穗颈部，并逐渐扩展到茎和叶。

关键词： 藜麦；台湾藜；真菌；小孢子囊孢子；孢囊孢子；软腐病

* 基金项目：山西省重点研发计划项目（2022ZDYF117）；山西省基础研究计划资助项目（20210302123419）；山西省现代农业产业技术体系建设专项（2023CYJSTX03-32）

** 通信作者：赵晓军；E-mail：zhaoxiaojun0218@163.com

台湾藜尾孢叶斑病病原菌鉴定及药剂毒力测定*

田　森，彭玉飞，吕　红，秦　楠，任　璐，殷　辉，赵晓军**
（山西农业大学植物保护学院，太原　030031）

摘　要：台湾藜叶斑病在山西省台湾藜种植区均有发生。通常病斑中间深灰色，边缘颜色加深至灰褐色至黑褐色，表面附着大量点状霉层，叶片表面多个病斑易连成片状使叶片卷曲，植株靠下部位的叶片易染病，发病严重时叶片易枯黄脱落。为明确该病主要病原菌，在台湾藜灌浆期采集具有典型症状的标本，分离纯化病原菌，选取代表性菌株进行研究。结合形态特征与多基因系统发育（*ITS* 和 *rpb*2）分析，确定其病原为 *Cercospora* cf. *chenopodii*。生物学测定结果表明其分生孢子萌发的适宜温度为 20~30℃、a_w≥0.98、pH 值为 6~8。*Cercospora* cf. *chenopodii* 在 PDA 培养基上菌落质地较硬，菌落凹陷或稍隆起，表面灰棕色至深灰色，边缘灰色；背面灰黑色至黑色，有裂痕。分生孢子直立或弯曲，长椭圆形、圆柱形至倒棍棒形，具 1~3 个隔膜，透明至浅灰色，大小（29.23~54.30）μm×（5.51~10.52）μm、平均 41.92 μm×7.58 μm。分生孢子基脐深褐色，直径 1.59~4.49 μm、平均 2.56 μm。分生孢子梗 1~22 根簇生，浅褐色至褐色，顶部钝圆，无分枝，直立或弯曲，有 1~3 个曲膝状折点，大小（46.21~113.52）μm×（4.06~6.26）μm、平均 71.55μm×4.89 μm。产孢痕明显，直径 1.77~4.49 μm、平均 2.82 μm。药剂敏感性试验发现，吡唑萘菌胺、腈菌唑、丙环唑对 *C.* cf. *chenopodii* 的分生孢子萌发的抑制作用最强，EC_{50} 值分别为 0.005 2 μg/mL、0.053 6 μg/mL、0.066 3 μg/mL；其中，丙环唑和吡唑萘菌胺能够引起 *C.* cf. *chenopodii* 分生孢子畸形萌发，表现为芽管顶端膨大、分枝增多。

关键词：台湾藜；分离鉴定；*Cercospora* cf. *chenopodii*；形态学；敏感性

* 基金项目：山西省重点研发计划项目（2022ZDYF117）；山西省基础研究计划资助项目（20210302123419）；山西省现代农业产业技术体系建设专项（2023CYJSTX03-32）
** 通信作者：赵晓军，研究员；E-mail：zhaoxiaojun0218@163.com

#《农药学学报》近两年发表的植物病害防治相关论文摘要

2-取代苯基-5-取代苯甲酰胺基-1,3,4-噻二唑的合成、抑菌活性及三维定量构效关系*

王三艳**，彭雅琦，娄佳玉，王美怡***
（天津科技大学化工与材料学院，天津　300457）

摘要：以取代苯甲酸为起始原料，与氨基硫脲、三氯氧磷及取代苯甲酰氯进行缩合，制备了33个2-取代苯基-5-取代苯甲酰胺基-1,3,4-噻二唑E1～E33。采用核磁共振氢谱（1H NMR）和高分辨质谱（HRMS）等对目标化合物的结构进行了确证及表征。采用菌丝生长速率法测定了目标化合物对根霉 *Rhizopus nigricans*、青霉 *Penicillium glaucum*、灰霉 *Botrytis cinerea*、交链孢霉 *Alternaria brassicae* 和黑曲霉 *Aspergillus niger* 的体外抑菌活性。针对黑曲霉的抑制活性，分别利用CoMFA和CoMSIA对目标化合物进行了初步的三维定量构效关系（3D-QSAR）研究。结果表明，大部分化合物表现出良好的抑菌活性，在50 μg/mL下，化合物E1、E2和E29对供试真菌的抑制率均达到80%以上，与对照药剂百菌清和多菌灵的抑菌效果相当。综合两种模型的结果，发现静电场的贡献值高于其他势场，且当苯环a的4位引入供电子基、苯环a的2位和6位以及苯环b上引入吸电子基时，有利于化合物抑菌活性的提高，可为进一步指导设计合成此类高活性化合物提供理论依据。

关键词：1,3,4-噻二唑；酰胺衍生物；抑菌活性；三维定量构效关系（3D-QSAR）

注：全文查阅及文献引用参见《农药学学报》2022，24（4）：732-742 doi：10. 16801/j. issn. 1008-7303. 2022. 0040

URL：https：//doi. org/10. 16801/j. issn. 1008 - 7303. 2022. 0040 http：//www. nyxxb. cn/cn/article/doi/10. 16801/j. issn. 1008-7303. 2022. 0040

---

* 基金项目：国家自然科学基金项目（21262001）；天津科技大学基本科研业务费（2019KJ223）

** 第一作者：王三艳；E-mail：2547104419@ qq. com

*** 通信作者：王美怡；E-mail：wmy@ tust. edu. cn

3-二氟甲基-1-甲基吡唑-4-羧酸肟酯衍生物的合成及抑菌活性*

张兴甲**，魏志敏，王宇佳，杨龙港，袁含笑，冯俊涛，高艳清***，雷　鹏***，马志卿
（西北农林科技大学植物保护学院，杨凌　712100；陕西省生物农药工程技术研究中心，杨凌　712100）

摘要：为发现具有高抑菌活性的先导化合物，结合本课题组前期研究，设计并合成了18个新型3-二氟甲基-1-甲基吡唑-4-羧酸肟酯衍生物，其结构均经核磁共振氢谱、碳谱及高分辨质谱分析确证，化合物9g的单晶衍射结果证明肟酯的构型为*E*式。离体生物活性测定结果表明，目标化合物在50 μg/mL下对番茄灰霉病菌 *Botrytis cinerea*、苹果树腐烂病菌 *Valsa mali* 和小麦全蚀病菌 *Gaeumannomyces graminis* 均表现出一定的抑制活性，其中化合物9天对苹果树腐烂病菌、9r对小麦全蚀病菌的 EC_{50} 值分别为0.89 μg/mL和3.34 μg/mL，表现出比先导化合物L1［*E*-2-氯-6-氟苯甲醛-*O*-（1-甲基-3-苯基-1*H*-吡唑-5-羰基）肟］和肟菌酯更优或相似的抑菌活性。

关键词：吡唑；肟酯；抑菌活性；苹果树腐烂病菌；小麦全蚀病菌

注：全文查阅及文献引用参见《农药学学报》2022，24（1）：59-65. doi：10.16801/j.issn.1008-7303.2021.0140

URL：http：//doi.org/10.16801/j.issn.1008 - 7303.2021.0140 http：//www.nyxxb.cn/cn/article/doi/10.16801/j.issn.1008-7303.2021.0140

---

* 基金项目：陕西省自然科学基础研究计划（2020JQ-238，2021JQ-147）；中央高校基本科研业务费专项资金（2452018093）；省级大学生创新创业训练计划项目（S202110712352）

** 第一作者：张兴甲；E-mail：a3241292019@163.com

*** 通信作者：高艳清；E-mail：gaoyanqinggc@nwafu.edu.cn
雷　鹏；E-mail：peng.lei@nwafu.edu.cn

RNAi 在农业病虫害防控中的应用研究进展*

冯家阳**，李常凯，丁胜利，刘　佳，尹新明，安世恒，那日松，刘晓光***
（省部共建小麦玉米作物学国家重点实验室/河南省害虫绿色防控国际联合实验室/
河南农业大学植物保护学院，郑州　4500021）

摘要：RNAi（RNA 干扰）是指由诱导分子 siRNA（小干扰 RNA）、miRNA（微小 RNA）或 piRNA（P 转座子诱导互作 RNA）特异性降解或者抑制同源 mRNA，引起靶标基因沉默的现象。RNAi 技术具有操作简便、特异性和选择性强等显著特点，是目前农业生命科学领域最有可能应用于病虫害防控的新技术之一。本文通过综述近年来 RNAi 在农业病虫害防控领域应用的最新研究成果，并对 RNAi 技术在新靶标基因筛选、高效 dsRNA 载体开发、与传统农药相结合以及拓宽应用范围等诸多方面的发展前景进行了展望，同时还针对 RNAi 干扰效率、稳定性、成本控制、抗性发展及抗性治理等方面所面临的挑战进行了深入探讨，提出了合理建议。基于 RNAi 技术的病虫害防控策略将继续焕发新的活力，为综合防控提供新理念。

关键词：RNA 干扰；靶标基因；生物农药；病虫害防控；研究进展

注：全文查阅及文献引用参见《农药学学报》2022，24（6）：1302－1313 doi：10. 16801/j. issn. l008－7303. 2022. 0093

URL：https：//doi. org/10. 16801/j. issn. l008 － 7303. 2022. 0093http：//www. nyxxb. cn/cn/article/doi/10. 16801/j. issn. l 008－7303. 2022. 0093

* 基金项目：国家自然科学基金（U1904111，31601904，21602043）；中国科学院昆虫发育与进化生物学重点实验室开放课题（2009DP17321425-IDEB-FK-0021）；河南省现代农业产业技术体系项目（S2014-1 1-G06）；河南省高等学校重点科研项目（20A210014）；国家现代农业产业技术体系建设专项（No. CARS-27）；河南农业大学“科技创新基金”项目（KJCX2017AI O）

** 第一作者：冯家阳；E-mail：fengjiayang817@ 163. com

*** 通信作者：刘晓光；E-mail：xgliu2000@ aliyun. com

河南省假禾谷镰刀菌对咯菌腈的敏感性*

陈亚伟[1**]，徐建强[1***]，王　硕[1]，许道超[1]，马世闯[1]，黄宇龙[1]，侯　颖[2***]
（1. 河南科技大学园艺与植物保护学院，洛阳　471003；
2. 河南科技大学食品与生物工程学院，洛阳　471003）

摘要：由假禾谷镰刀菌 *Fusarium pseudograminearum* 引起的小麦茎基腐病已成为重要的土传病害，并且影响小麦的品质和产量。为了明确中国河南省假禾谷镰刀菌对咯菌腈的敏感性，采用菌丝生长速率法测定了咯菌腈对 2019 年从河南省 6 个地市分离的 105 株假禾谷镰刀菌 *F. pseudograminearum* 的敏感性，通过最小显著差异法（LSD）和 SPSS 聚类方法对测定结果进行了分析，并测定了假禾谷镰刀菌对多菌灵和戊唑醇的敏感性，分析了咯菌腈与这两种杀菌剂毒力的相关性。结果表明：咯菌腈对供试菌株的最低抑制浓度（MIC）为 0.240 0 μg/mL。敏感性频率分布图显示，EC_{50}值范围在 0.002 7~0.047 0 μg/mL，敏感性差异达 17.41 倍；敏感性频率分布为连续单峰曲线，平均 EC_{50} 值为（0.026 3±0.010 1）μg/mL，可作为假禾谷镰刀菌对咯菌腈的敏感性基线。方差分析结果显示，不同县市的小麦假禾谷镰刀菌对咯菌腈的敏感性差异较大，EC_{50}值变化范围为 0.015 0~0.033 5 μg/mL，其中咯菌腈对郑州中牟的敏感性最低和最高菌株的 EC_{50}值相差 16.78 倍。聚类分析结果显示，河南省小麦茎基腐病菌菌株对咯菌腈敏感性差异与菌株的地理来源无明显关联性。多菌灵和戊唑醇对病菌的平均 EC_{50} 值分别为（0.788 1±0.315 3）μg/mL 和（0.088 6±0.145 3）μg/mL。病菌对咯菌腈与其对多菌灵和戊唑醇的敏感性之间无明显相关性。温室防效结果显示，用咯菌腈悬浮种衣剂对小麦进行拌种处理，2020 年（咯菌腈有效成分为 75.0 μg/g）对小麦茎基腐病的防治效果可达 58.00%，2021 年（咯菌腈有效成分为 50.0 μg/g）的防治效果可达到 63.69%。本研究结果可为咯菌腈在小麦茎基腐病防治中的合理使用提供依据，为病原菌对药剂的敏感性监测提供参考。

关键词：假禾谷镰刀菌；咯菌腈；菌丝生长速率法；敏感性；温室防治效果

注：全文查阅及文献引用参见《农药学学报》2022，24（2）：306-314 doi：10.16801/j.issn.1008-7303.2021.0187

URL：https：//doi.org/10.16801/j.issn.1008-7303.2021.0187 http：//www.nyxxb.cn/cn/article/doi/10.16801/j.issn.1008-7303.2021.0187

* 基金项目：Supported by State Key Laboratory of Crop Stress Biology for Arid Areas（CSBAAKF2021012）；Henan Provincial Science and Technology Research Project（202102110071）；National Innovation and Entrepreneurship Training Program for College Students（202010464070）

** 第一作者：CHEN Yawei；E-mail：927832912@qq.com
*** 通信作者：XU Jianqiang；E-mail：xujqhust@126.com
HOU Ying；E-mail：houying76@126.com

Thiasporine A 类似物的设计、合成和抑菌活性*

陈顺顺[1**]，朱　祥[1]，时锦超[1]，王美美[1]，胡慈银[1]，廖　灿[1]，张　勇[1]，李俊凯[1,2***]
（1. 长江大学农学院，荆州　434025；2. 长江大学农药研究所，荆州　434025）

摘要：Thiasporine A 是从海洋放线菌 *Actinomycetospora chlora* SNC-032 代谢物中分离得到一个含有苯基噻唑环结构的天然产物，对肺癌细胞系 H2122 具有中等毒性。本文以取代苯甲腈为原料合成了 Thiasporine A（4o）和 29 个 Thiasporine A 类似物（3a～3o，4a～4n），其中 24 个未见文献报道，利用核磁共振氢谱、碳谱和高分辨质谱对化合物的结构进行了表征，并测定了 Thiasporine A 及其类似物的抑菌活性。结果表明，在 200 μmol/L 的浓度下，大部分目标化合物对 5 种供试植物病原真菌均有一定的抑制效果。其中：化合物 3e 和 3i 对水稻纹枯病菌 *Rhizoctonia solani* 的抑制率分别为 84.5%和 84.4%，其 EC_{50}值分别为 17.3 μmol/L 和 21.9 μmol/L；化合物 4b 和 4j 对白及白绢病菌 *Selerotium rolfsii* 的抑制率为 100%；化合物 4b 对烟草黑胫病菌 *Phytophthora parasitica* 抑制率为 83.3%，高于商品药剂噻呋酰胺；化合物 3g 对 5 种供试病原菌的抑制率都在 70%以上。

关键词：天然产物；海洋放线菌；Thiasporine A；类似物；合成；抑菌活性

注：全文查阅及文献引用参见《农药学学报》2022，24（2）：280-288 doi：10.16801/j.issn.1008-7303.2021.0172

URL：https：//doi.org/10.16801/j.issn.1008 - 7303.2021.0172http：//www.nyxxb.cn/cn/article/doi/10.16801/j.issn.1008-7303.2021.0172

---

* 基金项目：国家重点研发计划（2018YFD0200500）；国家自然科学基金（31672069）

** 第一作者：陈顺顺；E-mail：18736927359@163.com

*** 通信作者：李俊凯；E-mail：junkaili@sina.com

波尔多液对烟草叶际微生物群落结构与代谢功能的影响*

刘亭亭[1,2]**，汪汉成[1]***，孙美丽[1,2]，尹国英[1]，
张　盼[1]，向立刚[1,2]，蔡刘体[1]，孟建玉[1]，张长青[2]
（1. 贵州省烟草科学研究院，贵阳　550081；2. 长江大学农学院，荆州　434025）

摘要： 测定了波尔多液对烟草赤星病菌的毒力，并采用高通量测序与 Biolog 代谢表型技术分别测定了其对烟叶健康与感病组织叶际微生物群落结构和代谢功能的影响。结果表明：波尔多液对烟草赤星病菌的抑制活性较弱，其抑制菌丝生长和孢子萌发的 EC_{50} 值分别为 450.19 mg/L 和 757.17 mg/L。健康与感病烟叶组织叶际细菌均分布于变形菌门（6.93%和 39.07%）和厚壁菌门（16.45%和 0.65%），优势细菌均有 *Kosakonia*（3.46%和 22.38%）和假单胞菌属（0.22%和 5.95%）；真菌均分布于子囊菌门（63.82%和 93.74%）和担子菌门（6.82%和 2.53%），优势真菌有链格孢属（36.48%和 84.52%）、*Symmetrospora*（5.56%和 2.27%）和枝孢霉属（14.87%和 6.66%）。波尔多液 1 500 g/hm^2 处理对健康和感病烟叶叶际细菌和真菌群落结构与代谢功能均有影响，处理 5 天时降低了叶际 *Kosakonia*、鞘脂单胞菌属和乳杆菌属的相对丰度，增加了假单胞菌属、劳尔氏菌属等 6 种细菌菌属的相对丰度；降低了链格孢属、*Symmetrospora* 等 6 种真菌属的相对丰度，增加了亚隔孢壳属、绿僵菌属等 10 种真菌属的相对丰度。处理 10 天和 15 天时对叶际真菌、细菌的影响逐渐降低。健康与感病烟叶叶际微生物均可高效代谢糖类、氨基酸类、羧酸类、双亲化合物、聚合物和胺/氨基化合物等 29 种碳源，但对 α-丁酮酸的代谢较弱。波尔多液处理对烟叶叶际微生物的代谢抑制活性随时间延长逐渐减弱。研究结果揭示了波尔多液施用不同时期后对烟叶叶际微生物的影响规律，为了解药剂持效期的生态效益提供了参考依据。

关键词： 烟草赤星病；波尔多液；叶际微生物；群落结构；微生物多样性；代谢功能

注：全文查阅及文献引用参见《农药学学报》2022，24（6）：1446－1455 doi：10.16801/j.issn.1008-7303.2022.0087

URL：https://doi.org/10.16801/j.issn.1008－7303.2022.0087 http://www.nyxxb.cn/cn/article/doi/10.16801/j.issn.1008-7303.2022.0087

---

* 基金项目：国家自然科学基金（31960550，32160522）；贵州省科技基金项目（黔科合基础-ZK〔2021〕重点036）；中国烟草总公司科技项目［110202001035（LS-04），110202101048（LS-08）］；贵州省“百层次”创新型人才（黔科合平台人才-GCC〔2022〕028-1）

** 第一作者：刘亭亭；E-mail：3026049684@qq.com

*** 通信作者：汪汉成；E-mail：xiaobaiyang126@hotmail.com

啶酰菌胺等8种杀菌剂对烟草叶斑病菌的生物活性*

汪汉成[1**]，黄 宇[1,2]，杨金初[3]，李治模[4]，蔡刘体[1***]，韦克苏[1]，孟建玉[1]，李 忠[2]
（1. 贵州省烟草科学研究院，贵阳 550081；2. 贵州大学农学院，贵阳 550025；
3. 河南中烟工业有限责任公司技术中心，郑州 450000；
4. 贵州省烟草公司遵义市公司，遵义 563099）

摘要：采用生物测定方法分析了烟草叶斑病菌 *Didymella segeticola* 在菌丝生长阶段对8种杀菌剂（啶酰菌胺、苯醚甲环唑、丙环唑、氟硅唑、多菌灵、咪鲜胺、菌核净和代森锰锌）的敏感性，同时通过离体叶片法测定了8种杀菌剂对烟草叶斑病的保护和治疗作用。结果表明：供试8种杀菌剂对 *D. segeticola* 菌丝生长表现出不同的抑制活性，同时对其引起的病害具有一定的保护和治疗作用。抑菌活性最强的是啶酰菌胺，其平均 EC_{50} 值为（0. 047 0±0. 012 0）mg/L；其次依次为苯醚甲环唑 [（0. 079 0±0. 005 0）mg/L]、咪鲜胺 [（0. 29±0. 08）mg/L]、丙环唑 [（0. 69±0. 12）mg/L]、菌核净 [（1. 08±0. 33）mg/L]、多菌灵 [（1. 22±0. 29）mg/L]、氟硅唑 [（1. 38±0. 07）mg/L]；代森锰锌的抑菌活性最弱 [（22. 80±10. 51）mg/L]。进一步研究表明，氟硅唑、苯醚甲环唑、丙环唑、啶酰菌胺、菌核净和多菌灵对烟草叶斑病保护作用较强，25 mg/L 药剂质量浓度处理下防效均>82%；100 mg/L 代森锰锌处理下防效为70. 51%。啶酰菌胺和氟硅唑对叶斑病具有较好的治疗活性，25 mg/L 下防效均>80%；其次为咪鲜胺、苯醚甲环唑、多菌灵和菌核净；代森锰锌的治疗作用较差，100 mg/L 下的防效仅为63. 31%。研究结果可为烟草叶斑病防治药剂筛选提供参考和依据。

关键词：烟草叶斑病菌 *Didymella segeticola*；烟草叶斑病；杀菌剂；啶酰菌胺；生物活性

注：全文查阅及文献引用参见《农药学学报》22，24（6）：1552-1556 doi：10. 16801/j. issn. l008-7303. 2022. 0092

URL：https：//doi. org/10. 16801/j. issn. l008 - 7303. 2022. 0092 http：//www. nyxxb. cn/cn/article/doi/l0. 16801/j. issn. l008-7303. 2022. 0092

* 基金项目：中国烟草总公司科技项目［110202101048（LS-08），110202001035（LS-04）］；贵州省“百层次”创新型人才（GCC〔2022〕028-1）；国家自然科学基金（32160522）；贵州省科技计划项目（黔科合基础-ZK〔2021〕重点036）；中国烟草总公司贵州省公司科技项目（2020XM022）

** 第一作者：汪汉成；E-mail：xiaobaiyangl26@hotmail. com
*** 通信作者：蔡刘体；E-mail：cailiuti01@l63. com

番茄叶霉病菌对氟唑菌酰羟胺敏感基线的建立及氟唑菌酰羟胺田间防病效果评价*

李秀环[1**]，禾丽菲[1]，李北兴[1]，姜　林[2]，刘　峰[1]，慕　卫[1***]

（1. 山东农业大学植物保护学院/山东省蔬菜病虫生物学重点实验室/山东省高校农药毒理与应用技术重点实验室，泰安　271018；

2. 山东农业大学化工与材料科学学院，泰安　271018）

摘要：氟唑菌酰羟胺（pydiflumetofen）是一种新型 SDHI 类杀菌剂，目前在中国仅登记用于防治小麦赤霉病和油菜菌核病，为明确其对番茄叶霉病的防治潜力，测定了番茄叶霉病菌 *Passalora fulva* 不同发育阶段以及山东省不同地区采集的菌株对氟唑菌酰羟胺的敏感性，并验证了其田间防治效果。结果表明：氟唑菌酰羟胺对番茄叶霉病菌不同发育阶段均具有较强的抑制活性，其中对孢子萌发和芽管伸长的抑制作用较强，在 0.10 μg/mL 剂量下抑制率均达 50%以上。采用菌丝生长速率法测得从山东省 8 个地区采集分离的 103 个菌株的 EC_{50}值在 0.04~1.74 μg/mL，平均值为（0.67±0.41）μg/mL，其敏感性频率分布呈单峰曲线，可将该平均 EC_{50}值作为番茄叶霉病菌对氟唑菌酰羟胺的敏感性基线。两年的田间药效试验结果表明：200 g/L 氟唑菌酰羟胺悬浮剂（SC）以有效成分 200 g/hm^2 剂量连续施药两次，距末次施药后 7 天对番茄叶霉病的田间防治效果均达 80%以上，显著高于对照药剂甲基硫菌灵（thiophanate - methyl）有效成分 540 g/hm^2 和氟吡菌酰胺（fluopyram）有效成分 150 g/hm^2 的防治效果。本研究结果可为氟唑菌酰羟胺在防治番茄叶霉病上应用提供数据支持。

关键词：番茄叶霉病菌；氟唑菌酰羟胺；杀菌活性；敏感基线；田间防效

注：全文查阅及文献引用参见《农药学学报》2022，24（1）：66-72 doi：10.16801/j.issn.1008-7303.2021.0143

URL：https：//doi.org/10.16801/j.issn.1008 - 7303.2021.0143 http：//www.nyxxb.cn/cn/article/doi/10.16801/j.issn.1008-7303.2021.0143

---

* 基金项目：国家重点研发计划（2016YFD0200500）

** 第一作者：李秀环；E-mail：lixiuhuan0822@163.com

*** 通信作者：慕卫；E-mail：muwei@sdau.edu.cn

腐霉利和咯菌腈混用对黄瓜灰霉病菌的联合毒力及药剂残留动态*

张江兆[1,2**]，徐重新[2]，沈　燕[2,3]，高美静[2]，卢莉娜[2]，卢　飞[2,3]，刘贤金[1,2***]
[1. 南京农业大学植物保护学院，南京　210095；2. 江苏省食品质量安全重点实验室/省部共建国家重点实验室培育基地，南京　210014；
3. 农业农村部农产品质量安全控制技术与标准重点实验室（南京），南京　210014]

摘要：为探究腐霉利和咯菌腈混用对黄瓜灰霉病病原菌灰葡萄孢的联合毒力，进而通过减少用药量及施药后残留动态分析，提升黄瓜中这两种农药的风险防控水平。采用菌丝生长速率法，测得腐霉利和咯菌腈对灰霉病菌菌丝生长的有效抑制中浓度（EC_{50}）分别为0.069 mg/L和0.103 mg/L；而将两种农药以质量比1∶1混用时，EC_{50}值为0.016 mg/L，增效系数（synergistic ratio，SR）达到5.0，表现为强增效作用。腐霉利和咯菌腈单独处理3天后的灰霉病菌菌丝经电镜扫描观察，分别表现为菌丝干瘪和胞内物质溢出；而经两种农药以质量比1∶1混合处理后，灰霉病菌同时出现了菌丝干瘪和胞内物质溢出现象，混用对菌丝的损伤符合叠加增强特征。为进一步分析腐霉利和咯菌腈混配施用后的动态残留情况，对可同时检测这两种农药残留的高效液相色谱-串联质谱（HPLC-MS/MS）方法进行了优化。在所用方法下，腐霉利和咯菌腈的添加回收率分别为100%~102%和94%~96%，相对标准偏差（RSD）为1.7%~5.3%和2.8%~3.4%，定量限（LOQ）为0.01 mg/kg，符合残留检测要求。两种农药以质量比1∶1混配用于田间试验，施药21天后在黄瓜上的最终残留量比单独使用腐霉利和咯菌腈分别降低了59%和86%；混配施药后腐霉利和咯菌腈的消解半衰期（$T_{1/2}$）分别从5.38天和6.93天缩短至4.39天和4.33天。研究表明，腐霉利和咯菌腈混用切实增强了对黄瓜灰霉病菌的联合毒力，为农药合理减量增效应用提供了依据，同时还可有效降低黄瓜中的农药残留风险。

关键词：腐霉利；咯菌腈；黄瓜灰霉病；灰葡萄孢；混配；联合毒力；增效作用；残留分析

注：全文查阅及文献引用参见《农药学学报》2022，24（4）：851-858 doi：10.16801/j.issn.1008-7303.2022.0017

URL：https：//doi.org/10.16801/j.issn.1008-7303.2022.0017 http：//www.nyxxb.cn/cn/article/doi/10.16801/j.issn.1008-7303.2022.0017

---

* 基金项目：国家自然科学基金（31772198）；江苏省林业局风险监测项目（LYKJ〔2020〕13）；国家药典委员会药品标准制修订研究课题（2021Z10）

** 第一作者：张江兆；E-mail：13598080722@163.com

*** 通信作者：刘贤金；E-mail：jaasliu@163.com.

甘薯长喙壳菌对咯菌腈的敏感基线及咯菌腈对甘薯黑斑病的防治效果*

张德胜**，乔　奇，白瑞英，田雨婷，王　爽，王永江，赵付枚，张振臣***
（河南省农业科学院植物保护研究所，河南省农作物病虫害防治重点实验室，
农业农村部华北南部作物有害生物综合治理重点实验室，郑州　4500021）

摘要：为探索甘薯长喙壳菌 *Ceratocystis fimbriata* 对咯菌腈的敏感性，明确咯菌腈在苗期和储藏期对甘薯黑斑病的防治效果，分别从中国河南、四川、河北、山东采集并分离得到 64 株甘薯长喙壳菌；采用凹玻片法观察了咯菌腈对病原菌分生孢子萌发和芽管伸长的影响；采用孢子萌发法和菌丝生长速率法测定了 64 个菌株对咯菌腈的敏感性，并对 50%咯菌腈可湿性粉剂（WP）防治苗期和储藏期甘薯黑斑病的效果进行了评价。结果表明：随咯菌腈处理浓度增加，甘薯长喙壳菌分生孢子的萌发率逐渐下降，芽管扭曲程度逐渐加大。咯菌腈还可造成菌株芽管过早出现分枝。咯菌腈对供试菌株分生孢子萌发的 EC_{50}值在 0. 20～0. 99 μg/mL，平均值为 0. 52 μg/mL；对菌丝生长的 EC_{50}值在 0. 17～0. 31 μg/mL，平均值为 0. 24 μg/mL，不同敏感性菌株所占频率呈正态分布，可作为甘薯长喙壳菌对咯菌腈的敏感基线。50%咯菌腈 WP 在有效成分 500 mg/L 下浸苗处理，对薯苗黑斑病的防治效果可达 90. 24%，显著高于 500 g/L 甲基硫菌灵悬浮剂（SC）同浓度下的处理。采用浸薯块法防治储藏期黑斑病，50%咯菌腈 WP500 mg/L 连续两年的防治效果分别达到 84. 41%和 82. 30%，也显著高于同浓度的甲基硫菌灵。药剂处理后 60 天和 90 天，甘薯块中咯菌腈的残留量低于其最大残留限量（MRL）标准。本研究表明，咯菌腈具有防治甘薯生长期和储藏期黑斑病的潜力。

关键词：甘薯长喙壳菌；咯菌腈；敏感基线；甘薯黑斑病；防治效果

注：全文查阅及文献引用参见《农药学学报》2022，24（6）：1402－1408 doi：10. 16801/j. issn. 1008－7303. 2022. 0040

URL：https：//doi. org/10. 16801/j. issn. 1008－7303. 2022. 0094 http：//www. nyxxb. cn/cn/article/doi/10. 16801/j. issn. 1008－7303. 2022. 0094

---

* 基金项目：国家现代农业产业技术体系资助（CARS-10-B13）；河南省科技攻关（212102110458）；河南省农业科学院自主创新基金（2021ZC38）

** 第一作者：张德胜；E-mail：zhangdesheng404@163. com

*** 通信作者：张振臣；E-mail：zhangzhenchen@126. com

海藻糖酶结构及其抑制剂的农用活性研究进展*

师东梅**，蒋志洋，邹雪君，黄家兴，段红霞***
（中国农业大学理学院应用化学系农药创新研究中心，北京 100193）

摘要：海藻糖是一种非还原性二糖，在昆虫、真菌等有害生物体内参与能量代谢、逆境恢复、几丁质合成等过程。海藻糖酶（EC3. 2. 1. 28）由于其对海藻糖代谢及其含量调控具有重要作用，且在农业有害生物和哺乳动物体内存在功能差异，已成为开发新型农用化学品的安全型候选靶标。本文对海藻糖酶的晶体结构、海藻糖酶与底物/抑制剂的互作机制研究进展进行了综述；同时对具有农用活性的海藻糖酶抑制剂，如井冈霉素、天然产物 salbostatin 和 trehazolin 及其合成类似物、脱氧野尻霉素及其合成类似物、天然生物碱及其合成类似物以及胡椒碱及其类似物的研究进展进行了概述，并重点论述了以胡椒碱为骨架的化合物在农业有害生物防治上的应用。本综述可为靶向海藻糖酶结构进行新型胡椒碱类结构的农用化学品设计与发现提供参考。

关键词：海藻糖酶；海藻糖酶抑制剂；胡椒碱类化合物；农用生物活性；合理设计

注：全文查阅及文献引用参见《农药学学报》2022，24（5）：1017－1033 doi：10. 16801/j. issn. 1008－7303. 2022. 0101

URL：https：//doi. org/10. 16801/j. issn. 1008－7303. 2022. 0101 http：//www. nyxxb. cn/cn/article/doi/10. 16801/j. issn. 1008－7303. 2022. 0101

---

* 基金项目：植物病虫害生物学国家重点实验室开放基金（SKLOF202107）；国家自然科学基金（32172445，31972289）

** 第一作者：师东梅；E-mail：15520036773@ 163. com

*** 通信作者：段红霞；E-mail：hxduan@ cau. edu. cn.

含稠杂环结构的螺环丁烯内酯类化合物的合成及杀菌活性*

李益豪**，许磊川，张　倩，马好运，安鑫鲲，王明安***
（中国农业大学应用化学系农药创新研究中心，北京　100193）

摘要：为了发现更高杀菌活性的螺环丁烯内酯类化合物并分析该类化合物的构效关系，设计并合成了一系列未见文献报道的含咪唑并噻唑、咪唑并噻嗪和咪唑并噻嗪酮等稠杂环结构的螺环丁烯内酯类化合物，其结构通过核磁共振氢谱（^{1}H NMR）、碳谱（^{13}C NMR）及高分辨质谱（HRMS）确证。离体杀菌活性测试结果表明，化合物5f和6f对油菜菌核病菌的EC_{50}值分别为33.2 mg/L和29.8 mg/L，优于对照药剂咪唑菌酮（46.8 mg/L），化合物7b和7e对辣椒疫霉的EC_{50}值分别为45.8 mg/L和43.5 mg/L，优于咪唑菌酮（50.7 mg/L），与先导化合物相比，其杀菌活性高于2-甲硫基衍生物，低于2-芳氨基衍生物，表明稠杂环的引入可以提高化合物的杀菌活性，而结构中的NH片段对杀菌活性具有关键作用。

关键词：多样性导向合成；螺环丁烯内酯；稠杂环；合成；杀菌活性

注：全文查阅及文献引用参见《农药学学报》2022，24（5）：1152－1161 doi：10.16801/j.issn.1008-7303.2022.0077

URL：https：//doi.org/10.16801/j.issn.1008－7303.2022.0077 http：//www.nyxxb.cn/cn/article/doi/10.16801/j.issn.1008-7303.2022.0077

* 基金项目：国家自然科学基金（21772229）

** 第一作者：李益豪；E-mail：2353180713@qq.com
*** 通信作者：王明安；E-mail：wangma@cau.edu.cn

禾谷镰刀菌对苯基吡咯类杀菌剂咯菌腈的抗性机制*

周　锋[1,3**]，周焕焕[1]，崔叶贤[2]，胡海燕[2]，刘起丽[1]，刘润强[1]，吴艳兵[1***]，李成伟[3***]
（1. 河南科技学院资源与环境学院，新乡　453003；2. 河南科技学院生命科技学院，新乡　453003；3. 河南工业大学粮油食品学院，郑州　450001）

摘要：由禾谷镰刀菌引起的小麦赤霉病是世界小麦生产上的重要真菌病害。为了进一步明确禾谷镰刀菌对苯基吡咯类杀菌剂咯菌腈产生抗性的机制，本文以前期室内通过药剂驯化方式得到的4株禾谷镰刀菌对咯菌腈的高水平抗性突变体（其抗性倍数在318.2~782.9）为主要研究材料，采用生物测定及分子生物学等方法开展了禾谷镰刀菌对咯菌腈的抗性机制研究。结果表明：供试禾谷镰刀菌抗咯菌腈突变体对小麦幼穗的致病力降低了约50%，部分菌株（2XZ-4R）甚至完全丧失了对小麦的致病能力；抗性突变体对渗透胁迫（0.5 mol/L NaCl，1.0 mol/L $MgCl_2$，1.0 mol/L 葡萄糖或1.0 mol/L 甘露醇）高度敏感，且菌丝生长抑制率较敏感菌株降低约50%以上，表明其环境适合度显著下降。同时，抗性突变体中苯丙氨酸解氨酶（PAL）、过氧化物酶（POD）和多酚氧化酶（PPO）活性较敏感菌株均升高2倍以上。分子生物学分析发现，供试抗性突变体中候选靶标基因（*FgOs*1 和 *FgOs*5）的表达量显著下调（$P<0.05$），推测 *FgOs*1 和 *FgOs*5 可能参与了禾谷镰刀菌对咯菌腈抗性的形成过程。总之，该研究探究了禾谷镰刀菌抗咯菌腈突变体的生物学特性，并为深入揭示禾谷镰刀菌对咯菌腈的抗性分子机制提供了新的思路。

关键词：禾谷镰刀菌；咯菌腈；抗性突变体；生物学特性；基因表达；抗性机制

注：全文查阅及文献引用参见《农药学学报》2022，24（6）：1393－1401 doi：10.16801/j.issn.1008-7303.2022.0064

URL：https：//doi.org/10.16801/j.issn.1008－7303.2022.0064 http：//www.nyxxb.cn/cn/article/doi/10.16801/i.issn.1008-7303.2022.0064

* 基金项目：国家自然科学基金（32001860）；河南省科技攻关项目（222102110027）；河南省高等学校重点科研项目（22A210017）；河南省中央引导地方科技发展项目（20221343034）

** 第一作者：周锋；E-mail：zfhist@163.com

*** 通信作者：吴艳兵；E-mail：wuyanbing@hist.edu.cn
李成伟；E-mail：lcw@haut.edu.cn

河南省假禾谷镰刀菌对多菌灵的敏感性*

殷消茹[1]**，徐建强[1]***，孙 莹[1]，朱 凯[1]，杨 霞[1]，熊 姿[1]，郑 伟[1]，侯 颖[2]***
（1. 河南科技大学园艺与植物保护学院，洛阳 471003；
2. 河南科技大学食品与生物工程学院，洛阳 471003）

摘要：由假禾谷镰刀菌引起的小麦茎基腐病已蔓延成为黄淮麦区的主要病害，对小麦的稳产、高产带来极大威胁。为了解河南省假禾谷镰刀菌对多菌灵的敏感性，采用菌丝生长速率法测定了多菌灵对2019年从河南省8个地市分离的90株假禾谷镰刀菌的毒力；分别通过方差分析法及聚类分析法对测定结果进行了分析，并研究了多菌灵与戊唑醇和咯菌腈对病菌毒力的相关性。结果表明：多菌灵对供试菌株菌丝生长的最低抑制浓度为2.4 μg/mL，EC_{50}值在0.463～1.73 μg/mL，最大值是最小值的3.98倍，平均EC_{50}值为（0.750±0.291）μg/mL；敏感性频率分布图显示，尽管病菌群体中存在着对多菌灵敏感性较低的亚群体，但仍有61株供试菌株位于相应的主峰范围内，敏感性频率分布仍为连续单峰曲线，可以将该值作为假禾谷镰刀菌对多菌灵的敏感性基线。方差分析结果显示，不同地市菌株对多菌灵的敏感性差异较小，各地市菌株平均EC_{50}值变化范围为0.604～1.04 μg/mL，最低和最高的分别为新乡红旗和新乡辉县菌株，两者相差1.72倍；同一地市菌株对多菌灵的敏感性差异较大，其中南阳内乡菌株差异最大，最不敏感菌株的EC_{50}值是最敏感菌株的3.98倍。聚类分析结果显示，河南省假禾谷镰刀菌对多菌灵的敏感性差异与菌株的地理来源无明显关联性。病菌对多菌灵与其对戊唑醇和咯菌腈的敏感性之间无明显相关性。温室防效结果显示，用50%多菌灵可湿性粉剂拌种处理小麦种子，对小麦茎基腐病可起到较好的防治效果，其中有效成分3.90 mg/g处理防效最高，可达76.66%。本研究结果可为多菌灵对小麦茎基腐病的化学防治提供理论基础，为病原菌对药剂的敏感性监测提供重要信息。

关键词：小麦茎基腐病；假禾谷镰刀菌；多菌灵；菌丝生长速率法；敏感性；温室防治效果

注：全文查阅及文献引用参见《农药学学报》2022，24（1）：81－87 doi：10.16801/j.issn.1008－7303.2021.0145

URL：http：//doi.org/10.16801/j.issn.1008－7303.2021.0145 http：//www.nyxxb.cn/cn/article/doi/10.16801/j.issn.1008－7303.2021.0145

---

* 基金项目：河南省科技攻关（202102110071）；旱区作物逆境生物学国家重点实验室开放课题研究计划（CSBAAKF2021012）；国家级大学生创新创业训练计划（202010464070）

** 第一作者：殷消茹；E-mail：3238108733@qq.com

*** 通信作者：徐建强；E-mail：xujqhust@126 com
侯颖；E-mail：houying76@126.com

琥珀酸脱氢酶抑制剂类杀菌剂抗性研究进展*

毛玉帅[1**]，段亚冰[1,2]，周明国[1,2***]
（1. 南京农业大学植物保护学院农药系，南京 210095；
2. 南京农业大学农药抗性与治理技术研究中心，南京 210095）

摘要：作用于琥珀酸脱氢酶复合体的新型杀菌剂——琥珀酸脱氢酶抑制剂（succinate hydrogenase inhibitors，SDHIs）已逐步成为继 Qo 位点呼吸抑制剂类（QoIs）和麦角甾醇生物合成抑制剂类（EBIs）杀菌剂之后的世界第三大类杀菌剂。近年来，SDHIs 杀菌剂的市场占有份额逐年增加，新品种不断涌现，在植物病害化学防治中发挥着重要作用。然而，由于该类杀菌剂作用位点单一，抗药性已成为制约该类杀菌剂创制发展与科学应用的重要科学问题。本综述归纳了琥珀酸脱氢酶抑制剂类杀菌剂的开发、品种、抗性发生发展、抗性分子机制与应用现状，并结合作者研究团队的最新研究成果对其靶标生物学及应用技术研究进行了总结，以期为更高活性的 SDHIs 杀菌剂创制和应用提供参考。

关键词：琥珀酸脱氢酶抑制剂；杀菌剂靶标；抗药性；植物病害；防治效果

注：全文查阅及文献引用参见《农药学学报》2022，24（5）：937-948 doi：10.16801/j.issn.1008-7303.2022.0062

URL：https://doi.org/10.16801/j.issn.1008-7303.2022.0062 http://www.nyxxb.cn/cn/article/doi/10.16801/j.issn.1008-7303.2022.0062

* 基金项目：国家重点研发计划（2016YFD0200500）
** 第一作者：毛玉帅；E-mail：2020202064@njau.edu.cn
*** 通信作者：周明国；E-mail：mgzhou@njau.edu.cn.

灰葡萄孢对氟唑菌酰羟胺不同敏感型菌株的生物学特性*

杨可心**，毕秋艳，吴　杰，路　粉，王文桥，韩秀英，赵建江***
（河北省农林科学院植物保护研究所，河北省农业有害生物综合防治工程技术研究中心，
农业农村部华北北部作物有害生物综合治理重点实验室，保定　071000）

摘要：为明确灰葡萄孢对氟唑菌酰羟胺不同敏感型菌株的生物学特性差异，将 9 个不同敏感型菌株在无药 PDA 平板上继代培养 10 代后，测定其对氟唑菌酰羟胺的敏感性。采用菌丝生长速率法分别在 PDA 平板和离体叶片上测定了其菌丝生长速率、产孢量、孢子萌发率和致病性，以及其对温度、pH 值和葡萄糖的敏感性，并对其编码琥珀酸脱氢酶的 *SdhA*、*SdhB*、*SdhC* 和 *SdhD* 4 个亚基基因进行了克隆与测序。结果显示：从田间获得的 2 个低抗菌株、2 个中抗菌株和 2 个高抗菌株对氟唑菌酰羟胺的敏感性变异指数在 0.60~1.15，而通过室内药剂驯化获得的高抗菌株 BLH5F 对氟唑菌酰羟胺的敏感性变异指数为 0.23；除低抗菌株 WP8 的菌丝生长速率显著低于 2 个敏感菌株，以及中抗菌株 WP6 和高抗菌株 WPE9 的产孢量显著低于 2 个敏感菌株外，其余各抗性菌株在菌丝生长速率、产孢量、孢子萌发率和致病性方面均无显著差异。整体而言，7 个抗性菌株在对温度、pH 值和葡萄糖的敏感性方面与敏感菌株无显著差异。基因克隆及测序结果表明，室内药剂驯化获得的高抗菌株 BLH5F *SdhB* 基因的 272 位由组氨酸变为了精氨酸（H272R），田间获得的低抗、中抗和高抗各 2 个菌株均为 *SdhB* 基因的 225 位由脯氨酸变为了亮氨酸（P225L）。综合分析表明，灰葡萄孢对氟唑菌酰羟胺不同敏感型菌株具有相似的适合度。因此，推测在药剂的选择压下，抗氟唑菌酰羟胺的灰葡萄孢菌株在田间容易形成优势种群。

关键词：灰葡萄孢；氟唑菌酰羟胺；抗性菌株；敏感性；生物学特性；*SdhB* 基因

注：全文查阅及文献引用参见《农药学学报》2022，24（4）：743-751 doi：10.16801/j.issn.1008-7303.2022.0053

URL：https：//doi.org/10.16801/j.issn.1008－7303.2022.0053 http：//www.nyxxb.cn/cn/article/doi/10.16801/j.issn.1008-7303.2022.0053

---

* 基金项目：河北省自然科学基金（C2019301076）；河北省重点研发计划（21326510D）

** 第一作者：杨可心；E-mail：2013796428@qq.com

*** 通信作者：赵建江；E-mail：chillgess@163.com

基于代谢组学的赤霉酸生物合成研究进展*

殷凯楠[1**]，吴酬飞[2]，尹良鸿[1***]，林海萍[1***]
（1. 浙江农林大学生物农药高效制备技术国家地方联合工程实验室，临安 311300；
2. 湖州师范学院生命科学学院，湖州 313000）

摘要：赤霉酸（gibberellic acid）是应用非常广泛的植物生长激素，目前农业生产上应用的赤霉酸主要来自藤仓赤霉菌 *Gibberella fujikuroi* 液态发酵，但产量还远远不能满足市场需求。代谢组学（metabonomics）是系统生物学研究的重要分支，近年来在微生物领域得到广泛应用，并取得了重要进展。本研究综述了赤霉酸的种类、生产、应用、研究历程；代谢组学的概念、优点、研究方法、赤霉酸测定；基因改造、非生物胁迫、前体物质对赤霉酸生物合成的影响等领域的国内外研究进展，并对赤霉酸高效合成相关的多组学联合应用前景进行了展望，以期为工业生产中赤霉酸产量的进一步提升提供思路。

关键词：代谢组学；藤仓赤霉菌；赤霉酸；生物合成途径

注：全文查阅及文献引用参见《农药学学报》2022，24（6）：1314－1326 doi：10. 16801/j. issn. 1008-7303. 2022. 0063

URL：https：//doi. org/10. 16801/j. issn. 1008－7303. 2022. 0063 http：//www. nyxxb. cn/cn/article/doi/10. 16801/i. issn. 1008-7303. 2022. 0063

---

* 基金项目：浙江省基础公益研究计划项目（LGG22C140001）；浙江省重点研发项目（2019C02024）

** 第一作者：殷凯楠；E-mail：inshdar@ qq. com

*** 通信作者：尹良鸿；E-mail：ylh4@ l63. com
林海萍；E-mail：zjlxylhp@ 163. com

基于荧光探针技术检测30种农兽药及其二元、三元组合对CYP3A4酶的联合毒性*

朱新月[1**]，陈立森[1]，何深贵[1]，赵　鑫[1]，程林丽[2]，崔京南[1***]
（1. 大连理工大学精细化工国家重点实验室，大连　116000；
2. 中国农业大学动物医学院，北京　100193）

摘要：在农业生产中混合使用多种农药或兽药越来越普遍，但因药剂联合毒性效应的不确定性可能对人体健康产生严重威胁。本文基于酶抑制法原理，利用荧光探针NEN（*N*-乙基-1，8-萘二甲酰亚胺）直接检测CYP3A4酶的活性，建立了广谱筛查混合农兽药联合毒性效应的方法，并以常用的30种农兽药及其典型的23种二元和26种三元组合为研究对象，检测了农兽药混合物对CYP3A4酶的联合毒性效应，其中标准质量浓度根据食品安全国家标准规定的农兽药最大残留限量确定。结果表明：3种质量浓度梯度下对CYP3A4酶均具有协同作用的混合农兽药组合有克百威+多菌灵、克百威+吡虫啉、啶虫脒+烯酰吗啉、吡虫啉+多菌灵、氯氰菊酯+啶虫脒+烯酰吗啉、克百威+啶虫脒+多菌灵、吡虫啉+啶虫脒+多菌灵、吡虫啉+啶虫脒+烯酰吗啉、毒死蜱+啶虫脒+多菌灵、联苯菊酯+啶虫脒+多菌灵。当单一农兽药对CYP3A4酶活性的抑制率较高时，与其他农兽药混合后联合毒性效应呈拮抗作用，而当单一农兽药对酶活性的抑制率低于2%时，则与其他农兽药混合后联合毒性效应呈现不确定性。农兽药组合在低浓度下对CYP3A4酶的联合毒性往往存在较强的协同作用，但随着浓度的升高，联合毒性效应从协同变为拮抗作用。分析农兽药与CYP3A4酶之间的构效关系可知，含有芳氯基团的数量与对酶活性的抑制程度呈正相关，含有3个芳氯及以上基团的农兽药对CYP3A4酶活性的抑制作用最为显著，抑制率在30%以上，如百菌清、毒死蜱、甲基毒死蜱、咪鲜胺等；含有2个芳氯或“强吸电子基团+1个芳氯”基团的农兽药，对CYP3A4酶活性的抑制作用较强，抑制率在18%以上，如苯醚甲环唑、哒螨灵和异菌脲等。具有氨基甲酸酯基团的农兽药单独作用于CYP3A4酶毒性较小或几乎没有毒性时，与其他农兽药混合后显示较强的协同作用。本研究建立的检测方法为广谱筛查混合农兽药联合毒性提供了新思路，检测结果可为进一步在细胞和动物水平制定农兽药混剂的风险评估方案提供依据。

关键词：荧光探针；农兽药残留；CYP3A4酶；酶抑制法；联合毒性

注：全文查阅及文献引用参见《农药学学报》2022，24（3）：552-562 doi：10.16801/j.issn.1008-7303.2022.0013

URL：https：//doi.org/10.16801/j.issn.1008-7303.2022.0013 http：//www.nyxxb.cn/cn/article/doi/10.16801/j.issn.1008-7303.2022.0013

---

* 基金项目：科技部重点研发计划（2018YFC1603001）
** 第一作者：朱新月；E-mail：zxy0812@mail.dlut.edu.cn
*** 通信作者：崔京南；E-mail：jncui@dlut.edu.cn.

假禾谷镰孢引起的小麦茎基腐病发生危害与防控研究进展*

李怡文[1**]，李桂香[1]，黄中乔[1]，苗建强[1***]，刘西莉[1,2***]
（1. 西北农林科技大学植物保护学院，杨凌 712100；
2. 中国农业大学植物保护学院，北京 100193）

摘要：小麦茎基腐病近年来在我国发生日趋严重，不但威胁我国粮食安全，还存在真菌毒素污染的潜在威胁，危害人畜健康。本文概述了小麦茎基腐病的危害现状以及在不同地区引起该病害的优势镰孢菌种类，明确了假禾谷镰孢 *Fusarium pseudograminearum* 在我国多个小麦主产区已逐渐上升为茎基腐病的优势病原。在此基础上，进一步分析了假禾谷镰孢的侵染循环和遗传多样性，揭示了小麦茎基腐病严重发生与土壤中的病原菌积累、农业措施及多种环境气候因素，尤其是干旱环境密切相关。总结了目前已报道的调控假禾谷镰孢致病的关键蛋白，揭示了假禾谷镰孢的产毒类型，明确了脱氧雪腐镰刀菌烯醇（DON）合成的生化途径，不同杀菌剂对镰孢菌毒素合成的影响，以及杀菌剂刺激或抑制 DON 合成的机制。并以“防病减毒”为目的，提出了多种协同防病的综合防治措施，可为小麦茎基腐病绿色防控提供参考。

关键词：假禾谷镰孢；小麦茎基腐病；脱氧雪腐镰刀菌烯醇（DON）；杀菌剂

注：全文查阅及文献引用参见《农药学学报》2022，24（5）：949-961 doi：10. 16801/j. issn. 1008-7303. 2022. 0110

URL：http：//www. nyxxb. cn/cn/article/doi/10. 16801/j. issn. 1008-7303. 2022. 0110

---

* 基金项目：陕西省创新人才推进计划-科技创新团队项目（2020TD-035）

** 第一作者：李怡文；E-mail：liyiwendec@ foxmail. com

*** 通信作者：苗建强；E-mail：mjq2018@ nwafu. edu. cn
刘西莉；E-mail：seedling@ nwafu. edu. cn

韭菜灰霉病防治烟剂的筛选与评价*

高皓杰[1**]，张兰云[2]，李桐桐[1]，赵时峰[3]，李北兴[1]，慕　卫[1]，刘　峰[1***]
（1. 山东农业大学植物保护学院，泰安　271018；2. 临淄区农业技术服务中心，淄博　255400；3. 莘县农业技术推广中心，聊城　252400）

摘要：为筛选适合制备安全、高效防治韭菜上灰霉病烟剂的杀菌剂品种，从原药抑菌活性、烟雾毒力作用、成烟率、安全性和田间防效5个方面，对9种常用杀菌剂制备成韭菜灰霉病防治烟剂的可行性进行了评价。室内毒力测定结果表明：氟啶胺、咯菌腈和啶菌噁唑抑制韭菜灰霉病菌菌丝生长的 EC_{50} 值分别为0.13 mg/L、0.05 mg/L和0.12 mg/L；吡唑萘菌胺、氟吡菌酰胺和啶酰菌胺抑制其孢子萌发的 EC_{50} 值分别为0.84 mg/L、0.68 mg/L和1.16 mg/L。在0.108 m^3 的密闭装置中，分别检测了0.01 g各杀菌剂有效成分受热成烟后烟雾的毒力，结果表明：咯菌腈烟雾可完全抑制韭菜灰霉病菌菌丝的生长，吡唑萘菌胺、氟吡菌酰胺和啶酰菌胺烟雾可完全抑制其孢子萌发，而腐霉利烟雾对菌丝生长和孢子萌发的抑制率仅分别为54.39%和43.27%。咯菌腈、啶酰菌胺和氟吡菌酰胺的成烟率分别为85.93%、91.35%和82.86%，基本满足烟剂的制备要求。经咯菌腈和啶酰菌胺烟雾处理后7天，韭菜株高和茎粗的增加量与空白对照相比无显著差异。2019年和2020年的田间试验结果表明：有效成分120 g/hm^2 剂量的咯菌腈烟剂对韭菜灰霉病的治疗作用防效分别为72.31%和79.78%，375 g/hm^2 剂量啶酰菌胺烟剂对韭菜灰霉病的治疗作用防效分别为81.17%和83.81%，均高于已登记药剂腐霉利烟剂在最高登记剂量（有效成分450 g/hm^2）下对韭菜灰霉病的治疗作用防效（59.86%和63.71%）；上述剂量下，3种烟剂对韭菜灰霉病的田间保护作用防效均在90%以上。咯菌腈和啶酰菌胺烟剂在韭菜植株上沉积分布均匀，其消解动态曲线符合一级反应动力学方程，半衰期均为3~4天。推荐可将咯菌腈和啶酰菌胺加工成烟剂并登记用于韭菜灰霉病的防治。

关键词：烟剂；韭菜；灰霉病；啶酰菌胺；咯菌腈；腐霉利；防治效果；残留

注：全文查阅及文献引用参见《农药学学报》2022，24（2）：315-325 doi：10.16801/j.issn.1008-7303.2021.0176

URL：https：//doi.org/10.16801/j.issn.1008-7303.2021.0176 http：//www.nyxxb.cn/cn/article/doi/10.16801/j.issn.1008-7303.2021.0176

* 基金项目：山东省蔬菜产业技术体系（SDAIT-05）
** 第一作者：高皓杰；E-mail：loveyana1127@163.com
*** 通信作者：刘峰；E-mail：fliu@sdau.edu.cn

巨大芽孢杆菌与噁霉灵联用对甜瓜连作障碍的缓解效果*

王叶青[1**]，刘　芳[1**]，潘纪源[1]，陆秀君[1***]，刘文菊[2]，李博文[2***]
（1. 河北农业大学植物保护学院，保定　071000；
2. 河北农业大学资源与环境科学学院，保定　071000）

摘要：为缓解连作甜瓜引起的连作障碍，在对河北省沧州市青县甜瓜连作区土壤障碍程度进行分析的基础上，通过室内盆栽和田间试验，研究了巨大芽孢杆菌 *Bacillus megaterium* b1 菌株与噁霉灵联用对连作甜瓜枯萎病的缓解效果及对甜瓜植株生长的影响，并初步分析了该地区土壤中微生物数量及群落结构变化。结果表明：采用 11 年连作甜瓜土壤培育南瓜和甜瓜，其幼苗根冠比及全株干重均显著低于 1 年土壤组；11 年连作土壤中真菌数量最多，细菌和放线菌数量最少，镰刀菌属（*Fusarium*）相对丰度最高，是 1 年土壤的 4.27 倍，而 1 年土壤中芽孢杆菌属（*Bacillus*）相对丰度是 11 年土壤的 2.65 倍。噁霉灵和巨大芽孢杆菌 b1 菌株间不存在拮抗作用，二者对甜瓜枯萎菌 *Fusarium oxysporum* T2 菌株的 EC_{50} 值分别为 10.82 mg/L 和 2.02×10^5 CFU/mL。室内分别采用巨大芽孢杆菌、噁霉灵单剂及二者联用处理连作 11 年土壤后培育甜瓜幼苗，结果表明：联用处理在开花结果期对甜瓜枯萎病的防效为 42.85%，且甜瓜幼苗根冠比和全株干重均显著高于各单剂和空白对照处理。田间试验结果表明：巨大芽孢杆菌、噁霉灵单剂以及二者联用处理连作甜瓜土壤，对甜瓜枯萎病的防效分别为 16.62%、100% 和 100%；各处理组甜瓜幼苗株高分别比空白对照提高 11.19%、10.63% 和 16.03%；甜瓜增产率分别为 20.35%、11.23% 和 26.15%；单株根系平均干重分别比空白对照提高 40.63%、34.69% 和 64.38%，差异显著（$P<0.05$）。各处理组土壤中真菌数量降低，细菌和放线菌数量增加；镰刀菌属相对丰度分别比空白对照降低 35.96%、59.55% 和 71.91%；芽孢杆菌属相对丰度分别比空白对照提高 47.25%、3.52% 和 76.70%。研究表明：甜瓜连作存在明显的连作障碍，而巨大芽孢杆菌与噁霉灵联用能有效改善连作区土壤微生物群落结构，缓解连作障碍，减轻连作土壤甜瓜枯萎病的发生，促进甜瓜幼苗生长及提高甜瓜产量。

关键词：1,3,4-噻二唑；酰胺衍生物；抑菌活性；三维定量构效关系（3D-QSAR）

注：全文查阅及文献引用参见《农药学学报》2022，24（4）：762-770 doi：10.16801/j.issn.1008-7303.2022.0029

http：//www.nyxxb.cn/cn/article/doi/10.16801/j.issn.1008-7303.2022.0029

---

* 基金项目：河北省重点研发计划项目（20326812D，19224007D）；河北省农业产业技术体系资助项目（HBCT2018030206）

** 第一作者：王叶青；E-mail：835540705@qq.com
刘芳；E-mail：1940266767@qq.com

*** 通信作者：陆秀君；E-mail：luxiujun@hebau.edu.cn
李博文；E-mail：kjli@hebau.edu.cn

喹唑啉酮肟醚衍生物的设计、合成、杀菌活性及其与琥珀酸脱氢酶受体的结合模式*

王金玲**，李　忠***
［华东理工大学药学院，上海市化学生物学（芳香杂环）重点实验室，上海　200237］

摘要：为寻找高活性杀菌化合物，以氟吡菌酰胺为对照，在前期发现的新型硝基甲基喹唑啉酮骨架的基础上，通过中间体衍生化法和活性亚结构拼接等手段，设计、合成了25个未见文献报道的喹唑啉酮肟醚衍生物，所有化合物的结构均通过核磁共振氢谱（^{1}H NMR）、碳谱（^{13}C NMR）及高分辨质谱（HR-EI-MS）确证。活体杀菌活性测试表明，目标化合物A19和A25在500 mg/L下对小麦赤霉病菌 *Fusarium graminearum* 的防效分别为43.74%和42.46%，活性远低于氟吡菌酰胺。初步分析，其理化性质以及其与琥珀酸脱氢酶（SDH）受体结合模式方面的差异可能是导致这些化合物活性比氟吡菌酰胺低的主要原因。

关键词：喹唑啉酮；肟醚；中间体衍生化法；杀菌活性；琥珀酸脱氢酶受体；结合模式

注：全文查阅及文献引用参见《农药学学报》2022，24（5）：1162－1170 doi：10.16801/j.issn.1008-7303.2022.0067

URL：https：//doi.org/10.16801/j.issn.1008－7303.2022.0067 http：//www.nyxxb.cn/cn/article/doi/10.16801/j.issn.1008-7303.2022.0067

---

* 基金项目：国家重点研发计划（2017YFD0200505）

** 第一作者：王金玲；E-mail：13598081737@163.com
*** 通信作者：李忠；E-mail：lizhong@ecust.edu.cn

嘧菌酯对河南省小麦茎基腐病菌的抑制活性及对病害的防治效果[*]

郭雨薇[**]，徐建强[***]，亢豪佳，殷消茹，刘圣明，陈根强
（河南科技大学园艺与植物保护学院，洛阳 471003）

摘要：主要由假禾谷镰孢 *Fusarium pseudograminearum* 引起的茎基腐病是小麦上的重要病害，对产量及质量都有严重影响，目前尚无登记应用在该病害防治上的化学药剂。本研究从河南省 17 个地市采集病害样本，分离纯化得到 82 株小麦茎基腐病菌菌株，包括 76 株假禾谷镰孢和 6 株禾谷镰孢。嘧菌酯抑制 76 株假禾谷镰孢孢子萌发的 EC_{50}值为 0.02~1.54 μg/mL，平均 EC_{50}值为（0.33±0.29）μg/mL；经数据异常值检验，舍弃异常菌株 LHWY-6 及 SQYC-6 后，嘧菌酯对 74 株（97.37%）正常菌株的平均 EC_{50}值（0.30±0.24）μg/mL 可作为假禾谷镰孢对嘧菌酯的敏感性基线；不同地市菌株间敏感性存在差异，同一地市菌株间对嘧菌酯的敏感性差异较大，许昌、焦作、洛阳和商丘 4 市的菌株间敏感性差异倍数均在 20.00 以上，南阳、三门峡和开封 3 地的菌株间差异倍数均在 2.00 以下，其他地市菌株间差异倍数在 2.70~12.00；假禾谷镰孢孢子萌发对嘧菌酯与其对丙硫菌唑、多菌灵、咯菌腈、氰烯菌酯、吡唑醚菌酯和戊唑醇的敏感性相比，除吡唑醚菌酯外其余 5 种药剂的抑制作用均弱于嘧菌酯；嘧菌酯对 6 株禾谷镰孢的 EC_{50}值在 0.10~0.42 μg/mL，平均 EC_{50}值为（0.19±0.12）μg/mL；嘧菌酯对两种镰孢菌丝生长的抑制活性均较弱，EC_{50}都在 7 μg/mL 以上。离体条件下，15%嘧菌酯悬浮种衣剂在 260 g/（100 kg 种子）剂量下防效达 63.64%；温室盆栽时，在 220 g/（100 kg 种子）剂量下防效为 55.24%。嘧菌酯对小麦茎基腐病菌孢子萌发有明显的抑制作用，且在离体和温室条件下对病害均有很好的防治效果，可作为备选药剂推广使用。

关键词：嘧菌酯；小麦茎基腐病；假禾谷镰孢；禾谷镰孢；敏感性基线；防治效果

注：全文查阅及文献引用参见《农药学学报》2022，24（6）：1409-1416 doi：10.16801/j.issn.1008-7303.2022.0079

URL：https：//doi.org/10.16801/j.issn.1008-7303.2022.0079 http：//www.nyxxb.cn/cn/article/doi/10.16801/j.issn.1008-7303.2022.0079

* 基金项目：河南省重点研发计划（科技攻关）（202102110071）；旱区作物逆境生物学国家重点实验室开放课题研究计划（CSBAAKF2021012）；河南省自然科学基金杰出青年基金项目（212300410015）；河南省重大科技专项（201300111600）

** 第一作者：郭雨薇；E-mail：755690507@qq.com

*** 通信作者：徐建强；E-mail：xujqhust@126.com

灭菌唑与氰烯菌酯复配对水稻恶苗病菌的抑制活性*

李美霞[1,2]**，陈香华[1]，周长勇[1]，陈亚丽[1]，朱春华[3]，
曹凯歌[1]，王建新[2]，周明国[2]，段亚冰[2]***
（1. 江苏徐淮地区淮阴农业科学研究所，淮安　223001；2. 南京农业大学植物保护学院农药系，南京　210095；3. 江苏省南京市六合区春华家庭农场，南京　211500）

摘要：采用菌丝生长速率法，测定了灭菌唑对水稻恶苗病菌的毒力，测得灭菌唑对10株水稻恶苗病菌的 EC_{50} 值范围为0.066 4~0.766 1 μg/mL。采用有效成分质量浓度分别为60 μg/mL、120 μg/mL和240 μg/mL的25 g/L灭菌唑种子处理悬浮剂处理水稻种子后，对水稻发芽率、株高、鲜重均无影响。表明灭菌唑对水稻恶苗病菌具有较好的抑制活性，且对水稻安全，可用于水稻恶苗病的化学防控。氰烯菌酯对10株水稻恶苗病菌的 EC_{50} 值范围为0.007 6~0.262 9 μg/mL。将氰烯菌酯和灭菌唑分别按质量比4∶1、3∶1、2∶1、1∶1、1∶2、1∶3和1∶4复配，测定了复配药剂对水稻恶苗病菌的联合毒力，所得增效系数在0.5~1.5，均为相加作用。研究表明，将氰烯菌酯与灭菌唑复配后施用，不仅能显著降低单剂的使用剂量，且能降低氰烯菌酯对病原菌群体的选择压力，延缓抗药性的发生和发展速度，保障病害防效和水稻生产安全。

关键词：水稻恶苗病菌；灭菌唑；氰烯菌酯；联合毒力；安全；增效系数

注：全文查阅及文献引用参见《农药学学报》2022，24（6）：1547－1551 doi：10.16801/j.issn.1008-7303.2022.0134

URL：https：//doi.org/10.16801/j.issn.1008－7303.2022.0134 http：//www.nyxxb.cn/cn/article/doi/10.16801/j.issn.1008-7303.2022.0134

* 基金项目：国家重点研发计划（2016YFD0200503－04）；南京六合区2021年基层农技推广体系改革与建设补助项目

** 第一作者：李美霞；E-mail：meixia729814@163.com

*** 通信作者：段亚冰；E-mail：dyb@njau.edu

农药纳米乳剂研究进展*

张航航**，陈慧萍，曹　冲，赵鹏跃，李凤敏，黄啟良，曹立冬***
（中国农业科学院植物保护研究所，北京　100193）

摘要：近年来，纳米技术的迅猛发展为现代植物保护开辟了新的应用前景。纳米乳剂作为一种新型纳米载药系统，具有较好的分散性和润湿性，以及粒径小、缓释增效等优点，从而提高农药在靶标表面的附着、沉积和渗透，并有效提高农药利用率，减少农药使用量，降低环境风险。本文介绍了纳米乳剂的组成成分以及制备方法，综述了纳米乳剂在农药领域的研究及其应用进展，同时对目前有较大争议的关于纳米乳剂和微乳剂的界限进行了讨论，并对该领域发展前景进行了展望，可为制备性能优异的纳米乳剂提供参考。

关键词：纳米乳剂；高能乳化法；低能乳化法；杀虫剂；杀菌剂；除草剂；研究进展

注：全文查阅及文献引用参见《农药学学报》2022，24（6）：1340－1357 doi：10.16801/j.issn.1008-7303.2022.0091

URL：https：//doi.org/10.16801/j.issn.1008－7303.2022.0091 http：//www.nyxxb.cn/cn/article/doi/10.16801/j.issn.1008-7303.2022.0091

* 基金项目：江苏省重点研发计划（现代农业）（BE2021303）；国家重点研发计划（2019YFD1002103）

** 第一作者：张航航；E-mail：1920353577@qq.com

*** 通信作者：曹立冬；E-mail：caolidong@caas.cn

农作物病虫害防治农药速查系统构建与应用*

邱荣洲[1**]，陈韶萍[1]，赵　健[2]，池美香[1]，林建伟[3]，黄　婷[1]，翁启勇[1***]

（1. 福建省农业科学院植物保护研究所，福建省作物有害生物监测与治理重点实验室，福建省作物有害生物绿色防控工程研究中心，福州　350013；

2. 福建省农业科学院数字农业研究所，福州　350003；

3. 福建省莆田市城厢区农业农村局，莆田　351100）

摘要：为了让农户能够直观了解及掌握常见病虫害的防治信息，帮助农户通过智能手机在农田、果园和茶园等现场方便快捷地获取作物病虫害图文识别要点与科学防治方法，为农户提供在线植保技术服务，本研究采用 RESTful Web 服务架构设计，运用 HTML5 移动 Web 开发技术，借助微信平台作为用户访问入口，开发了一款跨平台（android/iOS）的农药速查软件系统，实现了农药信息查询、病虫害图谱查询及后台数据管理等功能。通过建立农药与病虫害间的关联关系，实现了从农药名称和病虫害名称两个途径查询农药信息；所构建的数据库涵盖了蔬菜、果树、水稻、茶叶、烟草等共 30 种福建省常规种植作物上的重要病虫害农药防治技术。初步运用验证结果表明，该系统整体实用性和稳定性较好，适合在农村基层推广应用。基于微信平台的农药速查系统能够满足植保新技术普及和应用的需求，可为农户提供简单便捷、对症下药的在线植保科技服务，对提高用户安全施药和科学防控能力、推进农药的增效减量均具有重要意义。

关键词：农药查询；病虫害图谱；病虫害防治；在线植保；数据库；微信公众平台

注：全文查阅及文献引用参见《农药学学报》2022，24（3）：630-636 doi：10. 16801/j. issn. 1008-7303. 2022. 0026

URL：https：//doi. org/10. 16801/j. issn. 1008 - 7303. 2022. 0026 http：//www. nyxxb. cn/cn/article/doi/10. 16801/j. issn. 1008-7303. 2022. 0026

---

* 基金项目：福建省属公益类科研院所基本科研专项（2018R1025-4）；福建省农业科学院植物保护创新团队项目（CXTD2021027）；“5511”协同创新工程（XTCXGC2021011，XTCXGC2021017）；福建省农业科学院科研项目（AA2018-8）

** 第一作者：邱荣洲；E-mail：49497479@ qq. com

*** 通信作者：翁启勇；E-mail：wengqy@ faas. cn

羌活提取物微乳剂制备及体外抗真菌活性*

张智蕊**，赵　晴，李宗霖，寇俊杰，李　娇，徐凤波，李庆山***
（南开大学化学学院，元素有机化学国家重点实验室，天津　300071）

摘要：采用乙醇溶液热萃取方法提取羌活根茎活性成分，通过稳定性等物理性能测试进行评价并确定微乳剂最优配方。微乳剂由质量分数（下同）为15%的羌活提取物（含羌活醇0.34%）、9%的环己酮、16%的HMK-2100、10%的乙醇、49.9%的水和0.1%的AF1506组成。理化性质测试结果表明，所制备的羌活提取物微乳剂各项指标均符合国家标准。为了比较研究其抑菌活性，同时还制备了5%羌活提取物（含羌活醇0.11%）微乳剂和30%羌活提取物（含羌活醇0.68%）乳油。采用菌丝生长速率法研究了羌活提取物不同剂型产品对小麦纹枯病菌 *Rhizoctonia cerealis*、辣椒疫霉 *Phytophthora capsici*、水稻稻瘟病菌 *Pyricularia grisea* 和水稻纹枯病菌 *Rhizoctonia solani* 的抑制作用。结果显示，15%羌活提取物微乳剂的抑菌效果显著，在用水稀释500倍（羌活提取物质量浓度为300 mg/L，羌活醇质量浓度为6.75 mg/L）后施用，其对水稻稻瘟病菌和水稻纹枯病菌菌丝生长的抑制率均在90%以上。应用性能测试结果表明，羌活提取物微乳剂在绿萝叶片表面具有优异的铺展和润湿能力。

关键词：羌活；提取物；羌活醇；微乳剂；表面张力；接触角；抑菌活性

注：全文查阅及文献引用参见《农药学学报》2022，24（4）：544-551 doi：10.16801/j.issn.1008-7303.2022.0006

URL：https://doi.org/10.16801/j.issn.1008-7303.2022.0006 http://www.nyxxb.cn/cn/article/doi/10.16801/j.issn.1008-7303.2022.0006

---

* 基金项目：国家自然科学基金项目（21262001）；天津科技大学基本科研业务费（2019KJ223）
** 第一作者：张智蕊；E-mail：480894331@qq.com
*** 通信作者：李庆山；E-mail：qli@nankai.edu.cn

人工智能在农药精准施药应用中的研究进展*

周长建[1,2]**，宋　佳[1]，向文胜[1,2,3]***

（1. 东北农业大学生命科学学院，哈尔滨　150030；2. 东北农业大学高性能计算与人工智能实验室，哈尔滨　150030；3. 中国农业科学院植物保护研究所，植物病虫害生物学国家重点实验室，北京　100193）

摘要：传统农药施药方式大多依靠人工经验识别单位种植面积内作物的主要病虫草害并针对该症状均匀连续喷洒农药。该方法难以根据作物的不同病虫草害种类和严重程度及时调整农药种类及用量，可能会导致不足或过量用药，喷洒在非症状区域的农药还会对生态环境造成污染。精准施药技术在平衡使用农药与保护生态安全之间给出了一种有效的解决方案，值得大力推广。近年来，人工智能技术的发展推动了精准施药相关研究。为进一步总结人工智能在农药精准施药关键技术中的应用进展，探索人工智能在农药精准施药未来发展方向，本文分析了人工智能在农药精准施药关键技术领域的应用现状，并展望了人工智能在农药精准施药应用中的发展趋势。

关键词：人工智能；精准施药；植保无人飞机；施药技术；精准农业

注：全文查阅及文献引用参见《农药学学报》2022，24（5）：1099－1107 doi：10. 16801/j. issn. 1008－7303. 2022. 0069

URL：https：//doi. org/10. 16801/j. issn. 1008－7303. 2022. 0069 http：//www. nyxxb. cn/cn/article/doi/10. 16801/j. issn. 1008－7303. 2022. 0069

---

* 基金项目：国家自然科学基金（32030090）

** 第一作者：周长建；E-mail：zhouchangjian@ neau. edu. cn

*** 通信作者：向文胜；E-mail：xiangwensheng@ neau. edu. cn

杀菌剂毒力及其生物测定*

周明国**
（南京农业大学农药抗性与治理技术研究中心，南京　210095）

摘要：杀菌剂毒力是化合物具有开发和应用价值的固有生物学性状，不仅是农药登记部门予以注册登记的前置条件，而且也是反映杀菌剂生物活性及其安全性和有效性的关键技术参数。本文明确了杀菌剂毒力术语的定义，强调了杀菌剂可能的未知作用方式及通过与病原菌、寄主和环境因子相互作用的病害及流行防控效力在杀菌剂毒力评价中的重要性。深入分析了化合物与受体蛋白相互作用的结构特异性和精确性，以及干扰靶标蛋白功能的毒理学机制，揭示了杀菌剂毒力的选择性原理。本文综述了杀菌剂毒力生物测定及其结果分析方法，分析了可能影响毒力测定结果评价的常见因素。所述内容可为从事农药创制、加工、应用、毒理与抗性及分子互作科研工作者提供参考。

关键词：杀菌剂；杀菌剂毒力；生物测定

注：全文查阅及文献引用参见《农药学学报》2022，24（5）：732-742 doi：10.16801/j.issn.1008-7303.2022.0107

URL：https：//doi.org/10.16801/j.issn.1008－7303.2022.0107 http：//www.nyxxb.cn/cn/article/doi/10.16801/j.issn.1008-7303.2022.0107

* 基金项目：国家自然科学基金重点项目（31730072）

** 通信作者：周明国；E-mail：mgzhou@njau.edu.cn

杀菌剂氟苯醚酰胺的创制*

曾令强**，罗睿童**，陈　琼，郝格非，朱晓磊***，杨光富***
（华中师范大学化学学院，农药与化学生物学教育部重点实验室，武汉　430079）

摘要：琥珀酸脱氢酶（succinate dehydrogenase，SDH）是重要的杀菌剂靶标之一，而很多植物病原菌对靶向 SDH 的杀菌剂已经产生了较为严重的抗药性，因此新型靶向 SDH 的杀菌剂设计显得尤为重要。基于药效团连接碎片的虚拟筛选（PFVS）是一种独立于生物物理技术的高通量药物发现方法，采用 PFVS 方法成功获得了靶向 SDH 的新型杀菌剂候选化合物——氟苯醚酰胺。本文主要从 PFVS 原理、先导化合物的发现、取代基的修饰以及杀菌活性研究等方面对氟苯醚酰胺的创制进行系统分析。氟苯醚酰胺创制的案例分析可为农药研究工作者提供新思路和新方法。

关键词：药效团连接碎片的虚拟筛选；琥珀酸脱氢酶；氟苯醚酰胺；杀菌剂

注：全文查阅及文献引用参见《农药学学报》2022，24（5）：895-903 doi：10. 16801/j. issn. 1008-7303. 2022. 0028

URL：https：//doi. org/10. 16801/j. issn. 1008 - 7303. 2022. 0028 http：//www. nyxxb. cn/cn/article/doi/10. 16801/j. issn. 1008-7303. 2022. 0028

---

* 基金项目：湖北省科技厅重点研发项目（2020BBA052）；国家自然科学基金面上项目（21977035，21837001）

** 第一作者：曾令强；E-mail：zenglingqiang@ mails. ccnu. edu. cn
罗睿童；E-mail：ruitong_luo@ 163. com

*** 通信作者：朱晓磊；E-mail：xlzhu@ mail. ccnu. edu. cn
杨光富；E-mail：gfyang@ mail. ccnu. edu. cn.

五种杀菌剂胁迫下灰葡萄孢产孢所需碳源种类分析*

汪汉成[1**]，蔡刘体[1]，刘文锋[2]，刘亭亭[1,3]，孙美丽[1,3]，陆　宁[1]，陈兴江[1]，穆　青[4***]
（1. 贵州省烟草科学研究院，贵阳　550081；2. 湖北中烟工业有限责任公司技术中心，武汉　430040；3. 长江大学农学院，荆州　434025；4. 贵州省烟草公司黔西南州公司，兴义　562400）

摘要：灰葡萄孢是引起作物灰霉病的病原菌，分生孢子是其传播的主要载体。本文采用代谢技术分析了灰葡萄孢对 Biolog FF 板碳源的利用及其产孢情况，并测定了在多菌灵、丙环唑、嘧霉胺、异菌脲和咪鲜胺 5 种杀菌剂胁迫下灰葡萄孢产孢所需碳源种类。结果表明：糖类、氨基酸类等 92 种碳源均能被灰葡萄孢代谢，其中，杏仁苷、L-阿拉伯糖等 35 种碳源能促进其分生孢子的形成；吐温 80、D-阿拉伯糖、葡萄糖醛酸等 57 种碳源能被其代谢，但不能促进其分生孢子形成。用多菌灵 1 mg/L、咪鲜胺 5 mg/L 或丙环唑 1 mg/L 和 10 mg/L 处理，均可减少灰葡萄孢产孢所需碳源种类；而用嘧霉胺 0. 08 mg/L 和 1 mg/L、异菌脲 0. 1 mg/L 和 5 mg/L 处理，对灰葡萄孢产孢所需碳源种类均无明显影响。相关研究结果揭示了在杀菌剂胁迫下灰葡萄产孢所需碳源种类，可为灰霉病化学防控药剂的选择提供参考。

关键词：杀菌剂；胁迫；灰葡萄孢；产孢；Biolog FF；代谢表型；碳源种类

注：全文查阅及文献引用参见《农药学学报》2022，24（1）：182-188 doi：10. 16801/j. issn. 1008-7303. 2021. 0135

URL：https：//doi. org/10. 16801/j. issn. 1008 - 7303. 2021. 0135 http：//www. nyxxb. cn/cn/article/doi/10. 16801/j. issn. 1008-7303. 2021. 0135

---

* 基金项目：中国烟草总公司科技项目［110202001035（LS-04），2020XM22］；国家自然科学基金（31501679，31960550）；贵州省烟草公司黔西南州公司科技项目（2021-06）；中国烟草总公司贵州省公司科技项目（201811，201914）；贵州省科技项目（黔科合平台人才〔2017〕5619，〔2020〕4102）

** 第一作者：汪汉成；E-mail：xiaobaiyang126@ hotmail com
*** 通信作者：穆青；455101298@ qq. com

五种杀菌剂在水稻上的吸收与传导性能研究*

张硕佳[1**]，王超杰[1]，徐 博[2]，冉刚超[2]，曹立冬[1]，
曹 冲[1]，黄啟良[1]，朱 峰[3***]，赵鹏跃[1***]
（1. 中国农业科学院植物保护研究所，北京 100193；2. 河南省药肥缓控释工程技术中心，河南好年景生物发展有限公司，郑州 450000；
3. 贵州省农业科学院植物保护研究所，贵阳 550006）

摘要：茎叶喷雾是当前化学农药最常用的施药方式，但是存在着农药蒸发飘移、弹跳碎裂、因过度铺展而脱靶流失等缺陷，导致农药利用率低。通过研究农药在植物体内的吸收及传导性能，选择合适的农药研发根部施药的剂型与技术，能够降低环境因素对农药有效成分的不利影响，并通过农药的缓慢释放与剂量调控维持更长时间的药效，从而有效提高农药利用率。本研究以室内营养土和营养液两种模式培育的水稻为模式作物，研究了三环唑、噻呋酰胺、己唑醇、氟环唑和嘧菌酯5种不同类型的杀菌剂在水稻苗期植株中的吸收与传导行为。结果表明，这5种杀菌剂均可以被水稻幼苗根系吸收并向上传导，但效率存在差异。在营养土和营养液培养条件下，水稻幼苗根部的三环唑含量在4 h至2天内明显高于茎叶部，施药5天后三环唑在水稻中的转运因子值均大于1，说明三环唑具有良好的向上传输性能，而其他农药向上传输的能力较差。相比其他4种农药，三环唑更适合加工成根部施用的剂型，更易于通过水稻根部吸收后向上传输与分布，以有效防控茎叶部病害。该结果可为根部施用的药剂研发提供思路，为农药根部施药技术的发展提供指导。

关键词：内吸性杀菌剂；水稻；根部施药；根部吸收；吸收与传导

注：全文查阅及文献引用参见《农药学学报》2022，24（4）：752-761 doi：10.16801/j.issn.1008-7303.2022.0042

URL：https：//doi.org/10.16801/j.issn.1008-7303.2022.0042 http：//www.nyxxb.cn/cn/article/doi/10.16801/j.issn.1008-7303.2022.0042

* 基金项目：国家重点研发计划（2019YFD1002103）；江苏省重点研发计划（现代农业）项目（BE2021303）
** 第一作者：张硕佳；E-mail：shuojiaz@163.com
*** 通信作者：朱峰；E-mail：gzzbszf@163.com
赵鹏跃；E-mail：zhaopengyue@caas.cn

香豆素肟酯衍生物的合成及抑菌活性*

袁含笑[1**]，张文广[1]，刘函如[1]，张云天[1]，张彩霞[1,2]，
郭孜怡[1]，高艳清[1,2]，雷　鹏[1,2***]，刘西莉[1***]
（1. 西北农林科技大学植物保护学院，杨凌　712100；
2. 陕西省生物农药工程技术研究中心，杨凌　712100）

摘要：为发现具有高抑菌活性的肟酯类化合物，结合本课题组前期研究，设计并合成了18个新型香豆素肟酯衍生物，并对抑菌活性及构效关系进行了研究。离体生物活性测定结果表明，目标化合物在50 μg/mL下对番茄灰霉病菌、苹果树腐烂病菌和水稻纹枯病菌均表现出一定的抑制活性，其中化合物4n对番茄灰霉病菌和水稻纹枯病菌的EC_{50}值分别为4.44 μg/mL和3.65 μg/mL，表现出比香豆素和肟菌酯更优或相似的活性。

关键词：香豆素；磺酸酯；肟酯；抑菌活性；水稻纹枯病菌

注：全文查阅及文献引用参见《农药学学报》2022，24（5）：1189－1195 doi：10.16801/j.issn.1008-7303.2022.0078

URL：https：//doi.org/10.16801/j.issn.1008－7303.2022.0078 http：//www.nyxxb.cn/cn/article/doi/10.16801/j.issn.1008-7303.2022.0078

---

* 基金项目：陕西省技术创新引导专项（2020QFY07-03）；陕西省专项经费（F2020221004）；省级大学生创新创业训练计划项目（S202210712432）

** 第一作者：袁含笑；E-mail：153327297_yuan@nwafu.edu.cn

*** 通信作者：雷鹏；E-mail：peng.lei@nwafu.edu.cn
刘西莉；E-mail：seedling@nwafu.edu.cn

小麦赤霉病菌对叶菌唑的抗性风险分析*

张 铭[1,2]**，张亚妮[2]，李 伟[2]，邓渊钰[2]，曹淑琳[2]，孙海燕[2]***，陈怀谷[1,2]***
（1. 南京农业大学植物保护学院，南京 210095；
2. 江苏省农业科学院植物保护研究所，南京 210014）

摘要：采用菌丝生长速率法，测定了 2012—2014 年采自我国江苏、安徽、山东和河南 4 个省份的 100 株小麦赤霉病菌对叶菌唑的敏感性，并通过室内药剂驯化获得叶菌唑抗性突变体，研究了抗性突变体的适合度及 *CYP51* 基因序列和表达量。结果表明：叶菌唑对供试菌株的 EC_{50}值范围为 0. 04～0. 51 μg/mL，平均 EC_{50}值为（0. 18±0. 09）μg/mL，供试菌株对叶菌唑的敏感性频率分布呈近似正态的连续性单峰曲线，尚未出现抗药性亚群体，可将该平均 EC_{50}值作为敏感性基线的参考值，用于监测田间抗药性的演化。通过室内药剂驯化共获得 12 株抗性突变体，其中 2 株表现为中等水平抗性，抗性倍数（RI）分别为 14. 2 和 15. 8，10 株表现为低水平抗性，RI 值为 3. 25～9. 05。与亲本菌株相比，部分抗性突变体的菌丝生长速率及分生孢子产生能力均显著降低，所有抗性突变体对小麦的致病力均显著降低。交互抗性研究表明，部分抗性突变体对戊唑醇、丙环唑及咪鲜胺表现为抗性，对丙硫菌唑和三唑酮未表现出抗性；部分抗性突变体仅对戊唑醇表现为抗性，对丙环唑、咪鲜胺、丙硫菌唑和三唑酮均未表现出抗性；所有抗性突变体对氰烯菌酯均表现为敏感。研究表明，小麦赤霉病菌对叶菌唑存在低等抗性风险。与亲本菌株相比，2 株中等水平和 2 株低水平抗性突变体的 *CYP51* 基因及启动子序列均未发生突变；4 株抗性突变体的 *CYP51 A* 基因表达量均上调，上调倍数范围为 1. 33～10. 28，推测 *CYP51A* 基因表达量上调可能与小麦赤霉病菌对叶菌唑抗性的产生相关。

关键词：小麦赤霉病菌；叶菌唑；抗药性机制；交互抗性；抗性风险；基因突变；*CYP51* 基因

注：全文查阅及文献引用参见《农药学学报》2022，24（1）：73－80 doi：10. 16801/j. issn. 1008－7303. 2021. 0190

URL：https：//doi. org/10. 16801/j. issn. 1008 － 7303. 2021. 0190 http：//www. nyxxb. cn/cn/article/doi/10. 16801/j. issn. 1008－7303. 2021. 0190

---

* 基金项目：江苏省农业科技自主创新资金［CX（21）2037］；江苏省自然科学基金（BK20181248）；国家现代农业产业技术体系（CARS−31）

** 第一作者：张铭；E-mail：2856016907@ qq. com

*** 通信作者：孙海燕；E-mail：sunhaiyan8205@ 126. com
陈怀谷；E-mail：huaigu@ hotmail. com

樱桃采后灰霉病菌对甲基硫菌灵、乙霉威和腐霉利的抗性

宋郝棋[1*]，杨晓琦[1*]，李阿根[2]，吴鉴艳[1]，张传清[1**]
（1. 浙江农林大学现代农学院，杭州 311300；
2. 杭州市余杭区农业生态与植物保护管理总站，杭州 311100）

摘要：本文采用单孢分离法对四川汉源和山东烟台等地采集的樱桃果实进行了采后灰霉病的病原菌分离和鉴定；采用区分剂量法分别测定了菌株对苯并咪唑类杀菌剂甲基硫菌灵、乙霉威和二甲酰亚胺类杀菌剂腐霉利的敏感性，并进一步分析了抗药性菌株的分子机制。结果表明，分离得到的54株樱桃采后灰霉病菌均为灰葡萄孢 *Botrytis cinerea*，对甲基硫菌灵的总抗性频率高达79.6%，其中甲基硫菌灵抗性-乙霉威敏感（BEN R1）菌株频率为25.9%；甲基硫菌灵-乙霉威双重抗性菌株（BEN R2）频率为53.7%；检测到腐霉利抗性菌株（DCF R）9株，频率为16.7%。甲基硫菌灵抗性菌株在*β-tubulin*基因上的突变共有2种类型：BEN R1抗性菌株中，第198位密码子发生点突变（GAG→GCG），编码氨基酸由Glu（E）突变成缬氨酸Ala（A）；在BEN R2抗性菌株中，第198位密码子发生点突变（GAG→GTG），编码氨基酸由Glu（E）突变成缬氨酸Val（V）。DCF R菌株在BcOS1的第365位密码子由ATC突变成AAC或AGC，导致编码的氨基酸由异亮氨酸Ile（I）突变成天冬酰胺Asn（N）或丝氨酸Ser（S）。本研究表明樱桃采后灰霉病菌对甲基硫菌灵和腐霉利存在不同程度抗性，应在加强抗药性监测的同时与其他类型杀菌剂交替使用，延缓抗药性发展。

关键词：樱桃；灰霉病菌；甲基硫菌灵；乙霉威；腐霉利；抗性频率；抗性机制

注：全文查阅及文献引用参见《农药学学报》2022，24（6）：1385－1392 doi：10.16801/j.issn.1008-7303.2022.0039

URL：https：//doi.org/10.16801/j.issn.1008－7303.2022.0039 http：//www.nyxxb.cn/cn/article/doi/10.16801/j.issn.1008-7303.2022.0039

* 第一作者：宋郝棋；E-mail：shq991207@163.com
杨晓琦：E-mail：yangxiaoqi1232020@163.com
** 通信作者：张传清；E-mail：cqzhan99603@126.com

樱桃褐腐病菌对啶酰菌胺的敏感性及其对4种琥珀酸脱氢酶抑制剂的交互抗性*

董　怡[1**]，李阿根[2]，毛程鑫[1]，张艳婷[1]，张传清[1***]，刘亚慧[1***]
（1. 浙江农林大学农业与视频科学学院，杭州　311300；
2. 杭州市余杭区农业生态与植物保护管理总站，杭州　311100）

摘要：采用菌丝生长速率法测定了樱桃褐腐病菌 *Monilinia fructicola* 对啶酰菌胺的敏感性，同时研究了不同敏感性菌株的生物学性状，探究了琥珀酸脱氢酶B亚基的氨基酸突变与其对啶酰菌胺产生抗性的相关性，并分析了樱桃褐腐病菌对啶酰菌胺与其他3种琥珀酸脱氢酶抑制剂（SDHIs）氯苯醚酰胺、氟唑菌苯胺和氟吡菌酰胺之间的交互抗性。结果表明：啶酰菌胺对樱桃褐腐病菌具有较好的抑制活性和治疗作用，但樱桃褐腐病菌已对其产生了一定的抗性，且抗性菌株具有较高的适合度。褐腐病菌SDHB亚基上的氨基酸点突变与其对啶酰菌胺的抗性之间无明显联系。交互抗药性分析表明，啶酰菌胺与氯苯醚酰胺、氟唑菌苯胺和氟吡菌酰胺之间均存在交互抗性。为了延缓抗药性的发生和发展，在樱桃褐腐病防治过程中啶酰菌胺应与SDHIs之外的其他类型杀菌剂进行合理的混用或轮用。

关键词：樱桃褐腐病；啶酰菌胺；敏感性；琥珀酸脱氢酶抑制剂；交互抗性

注：全文查阅及文献引用参见《农药学学报》2022，24（2）：298-305 doi：10.16801/j.issn.1008-7303.2021.0180

URL：https：//doi.org/10.16801/j.issn.1008-7303.2021.0180 http：//www.nyxxb.cn/cn/article/doi/10.16801/j.issn.1008-7303.2021.0180

---

* 基金项目：浙江省重点研发项目（2020C02005）

** 第一作者：董怡；E-mail：1262406417@qq.com

*** 通信作者：张传清；E-mail：cqzhang9603@126.com
刘亚慧；E-mail：liuyahui716@163.com

硬毛棘豆根的抑菌活性成分研究*

叶生伟[1**]，胡嘉隽[1,2**]，胡子龙[1]，赵　龙[1]，郝　楠[1]，田向荣[1,3***]
（1. 西北农林科技大学植物保护学院，杨凌　712100；2. 天地恒一制药股份有限公司，长沙　410329；3. 西北农林科技大学林学院，杨凌　712100）

摘要：为明确硬毛棘豆 *Oxytropis hirta* Bunge 根的农用抑菌活性成分，用75%乙醇浸提硬毛棘豆根，得到粗提物；再分别以石油醚、乙酸乙酯与正丁醇为溶剂对粗提物进行萃取，得到不同溶剂萃取相；通过活性追踪法对抑菌活性好的乙酸乙酯相运用现代柱层析与波谱学技术进行了分离与结构鉴定，并对所分离的化合物进行了抑菌活性评价。结果表明：硬毛棘豆根乙酸乙酯相抑菌活性最好，在质量浓度为 1×10^3 mg/L 时对水稻纹枯病菌 *Thanatephorus cucumeris* 和番茄灰霉病菌 *Botrytis cinerea* 的抑制率分别为57.2%和55.4%，对烟草青枯病菌 *Pseudomonas solanacearum* 与猕猴桃溃疡病菌 *Pseudomonas syringae* pv. *actinidae* 的抑菌圈分别为21.8 mm和19.0 mm。从乙酸乙酯相分离鉴定出6个化合物，分别为β-香树脂醇（1）、3-oxo-azukisapogenol（2）、5α-豆甾-9（11）-烯-3β-醇（3）、豆甾-4-烯-3,6-二酮（4）、3β，22β，24-三羟基齐墩果-12-烯（5）和azukisapogenol（6）。抑菌活性测试结果表明：化合物1对金黄色葡萄球菌 *Staphylococcus aureus* 的最低抑菌浓度（MIC）为50 mg/L，对烟草青枯病菌、猕猴桃溃疡病菌和枯草芽孢杆菌 *Bacilus subtilis* 的MIC为100 mg/L；化合物6对水稻纹枯病菌和番茄灰霉病菌的 EC_{50} 值分别为117.4 mg/L和86.2 mg/L。硬毛棘豆根乙酸乙酯相对供试植物病原真菌和细菌有较好的抑制活性，其中三萜类是其主要活性成分之一，具备进一步开发为杀菌剂的潜力。

关键词：硬毛棘豆；乙酸乙酯相；分离鉴定；抑菌活性；三萜

注：全文查阅及文献引用参见《农药学学报》2022，24（2）：289-297 doi：10.16801/j.issn.1008-7303.2021.0158

URL：https：//doi.org/10.16801/j.issn.1008-7303.2021.0158 http：//www.nyxxb.cn/cn/article/doi/10.16801/j.issn.1008-7303.2021.0158

---

* 基金项目：国家重点研发计划（2017YFD0201105）

** 第一作者：叶生伟；E-mail：15254671903@163.com
胡嘉隽；E-mail：757685108@qq.com

*** 通信作者：田向荣；E-mail：tianxiangrong@163.com

植保施药机械喷雾雾滴飘移研究进展*

刘晓慧[1**]，袁亮亮[2]，石　鑫[1]，杜亚辉[1]，杨代斌[1]，袁会珠[1]，闫晓静[1***]
（1. 中国农业科学院植物保护研究所，北京　100193；
2. 河北博嘉农业有限公司，石家庄　052165）

摘要：中国农药产品80%以上通过喷雾方式施用，药液从喷头到靶标作物过程中产生的随风飘移和蒸发飘移是农药造成人畜健康风险、生态环境破坏的重要因素之一。随着航空施药技术的发展，解决或减少喷雾雾滴飘移的问题成为施药技术研究的重点和热点。基于此，本文分别从喷雾雾滴（尺寸分布、黏度、表面张力、蒸气压、挥发性、密度等）、喷雾模式（喷头类型、喷雾速度和高度、喷施方法）和外界条件（风速、风向、温度、湿度、气流等环境条件和操作人员技术水平等）等方面系统分析了产生雾滴飘移的主要原因；同时详细综述了采用田间试验、室内试验、计算机模拟及新型测试技术测定喷雾雾滴飘移的优点及局限性，针对植保无人飞机施药，提出应通过室内测定、田间试验与计算机模拟相结合的方式开展雾滴飘移研究。在此基础上分析并总结了从改变雾滴的运动方式、理化性质等方面直接控制和从田间布局间接控制的喷雾雾滴飘移风险控制技术。

关键词：植保无人飞机；施药技术；喷雾雾滴；喷雾模式；雾滴飘移；研究进展

注：全文查阅及文献引用参见《农药学学报》2022，24（2）：232-247 doi：10.16801/j.issn.1008-7303.2021.0166

URL：https：//doi.org/10.16801/j.issn.1008-7303.2021.0166 http：//www.nyxxb.cn/cn/article/doi/10.16801/j.issn.1008-7303.2021.0166

---

* 基金项目：国家自然科学基金项目（32072468）

** 第一作者：刘晓慧；E-mail：lxh1377639400@163.com

*** 通信作者：闫晓静；E-mail：yanxiaojing@caas.cn

植物病原菌抗药性及其抗性治理策略*

刘西莉[1,2**]，苗建强[2]，张　灿[1]
（1. 中国农业大学植物保护学院，北京　100193；
2. 西北农林科技大学植物病理学系，杨凌　712100）

摘要：随着现代高活性的选择性杀菌剂的研发和广泛使用，病原菌的抗药性问题日趋严重，这已成为植物病害化学保护领域最受关注的问题之一。本文阐释了抗药性相关术语的定义，概述了病原菌的抗药性现状，并从自然选择和诱导突变两种学说的角度分析了抗药性产生的原因。进一步分析了抗药性群体流行与病原菌自身特点、杀菌剂类型和作用机制等影响因子密切相关，综述了抗药性风险评估、抗药性机制、抗药性进化以及抗药性常规和分子检测方法等内容。最后，提出了抗药性治理的目标和策略，即根据抗药病原群体形成的主要影响因素，针对性地设计抗药性治理短期和长期策略，特别是需要进一步加强对新药剂和新防治对象开展抗药性风险评估、制定抗药性管理策略、建立再评价机制等。综上，明确植物病原菌抗药性发生发展特点并制定科学合理的抗性治理策略，对进一步开展植物病害的科学防控具有重要的参考价值。

关键词：植物病原菌；杀菌剂；抗性风险；抗性监测；抗性机制；抗性治理

注：全文查阅及文献引用参见《农药学学报》2022，24（5）：921-936 doi：10.16801/j.issn.1008-7303.2022.0109

URL：https：//doi.org/10.16801/j.issn.1008-7303.2022.0109 http：//www.nyxxb.cn/cn/article/doi/10.16801/j.issn.1008-7303.2022.0109

---

* 基金项目：农业部公益性农业行业专项（201303023）；国家自然科学基金重点项目（31730075）

** 通信作者：刘西莉；E-mail：seedling@cau.edu.cn

植物病原真菌对甾醇脱甲基抑制剂类杀菌剂抗性分子机制研究进展*

刘凤华[1**]，马迪成[2]，张晓敏[1]，李　金[1]，刘　峰[1***]，慕　卫[1***]
（1. 山东农业大学植物保护学院，泰安　271018；
2. 中国农业大学植物保护学院，北京　100193）

摘要：甾醇脱甲基抑制剂（DMI）可通过抑制病原真菌的14α-去甲基化酶（CYP51）而干扰或阻断细胞膜麦角甾醇的生物合成，造成有毒甾醇积累，从而影响细胞膜的结构及功能，进而发挥抗菌作用。随着DMI类杀菌剂的广泛应用，病原菌对其的抗性问题日益严重。本文从抗药性分子机制出发，总结出病原菌对DMI类杀菌剂产生抗性的主要原因为：CYP51氨基酸突变引起其与杀菌剂间的亲和力下降；启动子区域基因片段的插入引起*CYP51*基因过表达；转录因子激活突变或启动子区域基因片段插入导致外排蛋白基因过表达。本文基于杀菌剂的作用方式及病原菌抗性机制研究展开综述，可为杀菌化合物的结构修饰与优化、新靶点改进和研发以及病原真菌的抗药性治理提供参考。

关键词：植物病原真菌；甾醇脱甲基抑制剂；抗药性；分子机制；研究进展

注：全文查阅及文献引用参见《农药学学报》2022，24（3）：452-464 doi：10. 16801/j. issn. 1008-7303. 2022. 0008

URL：https：//doi. org/10. 16801/j. issn. 1008 - 7303. 2022. 0008 http：//www. nyxxb. cn/cn/article/doi/10. 16801/j. issn. 1008-7303. 2022. 0008

---

* 基金项目：山东省蔬菜产业技术体系（SDAIT-05）；国家自然科学基金（31772203）

** 第一作者：刘凤华；E-mail：18864820696 @ 163. com
*** 通信作者：刘峰；E-mail：fliu@ sdau. edu. cn
慕卫；E-mail：muwei@ sdau. edu. cn

植物挥发性有机化合物在农业病害防控中的潜能与应用*

马迪成[1]**，窦道龙[1]，刘　峰[2]***
（1. 中国农业大学植物保护学院，北京　100193；
2. 山东农业大学植物保护学院，泰安　271018）

摘要：植物病害对全球粮食安全造成严重威胁，而病原物对杀菌剂日益严重的抗药性问题和杀菌剂施用导致的环境暴露风险极大限制了传统杀菌剂的开发。植物释放大量挥发性有机化合物（volatile organic compounds，VOCs）到大气中作为植物与周围环境交流互动的信号分子。植物 VOCs 可以保护自身免受食草动物的侵害，或吸引传粉者和种子传播者，它们还能够直接抑制病原菌的生长或者激活植物的防御系统。本文综述了植物 VOCs 在生物合成、收集分析、诱导释放、对病原微生物的活性和诱导植物免疫反应等方面的研究进展；总结了典型绿叶挥发物反-2-己烯醛的抑菌和抗性诱导机理；归纳和展望了植物 VOCs 在田间应用的局限性和今后的研究方向，可为该类化合物在可持续病害防控中的应用提供帮助。

关键词：植物挥发性有机化合物；生物合成；分析方法；诱导释放；抑菌活性和机理；植物免疫；应用潜力

注：全文查阅及文献引用参见《农药学学报》2022，24（4）：682-691 doi：10.16801/j.issn.1008-7303.2022.0043

URL：https：//doi.org/10.16801/j.issn.1008－7303.2022.0043 http：//www.nyxxb.cn/cn/article/doi/10.16801/j.issn.1008-7303.2022.0043

---

* 基金项目：国家自然科学基金（32001953）
** 第一作者：马迪成；E-mail：1164555164@qq.com
*** 通信作者：刘峰；E-mail：fliu@sdau.edu.cn

致病杆菌属细菌代谢物抑菌活性研究进展*

韩云飞[1**]，他永全[1]，王　勇[1,2]，冯俊涛[1,2]，王永红[1,2***]
（1. 西北农林科技大学植物保护学院，杨凌　712100；
2. 陕西省生物农药工程技术中心，杨凌　712100）

摘要：致病杆菌属（*Xenorhabdus*）细菌是一类存在于昆虫病原线虫肠道内的共生菌，能够产生多种具有不同生物活性的次级代谢产物，其中一些化合物具有开发成为新农药的潜力。本文综述了致病杆菌属细菌中可产生抑菌活性物质的代表性菌株，较为全面地总结了近几十年来在致病杆菌属细菌代谢物中发现的抑菌活性化合物；对致病杆菌属细菌产生的部分抑菌活性化合物的抑菌作用机理进行了讨论，认为影响蛋白质合成是某些化合物发挥抑菌作用的重要途径。基于抑菌活性化合物的生物合成途径及相关调控因子，总结了从致病杆菌属细菌代谢物中发掘新化合物和提高特定活性化合物产量的方法。针对现阶段致病杆菌属细菌及其次级代谢产物研究应用中存在的问题提出了相应的对策，并简要概述了未来致病杆菌属细菌的研究发展方向。本文可为如何合理有效利用致病杆菌属细菌活性代谢物提供参考，对于促进致病杆菌属细菌及其次级代谢产物的应用具有重要意义。

关键词：致病杆菌；昆虫病原线虫共生菌；代谢物；抑菌活性；Xenocoumacin

注：全文查阅及文献引用参见《农药学学报》2022，24（2）：217-231 doi：10.16801/j.issn.1008-7303.2021.0192

URL：https：//doi.org/10.16801/j.issn.1008－7303.2021.0192 http：//www.nyxxb.cn/cn/article/doi/10.16801/j.issn.1008-7303.2021.0192

---

* 基金项目：国家自然科学基金（32072474）；国家重点研发计划（2017YFD0201203）

** 第一作者：韩云飞；E-mail：hanyunfei@nwafu.edu.cn

*** 通信作者：王永红；E-mail：yhwang@nwafu.edu.cn

致病疫霉对缬菌胺敏感基线的建立及抗性风险评估*

杨　坡[1**]，吴　杰[2]，路　粉[2]，赵建江[2]，毕秋艳[2]，韩秀英[2]，李　洋[2]，王文桥[2***]

(1. 河北农业大学植物保护学院，保定　071000；
2. 河北省农林科学院植物保护研究所，保定　071000)

摘要： 为建立致病疫霉 *Phytophthora infestans*（Mont.）de Bary 对缬菌胺的敏感基线，采用菌丝生长速率法测定了从河北省、黑龙江省、内蒙古自治区、贵州省和四川省未使用过缬菌胺的地区采集分离的 105 个致病疫霉菌株对缬菌胺的敏感性；为明确致病疫霉对缬菌胺产生抗性突变体的难易程度，进行了紫外诱导和药剂驯化试验；为明确缬菌胺与常用药剂之间的交互抗性，测定了 8 个抗缬菌胺突变体及其 6 个亲本敏感菌株对 6 种常用杀菌剂的敏感性。结果表明：105 株致病疫霉对缬菌胺的 EC_{50} 值范围为 0.059 4～0.159 0 mg/L，平均 EC_{50} 值为（0.102±0.024）mg/L，不同敏感性菌株的频率呈连续单峰曲线分布，未发现敏感性下降的亚群体，因此可将缬菌胺对 105 株致病疫霉的平均 EC_{50} 值作为致病疫霉对缬菌胺的敏感基线；通过紫外诱变敏感菌株菌丝体获得了 4 个抗缬菌胺的突变体，其抗性水平介于 3.1～14.9 倍，突变频率为 0.54%，通过紫外照射敏感菌株孢子囊悬浮液获得了 2 个抗性水平分别为 8.1 倍和 8.2 倍的抗性突变体，突变频率为 1.33×10^{-7}；通过在含缬菌胺的黑麦蔗糖琼脂培养基上继代培养敏感菌株 11 代，获得 2 个抗性水平分别为 3.1 倍和 9.4 倍的抗性突变体。缬菌胺与烯酰吗啉和双炔酰菌胺存在交互抗性，与氟吡菌胺、嘧菌酯、甲霜灵和霜脲氰不存在交互抗性。初步推测致病疫霉对缬菌胺具有低到中等抗性风险，建议在生产上将缬菌胺与其他类型杀菌剂交替或混合使用，以延缓致病疫霉对缬菌胺抗性的产生。

关键词： 致病疫霉；缬菌胺；敏感基线；抗性突变体；交互抗药性；抗性风险

注：全文查阅及文献引用参见《农药学学报》2022，24（3）：474-482 doi：10.16801/j.issn.1008-7303.2021.0171

URL：https：//doi.org/10.16801/j.issn.1008 - 7303.2021.0171 http：//www.nyxxb.cn/cn/article/doi/10.16801/j.issn.1008-7303.2021.0171

---

* 基金项目：国家重点研发计划项目（2016YFD0201000）；河北省重点研发计划项目（21326510D）；国家重点研发计划（2016YFD0200503-6）

** 第一作者：杨坡；E-mail：Yangpo0326@163.com

*** 通信作者：王文桥；E-mail：wenqiaow@163.com

5-甲基异噁唑-4-甲酸肟酯衍生物的合成及抑菌活性*

张文广[1**]，刘函如[1**]，魏志敏[1]，袁含笑[1]，王瑞龙[1]，
张洪艳[1]，张　璟[1]，李秀环[2***]，雷　鹏[1,2,3***]
（1. 西北农林科技大学植物保护学院，杨凌　712100；
2. 旱区作物逆境生物学国家重点实验室，杨凌　712100；
3. 陕西省生物农药工程技术研究中心，杨凌　712100）

摘要：异噁唑是具有较好活性的五元杂环，本文设计并合成了 15 个 5-甲基异噁唑-4-甲酸肟酯类新化合物，利用核磁氢谱、核磁碳谱和高分辨质谱对其结构进行确证，并测试了其对番茄灰霉病菌 *Botrytis cinerea*、水稻纹枯病菌 *Rhizoctonia solani*、苹果树腐烂病菌 *Valsa mali* 和小麦全蚀病菌 *Gaeumannomyces graminis* 的离体抑菌活性。结果表明，在 50 μg/mL 下，目标化合物对供试病原菌均有一定的抑菌活性，其中化合物 5 g 对番茄灰霉病菌的抑制活性优于先导化合物 L1 和肟菌酯，EC_{50}值为 1. 95 μg/mL。

关键词：异噁唑；杂环化合物；肟酯；抑菌活性；番茄灰霉病菌

注：全文查阅及文献引用参见《农药学学报》2023，25（2）：468-473 doi：10. 16801/j. issn. 1008-7303. 2022. 0105

URL：https：//doi. org/10. 16801/j. issn. 1008 - 7303. 2022. 0105 http：//www. nyxxb. cn/cn/article/doi/10. 16801/j. issn. 1008-7303. 2022. 0105

---

* 基金项目：国家自然科学基金（32001930）；陕西省自然科学基础研究计划（2021JQ-147）；大学生创新创业训练计划项目（x202210712090）

** 第一作者：张文广；E-mail：2019010343@ nwafu. edu. cn
刘函如；E-mail：Alasizhu@ nwafu. edu. cn

*** 通信作者：李秀环；E-mail：lixiuhuall2021@ nwafu. edu. cn
雷鹏；E-mail：peng. lei@ nwafu. edu. cn

6-（哌嗪-1-基）-去氢骆驼蓬碱酰胺衍生物的合成及抑菌活性*

金秋彤[1**]，韩广田[2]，胡冬燕[2]，杨顺义[1***]
（1. 甘肃农业大学植物保护学院，甘肃省农作物病虫害生物防治工程实验室，兰州 730070；2. 乐山职业技术学院药学系，乐山 614000）

摘要：为探索6-（哌嗪-1-基）-去氢骆驼蓬碱酰胺衍生物的抑菌活性，结合前期的衍生化研究，设计并合成了15个新型6-（哌嗪-1-基）-去氢骆驼蓬碱衍生物，并对其抑菌活性及构效关系进行了研究。离体抑菌活性测定结果表明，目标化合物在50 μg/mL下对番茄灰霉病菌 *Botrytis cinerea*、小麦赤霉病菌 *Fusarium graminearum*、梨树腐烂病菌 *Valsa pyri*、棉花枯萎病菌 *Fusarium oxysporum* 均有一定的抑制活性，尤其化合物5j对棉花枯萎病菌表现出较好的活性，抑制率达61.7%，强于阳性对照啶酰菌胺。

关键词：去氢骆驼蓬碱；衍生化；抑菌活性；棉花枯萎病菌

注：全文查阅及文献引用参见《农药学学报》2023，25（3）：595-601 doi：10.16801/j.issn.1008-7303.2023.0013

URL：https://doi.org/10.16801/j.issn.1008-7303.2023.0013 http://www.nyxxb.cn/cn/article/doi/10.16801/j.issn.1008-7303.2023.0013

* 基金项目：甘肃农业大学自列项目

** 第一作者：金秋彤；E-mail：1784055292@qq.com

*** 通信作者：杨顺义；E-mail：yangshy@gsau.edu.cn

6-戊基-2*H*-吡喃-2-酮对草坪币斑病菌的抑菌活性及其对病害的防治效果*

刘　曼**，牛启尘，尹淑霞***，王子玥
（北京林业大学草业与草原学院，北京　100083）

摘要：由 *Clarireedia* spp. 引起的草坪币斑病是对草坪最具有破坏性的病害之一，6-戊基-2*H*-吡喃-2-酮（6-pentyl-2*H*-pyran-2-one，6PP）是木霉菌属（*Trichoderma* spp.）重要的抗菌次生代谢产物。为探究 6PP 对草坪币斑病菌的抑菌活性、防治效果以及草坪币斑病菌对 6PP 的生理响应，本研究采用菌丝生长速率法测定了 6PP 对草坪币斑病菌的抑制活性，分别采用室内离体叶片和盆栽试验测定了 6PP 对草坪币斑病的预防和治疗作用，并分析了在 6PP 影响下草坪币斑病菌菌丝结构及抗逆相关酶活性的变化。结果显示，6PP 对两种草坪币斑病菌 *C. jacksonii* 和 *C. monteithiana* 均具有高抑制活性，其中对 *C. monteithiana* 的平均有效抑制中浓度（EC_{50}）为 0. 37 μg/mL，对 *C. jacksonii* 的 EC_{50}值为 0. 04 μg/mL；经 6PP 处理后，*C. jacksonii* 和 *C. monteithiana* 菌丝生长异常，细胞膜通透性增加，相对电导率上升，细胞膜脂过氧化，细胞膜受损；*C. jacksonii* 过氧化物酶（POD）的活性显著上升，但 pH 值不变，而 *C. monteithiana* 超氧化物歧化酶（SOD）活性、pH 值和胞外多糖（EPS）显著上升。1 μg/mL 的 6PP 在离体条件下对币斑病的预防效果为 91. 14%；盆栽条件下，防治效果为 72. 21%。6PP 对草坪币斑病菌抑制作用显著，且在离体和盆栽条件下对病害均有良好的防治效果，具备开发成生态友好型杀菌剂的潜力。

关键词：草坪币斑病菌；6-戊基-2*H*-吡喃-2-酮；抑菌活性；草坪币斑病；防治效果；病原生理响应

注：全文查阅及文献引用参见《农药学学报》2023，25（1）：104-116 doi：10. 16801/j. issn. 1008-7303. 2022. 0122

URL：https：//doi. org/10. 16801/j. issn. 1008 - 7303. 2022. 0122 http：//www. nyxxb. cn/cn/article/doi/10. 16801/j. issn. 1008-7303. 2022. 0122

---

* 基金项目：国家林业和草原局委托项目（2021045001）；国家自然科学基金（U20A2005）
** 第一作者：刘曼；E-mail：18734484602@ 163. com
*** 通信作者：尹淑霞；E-mail：yinsx369@ 163. com

20 种卵菌杀菌剂对海南万宁胡椒瘟病菌的室内抑菌活性*

高圣风[1,2]**，付华菲[3]，海　龙[3]，苟亚峰[1,2]，孙世伟[1,2]，
刘世超[1,2]，薛　超[1,2]，田　甜[1,2]，温思为[1,2]
（1. 中国热带农业科学院香料饮料研究所，万宁　571533；2. 海南省热带香辛饮料作物遗传改良与品质调控重点实验室，万宁　571533；
3. 云南农业大学热带作物学院，普洱　665000）

摘要：胡椒 *Piper nigrum* L. 是我国重要的热带经济作物，胡椒瘟病是危害其生产的第一大病害。为了明确胡椒主产区海南万宁瘟病病原菌种类，筛选具有防控潜力的杀菌剂，本研究采用形态特征和 ITS 序列特异性相结合的方法，对采自海南万宁的 7 株胡椒瘟病样品进行病菌的分离鉴定，并采用生长速率法检测我国当前登记的 20 种杀卵菌剂对其菌丝生长的室内毒力。结果发现，3 株从海南万宁地区分离的胡椒瘟病菌均为辣椒疫霉 *Phytophthora capsici*；20 种卵菌杀菌剂中抑制胡椒瘟病菌菌丝生长活性最高的是吡唑醚菌酯、氟啶胺、福美双、烯酰吗啉、氰霜唑、甲霜灵等药剂，$EC_{50}<1$ μg/mL；其次是喹啉铜、百菌清、代森锰锌、代森锌、氢氧化铜等药剂，1 μg/mL<EC_{50}<10 μg/mL；然后是氧化亚铜、王铜、嘧菌酯、香芹酚、霜脲氰、小檗碱等药剂，10 μg/mL<EC_{50}<50 μg/mL；几丁聚糖和三乙膦酸铝最低，EC_{50}>300 μg/mL。该结果可为热带辣椒疫霉机理研究和防控技术开发奠定基础。

关键词：胡椒瘟病；辣椒疫霉；病原鉴定；杀卵菌剂；毒力；敏感性

注：全文查阅及文献引用参见《农药学学报》2023，25（5）：1085－1092 doi：10. 16801/j. issn. 1008-7303. 2023. 0067

URL：https：//doi. org/10. 16801/j. issn. 1008－7303. 2023. 0067 http：//www. nyxxb. cn/cn/article/doi/10. 16801/j. issn. 1008-7303. 2023. 0067

* 基金项目：海南省自然科学基金（320MS314）；海南省重点研发计划项目（ZDYF2022XDNY169）；国家自然科学基金（31972329）

** 通信作者：高圣风；E-mail：gsfkl@ 163. com

5 种杀菌剂对烟草立枯病菌的生物活性*

向立刚[1**]，汪汉成[2***]，蔡刘体[2]，陆　宁[2]，陈兴江[2]，余知和[3]
（1. 长江大学农学院，荆州　434025；2. 贵州省烟草科学研究院，贵阳　550081；
3. 长江大学生命科学学院，荆州　434025）

摘要：由立枯病丝核菌引起的烟草立枯病是我国烟草苗床上危害最严重的病害之一。本研究评价了 5 种杀菌剂（嘧菌酯、啶酰菌胺、氟啶胺、丙环唑和嘧霉胺）对立枯丝核菌菌丝生长、菌核形成和萌发的影响，以及其对烟草立枯病的防治效果。结果表明：立枯丝核菌菌丝对氟啶胺和嘧菌酯的敏感性高于丙环唑和啶酰菌胺，而对嘧霉胺的敏感性较低；嘧菌酯对菌核形成的抑制作用强于丙环唑、氟啶胺、啶酰菌胺和嘧霉胺；5 种杀菌剂对立枯丝核菌菌核萌发均无抑制作用。在离体烟叶的保护活性方面，12.5 mg/L 和 50 mg/L 的嘧菌酯和啶酰菌胺对立枯病的保护作用优于氟啶胺、丙环唑和嘧霉胺；在治疗活性方面，50 mg/L 和 200 mg/L 的嘧菌酯的治疗作用优于其他 4 种杀菌剂。因此，供试的 5 种杀菌剂中嘧菌酯最适合用于烟草立枯病的防治。

关键词：立枯丝核菌；嘧菌酯；敏感性；菌核形成；防治效果

注：全文查阅及文献引用参见《农药学学报》2023，25（1）：81－88 doi：10.16801/j.issn.1008－7303.2022.0117

URL：https：//doi.org/10.16801/j.issn.1008－7303.2022.0117 http：//www.nyxxb.cn/cn/article/doi/10.16801/j.issn.1008－7303.2022.0117

* Funding：Supported by the National Natural Science Foundation of China（31960550）；Guizhou Science Technology Foundation（ZK〔2021〕Key036）；China National Tobacco Corporation［110202001035（LS－04），110202101048（LS－08）］；Guizhou Tobacco Company（2020XM22）；The Hundred Level Innovative Talent Foundation of Guizhou Province（GCC〔2022〕028－1）

** First author：XIANG Ligang；E-mail：1475206901@qq.com

*** Corresponding author：WANG Hancheng；E-mail：xiaobaiyang126@hotmail.com

草莓褐色叶斑病病原菌 *Pilidium lythri* 鉴定及室内防治药剂筛选*

闫奕彤[1**]，孙浚源[1]，李福鑫[1]，张桂军[1]，闫　哲[1]，黄中乔[2]，高慧鸽[2]，毕　扬[1***]
（1. 北京农学院农业农村部北方城市重点实验室，北京　102206；
2. 中国农业大学植物病理学系，北京　100193）

摘要：近年来，由病原菌 *Pilidium lythri* 引起的草莓褐色叶斑病，是一种在中国发生严重的新病害。作者在 2015 年至 2017 年间，从北京市昌平区、山东省诸城市和湖南省娄底市采集有症状的草莓样品共 90 株，每地 30 株，根据形态学特征、分子生物学及系统发育分析，其中 26 株分离物被鉴定为 *P. lythri*，并且山东和湖南系首次发现由 *P. lythri* 引起的草莓褐色叶斑病。鉴于目前中国还没有登记用于防治草莓褐色叶斑病的杀菌剂。本研究通过室内毒力测定法测定了 26 株 *P. lythri* 菌株对 8 种常用杀菌剂和 1 种新型杀菌剂双苯菌胺（SYP-14288）的敏感性。结果表明：SYP-14288 对 *P. lythri* 菌丝生长的抑制活性最强，平均 EC_{50} 值为（0.33±0.06）μg/mL，可将其作为防治草莓褐色叶斑病的首选药剂；氟环唑、苯醚甲环唑、咪鲜胺、戊唑醇、百菌清和腈菌唑对 *P. lythri* 的平均 EC_{50} 值在 3.92～72.58 μg/mL，其中菌株对嘧菌酯和代森锰锌的敏感性较低。该研究结果可为合理使用杀菌剂防治由 *P. lythri* 引起的草莓褐色叶斑病提供参考。

关键词：*Pilidium lythri*；草莓褐色叶斑病；菌丝生长；双苯菌胺

注：全文查阅及文献引用参见《农药学学报》2023，25（5）：1076－1084 doi：10. 16801/j. issn. 1008-7303. 2023. 0063

URL：https：//doi. org/10. 16801/j. issn. 1008－7303. 2023. 0063 http：//www. nyxxb. cn/cn/article/doi/10. 16801/j. issn. 1008-7303. 2023. 0063

* Funding：Supported by the National Key R&D Program of China（No. 2022YFD1400900）

** First author：YAN Yitong；E-mail：2865049166@ qq. com

*** Corresponding author：BI Yang；E-mail：biyang0620@ 126. com

河南省油菜菌核病菌对氯氟联苯吡菌胺及其复配剂的敏感性*

李路怡**，苗淑斐，钱　乐，姜　佳***，刘圣明
（河南科技大学园艺与植物保护学院植物保护系，洛阳　471023）

摘要：由核盘菌 *Sclerotinia sclerotiorum* 引起的菌核病（sclerotinia stem rot）是一种破坏性严重的病害，多发于油菜和许多其他阔叶作物，在农业生产中主要采用杀菌剂进行化学防治。氯氟联苯吡菌胺作为一种琥珀酸脱氢酶抑制剂（SDHIs），对核盘菌的菌丝生长有较好的抑制作用。为建立河南省核盘菌对氯氟联苯吡菌胺的敏感性基线，采用菌丝生长速率法测定了2015年和2016年从河南省不同地区采集分离的119株核盘菌对氯氟联苯吡菌胺的敏感性。结果表明：氯氟联苯吡菌胺对核盘菌菌丝生长的有效抑制中浓度（EC_{50}）值范围为0.041 7~0.473 2 μg/mL，平均EC_{50}值为（0.196 8±0.105 3）μg/mL。EC_{50}值频率分布范围窄且呈单峰曲线，平均EC_{50}值可以作为河南省核盘菌对氯氟联苯吡菌胺的敏感性基线。为明确氯氟联苯吡菌胺是否能与其他不同作用机制杀菌剂复配，采用菌丝生长速率法测定了核盘菌对氯氟联苯吡菌胺、多菌灵、咯菌腈、丙硫菌唑、菌核净、叶菌唑及其混合物的敏感性。结果表明，氯氟联苯吡菌胺、多菌灵、咯菌腈、丙硫菌唑、菌核净和叶菌唑对核盘菌EC_{50}值分别为0.125 6 μg/mL、0.112 2 μg/mL、0.022 9 μg/mL、0.065 1 μg/mL、0.805 7 μg/mL和0.027 8 μg/mL。氯氟联苯吡菌胺与多菌灵、咯菌腈、丙硫菌唑、菌核净、叶菌唑（体积比1∶1、1∶3、1∶5、3∶1、5∶1）复配剂的增效系数（SR）值范围为0.54~3.57，表现为相加或增效作用。综上结果表明，氯氟联苯吡菌胺可以与多菌灵、咯菌腈、丙硫菌唑、菌核净、叶菌唑这5种不同类型的杀菌剂通过交替或复配使用，阻止和延缓核盘菌抗药性的进一步发展。研究结果可为油菜菌核病的防治和河南省油菜菌核病菌对氯氟联苯吡菌胺的敏感性监测提供科学依据。

关键词：氯氟联苯吡菌胺；核盘菌；菌核病；敏感性基线；复配剂

注：全文查阅及文献引用参见《农药学学报》2023，25（4）：946-953 doi：10.16801/j.issn.1008-7303.2023.0044

URL：https：//doi.org/10.16801/j.issn.1008－7303.2023.0044 http：//www.nyxxb.cn/cn/article/doi/10.16801/j.issn.1008-7303.2023.0044

* Funding：Henan Provincial Science and Technology Major Project（No.221100110100）；Natural Science Foundation of Henan Province（No.212300410015）；Zhongyuan Talents Program（No.ZYQR201912157）；Henan Provincial Department of Science and Technology Research Project（No.222102110077）

** First author：LI Luyi；E-mail：liluyi.edu123@qq.com

*** Corresponding author：JIANG Jia；E-mail：jiangjiazb@163.com

Zonarol 类天然混源萜的合成及其生物活性研究进展*

孙盛鑫[1]**，王　侠[1,2]，李圣坤[1,2]***

（1. 贵州大学绿色农药与农业生物工程国家重点实验室培育基地/教育部重点实验室，贵阳　550025；2. 南京农业大学植物保护学院，南京　210095）

摘要：天然产物是药物先导研发的重要资源。基于混合生源途径的 drimane 醌/氢醌类天然产物因独特的结构和多样的生物活性而引起化学家和生物学家的广泛兴趣。这类天然产物由 drimane 或重排的 drimane 与醌或氢醌通过 C（sp2）-C（sp3）链接，其中代表性的天然产物 zonarol 在分离之初被报道具有抗真菌活性，随后被证明具有拒食活性、抗肿瘤活性、抗炎活性和杀藻活性，具有较好的药物先导开发潜力。本文介绍了 zonarol 及其类似物的合成、结构优化及生物活性，可为合成结构多样的 drimane 醌/氢醌类化合物以及进一步的药理研究奠定基础，对农药先导创新具有有益的启发作用。

关键词：drimane 醌/氢醌；zonarol；全合成；生物活性

注：全文查阅及文献引用参见《农药学学报》2023，25（3）：485-499 doi：10. 16801/j. issn. 1008-7303. 2023. 0005

URL：https：//doi. org/10. 16801/j. issn. 1008 - 7303. 2023. 0005 http：//www. nyxxb. cn/cn/article/doi/10. 16801/j. issn. 1008-7303. 2023. 0005

---

* 基金项目：国家自然科学基金（21977049）；贵州大学研究基金（202016）

** 第一作者：孙盛鑫；E-mail：18684358090@ 163. com

*** 通信作者：李圣坤；E-mail：SKL505@ outlook. com

β-氨基醇类香紫苏醇衍生物的合成及抑菌活性*

麻妙锋[1**]，白　雪[1]，周遵军[1]，刘　艺[1]，仲崇民[1***]，冯吉利[2***]
（1. 西北农林科技大学化学与药学院，杨凌　712100；
2. 西北农林科技大学生命科学学院，杨凌　712100）

摘要：以香紫苏醇为先导化合物合成了 24 个 β-氨基醇类衍生物，并采用菌丝生长速率法测试了目标化合物对 5 种植物病原菌的抑菌活性。初步构效关系分析结果表明：β-氨基醇类香紫苏醇衍生物的抑菌活性会受到苯环上连接基团性质及位置的影响，大部分间位取代衍生物的抑菌活性高于对应邻位和对位衍生物；与其他衍生物相比较，氟原子取代的衍生物 2a~2c 对 5 种供试病原菌均具有良好的抑菌活性，尤其对小麦赤霉病菌的抑菌活性最好，EC_{50} 值分别为 3. 79 μg/mL、3. 35 μg/mL 和 4. 66 μg/mL。

关键词：香紫苏醇；β-氨基醇衍生物；合成；抑菌活性；构效关系

注：全文查阅及文献引用参见《农药学学报》2023，25（3）：586-594 doi：10. 16801/j. issn. 1008-7303. 2023. 0017

URL：https：//doi. org/10. 16801/j. issn. 1008 - 7303. 2023. 0017http：//www. nyxxb. cn/cn/article/doi/10. 16801/j. issn. 1008-7303. 2023. 0017

* 基金项目：国家自然科学基金（21673183）

** 第一作者：麻妙锋；E-mail：mmfyangling@ 126. com

*** 通信作者：仲崇民；E-mail：zhongcm@ nwsuaf. edu. cn
冯吉利；E-mail：fjlxian@ 126. com

β-氨基丁酸-大黄酸耦合物的合成、生物活性及韧皮部传导性*

胡慈银[1]**，王锦鹏[1]**，肖永欣[1]，李俊凯[1,2]***
（1. 长江大学农学院，荆州　434025；2. 长江大学农药研究所，荆州　434025）

摘要：氨基酸-农药耦合物能够改善母体农药的内吸传导性，提高农药的使用效率，减少因没有到达靶标造成的浪费及对环境的污染。本研究以天然产物大黄酸为先导化合物、以β-氨基丁酸为导向基团，设计、合成了4个目标化合物，并检测了其对6种植物病原菌的抑菌活性，以及对小麦植株苯丙氨酸解氨酶（PAL）和过氧化物酶（POD）活性的影响及在蓖麻幼苗中的韧皮部传导性。结果表明，化合物4b（浓度0.5 mmol/L）不仅对水稻纹枯病菌 *Rhizoctonia solani* Kühn 具有一定的抑制活性（菌丝生长抑制率为53.5%），而且具有诱导抗性（持效期近7天）和韧皮部传导性（渗出液浓度为15.1 μmol/L）。该研究为兼具内吸传导性和诱导抗性杀菌剂的开发提供了新思路。

关键词：β-氨基丁酸-大黄酸耦合物；抑菌活性；诱导抗性；韧皮部传导性

注：全文查阅及文献引用参见《农药学学报》2023，25（4）：808-816 doi：10.16801/j.issn.1008-7303.2023.0036

URL：https：//doi.org/10.16801/j.issn.1008－7303.2023.0036 http：//www.nyxxb.cn/cn/article/doi/10.16801/j.issn.1008-7303.2023.0036

* 基金项目：国家自然科学基金项目（31672069）

** 第一作者：胡慈银；E-mail：707682073@qq.com
王锦鹏；E-mail：740235966@qq.com
*** 通信作者：李俊凯；E-mail：junkaili@sina.com

吡唑醚菌酯与氟环唑复配对小麦叶锈病的防治效果及对小麦的安全性*

海　飞[1,2]**，李天杰[2]**，郑　伟[2]，刘圣明[2]，徐建强[2]***
（1. 河南农业职业学院农业工程学院，郑州　451450；
2. 河南科技大学园艺与植物保护学院，洛阳　471000）

摘要：为筛选适用于小麦叶锈病防治的化学药剂，本研究选取吡唑醚菌酯和氟环唑及二者不同比例复配组合，采用喷雾接种法，测定了吡唑醚菌酯和氟环唑单剂及其不同复配比例在作为保护剂使用时对小麦叶锈病的室内防治效果，并测定了室内筛选确定的最佳比例复配药剂对小麦的安全性及对小麦叶锈病的田间防治效果。室内防效试验显示：吡唑醚菌酯、氟环唑及二者不同比例复配对小麦叶锈病病斑扩展有强烈的抑制作用，其中吡唑醚菌酯的抑制作用更强，其 EC_{50} 值为 0.01 μg/mL。联合毒力评价表明：所有复配组合均表现出协同相加作用，吡唑醚菌酯・氟环唑质量比 50：133 复配时增效系数（SR）最大，为 1.50。室内及田间防治试验表明：在所设浓度梯度范围内，防效与浓度呈正相关；在有效成分 120 g/hm^2 剂量下，26%吡唑醚菌酯・氟环唑悬浮剂（SC）的田间防效为 85.12%，优于各自单剂处理。安全性评价结果显示：所有处理均能保证不同品种小麦正常生长，未发生药害现象。研究表明，吡唑醚菌酯・氟环唑复配对小麦叶锈病有很好的防治效果，可为生产上防治小麦叶锈病和科学用药提供理论依据。

关键词：吡唑醚菌酯；氟环唑；复配；小麦叶锈病；安全性评价；室内抑菌活性；田间防治效果

注：全文查阅及文献引用参见《农药学学报》2023，25（1）：97-103 doi：10.16801/j.issn.1008-7303.2022.0082

URL：https：//doi.org/10.16801/j.issn.1008-7303.2022.0082 http：//www.nyxxb.cn/cn/article/doi/10.16801/j.issn.1008-7303.2022.0082

---

* 基金项目：河南省重大科技专项（201300111600）

** 第一作者：海飞；E-mail：zbhf007888@163.com
李天杰；E-mail：2226827694@qq.com

*** 通信作者：徐建强；E-mail：xujqhust@126.com

吡唑醚菌酯在小麦不同生育期病害防治中的应用*

任学祥[1**]，苏贤岩[1]，范富云[2]，王友定[2]，迟　雨[1]，李　钊[1]，叶正和[1***]
（1. 安徽省农业科学院植物保护与农产品质量安全研究所，合肥　230031；
2. 安徽久易农业股份有限公司，合肥　230088）

摘要：为探讨吡唑醚菌酯对小麦不同生育期病害的防治效果，采用菌丝生长速率法，测定了吡唑醚菌酯对小麦纹枯病菌 *Rhizoctonia cerealis*、根腐病菌 *Bipolaris sorokiniana*、全蚀病菌 *Gaeumannomyces tritici*、赤霉病菌 *Gibberella zeae* 的室内抑制活性；通过种子发芽盒试验，测定了吡唑醚菌酯不同药种比包衣处理对小麦种子发芽的影响；采用菌土混合法，测定了5%吡唑醚菌酯种子处理悬浮剂（FS）对小麦纹枯病的盆栽防效；同时测定了5%吡唑醚菌酯悬浮剂（SC）对小麦白粉病、锈病及赤霉病的田间防效。结果表明：吡唑醚菌酯对小麦纹枯病菌、根腐病菌、全蚀病菌和赤霉病菌的 EC_{50} 值分别为 0.404 mg/L、5.862 mg/L、0.193 mg/L 和 1.372 mg/L。25℃条件下，5%吡唑醚菌酯 FS 不同药种比对济麦 22 鲜重及干重均有一定的促进作用；10℃下，对小麦种子发芽势、发芽率、发芽指数及活力指数均显示出一定的促进作用。5%吡唑醚菌酯 FS 苗后 20 天对小麦纹枯病的防效在 74%以上，药种比 1：50 时防效达 99.02%；5%吡唑醚菌酯 SC 按 3 000 mL/hm^2 剂量于扬花初期及盛花期各施药 1 次，对田间小麦白粉病、锈病及赤霉病的防效分别为 100%、100%和 75.87%。研究表明，吡唑醚菌酯对小麦不同生育期病害具有很好的防治效果。

关键词：吡唑醚菌酯；小麦；种衣剂；纹枯病；白粉病；锈病；赤霉病；防治效果；安全性

注：全文查阅及文献引用参见《农药学学报》2023，25（1）：89-96 doi：10.16801/j.issn.1008-7303.2022.0145

URL：https：//doi.org/10.16801/j.issn.1008-7303.2022.0145 http：//www.nyxxb.cn/cn/article/doi/10.16801/j.issn.1008-7303.2022.0145

---

* 基金项目：安徽省农业科技成果转化应用专项（2021ZH002）

** 第一作者：任学祥；E-mail：rxxiang1@sina.com

*** 通信作者：叶正和；E-mail：yezbs@tom.com

大豆疫霉菌氧化固醇结合蛋白在大肠杆菌中的表达、纯化及活性鉴定*

丁　鲜[1**]，刘西莉[2]，张　峰[1***]
（1. 南京农业大学植物保护学院，南京　210095；
2. 中国农业大学植物保护学院，北京　100193）

摘要：氟噻唑吡乙酮（oxathiapiprolin）是目前生产上防治植物病原卵菌病害的高活性杀菌剂，其靶标被认为是氧化固醇结合蛋白（oxysterol-binding protein，OSBP）。氧化固醇结合蛋白及其相关蛋白（OSBP-related proteins，ORPs）是一种脂质转运蛋白，保守存在于多个物种中。虽然其他部分物种的该蛋白三维结构已经被解析，然而尚未见有关植物病原卵菌中该蛋白异源表达及纯化的报道，因而限制了该蛋白的结构药理学研究及基于靶标的新型杀菌剂开发。本文旨在建立大豆疫霉菌（*Phytophthora sojae*，Ps）氧化固醇结合蛋白 Psosbp 的异源表达、纯化及活性鉴定体系。研究选取与人源 OSBP 序列保守的 OSBP 相关结构域（oxysterol-binding protein-related domain，ORD），构建适于在大肠杆菌 *Escherichia coli* 中表达的质粒并通过异丙基-β-D-硫代半乳糖苷（IPTG）诱导表达，使用亲和层析及凝胶过滤层析对目的蛋白进行纯化，使用 SDS-PAGE 及 Western blot 对蛋白进行种类鉴定，分别使用 Tycho™ NT. 6 及微量热泳动技术对蛋白进行结构完整性及活性鉴定。结果表明，选取了 Psosbp 蛋白序列的第 600 位至第 967 位氨基酸，即 Psosbp（600-967）作为 Psosbp 的 ORD 结构域，构建了表达质粒 pET28a-MBP-TEV-Psosbp（600-967）-His6。IPTG 可诱导目的蛋白的表达且蛋白均为可溶状态，使用 Ni-NTA 琼脂糖树脂对蛋白进行亲和纯化，并基于分子质量大小，通过分子排阻色谱进一步分离获得了纯度较高的重组蛋白 MBP-TEV-Psosbp（600-967）-His6。Tycho™ NT. 6 测定结果表明，重组蛋白具有完整的蛋白质高级结构；微量热泳动结果表明，氟噻唑吡乙酮可以与重组蛋白结合，说明所纯化出的 Psosbp 蛋白具有生物活性。综上，本文建立了植物病原卵菌的氧化固醇结合蛋白异源表达纯化及活性鉴定体系，并直接证实了抑制剂氟噻唑吡乙酮可结合氧化固醇结合蛋白。

关键词：大豆疫霉菌；氧化固醇结合蛋白；大肠杆菌；表达纯化；稳定性；生物活性

注：全文查阅及文献引用参见《农药学学报》2023，25（3）：602-610 doi：10. 16801/j. issn. 1008-7303. 2023. 0037

URL：https：//doi. org/10. 16801/j. issn. 1008 - 7303. 2023. 0037 http：//www. nyxxb. cn/cn/article/doi/10. 16801/j. issn. 1008-7303. 2023. 0037

---

* 基金项目：国家自然科学基金（31871996）；江苏省六大人才高峰高层次人才项目（NY-035）

** 第一作者：丁鲜；E-mail：1834368656@ qq. com
*** 通信作者：张峰；E-mail：fengz@ njau. edu. cn

滇黄精炭疽病病原分离鉴定及10种植物源化合物的抑菌效果评价*

窦 敏[1**]，夏 燕[1]，邹越纪[1]，鲁茸格丁[1]，李迎宾[1,2]，王海宁[1]，朱书生[1]，张治萍[1,3***]
（1. 云南农业大学农业生物多样性与病虫害控制教育部重点实验室，
昆明 650201；2. 云南农业大学植物保护学院农药系，昆明 650201；
3. 云南农业大学园林园艺学院园艺系，昆明 650201）

摘要：滇黄精是我国大宗名贵中药材之一，近年来随种植面积不断增加，炭疽病成为影响其种苗生产的一大限制因素。本研究对采集自云南省昆明市寻甸县的12份疑似炭疽病感染滇黄精种苗样品进行了病原物分离，采用形态学、多基因序列（*ITS*、*ACT*、*CAL*、*CHS*-1、*GAPDH*和*TUB*2）分析对分离物进行了鉴定，结合致病力测定，表明果生炭疽菌 *Colletotrichum fructicola* 是引起寻甸县滇黄精种苗炭疽病的主要病原菌。进一步采用平板熏蒸法或带药平板法评价了10种植物源化合物对 *C. fructicola* 的抑制活性，结果表明：α-松油醇、4-松油醇及香芹酚对 *C. fructicola* 的抑制效果显著，EC_{50}值分别为54.26 μL/L、81.74 μL/L和94.78 μL/L。研究结果可为滇黄精种苗炭疽病的绿色防控提供理论依据。

关键词：中药材；滇黄精；种苗；炭疽菌；分离鉴定；植物源化合物；抑菌活性

注：全文查阅及文献引用参见《农药学学报》2023，25（3）：621-629 doi：10.16801/j.issn.1008-7303.2023.0028

URL：https://doi.org/10.16801/j.issn.1008-7303.2023.0028 http://www.nyxxb.cn/cn/article/doi/10.16801/j.issn.1008-7303.2023.0028

---

* 基金项目：国家自然科学基金青年科学基金（32202403）；云南省博士后定向培养资助项目；云南省李健强专家工作站（202105AF150046）；云南省重大科技专项计划（202102AE090042-05，202102AE090042-02）

** 第一作者：窦敏；E-mail：mind017@163.com

*** 通信作者：张治萍；E-mail：m18788425134@163.com

防治猕猴桃溃疡病涂抹剂的研制及其应用*

陈 佳[1,2]**，王 垚[1,2]，陈学堂[1,2]，王炳策[1,2]，李文志[1,2]，王为镇[1,2]，龙友华[1,2,3]***
（1. 贵州大学作物保护研究所，贵阳 550025；2. 贵州大学猕猴桃工程技术研究中心，贵阳 550025；3. 贵州大学教学实验场，贵阳 550025）

摘要：由丁香假单胞菌猕猴桃致病变种 *Pseudomonas syringae* pv. *actinidiae*（Psa）引起的猕猴桃溃疡病是猕猴桃产业上的毁灭性病害，生产中常施用水基型制剂进行防治，但因其附着性低且不易成膜保护树体，防治效果并不理想。为研制可有效防治猕猴桃溃疡病的新技术措施，本研究通过对不同填料和增稠剂进行筛选，并将两者混合后得到成膜助剂，再加入优化后的渗透剂制备得到基础涂抹剂（涂抹剂基#），对其成膜性、在树体上的附着性及耐雨水冲刷能力等性能指标进行了评价；向涂抹剂基#中分别加入复配杀菌剂组合 1#（四霉素与戊唑醇质量比 2：1）和组合 2#（四霉素与噻霉酮质量比 5：1），制得涂抹剂 1#与涂抹剂 2#；采用滤纸片法测定了涂抹剂基#、涂抹剂 1#、涂抹剂 2#及所对应的杀菌剂组合对猕猴桃溃疡病菌的室内抑制活性，并通过田间试验验证了其对猕猴桃溃疡病的防治效果。结果表明：配方筛选所得最适填料为纳米膨润土，最适增稠剂为聚乙烯醇 2 488，将两者分别按质量分数 3%与 10%混合得到成膜助剂，再加入质量分数为 1.60%的最适渗透剂后制得涂抹剂基，该涂抹剂基#为乳白色黏稠液体，呈弱酸性，具有高黏度、高延展性、高拉丝度及强树体附着性，在玻璃板上涂抹 123 min 后可形成有韧性的薄膜，所得膜的固含量流失率为 6.77%，耐雨水冲刷能力强。室内抑菌活性测定表明，涂抹剂基对猕猴桃溃疡病菌无抑制活性，涂抹剂 1#与涂抹剂 2#的抑菌活性明显高于其所对应的杀菌剂组合单独使用；田间试验结果表明，涂抹剂基#对猕猴桃溃疡病的防效在 30%以上，而涂抹剂 1#与涂抹剂 2#的防效均可达 65%以上，且显著高于所对应的杀菌剂组合单独使用。本研究所制备的涂抹剂对猕猴桃溃疡病具有较好的防治效果，具有一定的开发应用价值，同时可为田间病虫害防治提供一种新途径。

关键词：猕猴桃溃疡病；涂抹剂；配方筛选；杀菌剂组合；抑菌活性；防治效果

注：全文查阅及文献引用参见《农药学学报》2023，25（3）：678-688 doi：10.16801/j.issn.1008-7303.2022.0148

URL：https：//doi.org/10.16801/j.issn.1008-7303.2022.0148 http：//www.nyxxb.cn/cn/article/doi/10.16801/j.issn.1008-7303.2022.0148

* 基金项目：国家现代农业产业技术体系（CARS-26）；贵州省科技支撑计划项目（QKHZC〔2019〕2403；QKHZC〔2020〕1Y016；QKHZC〔2021〕YB237）；贵州大学人才引进科研基金（X2021029）

** 第一作者：陈佳；E-mail：c18184436145@126.com

*** 通信作者：龙友华；E-mail：yhlong3@gzu.edu.cn

贵州烟草棒孢霉叶斑病生防菌鉴定及防治药剂筛选*

潘忠梅[1,2,3]**，曹 毅[1]***，桑维钧[3]***，孙光军[4]，何世芳[1,3]，陆 宁[1]，陈兴江[1]，梅锦明[5]

（1. 贵州省烟草科学研究院，贵阳 550081；2. 贵州省烟草公司施秉县分公司，施秉 556299；3. 贵州大学烟草学院，贵阳 550025；4. 中国烟草总公司贵州省公司，贵阳 550004；5. 贵州省黔之研科技服务有限公司，贵阳 550008）

摘要：为有效防治烟草棒孢霉叶斑病，采用 Biolog 全自动微生物鉴定系统鉴定了本实验室前期工作中筛选得到的生防菌株 YC2140，进一步对其进行了 16S rRNA 和 *gyr*B 序列分子鉴定，并选取生产上常用的 5 种杀菌剂和 YC2140 菌株进行了盆栽和田间防效试验。结果显示，经 Biolog 鉴定和分子鉴定，YC2140 菌株为荧光假单胞菌 *Pseudomonas fluorescens*。盆栽试验结果表明，在药剂推荐施用剂量（449.78 mL/hm^2 或 449.78 g/hm^2）下，对烟草棒孢霉叶斑病的防治效果由高到低依次为 500 g/L 氟啶胺悬浮剂（防治效果 78.77%）、450 g/L 咪鲜胺水乳剂（77.85%）、430 g/L 戊唑醇悬浮剂（67.12%）、1×10^8 cfu/mL YC2140 发酵液（61.64%）和 50%啶酰菌胺水分散粒剂（46.12%）。相同施药剂量下的田间试验结果表明，防治效果由高到低依次为 450 g/L 咪鲜胺水乳剂（43.33%）、500 g/L 氟啶胺悬浮剂（40.97%）、430 g/L 戊唑醇悬浮剂（27.94%）、1 × 10^8 cfu/mL YC2140 发酵液（26.15%）和 70%代森锰锌可湿性粉剂（剂量 2 998.50 g/hm^2，防效 21.99%）。该研究结果可为烟草棒孢霉叶斑病的防治药剂筛选提供参考。

关键词：烟草；棒孢霉叶斑病；生防菌；荧光假单胞菌；杀菌剂筛选；防治效果

注：全文查阅及文献引用参见《农药学学报》2023，25（2）：388-394 doi：10.16801/j.issn.1008-7303.2023.0004

URL：https：//doi.org/10.16801/j.issn.1008 - 7303.2023.0004 http：//www.nyxxb.cn/cn/article/doi/10.16801/j.issn.1008-7303.2023.0004

* 基金项目：中国烟草总公司贵州省公司科技项目（2021xM12，201915，201920）；国家自然科学基金项目（31660544，32160522）；贵州省微生物与健康院士工作站平台人才计划项目（〔2020〕4004）

** 第一作者：潘忠梅；E-mail：1591190611@qq.com

*** 通信作者：曹毅；E-mail：yica01001@163.com

桑维钧；E-mail：984139246@qq.com

桧木醇对西瓜枯萎病菌的抑制作用*

张旭欢[1**]，王阿玲[1]，李文奎[1,2]，吴　华[1,2]，雷　鹏[1,2]，冯俊涛[1,2]，王　勇[1,2***]，马志卿[1,2]
（1. 西北农林科技大学植物保护学院，杨凌　712100；
2. 陕西省生物农药工程技术研究中心，杨凌　712100）

摘要：由尖孢镰刀菌西瓜专化型（*Fusarium oxysporum* f. sp. *niveum*，FON）引起的西瓜枯萎病是一种毁灭性的土传病害。本研究通过离体及活体试验，测定了植物源天然抑菌活性物质桧木醇对西瓜枯萎病菌的抑制活性、对西瓜枯萎病的盆栽防效以及对病原菌生理生化指标的影响。结果表明：桧木醇对西瓜枯萎病菌具有明显的抑制效果，其对病原菌菌丝生长和孢子萌发的抑制作用 EC_{50} 值分别为 31.1 μg/mL 和 45.2 μg/mL；在 250 μg/mL、500 μg/mL 和 1 000 μg/mL 3 个质量浓度下，桧木醇对西瓜枯萎病均有显著的防治效果，其中 1 000 μg/mL 时防效可达 75.2%，与对照药剂多菌灵 500 μg/mL 的效果相当。生理生化指标测定及外观形态观察发现，经桧木醇处理后，西瓜枯萎病菌菌丝相对电导率上升，菌丝体内镰刀菌酸含量显著降低，菌丝呈现扭曲、畸形、缠绕等不规则外观形态。研究表明，桧木醇不仅能显著抑制西瓜枯萎病菌的生长，同时能抑制其相关毒素的生物合成或促进其代谢，从而降低病原菌的致病力，具有开发为西瓜枯萎病防治替代药剂的潜力。桧木醇处理能破坏病原菌细胞膜的完整性、干扰病原菌次生代谢物的合成或代谢过程，但其具体的抑菌分子靶标仍需进一步研究。

关键词：植物源农药；桧木醇；西瓜枯萎病菌；抑菌活性；镰刀菌酸

注：全文查阅及文献引用参见《农药学学报》2023，25（3）：630-637 doi：10.16801/j.issn.1008-7303.2023.0010

URL：https：//doi.org/10.16801/j.issn.1008－7303.2023.0010 http：//www.nyxxb.cn/cn/article/doi/10.16801/j.issn.1008-7303.2023.0010

---

* 基金项目：国家自然科学基金面上项目（32072461）；陕西省植物线虫学重点实验室开放课题（2021-SKL-01）
** 第一作者：张旭欢；E-mail：zhangxuhuan01@163.com
*** 通信作者：王勇；E-mail：wy2010102163@163.com.

桧木醇衍生物的合成及抑菌活性*

桂　阔**，叶久辉，李　璇，周海玉，李婕宁，冯俊涛，雷　鹏，高艳清***，马志卿
（西北农林科技大学植物保护学院，陕西省生物农药工程技术研究中心，杨凌　712100）

摘要： 桧木醇是具有䓬酚酮骨架的单萜类天然化合物，设计并合成了17个新型桧木醇衍生物，其结构经核磁共振波谱及高分辨质谱分析确证。抑菌活性测定结果表明，目标化合物在50 μg/mL下对水稻纹枯病菌 *Rhizoctonia solani*、番茄灰霉病菌 *Botrytis cinerea*、油菜菌核病菌 *Sclerotinia sclerotiorum*、苹果树腐烂病菌 *Valsa mali* 和黄瓜炭疽病菌 *Colletotrichum orbiculare* 均表现出较好的抑菌活性，其中化合物3a对水稻纹枯病菌、3j对番茄灰霉病菌、3m对油菜菌核病菌的 EC_{50} 值分别为1.84 μg/mL、2.47 μg/mL和1.05 μg/mL，表现出比桧木醇（2.00 μg/mL、11.3 μg/mL和5.40 μg/mL）更优的活性。

关键词： 桧木醇；水稻纹枯病菌；番茄灰霉病菌；油菜菌核病菌；抑菌活性

注：全文查阅及文献引用参见《农药学学报》2023，25（1）：73-80 doi：10.16801/j.issn.1008-7303.2022.0106

URL：https：//doi.org/10.16801/j.issn.1008－7303.2022.0016 http：//www.nyxxb.cn/cn/article/doi/10.16801/j.issn.1008-7303.2022.0016

---

* 基金项目：广西林产化学与工程重点实验开放课题（GXFG 2009）；陕西省专项经费（F2020221004）；国家级大学生创新创业训练计划项目（202210712071）

** 第一作者：桂阔；E-mail：gk153@nwafu.edu.cn

*** 通信作者：高艳清；E-mail：gaoyanqinggc@nwafu.edu.cn

禾谷镰孢菌β-1,3-葡聚糖合成酶催化亚基GLS2异源表达体系的建立*

延扬帆**，张 峰***
（南京农业大学植物保护学院，南京 210095）

摘要：本研究旨在利用草地贪夜蛾 *Spodoptera frugiperda* 昆虫细胞 Sf9-杆状病毒表达系统筛选禾谷镰孢菌 *Fusarium graminearum* β-1,3-葡聚糖合成酶催化亚基 GLS2 在昆虫细胞中的异源表达载体和分离纯化所用的去污剂，为后续研究该蛋白与药剂的结合模型提供基础。通过对杆状病毒表达质粒 pFastBac 进行设计和改造、利用同源重组的方法构建质粒、使用昆虫细胞表达系统对重组蛋白进行异源表达、筛选适合提取目的蛋白的去污剂等方法，得到适合禾谷镰孢菌β-1,3-葡聚糖合成酶催化亚基 GLS2 异源表达的载体和分离目的蛋白的方法。结果表明，载体 pFastBac-GP67-8×His-GFP-TEV-FgGLS2、pFastBac-HA-8×His-GFP-TEV-FgGLS2、pFastBac-GP67-6×His-2×Strep-TEV-FgGLS2 和 pFastBac-FgRHO-TEV-8×His 均可在草地贪夜蛾昆虫细胞 Sf9 表达系统中进行表达，其中：GP67-8×His-GFP-TEV-FgGLS2 融合蛋白可以用去污剂十二烷基二甲胺氧化胺（dodecyldimethylamine oxide，DDAO）从细胞膜上分离，HA-8×His-GFP-TEV-FgGLS2 融合蛋白可以用去污剂十二烷基-β-*D*-麦芽糖苷（*n*-dodecyl-β-maltoside，DDM）、十烷基-β-*D*-麦芽糖苷（*n*-decyl-β-maltoside，DM）或 DDAO 从细胞膜上分离，GP67-6×His-2×Strep-TEV-FgGLS2 融合蛋白可以用去污剂 DM 或 DDAO 从细胞膜上分离。本研究首次成功地在草地贪夜蛾昆虫细胞 Sf9 表达系统中表达了β-1,3-葡聚糖合成酶催化亚基 GLS2，FgRHO 蛋白可促进 FgGLS2 的稳定表达，并筛选到适合 FgGLS2 提取的去污剂 DDAO。

关键词：禾谷镰孢菌；β-1,3-葡聚糖合成酶；催化亚基；昆虫细胞表达系

注：全文查阅及文献引用参见《农药学学报》2023，25（3）：611-620 doi：10.16801/j.issn.1008-7303.2023.0021

URL：https：//doi.org/10.16801/j.issn.1008-7303.2023.0021 http：//www.nyxxb.cn/cn/article/doi/10.16801/j.issn.1008-7303.2023.0021

---

* 基金项目：国家重点研发计划（2022YFD1700200）；江苏省六大人才高峰高层次人才项目（NY-035）；教育部霍英东教育基金会高等学校青年教师基金（161022）

** 第一作者：延扬帆；E-mail：362313785@qq.com

*** 通信作者：张峰；E-mail：fengz@njau.edu.cn.

河南省禾谷镰孢菌对丙硫菌唑的敏感性*

谭欢欢**，姜 佳，刘金亮，张 渊，郭旭昊，魏江桥，钱 乐，徐建强，刘圣明***
（河南科技大学园艺与植物保护学院植物保护系，洛阳 471023）

摘要： 采用菌丝生长速率法，测定了2019—2021年采自河南省11个市的278株禾谷镰孢菌 *Fusarium graminearum* 对丙硫菌唑的敏感性。结果表明：供试278株禾谷镰孢菌对丙硫菌唑的敏感频率呈单峰且近似正态分布，各菌株 EC_{50} 值的范围在0.609~3.868 μg/mL，最大值为最小值的6.35倍，平均值为（1.741±0.690）μg/mL。此外，不同年份的禾谷镰孢菌对丙硫菌唑的敏感性水平无显著差别。2020年菌株最不敏感，平均 EC_{50} 值为（1.894±0.652）μg/mL，2021年菌株最敏感，平均 EC_{50} 值为（1.643±0.701）μg/mL。不同地区的禾谷镰孢菌对丙硫菌唑的敏感性水平有显著性差异。济源市的菌株最不敏感，平均 EC_{50} 值为（2.175±0.632）μg/mL；开封市的菌株最敏感，平均 EC_{50} 值为（1.137±0.419）μg/mL；焦作市菌株间敏感性差异最大，最大值为最小值的6.21倍，平均 EC_{50} 值为（2.073±0.681）μg/mL，高于2019-2021年菌株敏感性的平均水平；新乡市菌株间敏感性差异最小，最大值仅为最小值的1.75倍，平均 EC_{50} 值为（1.211±0.349）μg/mL，低于2019—2021年菌株敏感性的平均水平。本研究通过3年敏感性监测，可为今后禾谷镰孢菌对丙硫菌唑的敏感性变化提供理论依据。

关键词： 小麦赤霉病；禾谷镰孢菌；丙硫菌唑；敏感性

注：全文查阅及文献引用参见《农药学学报》2023，25（2）：474-478 doi：10.16801/j.issn.1008-7303.2022.0130

URL：https：//doi.org/10.16801/j.issn.1008-7303.2022.0130 http：//www.nyxxb.cn/cn/article/doi/10.16801/j.issn.1008-7303.2022.0130

---

* 基金项目：河南省重大科技专项（221100110100）；河南省自然科学基金杰出青年基金（212300410015）；河南省科技攻关（222102110077）；中原英才计划（ZYQR201912157）；河南省高校科技创新人才支持计划（20HAsTIT033）

** 第一作者：谭欢欢；E-mail：tanhuanhuan921@163.com

*** 通信作者：刘圣明；E-mail：liushengmingzb@163.com

河南省油菜菌核病菌对氟吡菌酰胺及其复配剂的敏感性*

苗淑斐**，李路怡，钱　乐，徐建强，姜　佳***，刘圣明***
（河南科技大学园艺与植物保护学院植物保护系，洛阳　471023）

摘要：由核盘菌 *Sclerotinia sclerotiorum* 引起的菌核病是油菜上的重要病害，严重影响油菜的产量。为明确河南省油菜菌核病菌对氟吡菌酰胺敏感性，采用菌丝生长速率法测定了 2015 年和 2016 年从河南省 5 个地市采集分离的 127 株油菜菌核病菌对氟吡菌酰胺的敏感性。结果表明：氟吡菌酰胺对供试油菜菌核病菌菌株的 EC_{50} 值范围在 0.010 0~0.098 9 μg/mL，平均值为（0.054 6±0.022 8）μg/mL。供试油菜菌核病菌菌株对氟吡菌酰胺的敏感性呈连续单峰曲线，未发现敏感性下降的亚群体，可将（0.054 6±0.022 8）μg/mL 作为河南省油菜菌核病菌对氟吡菌酰胺的敏感性基线。同时，采用菌丝生长速率法测定了氟吡菌酰胺原药与丙硫菌唑、叶菌唑、多菌灵、咯菌腈、菌核净 5 种杀菌剂原药之间分别按照母液体积比 1∶5、1∶3、1∶1、3∶1 和 5∶1 配比的复配剂对油菜菌核病菌的联合毒力。结果显示：增效系数值范围为 0.51~5.86 之间，不同组合、不同比例的复配剂均表现为相加作用或增效作用，其中氟吡菌酰胺∶咯菌腈=1∶1 时，增效系数值（SR）最大，增效作用最强。表明氟吡菌酰胺可以与丙硫菌唑、叶菌唑、多菌灵、咯菌腈、菌核净等杀菌剂复配使用，该研究结果可为油菜菌核病的防控提供依据。

关键词：核盘菌；油菜菌核病；氟吡菌酰胺；复配剂；敏感性；杀菌活性

注：全文查阅及文献引用参见《农药学学报》2023，25（3）：748-754 doi：10.16801/j.issn.1008-7303.2023.0031

URL：https：//doi.org/10.16801/j.issn.1008-7303.2023.0031 http：//www.nyxxb.cn/cn/article/doi/10.16801/j.issn.1008-7303.2023.0031

* 基金项目：河南省重大科技专项（221100110100）；河南省自然科学基金杰出青年基金（212300410015）；河南省科技攻关（222102110077）；中原英才计划（ZYQR201912157）

** 第一作者：苗淑斐；E-mail：2857776382@qq.com

*** 通信作者：姜佳；E-mail：jiangjiazb@163.com
刘圣明；E-mail：liushengmingzb@163.com

基于 RNA 干扰的杀菌剂开发及其对化学杀菌剂的影响*

宋修仕**，高　静**，周明国***
（南京农业大学植物保护学院，南京　210995）

摘要：RNA 干扰（RNA interference，RNAi）是真核生物中高度保守的基因沉默现象，在医药与植物保护领域展现出广阔的应用潜力，相关产品已进入或即将进入医药与杀虫剂市场。近年来，科研工作者在基于 RNAi 技术的植物病原微生物的防控方面开展了大量研究，取得了进展，但仍无法实现基于 RNAi 防治植物病原真菌技术的商业化应用。本文概述了 RNAi 研究从 1990 年至今的发展历程，从细胞生物学、分子生物学角度提出了 RNAi 病害防控技术产品化瓶颈问题的新见解，同时讨论了基于 RNAi 的杀菌剂对传统化学杀菌剂的影响，可为 RNAi 杀菌剂的创制和应用提供参考。

关键词：RNA 干扰；杀菌剂；植物保护；瓶颈；挑战

注：全文查阅及文献引用参见《农药学学报》2022，25（1）：1-11 doi：10. 16801/j. issn. 1008-7303. 2022. 0116

URL：https：//doi. org/10. 16801/j. issn. 1008 - 73032022. 0116 http：//www. nyxxb. cn/cn/article/doi/10. 16801/j. issn. 1008-7303. 2022. 0116

---

* 基金项目：国家自然科学基金重点项目（31730072）；江苏省研究生科研创新计划（KYCX22_0771）

** 第一作者：宋修仕；E-mail：songxs@ njau. edu. cn
高静；E-mail：2021202070@ stu. njau. edu. cn

*** 通信作者：周明国；E-mail：mgzhou@ njau. edu. cn

菌核净对烟草靶斑病菌的抑制作用及对烟叶叶际微生物群落结构的影响*

郭沫言[1,2]**，熊　晶[3]，汪汉成[2]***，张　艺[2,4]，蔡刘体[2]，陈兴江[2]，史彩华[1]
（1. 长江大学农学院，荆州　434025；2. 贵州省烟草科学研究院，贵阳　550081；
3. 贵州省烟草公司毕节市公司，毕节　551700；4. 贵州大学农学院，贵阳　550025）

摘要： 烟草靶斑病是烟叶生产上一种主要真菌性病害，为评价菌核净防控烟草靶斑病的潜力，并从微生态层面揭示菌核净施用后对烟叶叶际微生物群落结构的影响，本研究采用菌丝生长速率法，测定了菌核净对烟草靶斑病菌的抑制活性，并利用 Illumina Hiseq 高通量测序技术，分析了菌核净处理后不同持效期内，健康与感病组织中叶际真菌及细菌群落结构和多样性的变化规律。结果表明：菌核净对靶斑病菌菌丝生长有较强的抑制活性，其 EC_{50} 值为 1.20 μg/mL，在 6.47 μg/mL 下即可完全抑制菌丝生长。40%菌核净可湿性粉剂按有效成分 4 200 g/hm² 剂量施用后 0~18 天，健康与感病组织的叶际微生物群落结构间均存在显著性差异，其中叶际真菌优势菌属为亡革菌属、链格孢属和镰刀菌属，叶际细菌优势菌属为假单胞菌属、葡萄球菌属和鞘氨醇单胞菌属。施药后 3 天，健康与感病组织中亡革菌属相对丰度分别下降 12.41%和 51.62%，链格孢属相对丰度分别上升 0.54%和 0.42%，假单胞菌属相对丰度分别下降 13.48%和 19.17%；施药后 9 天，亡革菌属相对丰度分别上升 1.38%和 47.42%，链格孢属相对丰度分别下降 0.36%和 0.18%，假单胞菌属相对丰度分别下降 2.73%和 2.73%；施药后 18 天，亡革菌属相对丰度分别下降 26.74%和 39.03%，链格孢属相对丰度分别上升 26.02%和 2.70%，假单胞菌属相对丰度分别上升 6.56%和 16.02%。田间施用 40%菌核净可湿性粉剂，3 天内可显著抑制健康与发病烟叶组织叶际病原菌亡革菌属的相对丰度，但对感病组织的影响程度大于对健康组织；同时还会引起叶际细菌群落结构的改变，但对感病组织的影响小于对健康组织。研究结果从微观层面揭示了菌核净施用后健康与发病烟叶组织叶际微生物群落结构的差异，可为菌核净的科学应用提供参考。

关键词： 菌核净；烟草靶斑病；抑菌活性；叶际微生物；群落结构

注：全文查阅及文献引用参见《农药学学报》2022，25（4）：858-869 doi：10.16801/j.issn.1008-7303.2022.0061

URL：https：//doi.org/10.16801/j.issn.1008-7303.2022.0061 http：//www.nyxxb.cn/cn/article/doi/10.16801/j.issn.1008-7303.2022.0061

* 基金项目：国家自然科学基金（31960550，32160522）；贵州省科技基金项目（黔科合基础-ZK〔2021〕重点036）；中国烟草总公司科技项目［110202001035（LS-04），110202101048（LS-08）］；贵州省“百层次”创新型人才（黔科合平台人才-GCC〔2022〕028-1）

** 第一作者：郭沫言；E-mail：1097149123@qq.com

*** 通信作者：汪汉成；E-mail：xiaobaiyang126@hotmail.com

两种水稻种子处理悬浮剂对旱直播水稻生长的影响*

张艺璇[1,2]**，谭　静[1]，管俊娇[2]，奎丽梅[2]，胡茂林[3]，
程　卯[4]，张　婷[5]，殷长生[5]，谷安宇[2]***，李小林[2]***
（1. 云南大学资源植物研究院，昆明　650504；2. 云南省农业科学院粮食作物研究所，
昆明　650205；3. 深圳市农业科技促进中心，深圳　518040；
4. 景洪市经济作物工作站，景洪　666100；5. 云南省种子管理站，昆明　650031）

摘要：为了探究水稻种子处理悬浮剂（FS）对旱直播水稻生长的影响，本研究采用11%的氟唑环菌胺·咯菌腈·精甲霜灵FS和18%的噻虫胺FS对三系籼型杂交稻广8优1973进行包衣，通过标准发芽试验、Q2测定、田间农艺性状调查、考种及测产，比较研究了两种FS在旱直播条件下对种子活力、水稻田间农艺性状及产量的影响。结果表明：在实验室条件下，采用11%氟唑环菌胺·咯菌腈·精甲霜灵FS和18%噻虫胺FS以药浆体积与种子质量比（药种比）为1∶50的比例（即1 mL药剂处理50 g种子）将药剂稀释后进行拌种，处理后的标准发芽势、发芽率及萌发启动时间（IMT）均与对照无显著差异，但其理论萌发时间（RGT）相较于空白对照（CK）显著缩短，且氧气消耗速率（OMR）相较于CK每小时分别提高了1.33%和1.38%，呈显著性差异，说明经过FS处理的种子可以促进水稻种子呼吸，能够有效提升水稻种子活力，其中经过18%噻虫胺FS处理的水稻种子IMT、RGT、OMR值的表现均优于11%氟唑环菌胺·咯菌腈·精甲霜灵FS处理；在旱直播条件下，水稻种子按药种比1∶50经过两种FS处理后，其田间表现均优于CK，其中：成秧率提升27.60%~33.20%，80天时水稻基蘖数每公顷增加71.14万~97.82万个，株高增高4.90~6.80cm，千粒重增加7.27%~9.09%，有效穗数每公顷增加9.45万~13.42万穗，单位面积产量分别提高了529.85 kg/hm^{2}和580.70 kg/hm^2，且均具有显著性差异。本研究结果表明：采用11%氟唑环菌胺·咯菌腈·精甲霜灵FS和18%噻虫胺FS按药种比1∶50对水稻种子进行包衣能够有效促进水稻种子呼吸，提升旱直播水稻在田间的表现和产量。

关键词：水稻种子；种子处理悬浮剂；Q2技术；旱直播；种子活力

注：全文查阅及文献引用参见《农药学学报》2022，25（2）：395-405 doi：10.16801/j.issn.1008-7303.2023.0009

URL：https：//doi.org/10.16801/j.issn.1008 - 7303.2022.0009 http：//www.nyxxb.cn/cn/article/doi/10.16801/j.issn.1008-7303.2022.0009

---

* 基金项目：云南省重大科技专项计划（202102AE090016）；云南省科技人才与平台计划（202105AE160009）；现代农业产业技术体系建设专项资金资助（CARS-01-102）

** 第一作者：张艺璇；E-mail：zhang1yixuan@163.com

*** 通信作者：谷安宇；E-mail：897821051@qq.com
李小林；E-mail：xiaolinli@163.com

氯氟醚菌唑对西红花球茎腐烂病原菌尖孢镰刀菌的生物活性*

邱谷丰[1**]，任廷丹[1**]，王　强[2]，张传清[1***]
（1. 浙江农林大学现代农学院，杭州　311300；
2. 建德市三都西红花专业合作社，建德　311605）

摘要：球茎腐烂病是“新浙八味”浙产中药植物西红花上最为严重的病害。本研究采用菌丝生长速率法测定了 82 株西红花球茎腐烂病菌——尖孢镰刀 *Fusarium oxysporum* 对新型甾醇脱甲基酶抑制剂（DMIs）氯氟醚菌唑的敏感性，评价了其对尖孢镰刀菌生长、产孢、萌发和细胞膜透性的影响，同时测定了氯氟醚菌唑对尖孢镰刀菌的保护和治疗作用。结果表明：氯氟醚菌唑对尖孢镰刀菌菌丝生长的 EC_{50} 值范围在 0.182～2.491 μg/mL，平均 EC_{50} 值为（0.838±0.438）μg/mL，敏感性频率分布符合正态分布。氯氟醚菌唑对尖孢镰刀菌的菌丝生长和产孢都有显著的抑制作用，对病菌细胞膜表现显著的破坏作用。此外，氯氟醚菌唑对西红花球茎腐烂病的保护作用要强于治疗作用。本研究结果可为生产上有效防治西红花球茎腐烂病提供依据。

关键词：氯氟醚菌唑；尖孢镰刀菌；敏感性；西红花球茎腐烂病；防治效果

注：全文查阅及文献引用参见《农药学学报》2023，25（4）：850-857 doi：10.16801/j.issn.1008-7303.2023.0033

URL：https：//doi.org/10.16801/j.issn.1008－7303.2023.0033 http：//www.nyxxb.cn/cn/article/doi/10.16801/j.issn.1008-7303.2023.0033

---

* 基金项目：浙江省“三农六方”科技协作计划（2021SNLF019）

** 第一作者：邱谷丰；E-mail：boriskoo@qq.com
任廷丹；E-mail：1615674756@qq.com

*** 通信作者：张传清；E-mail：cqzhang9603@126.com

柠檬烯在农业病虫草害防控中的应用研究进展*

李烨青[1,2]**，张昌朋[1]，方　楠[1]，赵金浩[3]，王祥云[1]，赵学平[1]，蒋金花[1]***

（1. 省部共建农产品质量安全危害因子与风险防控国家重点实验室，浙江省农业科学院农产品质量安全与营养研究所，杭州　310021；2. 宁波大学食品与药学学院，宁波　315800；3. 浙江大学农药与环境毒理研究所，杭州　310058）

摘要：随着农药减量化政策的实施，植物源农药因具有低毒、低残留等特点而越来越受到重视。柠檬烯是一种广泛存在于柑橘类精油中的天然单环萜烯，因其具有多种生物活性，在农业病虫草害防控中具有一定的潜能和应用前景。本文综述了近年来柠檬烯及其精油在杀虫、杀螨、除草、杀真菌等农业领域的研究与应用进展，并对其生物活性的作用机理进行了总结归纳。同时，介绍了柠檬烯制剂在我国的登记情况，以及柠檬烯纳米制剂在防治农业病虫害中的研究现状和应用，并对该领域的研究发展趋势和前景进行了展望，可为柠檬烯在农药减量化和病虫草害绿色防控中的应用提供科学依据。

关键词：柠檬烯；植物源农药；柑橘精油；生物防治；纳米制剂

注：全文查阅及文献引用参见《农药学学报》2023，25（5）：1004－1016 doi：10.16801/j.issn.1008-7303.2023.0078

URL：https：//doi.org/10.16801/j.issn.1008－7303.2023.0078 http：//www.nyxxb.cn/cn/article/doi/10.16801/j.issn.1008-7303.2023.0078

* 基金项目：国家重点研发计划（No.2022YFD1700500）；国家自然科学基金面上项目（No.32272577）

** 第一作者：李烨青；E-mail：sunnyliyeqing@163.com

*** 通信作者：蒋金花；E-mail：jiangjh@zaas.ac.cn

槭菌刺孢对 5 种甾醇脱甲基抑制剂的敏感性*

龙月娟[1**]，汤　红[1,2]，王　勇[1]，高丽芳[1]，杨　敏[3]，朱书生[3]，何霞红[4]，毛忠顺[1***]
（1. 文山学院三七医药学院，文山三七研究院，文山　663000；2. 云南大学生态与环境学院，昆明　650500；3. 云南农业大学植物保护学院，农业生物多样性应用技术国家工程研究中心，云南生物资源保护与利用国家重点实验室，昆明　650201；4. 西南林业大学西南山区森林资源保护与利用教育部重点实验室，昆明　650224）

摘要：由槭菌刺孢［*Mycocentrospora acerina*（R. Hartig）Deighton］引起的圆斑病是危害三七［*Panax notoginseng*（Burk）F. H. Chen］的重要叶部病害，严重影响中药材三七的产量和质量。为探索槭菌刺孢对甾醇脱甲基抑制剂类（DMIs）杀菌剂的敏感性，采用菌丝生长速率法测定了 45 株槭菌刺孢对氟硅唑、苯醚甲环唑、烯唑醇、丙环唑和戊唑醇 5 种杀菌剂的敏感性，并分析了病原菌对这 5 种杀菌剂敏感性的相关性。结果表明：氟硅唑、苯醚甲环唑、烯唑醇、丙环唑、戊唑醇对供试菌株的 EC_{50} 值分别在 0.04～3.81 μg/mL、0.18～6.72 μg/mL、0.08～7.75 μg/mL、0.44～11.38 μg/mL 和 0.46～29.85 μg/mL；敏感性频率分布测定结果表明，5 种杀菌剂对呈连续单峰频次正态分布的大多数菌株群体的平均 EC_{50} 值分别为（0.99±0.64）μg/mL、（1.77±0.97）μg/mL、（2.37±1.39）μg/mL、（2.61±1.48）、（3.18±1.58）μg/mL，供试菌株群体中已出现对 5 种杀菌剂敏感性降低的亚群体，且供试菌株对这 5 种 DMIs 杀菌剂均存在较强的交互抗性，而菌株对氟硅唑和苯醚甲环唑的交互抗性相关系数最高，为 0.989。本研究结果可为云南省三七圆斑病防治中甾醇脱甲基抑制剂的合理使用提供理论依据。

关键词：三七；槭菌刺孢；甾醇脱甲基抑制剂；敏感性；交互抗性

注：全文查阅及文献引用参见《农药学学报》2023，25（3）：739-747 doi：10.16801/j.issn.1008-7303.2023.0032

URL：https：//doi.org/10.16801/j.issn.1008-7303.2023.0032 http：//www.nyxxb.cn/cn/article/doi/10.16801/j.issn.1008-7303.2023.0032

---

* 基金项目：南省地方本科高校（部分）基础研究联合专项面上项目（2018FH001-094，202001BA070001-033）；云南省教育厅科学研究基金（2018JS500）；云南省重大科技专项（202102AA100052）；国家现代农业产业技术体系资助（CARS-21）

** 第一作者：龙月娟；E-mail：longyuejuan@126.com

*** 通信作者：毛忠顺；E-mail：zhongshunmao@163.com

四氢异喹啉酮-4-羧酸类化合物的合成及抑菌活性*

李　敏**，员春霞，房雅丽，张治家，王德龙***
（山西农业大学植物保护学院，太谷　030801）

摘要：具有异喹啉-1（2*H*）-酮骨架的天然产物分布广泛且有丰富多样的生物活性，为进一步明确该类化合物的农用抑菌活性，本文利用 Castagnoli-Cushman 反应及酯化反应合成了22个具有该骨架的四氢异喹啉酮-4-羧酸（酯）类化合物。离体抑菌活性测定结果表明，在 100 μg/mL 下，5a～5k 和 6a～6f 对油菜菌核病菌菌丝生长抑制率高于 80%，其中 5k 活性最高，EC_{50}值为 5.8 μg/mL，但低于对照药剂啶酰菌胺（EC_{50}=0.094 μg/mL）。初步构效关系分析表明，在 N 上引入苯基要优于烷基，苯基上引入不同取代基后抑菌活性均有所提高且表现出位置和数目的选择性；C3 位苯基和 C4 位羧基引入取代基对活性不利。室内离体叶片法结果表明，在 500 μg/mL 下，5k 的保护作用防治效果为 94.6%，与啶酰菌胺在 10 μg/mL 下的防治效果（95.8%）相当。本研究可为该类化合物的进一步结构优化提供借鉴。

关键词：异喹啉-1（2*H*）-酮骨架；Castagnoli-Cushman 反应；抑菌活性；油菜菌核病菌

注：全文查阅及文献引用参见《农药学学报》2023，25（1）：62-72 doi：10.16801/j.issn.1008-7303.2022.0102

URL：https://doi.org/10.16801/j.issn.1008-7303.2022.0102 http://www.nyxxb.cn/cn/article/doi/10.16801/j.issn.1008-7303.2022.0102

---

* 基金项目：国家自然科学基金青年基金（31901909）；山西省现代农业产业技术体系建设专项资金（2022-05）

** 第一作者：李敏；E-mail：1296232489@qq.com

*** 通信作者：王德龙；E-mail：rizhaoalong@163.com

五种药剂对烟草青枯病菌的抑制活性及碳代谢的影响*

罗　飞[1,2]**，穆　青[3]**，余知和[1]***，孙美丽[2,5]，郭　涛[1,2]，李文红[4]，汪汉成[2]***，蔡刘体[2]

（1. 长江大学生命科学学院，荆州　434025；2. 贵州省烟草科学研究院，贵阳　550081；3. 贵州省烟草公司黔西南州公司，兴义　562400；4. 贵州省农业科学院植物保护研究所，贵阳　550006；5. 长江大学农学院，荆州　434025）

摘要：由茄科劳尔氏菌 *Ralstonia solanacearum* 引起的烟草青枯病是烟叶生产上的重要病害之一，严重影响烟叶的产量和品质。为筛选高效防治烟草青枯病的药剂，本研究采用平板菌落计数法测定了中生菌素、土霉素、噻霉酮、春雷霉素和氯溴异氰尿酸对茄科劳尔氏菌的抑制活性，并通过 Biolog GEN Ⅲ微平板法分析了上述 5 种药剂胁迫下茄科劳尔氏菌的碳代谢情况和对化学物质的敏感性差异。结果表明：5 种药剂均能抑制茄科劳尔氏菌的生长，抑制活性从强到弱依次为中生菌素>土霉素>噻霉酮>春雷霉素>氯溴异氰尿酸，对应的 EC_{50} 值分别为 0. 24 mg/L、0. 74 mg/L、2. 84 mg/L、7. 95 mg/L 和 273. 99 mg/L。Biolog GEN Ⅲ碳代谢测定结果显示：茄科劳尔氏菌能利用 Biolog GEN Ⅲ微平板中糖类及氨基酸类等 71 种碳源，但在药剂胁迫下，该菌对碳源的代谢受到了不同程度的抑制，其中抑制程度最显著的是氨基酸、已糖酸、羧酸、酯和脂肪酸类碳水化合物；随着 5 种药剂质量浓度增加，在 6 mg/L 中生菌素、8 mg/L 土霉素、30 mg/L 春雷霉素和 5 738 mg/L 氯溴异氰尿酸胁迫下，茄科劳尔氏菌对 Biolog GEN Ⅲ微平板中 65 种、18 种、60 种和 7 种碳源的代谢强度分别降低，同时对 6 种、53 种、10 种和 60 种碳源的代谢强度增强；在 8 mg/L 噻霉酮胁迫下，茄科劳尔氏菌对 Biolog GEN Ⅲ微平板中 71 种碳源的代谢强度均降低。此外，在不同浓度的 5 种药剂胁迫和无药剂处理时，茄科劳尔氏菌对 Biolog GEN Ⅲ微平板中 23 种化学物质的敏感性不同，其对低浓度 NaCl 敏感性较低，而对低 pH 值更敏感。本研究结果可为烟草青枯病化学防控药剂的选择及其高效利用提供参考。

关键词：抗生素；茄科劳尔氏菌；烟草青枯病；细菌代谢；碳代谢；抑菌活性；Biolog GEN Ⅲ

注：全文查阅及文献引用参见《农药学学报》2023，25（4）：870-877 doi：10. 16801/j. issn. 1008-7303. 2023. 0057

URL：https：//doi. org/10. 16801/j. issn. 1008 - 7303. 2023. 0057 http：//www. nyxxb. cn/cn/article/doi/10. 16801/j. issn. 1008-7303. 2023. 0057

---

* 基金项目：中国烟草总公司贵州省公司科技项目（201914，2020XM03）；贵州省烟草公司黔西南州公司科技项目（贵州烟〔2021〕4 号 2021-06）；中国烟草总公司科技项目［110202101048（LS-08）］；贵州省“百层次”创新型人才项目（GCC〔2022〕028-1）

** 第一作者：罗飞；E-mail：2580856762@ qq. com
穆青；E-mail：455101298@ qq. com

*** 通信作者：余知和；E-mail：zhiheyu@ hotmail. com
汪汉成；E-mail：xiaobaiyang126@ hotmail. com

叶菌唑对轮枝镰刀菌的活性及作用机制*

赫　丹[1,2,3,4**]，徐剑宏[2,3,4]，仇剑波[2,3,4]，刘　馨[2,3,4]，
高　驰[2,3,4]，杜予州[1***]，史建荣[2,3,4***]，LEE Yinwon[5]
（1. 扬州大学园艺与植物保护学院，扬州　225009；2. 江苏省农业科学院农产品质量安全与营养研究所，南京　210014；3. 江苏省食品质量安全重点实验室，省部共建国家重点实验室培育基地，南京　210014；4. 农业农村部农产品质量安全控制技术与标准重点实验室，南京　210014；5. Department of Agricultural Biotechnology, Seoul National University, Seoul 08826, South Korea）

摘要：玉米穗腐病是严重的世界性真菌病害，而轮枝镰刀菌 *Fusarium verticillioides* 是我国玉米穗腐病的主要致病菌。为明确叶菌唑在我国玉米穗腐病防治中的应用潜力，采用菌丝生长速率法和孢子萌发法，分别测定了叶菌唑对 2019—2021 年采自我国山东、河南和江苏 3 个省份的 35 株轮枝镰刀菌菌丝生长以及分生孢子形成、萌发和芽管伸长的影响，并测定了该药剂对轮枝镰刀菌产毒（B 族伏马毒素，type B fumonisins，FBs）能力及产毒基因表达的影响；通过测定叶菌唑处理后轮枝镰刀菌菌丝麦角甾醇、胞内甘油和丙二醛（MDA）含量以及电导率的变化，探究了其作用机制；同时评价了叶菌唑对田间玉米穗腐病的防治效果。结果显示：叶菌唑对 35 株轮枝镰刀菌均表现出较强的抑制活性，其对轮枝镰刀菌的菌丝生长以及分生孢子形成、萌发及芽管伸长具有显著的剂量依赖性抑制作用。其中：叶菌唑抑制菌丝生长的 EC_{50} 值为 0.005~0.029 μg/mL，平均 EC_{50} 值为（0.012±0.006）μg/mL；EC_{50} 浓度的叶菌唑对轮枝镰刀菌分生孢子形成、萌发及芽管伸长的平均抑制率分别为（20.59±5.75）%、（24.88±5.15）%和（59.98±9.11）%；叶菌唑能显著降低轮枝镰刀菌 FBs 毒素的产生量和与毒素生物合成相关基因的表达水平，其对 FBs 毒素合成的抑制率为 29.04%；显著降低了轮枝镰刀菌菌丝麦角甾醇的合成量，抑制率为 39.10%，同时提高了其胞内甘油、丙二醛含量以及相对电导率，对甘油和丙二醛的诱导率分别为 66.39%和 33.74%。田间试验表明，有效成分 90 g/hm^2、135 g/hm^2 和 180 g/hm^2 剂量的叶菌唑对玉米穗腐病的防效分别为（20.93±4.65）%、（27.75±5.71）%和（46.05±9.90）%，增产率分别为（8.86±8.84）%、（17.28±11.91）%和（33.20±12.07）%，均优于对照药剂丙硫菌唑·戊唑醇。本研究评估了叶菌唑防治玉米穗腐病的潜力，并可为了解其对轮枝镰刀菌的活性和作用机制提供理论依据。

关键词：叶菌唑；玉米穗腐病；轮枝镰刀菌；敏感性；伏马毒素；防治效果

注：全文查阅及文献引用参见《农药学学报》2023，25（2）：353-363 doi：10.16801/j.issn.1008-7303.2023.0016

URL：https：//doi.org/10.16801/j.issn.1008 - 7303.2022.0040 http：//www.nyxxb.cn/cn/article/doi/10.16801/j.issn.1008-7303.2022.0040

* 基金项目：国家重点研发计划（2018YFE0206000）；国家自然科学基金（32161143034）农业农村部农产品质量安全风险评估项目（GJFP20220105，GJFP202201021）；江苏省农业自主创新资金项目［cx（21）1005］

** 第一作者：赫丹；E-mail：danhe58@163.com

*** 通信作者：杜予州；E-mail：yzdu@yzu.edu.cn
史建荣；E-mail：shji@jaas.ac.cn

樱桃黑斑病菌对氟唑菌酰羟胺的敏感性

轩恩玲[1*]，李阿根[2]，杨晓琦[1]，张传清[2**]
（1. 浙江农林大学现代农学院，杭州　311300；
2. 杭州市余杭区农业生态与植物保护管理总站，杭州　311100）

摘要：采用菌丝生长速率法测定了樱桃黑斑病菌交链格孢 *Aernaria alternata* 群体（$n=103$）对新型琥珀酸脱氢酶抑制剂（SDHI）氟唑菌酰羟胺的敏感性，评价了该药剂对 *A. alternata* 菌株孢子萌发的抑制活性及其对樱桃黑斑病的保护和治疗作用。结果表明：氟唑菌酰羟胺对103株 *A. alternata* 菌株群体的 EC_{50} 值为0.027～1.175 μg/mL，平均 EC_{50} 值为（0.236±0.101）μg/mL；敏感性频率分布呈现单峰曲线，该平均 EC_{50} 值可作为樱桃 *A. alternata* 菌株对氟唑菌酰羟胺的敏感性基线：进一步分析发现，琥珀酸脱氢酶中的铁硫蛋白（SDHB）和两个嵌膜蛋白（SDHC 和 SDHD）亚基未发现与敏感性差异有关的氨基酸突变。氟唑菌酰羟胺对樱桃 *A. alternata* 的孢子萌发也有较强的抑制活性，并且对樱桃黑斑病的保护作用防治效果强于治疗作用防治效果。这些结果可为氟唑菌酰羟胺在樱桃黑斑病及其他病害管理上的推广和科学用药提供依据。

关键词：樱桃黑斑病；交链格孢；氟唑菌酰羟胺；敏感性基线；*SDH* 基因突变；防治效果

注：全文查阅及文献引用参见《农药学学报》2022，（2）：364-369 doi：10.16801/j.issn.1008-7303.2023.0002

URL：https：//doi.org/10.16801/j.issn.1008-7303.2023.0002 http：//www.nyxxb.cn/cn/article/doi/10.16801/j.issn.1008-7303.2023.0002

* 第一作者：轩恩玲；E-mail：953214279@qq.com
** 通信作者：张传清；E-mail：cqzhan99603@126.com

植保无人飞机施用农药应用研究进展及管理现状*

安小康[1**]，李富根[2]，闫晓静[1]，徐　军[1]，罗媛媛[2]，黄修柱[1***]，董丰收[1***]
（1. 中国农业科学院植物保护研究所，北京　100193；
2. 农业农村部农药检定所，北京　100125）

摘要：植保无人飞机是现代植保施药机械，具有作业效率高、精准、节水省药、灵活机动和对施药人员安全等特点，然而，与传统施药方式不同，其用水量少，喷施农药浓度高，喷雾易飘移，存在潜在的应用风险。目前关于植保无人飞机施药应用研究主要集中在雾滴沉积分布、飘移影响因素和防治效果评价等领域，有关其在膳食风险、环境风险和职业暴露健康风险评估等方面研究较少，且药剂登记和管理标准法规等相对滞后。为全面了解植保无人飞机施药应用以及管理现状，本文综述了植保无人飞机施药应用、风险研究及国际航空植保农药登记管理情况，总结了我国在该领域发展潜力和管理建议，以期为我国植保无人飞机安全施用农药和登记科学管理提供参考。

关键词：植保无人飞机；农药应用；风险；农药管理

注：全文查阅及文献引用参见《农药学学报》2023，25（2）：282-294 doi：10.16801/j.issn.1008-7303.2022.0143

URL：https：//doi.org/10.16801/j.issn.1008－7303.2022.0143 http：//www.nyxxb.cn/cn/article/doi/10.16801/j.issn.1008-7303.2022.0143

---

* 基金项目：国家自然科学基金项目（32172465）
** 第一作者：安小康；E-mail：axk811606581@163.com
*** 通信作者：黄修柱；E-mail：huangxiuzhu@agri.gov.cn
董丰收；E-mail：dongfengshou@caas.cn

植物病原菌氧化固醇结合蛋白的功能及其靶向抑制剂研究进展*

刘　静**，郝　楠，张芷萌，刘晓飞，刘颖超，赵　斌***，董金皋***
（河北农业大学华北作物改良与调控国家重点实验室，保定　0710001）

摘要：氧化固醇结合蛋白（OSBP）及其同系物（ORPs）共同构成脂质结合/转移蛋白（LTPs）的保守家族，它们在真核生物细胞中广泛表达，主要作用是参与细胞中的脂类代谢、囊泡运输及信号转导等方面。本文主要对植物病原菌中氧化固醇结合蛋白的结构、功能等进行系统阐述，并对基于氧化固醇结合蛋白的靶向抑制剂的设计合成工作进行综述，可为基于新靶标农药的合理设计与应用提供理论支撑。

关键词：氧化固醇结合蛋白；甾醇转运；非囊泡运输；膜接触位点；氧化固醇结合蛋白抑制剂

注：全文查阅及文献引用参见《农药学学报》2022，24（4）：245-256 doi：10.16801/j.issn.1008-7303.2022.0139

URL：https：//doi.org/10.16801/j.issn.1008－7303.2022.0139 http：//www.nyxxb.cn/cn/article/doi/10.16801/j.issn.1008-7303.2022.0139

---

* 基金项目：河北省自然科学基金重点项目（c2021204093）；河北省重点研发计划项目（20326510D）；河北省高等学校科学技术研究重点项目（fzD20203191）

** 第一作者：刘静；E-mail：liujing10192022@163.com

*** 通信作者：赵斌；E-mail：bdzhaobin@126.com
董金皋；E-mail：dongjingao@126.com